ΣBEST
シグマベスト

# 理解しやすい
# 物理基礎

近角聰信
三浦　登
共編



文英堂

# はじめに

## 「物理基礎」の学習を通して，物理学的な自然観を身につけよう。

● 物理は面白い学問である。しかし，勉強のしかたを間違えると，大変むずかしいつまらない学問になってしまう。物理の考え方は論理的であるから，順序よくものを考える習慣をつけなければならない。はじめのほうのやさしい問題は，解き方を覚え込むだけでも，どうにかついて行くことができるが，自分でしっかりとその論理を考えながら勉強しないと，先に進むにつれてだんだんにむずかしくなってしまう。

● 科学の基本は，疑問を持つことから始まる。疑問に対して，それまでに学んだ法則を使って考え，また観察や実験を通じて，自然の真理を解明していく。そして，その疑問が解けたときには，心から喜びを感じるものである。それは，高い山への登山に似ている。五合目ぐらいまでは，樹木に視野をさえぎられて，展望がきかないが，辛抱して登り続けると，ついには広々とした下界を見渡せるようになって，登山の喜びを感じることができるようになる。

● 登山には筋力をつけることが必要である。同様に，物理の勉強には思考力をつけることが必要である。自分の頭でなぜだろうと考え，考え抜くことが強い頭をつくる秘訣(ひけつ)である。そして，蓄えた物理の知識を使って，さらに新しい問題を考えて行く。こうすれば，物理はむずかしいどころか，大変楽しい学問になるはずである。

● この本は，長年，高校物理の教育に情熱を傾けてこられた，北村俊樹先生，鈴木亨先生，吉澤純夫先生，他１名の先生のご努力によりできあがったものであり，きっと，強力にみなさんのお役に立つと確信している。

編　者　　しるす

# 本書の特色

## 1 日常学習のための参考書として最適

本書では，教科書の学習内容を２編，７章，22節に分け，それぞれの節をさらにいくつかの小項目に分けてあるので，どの教科書にも合わせて使うことができる。そのうえ，諸君の**つまずきやすいところは丁寧にわかりやすく，くわしく解説してある。**本書を予習・復習に利用することで，教科書の内容がよくわかり，授業を理解するのに大いに役立つだろう。

## 2 学習内容の要点がハッキリわかる編集

諸君が参考書に最も求めるものは，「自分の知りたいことがすぐ調べられること」「どこがポイントなのかがすぐわかること」ではないだろうか。本書ではこの点を重視して，小見出しを多用することで**どこに何が書いてあるのかが一目でわかる**ようにし，また，学習内容の要点を**太文字・色文字**や**ポイント**でハッキリ示すなど，いろいろなくふうをこらしてある。

## 3 豊富な図・写真，見やすいカラー版

理科に図や写真はつきものだが，本書はそれらがひじょうに多い。しかも，図は単なる解説図ではなく，できるだけ**図解方式で説明内容まで入れて表してある**ので，複雑な高校「物理基礎」の内容を，初学者でもじゅうぶん理解することができる。もちろん，図や写真は**見やすく楽しくわかりやすく学習できる**ようにデザインや色づかいがくふうされている。

## 4 定期テストもバッチリOK!

本書では，テストに出そうな重要な実験やその操作，考察については**「重要実験」**を設け，わかりやすく解説してある。また，計算の必要な項目には**「例題」**を入れ，理解しやすいように丁寧に解説し，必要に応じて**「類題」**ものせた。そして，章末には**「章末練習問題」**を，編末には**「定期テスト予想問題」**を入れて，これを解くことで学習内容の理解度を自己診断できるようにしてある。

# 本書の活用法

## 1 学習内容を整理し，確実に理解するために‥‥

ポイント　重要　学習内容のなかで，必ず身につけなければならない重要なポイントを示した。ここは絶対に理解しておこう。

補足　注意　参考　視点　本書をより深く理解できるように，補足的な事項や注意しなければならない事項，参考となる事項，注目すべき点をとりあげた。

この節のまとめ　各節の終わりに，その節の学習内容を簡潔にまとめた。1つの節の学習が終わったら，ここで知識を整理し，重要事項は覚えておくこと。また，□のチェック欄も利用してほしい。

## 2 教養を深めるために‥‥

発展ゼミ　教科書にのっていない事項にも重要なものが多く，大学入試では出題されることがある。そのような事項を中心にとりあげた。少し難しいかもしれないが，よく読んでほしい。

重要実験　テストに出やすい重要実験について，その操作や結果，そして考え方を，わかりやすく丁寧に示した。しっかり身につけること。

小休止　勉強の途中での気分転換の材料。ここを読んで，諸君の教養を高めてほしい。

## 3 試験に強い応用力をつけるために‥‥

例題　類題　計算問題は，「例題」と「類題」でトレーニングしてほしい。すぐに答を見ずに，まず自力で解いてみること。

章末練習問題　各章末には，その章の学習内容に関する基本的な問題をつけた。まちがえたところは，必ず本文にかえって読み返すこと。

定期テスト予想問題　各編末に定期テストと同レベルの問題をつけた。合格点は正解率70％だ。ここで，学習内容の理解度を確認してほしい。

# もくじ

## 第1編 物体の運動

### 1章 物体の運動と加速度

#### 1節 運動の表し方



#### 2節 空中での物体の運動



#### 3節 さまざまな運動



### 2章 力と運動

#### 1節 力の性質

# 第2編 物理現象とエネルギー

## 1章 熱とエネルギー



## 2章 波

|   |   |
|---|---|
| 　4. 波の反射と屈折 | *154* |

### 3節 音の伝わり方
|   |   |
|---|---|
| 　1. 音波の性質 | *157* |
| 　2. 音の反射・屈折・回折 | *160* |

### 4節 音の干渉と共鳴
|   |   |
|---|---|
| 　1. 音の干渉 | *162* |
| 　2. 弦の固有振動 | *164* |
| 　3. 共振と共鳴 | *167* |
| 　4. 気柱の振動 | *168* |
| ●章末練習問題 | *172* |

## 3章 電気と磁気

### 1節 静電気と電流
|   |   |
|---|---|
| 　1. 正電気と負電気 | *176* |
| 　2. 静電気 | *177* |
| 　3. 電流とそのにない手 | *178* |

### 2節 直流回路
|   |   |
|---|---|
| 　1. 電気抵抗 | *181* |
| 　2. 抵抗の接続 | *184* |
| 　3. 電流計と電圧計 | *187* |

### 3節 電気とエネルギー
|   |   |
|---|---|
| 　1. 電流と仕事 | *189* |

### 4節 電流と磁場
|   |   |
|---|---|
| 　1. 電流は磁場をつくる | *193* |
| 　2. 電流は磁場から力を受ける | *197* |
| 　3. 磁場の変化は電流をつくる | *198* |

### 5節 交流と電磁波
|   |   |
|---|---|
| 　1. 交　流 | *201* |
| 　2. 電磁波 | *203* |
| ●章末練習問題 | *205* |

## 4章 原子力エネルギー

### 1節 原子力エネルギー



### 重要実験 の一覧



### 発展ゼミ の一覧

第 1 編

# 物体の運動

# 1章 物体の運動と加速度

高速道路のインターチェンジ

## 1節 運動の表し方

### 1 物理量の測定と表し方

#### 1 物理量と単位

**❶ 物理量の表し方**　長さや時間，質量，速さ，加速度[★1]，力の大きさ，エネルギー量など，物理の現象や性質を表すさまざまな量があり，これらを**物理量**という。

物理量は，数値に**単位**をつけて表す。たとえば，長さはメートル(記号**m**)，時間は秒(記号**s**)，質量はキログラム(記号**kg**)，速さはメートル毎秒(記号**m/s**)という単位を使って表すことができる。

**❷ 基本単位と組立単位**　速さの単位m/sは，長さの単位mと時間の単位sを組み合わせて作ることができる。

このとき，mやsのように基本となる単位を，**基本単位**という。また，m/sのように基本単位を組み合わせてできた単位を，**組立単位**という。組立単位には特別な名前がつけられているものもある。たとえば，力の単位ニュートン(記号**N**)は，1N=1kg·m/s²という組立単位である。(▷*p.59*)

**❸ 単位系**　基本単位と組立単位をあわせた体系を，**単位系**という。物理量の定義や物理法則から，基本単位を使って組立単位を表すことができる。力学では，基本単位として長さにm，質量にkg，時間にsを用いることが多い。この単位系を，基本単位の頭文字から**MKS単位系**という。

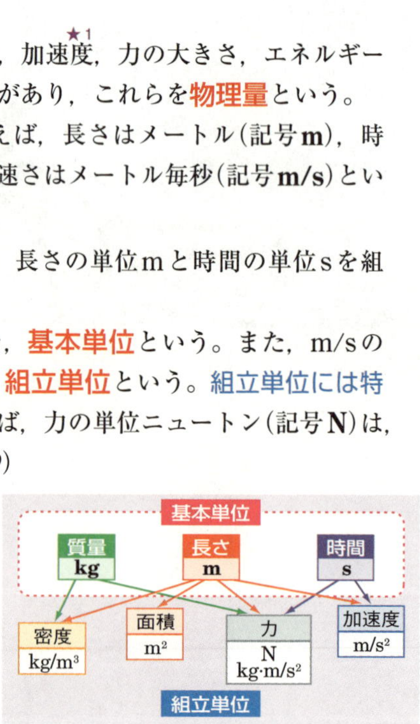

図1　基本単位と組立単位

★1　加速度については，*p.22*で学ぶ。

**④ 次元**　速さは，m/sやkm/h（キロメートル毎時）など，いろいろな単位で表されるが，どのような単位で表しても「**長さを時間で割った物理量**」だということに変わりはない。このとき，m/sとkm/hは同じ次元であるという。次元は，物理量が，基本単位をどのように組み合わせたものかを示している。物理量どうしの間で計算するときは，等式の両辺の次元を同じにしなければならない。また，足し算や引き算をするときも，それぞれの物理量の次元は同じでなければならない。

補足　物理量の次元は[ ]で表し，**長さ**，**質量**，**時間をそれぞれ[L]**，**[M]**，**[T]と書く**。たとえば，面積の次元は$[L^2]$，速さの次元は$[LT^{-1}]$，密度の次元は$[L^{-3}M]$である。

参考　長さを長さで割った量や，時間を時間で割った量などのことを，**次元をもたない量**または**無次元量**という。相対誤差（▷p.12）や摩擦係数（▷p.67）は無次元である。

**ポイント**
**基本単位**…m，kg，sなど組み合わせの基本となる単位
**組立単位**…m/sなど，基本単位を組み合わせた単位

### 発展ゼミ　MKS単位系と国際単位系

◇物理量の単位系として，長さの単位m，質量の単位kg，時間の単位s（秒）を基本単位とした**MKS単位系**や，これに電流の単位A（アンペア）を加えた**MKSA単位系**が広く用いられてきた。

◇しかし，これらの基本単位を組み合わせても表せない物理量もある。たとえば，力学で使う物理量は，m, kg, sから組み立てた単位で表すことができるが，電磁気学や熱力学など他の分野で用いる温度や光度なども，この3つからだけでは組み立てることができない。

◇そこで，1960年の国際度量衡総会で**国際単位系（SI）**が採択された。国際単位系（SI）ではm, kg, s, Aに加えて温度の単位K（ケルビン▷p.113），光度の単位cd（カンデラ），物質量の単位mol（モル▷p.136）を基本単位とし，N（ニュートン）やW（ワット）など22の組立単位にはそれぞれ個別の名前を定めている。

◇SIとは，フランス語の“Le Système International d'Unités”（英語では“The International System of Units”）の略称である。

## 2 測定値と誤差，真の値

**① 誤差**　実験や観察を行うとき，定規で長さをはかったり，電流計で電流をはかったりと，物理量を測定することになる。このときに得た値を**測定値**という。物理量を測定するとき，どれだけ注意を払ったり高価な装置を使ったりしても，測定値には必ず真の値（正しい値）からのずれ，すなわち**誤差**が含まれる。すなわち，測定値は**真の値**に近い近似値である。誤差には，2種類の表し方がある。

① **絶対誤差**　「誤差何メートル」というときの誤差を，絶対誤差という。通常「誤差」とは絶対誤差を表し，これにより真の値からいくらずれているかがわかる。

$$\text{絶対誤差} = \text{測定値} - \text{真の値} \qquad (1\cdot1)$$

② **相対誤差**　「誤差何パーセント」というときの誤差を，相対誤差という。絶対誤差が同じ0.2cmでも，10mの物体を測定するときと10cmの物体を測定するときでは，精度が異なる。このようなとき，相対誤差を使うと精度の良さを表すことができる。

$$相対誤差〔\%〕=\frac{|絶対誤差|^{★1}}{真の値}\times 100=\frac{|測定値-真の値|}{真の値}\times 100 \qquad (1\cdot 2)$$

**測定方法を改良したり測定回数を増やしたりする**ことで，測定値の誤差を小さくすることができる。

## ❷ 目盛りの読み方

測定を行う場合，**測定器具の最小目盛りの$\frac{1}{10}$まで目分量で読みとることが基本**である。

たとえば，右の図2のように最小目盛りが1mmの物差しで物体の長さをはかるときは，目分量で0.1mmの値まで読みとる。図2での測定値は，25.3mmとなる。

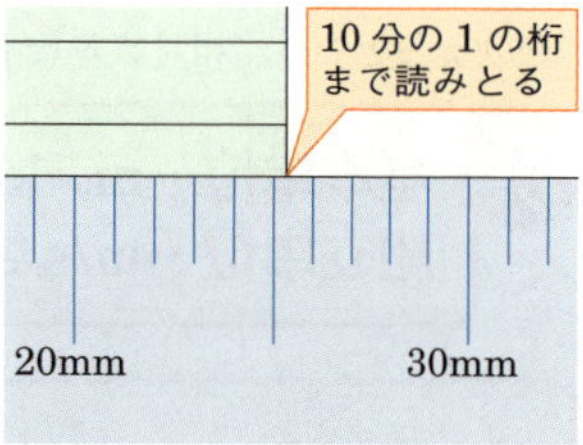

図2　目盛りの読み方

測定値の最後の桁(けた)は目分量で得た数値なので，±1程度の誤差が含まれている。

**ポイント　誤　差**

$$絶対誤差=測定値-真の値$$

$$相対誤差=\frac{|絶対誤差|}{真の値}\times 100=\frac{|測定値-真の値|}{真の値}\times 100$$

## ❸ 有効数字と桁数(けたすう)

たとえば，A君の身長を最小目盛り1cmの定規ではかり，168.7cmという値を得たとする。このとき，各桁の数値1, 6, 8, 7は，**測定して得られた意味のある数値であり，有効数字という**。有効数字の数を有効数字の桁数といい，この場合は有効数字4桁である。

同じ物理量をはかっても，測定の精度によって有効数字は変わる。たとえばA君の身長を最小目盛りの異なる定規ではかった場合，右の**表1**のようになる。

| 最小目盛り | 最小目盛りの10分の1 | 測定値 | 有効数字 |
|---|---|---|---|
| 1cm | 0.1cm | 168.7cm | 4桁 |
| 10cm | 1cm | 168cm | 3桁 |
| 1m | 0.1m | 1.7m | 2桁 |

表1　最小目盛りと有効数字

★1　| |は**絶対値**を表す記号で，たとえば|1|=1，|−2|=2を意味する。このように，ふつう相対誤差は正の数値で表す。

## ④ 有効数字の表し方

測定値を表すときは，次のような規則に従う。

① **測定値の右側にある0は，有効数字に含める。**

② **測定値の左側にある0は位取りを表すので，有効数字には含めない。**

③ **大きな値や小さな値は，指数表記(しすう)で表す。**

図3　有効数字

測定値の有効数字部分を$A$(仮数(かすう)という)としたとき，適当な整数$B$(指数という)を使って$A \times 10^B$と表すことができる。これを，指数表記または**科学表記**という。このとき，仮数$A$は1以上10未満の数値とし，これに合わせて指数$B$の値を決める。

補足　$10^n$は10の$n$乗と読み，10を$n$回かけた数である。たとえば$10^2 = 100$，$10^5 = 100000$となる。また，$10^{-n}$は10のマイナス$n$乗と読み，$\frac{1}{10^n}$という意味である。たとえば$10^{-1} = \frac{1}{10} = 0.1$，$10^{-4} = \frac{1}{10^4} = 0.0001$である。

指数表記は，非常に大きい数値や非常に小さい数値を表すときにも便利である。

注意　日常では300 cmと3 mは同じ意味を表すが，物理量を表すときには区別される。

例　① 300 cm = 3.00 m = 0.00300 km = $3.00 \times 10^2$ cm = $3.00 \times 10^{-3}$ km（有効数字3桁）

② 3 m = $3 \times 10^2$ cm = 0.003 km = $3 \times 10^{-3}$ km（有効数字1桁）

**ポイント　指数表記**

$$A \times 10^B \qquad (1 \leqq \text{仮数} A < 10,\ B \text{は整数})$$

$A$：仮数　　$B$：指数

**例題　有効数字の表し方**

(1) 次にあげるそれぞれの物理量は，有効数字何桁か。

① 0.13 m　② $1.3 \times 10^{-1}$ m　③ 0.00200 m　④ 3.210 m

(2) 18 km(有効数字2桁)を，単位mを使って指数表記せよ。

**着眼**　(1)測定値の左側にある0は位取りを示し，有効数字には含めない。
(2)仮数$A$が1以上10未満の整数になるようにする。

**解説**　(1) ①の有効数字は“1, 3”，②の有効数字は“1, 3”，③の有効数字は“2, 0, 0”，④の有効数字は“3, 2, 1, 0”である。

(2) 18 km = 18000 mである。有効数字2桁なので，仮数$A$，指数$B$を$1 \leqq A < 10$となるように定めると，$A = 1.8$，$B = 4$となる。

答　(1)① **2桁**　② **2桁**　③ **3桁**　④ **4桁**
(2) $\mathbf{1.8 \times 10^4}$ **m**

## ❺ 測定値の計算と有効数字

どのような測定値にも誤差があるので，測定値どうしを計算して得られる物理量も誤差をもっている。計算して得られた値の有効数字は次のように考える。

### ① 測定値どうしのかけ算・割り算
最も有効数字の少ない数値に合わせて答えを出す。たとえば，有効数字2桁×4桁×3桁の計算を行う場合，最終的な答えは有効数字2桁になる。このとき，計算結果の3桁目を四捨五入して，有効数字2桁にする。

① $3.14 \times 4.0$

$$\begin{array}{r} 3.14 \\ \times\ 4.0 \\ \hline 12.56 \end{array}$$

↓ 四捨五入
**13**

② $0.02 \times 32.5$

$$\begin{array}{r} 0.02 \\ \times\ 32.5 \\ \hline 0.650 \end{array}$$

↓ 四捨五入
**0.7**

③ $1024 \times 9.81$

$$\begin{array}{r} 1024 \\ \times\ 9.81 \\ \hline 10045.44 \end{array}$$

↓ 四捨五入
$\mathbf{1.00 \times 10^4}$

図4　測定値どうしのかけ算・割り算

> **ポイント　かけ算・割り算と有効数字**
> 有効数字を最小の数値にそろえる。

### 例題　測定値どうしのかけ算・割り算

有効数字を考慮して次の計算を行い，指数表記で答えよ。
(1) $2.35 \times 4.7$　　(2) $0.017 \times 0.2768$　　(3) $31.4 \times 28.67$
(4) $1000 \div 30.00$　　(5) $2005 \div 5.0$

**着眼** 答えの有効数字は，測定値のうち有効数字が最も少ない数値にそろえる。

**解説**　(1) $2.35 \times 4.7 = 11.045$ となるが，有効数字がそれぞれ3桁，2桁なので，答えの有効数字は2桁になる。よって，計算結果の3桁目を四捨五入する。
(2) $0.017 \times 0.2768 = 0.0047056$ となるが，有効数字がそれぞれ2桁，4桁なので，答えの有効数字は2桁になる。よって，計算結果の3桁目を四捨五入する。
(3) $31.4 \times 28.67 = 900.238$ となるが，有効数字がそれぞれ3桁，4桁なので，答えの有効数字は3桁になる。よって，計算結果の4桁目を四捨五入する。
(4) $1000 \div 30.00 = 33.333\cdots$ となるが，有効数字がどちらも4桁なので，答えの有効数字は4桁になる。よって，計算結果の5桁目を四捨五入する。
(5) $2005 \div 5.0 = 401$ となるが，有効数字がそれぞれ4桁，2桁なので，答えの有効数字は2桁になる。よって，計算結果の3桁目を四捨五入する。

**答**　(1) $\mathbf{1.1 \times 10}$　(2) $\mathbf{4.7 \times 10^{-3}}$　(3) $\mathbf{9.00 \times 10^2}$　(4) $\mathbf{3.333 \times 10}$　(5) $\mathbf{4.0 \times 10^2}$

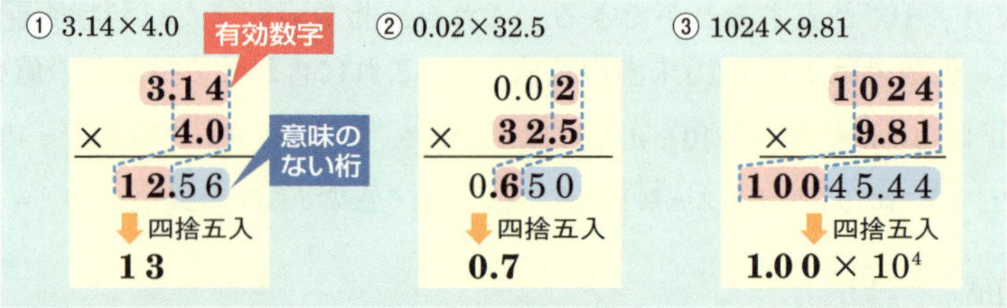

② **測定値どうしの足し算・引き算**　小数点をそろえて計算したあと，最後の桁の位(末位)（くらい まつい）が最も高いものに合わせて答えを出す。たとえば，最後の桁が小数第1位＋小数第3位の計算を行う場合，最終的な答えの最後の桁は小数第1位になる。このとき，計算結果の小数第2位を四捨五入して，小数第1位までにする。

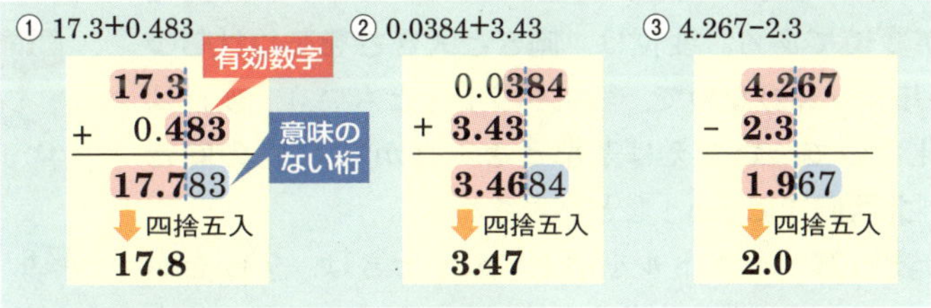


図5　測定値どうしの足し算・引き算

**ポイント　足し算・引き算と有効数字**
**末位を最も高い数値にそろえる。**

**例題　測定値どうしの足し算・引き算**

有効数字を考慮して，次の計算をせよ。

(1)　8.236 + 4.3　　(2)　123.5 + 5.6 − 35.435　　(3)　2.0 × 12.8 + 21.3

**着眼**　答えの末位は，測定値のうち末位が最も高い数値にそろえる。

**解説**　(1)　8.236 + 4.3 = 12.536となるが，最下位がそれぞれ小数第3位，小数第1位なので，答えも小数第1位までにする。

(2)　123.5 + 5.6 − 35.435 = 93.665となるが，最下位がそれぞれ小数第1位，小数第1位，小数第3位なので，答えも小数第1位までにする。

(3)　2.0 × 12.8 + 21.3 = 46.9となる。2.0 × 12.8 = 25.6の有効数字が2桁であり，意味のある値は一の位までなので，答えも一の位までにする。

答　(1)**12.5**　(2)**93.7**　(3)**47**

③ **倍数・定数と有効数字**　倍数や個数，定数などは，有効数字が無限にあると考える。この場合，最も精度の低い物理量より1桁〜2桁程度多くとって計算するとよい。

例　2倍の2，10個の10，1kg＝1000gの1000，円周率$\pi = 3.14159\cdots$などの数学定数，光速度$c = 2.99792458 \times 10^8$ m/sなど

**補足**　問題を解くときは，与えられた条件によって定数の有効数字が無限にならない場合もある。たとえば，問題文中に「円周率$\pi = 3.14$とする」とあれば，$\pi$を有効数字3桁として考える。

# 2 変位

## 1 変位ベクトル

**❶ 変位**　物体が運動して位置を変えるとき，その位置の変化を表す量が**変位**である。変位は，**向きと大きさをあわせもつ量**(**ベクトル** ▷p.224)なので，変位ベクトルともいう。変位は位置の変化なので，たとえば基準となる点から，「**正の向きに3m**」，「**北西向きに2m**」などと表される。

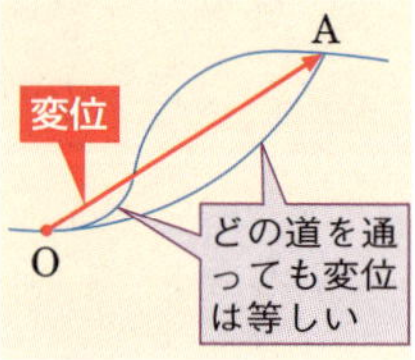


図6　変位

**❷ 変位の表し方**　ベクトルを図上に表すときは，矢印をかく。変位ベクトルは位置の変化を示すので，始点から終点に向かう矢印で表す。

いま，人が図6のような道すじを通って，点Oから点Aまで移動したとすると，このときの変位は，ベクトル$\overrightarrow{\mathrm{OA}}$で表される。点Oから点Aまで移動するのに，いくつかの道すじがある場合，**どの道を通っても，変位ベクトル$\overrightarrow{\mathrm{OA}}$の向きと大きさは変わらない。**

補足　ベクトルは$\overrightarrow{\mathrm{OA}}$や$\vec{x}$のように，文字の上に矢印をつけて表す。$\overrightarrow{\mathrm{OA}}$はOからAに向かうベクトルという意味である。ベクトル$\vec{x}$の大きさを示すときは$|\vec{x}|$，またはたんに$x$と書く。

**❸ $x$軸上を運動する物体の変位**　一直線上を運動する物体の変位は，移動する向きが決まっているので，その向きにそって$x$軸をとり，どちらかを正にすると，逆向きを負で表すことができる。このとき，**出発点を原点Oにとれば，$x$座標(図7の$x_1$，$-x_2$など)が変位を表す。**

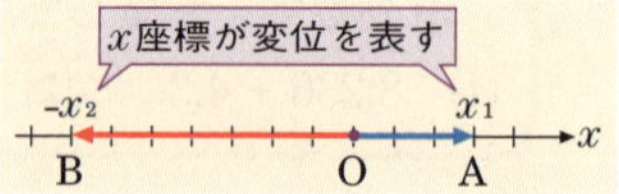


図7　$x$軸上の変位

また，$x_0$にあった物体が$x_1$に移動したとき，その変位は$x_1 - x_0$で表される。

補足　一直線上の運動では向きを正負で表せるので，変位や速度などの記号の上につける矢印を省略することが多い。

## 2 移動距離

**❶ 変位と移動距離のちがい**　変位はベクトル(**向きと大きさをもつ量**)であるが，移動距離は**スカラー**(**向きをもたず大きさだけをもつ量**)である。図6の変位$\overrightarrow{\mathrm{OA}}$の大きさはOAの直線距離であるが，OからAまでの移動距離というのは，道すじに沿ってはかった長さである。したがって，OからAまで移動する道すじがちがえば，移動距離もちがう。

**❷ $x$軸上の移動距離**　図7で，物体が原点Oを出発し，点Aまで行って引き返し，点Bに達したとする。原点から点A，点Bまでの距離をそれぞれ$x_1$，$x_2$(ともに正)とすると，このときの変位は$-x_2$であるが，移動距離は$2x_1 + x_2$である。

# 3 速さと速度

## 1 速　さ　重要

**❶ 速さの単位**　1m離れた2点間を移動するのに1秒かかったとき，その速さを**1m/s（メートル毎秒）**といい，これを速さの単位とする。一般に，$\Delta x$（デルタ★1）〔m〕の距離を$\Delta t$〔s〕かかって移動するときの速さ$v$〔m/s〕は，次の式で表される。

$$v=\frac{\Delta x}{\Delta t} \qquad (1\cdot3)$$

すなわち，速さは単位時間あたりの距離の変化量を表す。

> **ポイント**
> $\Delta x$〔m〕の距離を$\Delta t$〔s〕かかって移動するときの速さ$v$〔m/s〕　$v=\frac{\Delta x}{\Delta t}$

**❷ 速さの単位の換算**　乗り物などの速さを表すときは，1kmの距離を1時間（1h）かかって移動する速さ**1km/h**を基準として用いることが多い。1km/hと1m/sの間の換算は，次のようにして行う。

$$1\,\mathrm{km/h}=\frac{1\,\mathrm{km}}{1\,\mathrm{h}}=\frac{1000\,\mathrm{m}}{60\times60\,\mathrm{s}}$$
$$=\frac{1}{3.6}\,\mathrm{m/s}$$

上式の両辺に3.6をかけると，

$$1\,\mathrm{m/s}=3.6\,\mathrm{km/h} \qquad (1\cdot4)$$

> $1\,\mathrm{km/h}=\frac{1}{3.6}\,\mathrm{m/s}$
> $1\,\mathrm{m/s}=3.6\,\mathrm{km/h}$

**❸ 平均の速さ**　人が歩く場合でも，乗り物が走る場合でも，速さはたえず変化しているのがふつうであるが，このような変化を無視して，物体が移動した距離をそれに要した時間で割って求めた速さを**平均の速さ**といい，$\overline{v}$で表す。

**❹ 瞬間の速さ**　自転車を強くこぐと，スピードはどんどん上がり，ブレーキをかけると，スピードは急速に落ちる。この場合のスピードは，平均の速さではなく，**刻々と変わっていく速さ**のことで，これを**瞬間の速さ**という。

ふつう速さといえば，瞬間の速さを意味する。ある点Pを物体が通過するときの瞬間の速さ$v$〔m/s〕は，点Pをはさむひじょうに短い距離$\Delta x$〔m〕を，そこを進むのにかかった時間$\Delta t$〔s〕で割って，次のように表される。

$$v=\frac{\Delta x}{\Delta t}$$

図8　瞬間の速さ

★1 $\Delta$はデルタと読み，物理量につけてその変化量を示す。$\Delta x$（デルタ・エックスと読み，$x$の変化量を表す）や$\Delta t$（デルタ・ティーと読み，$t$の変化量を表す）でそれぞれ1つの物理量を表し，$\frac{\Delta x}{\Delta t}$を約分して$\frac{x}{t}$などとはできない。

## 2 速　度

**❶ 速さと速度**　物理では，「速さ」と「速度」をちがう意味で用いる。大きさだけを考える**速さ**に対し，大きさだけでなく向きを含めた量を**速度**という。ここで，速度$\vec{v}$〔m/s〕はベクトル（▷p.224）であって，同じくベクトルである変位（位置の変化量）$\Delta\vec{x}$〔m〕（▷p.16）と時間の変化量$\Delta t$を用いて，

$$\vec{v} = \frac{\Delta\vec{x}}{\Delta t} \tag{1·5}$$

と定義される。このとき，速度$\vec{v}$の向きは変位$\Delta\vec{x}$の向きと同じになる。

**❷ $x$軸上の運動における平均の速度**　時刻$t_1$〔s〕のとき位置$x_1$〔m〕にあった物体が，時刻$t_2$〔s〕のとき位置$x_2$〔m〕まで移動していたとき，平均の速さ$\bar{v}$〔m/s〕は，

$$\bar{v} = \frac{\Delta x}{\Delta t} = \frac{x_2 - x_1}{t_2 - t_1} \tag{1·6}$$

となる。ここで，$\Delta x$〔m〕は位置の変化量（変位）$x_2 - x_1$，$\Delta t$〔s〕は時間の変化量$t_2 - t_1$である。

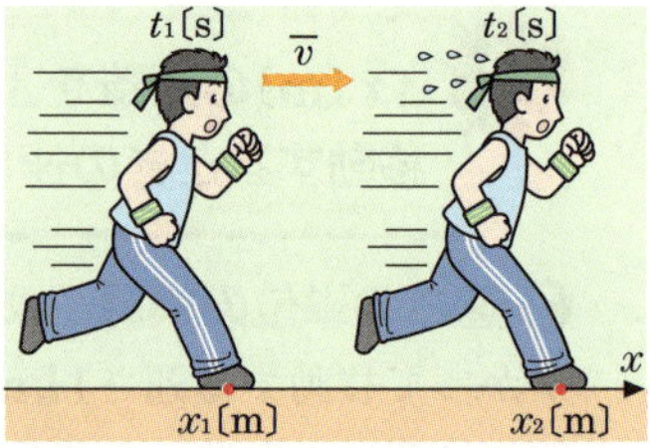


図9　平均の速度

注意　時刻$t_2$のときに$t_1$と同じ場所に戻ってきている場合，$\Delta x = x_2 - x_1 = 0$となり，平均の速さ$\bar{v} = 0$となる。

**❸ 瞬間の速度の向き**　物体が図10のような曲線経路に沿って運動しており，ある時間の間に点Aから点Bまで移動したとすると，この間の変位は$\overrightarrow{AB}$で表される。

ここで，点Aを出てからの時間をしだいに短くとると，点Bはしだいに点Aに近づく。このとき，**点Aを出てから非常に短い時間$\Delta t$〔s〕の変位$\overrightarrow{AB'}$の方向は物体の軌跡に対する接線の方向になる。** 点Aにおける瞬間の速度の向きは変位ベクトル$\overrightarrow{AB'}$の向きと同じだから，点Aにおいて軌道に対して引いた接線の方向でAからB′に向かう向きになる。

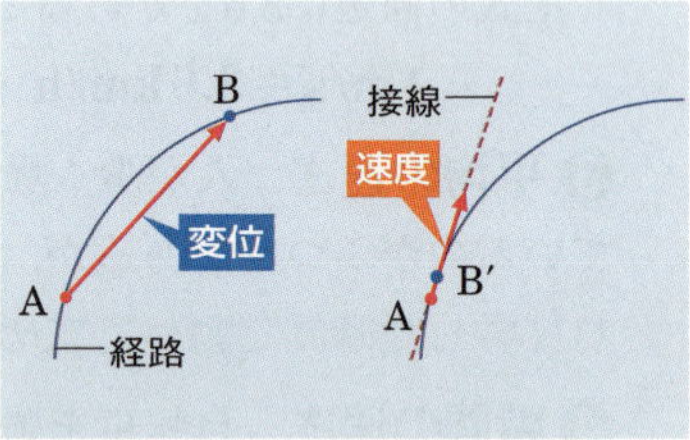


図10　瞬間の速度の向き

補足　たんに「速さ」や「速度」という場合，**瞬間の速さ**や**瞬間の速度**を意味することが多い。

## 3 等速直線運動　重要

**❶ 等速直線運動**　速度が一定の運動を**等速度運動**という。速度が一定であるということは，速さも運動の向きも一定ということであるから，物体は一直線上を同じ速さで運動する。つまり，等速度運動は**等速直線運動**ということができる。

**❷ 等速直線運動の移動距離**　物体が一定の速度 $v$〔m/s〕で等速直線運動するとき，移動距離は1秒につき $v$〔m〕ずつ増えるから，$t$〔s〕間の移動距離 $x$〔m〕は，

$$x = vt \qquad (1\cdot7)$$

と表される。

**ポイント**　速度 $v$〔m/s〕で等速直線運動する物体の $t$〔s〕間の移動距離 $x$〔m〕は，　$x = vt$

**❸ $x$-$t$ グラフ**　物体の移動距離 $x$〔m〕を縦軸に，時間 $t$〔s〕を横軸にとって，移動距離と時間の関係を表したグラフを **$x$-$t$ グラフ**という。等速直線運動の $x$-$t$ グラフは，図11(a)のような原点を通る直線になる。$x$-$t$ グラフの傾き $\dfrac{\Delta x}{\Delta t}$ は速さを表す。

**❹ $v$-$t$ グラフ**　速さ $v$〔m/s〕を縦軸に，時間 $t$〔s〕を横軸にとって，速さと時間の関係を表したグラフを **$v$-$t$ グラフ**という。等速直線運動の $v$-$t$ グラフは図11(b)のような横軸に平行な直線になる。グラフの直線と $t$ 軸とに囲まれる長方形の面積は移動距離を表す。

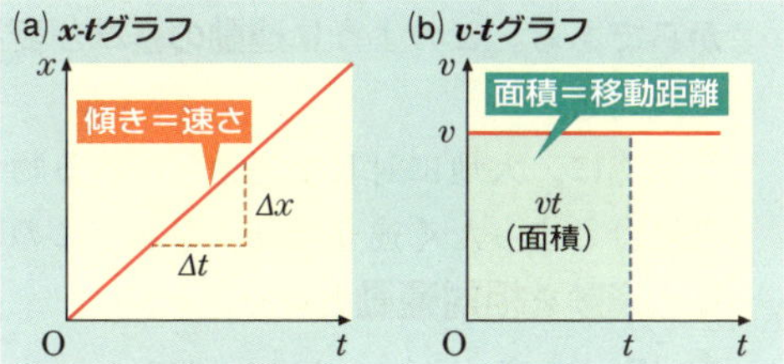

図11　等速直線運動の $x$-$t$ グラフと $v$-$t$ グラフ

# 4　一直線上の運動における合成速度と相対速度

## 1　速度の合成

速度 $v_A$〔m/s〕で進む電車の中で，人が速度 $v_B$〔m/s〕で歩いている運動を考える。このとき，歩く人の，地表から見た速度 $v$〔m/s〕は，

$$v = v_A + v_B$$

と表される。これは，$v_A$，$v_B$ が正の向きでも負の向きでも成りたつ。このように2つの物体の速度を足しあわせることを**速度の合成**，足しあわせた速度を**合成速度**という。

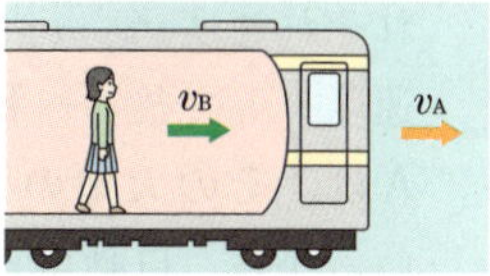

図12　電車内で歩く人

両者が同じ向きに動いている場合，合成速度の大きさは両者の速さの和で表され，両者が反対向きに動いている場合，合成速度の大きさは両者の速さの差で表される。

たとえば，図13で右向きを正とすると，①では $v_A = +1$m/s，$v_B = +5$m/s なので，合成速度 $v = v_A + v_B = 1 + 5 = 6$m/s である。

②では $v_A = +5$m/s，$v_B = -1$m/s なので，合成速度 $v = v_A + v_B = 5 + (-1) = 4$m/s となる。

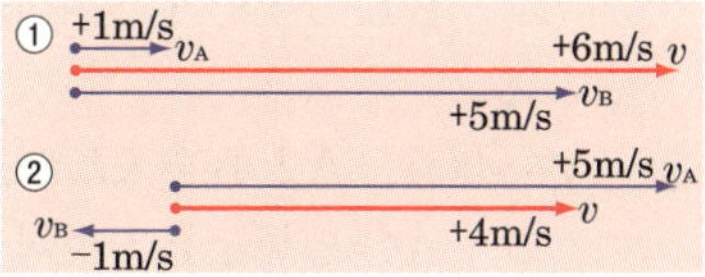

図13　速度の合成

## 2 相対運動

**❶ 運動の基準**　私たちの感覚では，大地は静止しているものである。ある物体が大地に対して移動しているとき，私たちはこの物体が運動していると感じる。このように，私たちは運動の基準を大地においている。

**❷ 相対(そうたい)運動**　電車に乗っているとき，隣りの線路を走る電車に追い越されると，まるでこちらの電車があと戻りしているように錯覚(さっかく)することがある。これは，いつも運動の基準と考えている大地が見えないために，無意識のうちに，相手の電車を運動の基準にしてしまうからである。このように**運動の基準が変わると，同じ運動でもまったくちがう運動に見える。**

とくに，大地に対して運動している物体を運動の基準にとると，大地を基準にした場合とまったく違う運動になる。このように，運動している物体から見た他の物体の運動を**相対運動**という。

**❸ 相対速度**　大地に対して運動している物体A，Bがあるとき，Aを基準にして見たBの速度を**Aに対するBの相対速度**といい，記号$\boldsymbol{v}_{AB}$で表す。また，Bを基準にして見た物体Aの速度をBに対するAの相対速度といい，記号$\boldsymbol{v}_{BA}$で表す。

## 3 相対速度の求め方　重要

**❶ 一直線上での相対速度**　図14のように，一直線上を2台の自動車A，Bがそれぞれ速度$v_A$，$v_B$で運動している場合を考えよう。自動車Bから見ると，大地は速度$-v_B$で後ろへ移動していく。自動車Aは，その大地の上を速度$v_A$で走っているから，自動車Bから見た自動車Aの相対速度$v_{BA}$は，自動車Aの大地に対する速度$v_A$と，大地の自動車Bに対する速度$-v_B$の合成速度になる。よって，

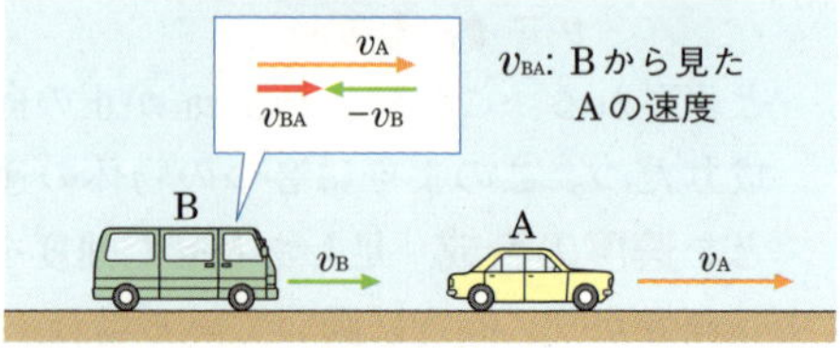


図14　一直線上の相対速度

Bから見たAの相対速度　$$v_{BA} = v_A + (-v_B) = v_A - v_B \quad (1\cdot8)$$

となる。

いっぽう，AとBを入れかえて同様に考えると，

Aから見たBの相対速度　$$v_{AB} = v_B - v_A \quad (1\cdot9)$$

となる。$v_{BA}$と$v_{AB}$は，大きさが同じで向き(符号)が逆である。

このように，観測者から見た物体の相対速度は，物体の速度から観測者の速度を引いた速度で表される。

すなわち，相対速度を$v_{相}$，観測する側の速度を$v_{観}$，物体の速度を$v_{物}$とすると，次のようにまとめることができる。

**ポイント　相対速度**

$$v_{相} = v_{物} - v_{観}$$

［$v_{相}$〔m/s〕：相対速度　$v_{物}$〔m/s〕：物体の速度
$v_{観}$〔m/s〕：観測者の速度］

**例題　相対速度**

物体Aが速度$v_A = 30\,\text{m/s}$，物体Bが速度$v_B = 20\,\text{m/s}$で，それぞれ右向きに進んでいる。このとき，次の各問いに答えなさい。

(1)　Aから見たBの相対速度を求めよ。

(2)　Bから見たAの相対速度を求めよ。

**着眼**　(1) Aから見た相対速度なので，Aの速度を引けばよい。
(2) Bから見た相対速度なので，Bの速度を引けばよい。

**解説**　物体Aも物体Bも右向きに進んでいるので，右向きを正にとって考える。

(1)　Aから見たBの相対速度$v_{AB} = v_B - v_A = 20 - 30 = -10\,\text{m/s}$
右向きが正なので，$v_{AB}$の向きは左向き，大きさは10m/s。

(2)　Bから見たAの相対速度$v_{BA} = v_A - v_B = 30 - 20 = 10\,\text{m/s}$
右向きが正なので，$v_{BA}$の向きは右向き，大きさは10m/s。

**答**　(1) **左向きに10m/s**　(2) **右向きに10m/s**

**類題 1**　船Aが北に向かって15m/sの速さで，船Bが北に向かって10m/sの速さで，船Cが南に向かって5m/sの速さで航行している。3せきの船はすべて同一直線上を航行しているものとして，次の各問いに答えよ。（解答▷p.229）

(1)　船Aから見た船Bの相対速度は，どちら向きに何m/sか。

(2)　ある時刻に，船Aは船Cの21.4km南を航行していた。船Aと船Cが同じ位置にたどり着くのは，この時刻から何s経過した後か。

**類題 2**　まっすぐな道路を，自動車Aが東に速さ30km/hで進み，自動車Bが西に速さ50km/hで進んでいる。このとき，次の各問いに答えよ。（解答▷p.229）

(1)　自動車Bから見た自動車Aの相対速度$v_1$を求めよ。

(2)　自動車Aから見た自動車Bの相対速度$v_2$を求めよ。

(3)　$v_1$と$v_2$にはどのような関係があるか。向きと大きさそれぞれについて答えよ。

# 5 加速度

## 1 直線運動における加速度 重要

**❶ 加速度**　加速度は，単位時間あたりの速度の変化量である。物体の速度が変化しているとき，物体に加速度が生じているという。速度が変化するというのは，速さがしだいに大きくなったり小さくなったりする場合のほかに，速さが変わらず，向きだけが変化する場合も含まれる。

**❷ 直線運動**　加速度は速度を時間で割ったものなので，変位や速度と同じ向きと大きさをあわせもつ量(ベクトル)である。物体に生じた加速度の方向が運動の方向と同じとき，物体は直線上で速さを変える。このような運動を直線運動という。直線運動について考えるときには，加速度の向きも正負で表すことができる。

**❸ 平均の加速度**　いま直線上を走っている物体の速度が，時刻$t_1$〔s〕において$v_1$〔m/s〕，時刻$t_2$〔s〕において$v_2$〔m/s〕であったとすれば，時間$\Delta t = t_2 - t_1$〔s〕の間に速度が$\Delta v = v_2 - v_1$〔m/s〕だけ変化したことになるから，単位時間あたりの速度の平均変化量，すなわち平均の加速度$\bar{a}$は，

$$\bar{a} = \frac{\Delta v}{\Delta t} = \frac{v_2 - v_1}{t_2 - t_1} \tag{1·10}$$

となる。

**❹ 瞬間の加速度**　加速度を求める時間$\Delta t$〔s〕を非常に短くとると，速度変化$\Delta v$〔m/s〕も小さくなる。これらを用いて求めた加速度$a = \dfrac{\Delta v}{\Delta t}$を瞬間の加速度という。

ふつう，単に加速度というときは，瞬間の加速度のことである。

**❺ 加速度の単位**　加速度は速度を時間で割った量なので，その単位は，〔m/s〕÷〔s〕=〔m/s²〕となる。これをメートル毎秒毎秒と読む。

**❻ 加速度の正負**　物体が直線上を正の向きに進んでいるとき，速度がだんだん大きくなる場合は，加速度の式の$v_2 - v_1 > 0$になるので，加速度は正($a > 0$)である。反対にだんだん遅くなる場合は，加速度が負($a < 0$)である。

**ポイント　加速度**

$$a = \frac{\Delta v}{\Delta t} = \frac{v_2 - v_1}{t_2 - t_1}$$

$a$〔m/s²〕：加速度　　$\Delta v$〔m/s〕：速度変化　　$\Delta t$〔s〕：経過時間
$v_1$〔m/s〕：時刻$t_1$〔s〕における速度
$v_2$〔m/s〕：時刻$t_2$〔s〕における速度

## 重要実験　加速度の測定

**操作**

① 床から1.5mぐらいの高さに記録タイマーを設置し，図15のようにおもりをつけた紙テープを通す。
② 紙テープの端を手でもち，おもりを床から1.2mぐらいの高さに引き上げる。
③ 記録タイマーのスイッチを入れてから手を離し，紙テープに打点を記録する。

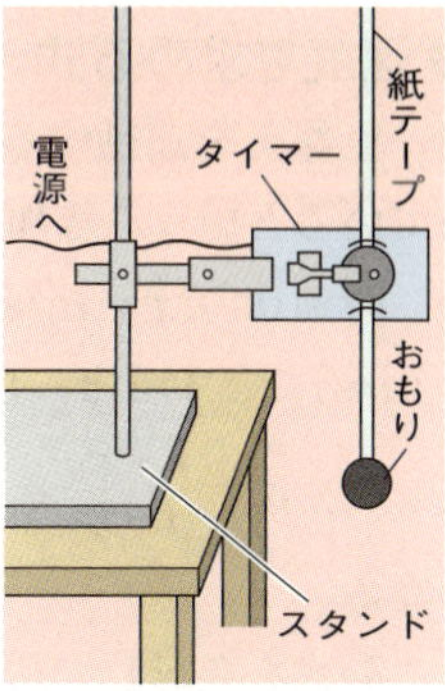

図15　加速度の測定

**結果と考察**

① 最初のほうの打点は重なっているので，すてる。打点がはっきりしている部分の紙テープを2打点ごとに切り離し，図16のように，下端をそろえて並べる。
② 記録タイマーは，東日本では$\frac{1}{50}$秒，西日本では$\frac{1}{60}$秒ごとに打点するので，切り離されたテープの長さは，東日本では$\frac{1}{25}$秒間，西日本では$\frac{1}{30}$秒間にそれぞれおもりが落下した距離である。したがって，テープの長さが1.0cmであれば，その間のおもりの平均の速さは，

東日本では，$\bar{v}=\dfrac{1.0\,\text{cm}}{\frac{1}{25}\,\text{s}}=25\,\text{cm/s}=0.25\,\text{m/s}$

西日本では，$\bar{v}=\dfrac{1.0\,\text{cm}}{\frac{1}{30}\,\text{s}}=30\,\text{cm/s}=0.30\,\text{m/s}$

になる。
③ このように，テープの長さは速さに比例，テープの幅は時間に比例するので，テープの下端を通る直線を横軸とし，テープの長さの方向に縦軸をとる。横軸の目盛りはテープの幅と同じにすると，1目盛りが$\frac{1}{25}$秒（西日本では$\frac{1}{30}$秒），縦軸の目盛りは1cmごとにとり，1目盛りが0.25m/s（西日本では0.30m/s）となる。
④ テープの上端を結ぶと***v-t*グラフ**になる。**加速度の大きさ**は，

$$a=\frac{v_2-v_1}{t_2-t_1}$$

であるから，$v$-$t$グラフの**傾き**を求めればよい。

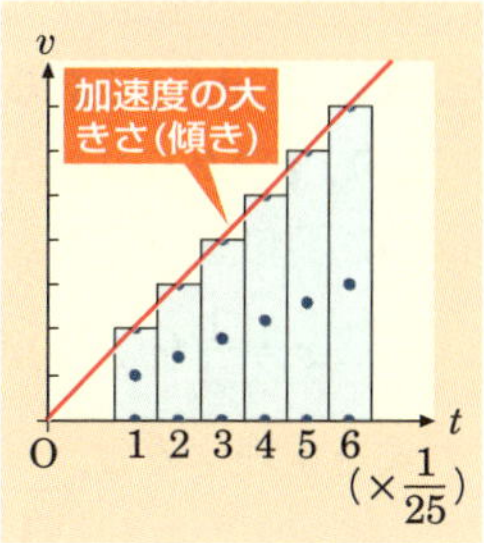

図16　紙テープの処理

# 6 等加速度直線運動

## 1 速 度

**❶ 速度を求める式**　ある物体が一定の加速度 $a$〔m/s²〕で一直線上を運動するとき，物体は**等加速度直線運動**をしているという。等加速度直線運動をしている物体の速度が，時刻0sで $v_0$〔m/s〕(これを**初速度**という)，$t$〔s〕後に $v$〔m/s〕だとすると，加速度 $a$ は，

$$a = \frac{v - v_0}{t - 0} = \frac{v - v_0}{t}$$

となる。

この式を変形して，$v$ を求める式にすると，

$$v = v_0 + at \qquad (1\cdot11)$$

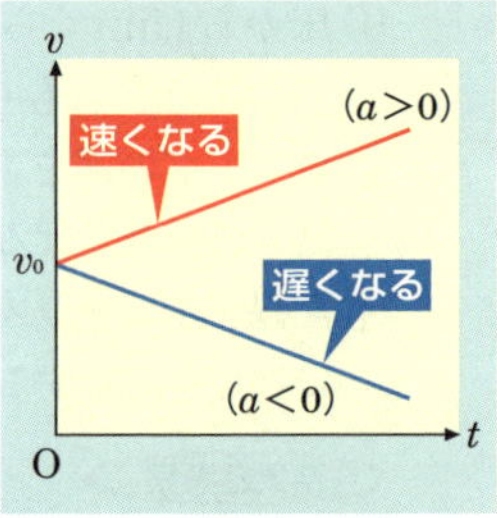

図17 等加速度直線運動の $v$-$t$ グラフ

> **ポイント** 等加速度直線運動の速度　$v = v_0 + at$
> $v_0$〔m/s〕：初速度　$a$〔m/s²〕：加速度　$t$〔s〕：経過時間

**❷ $v$-$t$ グラフと加速度**　等加速度直線運動の $v$-$t$ グラフは，図17のようになる。加速度は $v$-$t$ グラフの傾きで表されるので，加速度が正のときは，$v$-$t$ グラフの傾きも正になる。加速度が一定であるから，傾きは一定で，$v$-$t$ グラフは直線になる。

## 2 変 位 重要

**❶ 変位を求める式**　変位は $v$-$t$ グラフから求められる。初速度 $v_0$〔m/s〕，加速度 $a$〔m/s²〕の物体の $t$〔s〕後の速度が $v$〔m/s〕である場合，$v$-$t$ グラフは，図18のようになり，$v$-$t$ グラフの直線と $t$ 軸に囲まれた**台形OABCの面積が変位 $x$〔m〕を表す。**よって(1・11)式より，

$$x = \frac{1}{2}(v_0 + v)t = \frac{1}{2}(v_0 + v_0 + at)t$$

この式を整理すると，

$$x = v_0 t + \frac{1}{2}at^2 \qquad (1\cdot12)$$

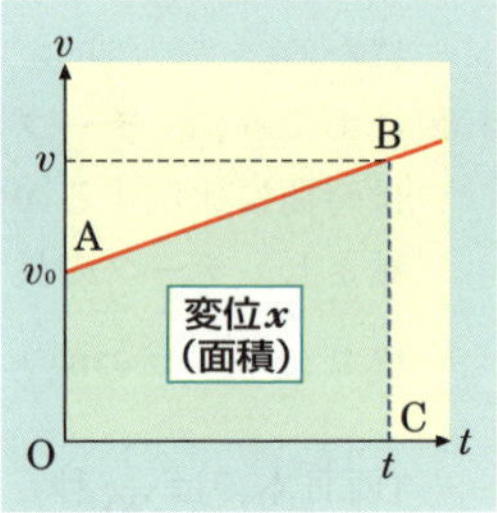

図18 $v$-$t$ グラフと変位

> **ポイント** 等加速度直線運動の変位　$x = v_0 t + \frac{1}{2}at^2$
> $v_0$〔m/s〕：初速度　$t$〔s〕：経過時間　$a$〔m/s²〕：加速度

**❷ $x$-$t$グラフ**　等加速度直線運動の変位$x$は時間$t$の2次関数になるので，$x$-$t$グラフは図19のような**放物線**になる。

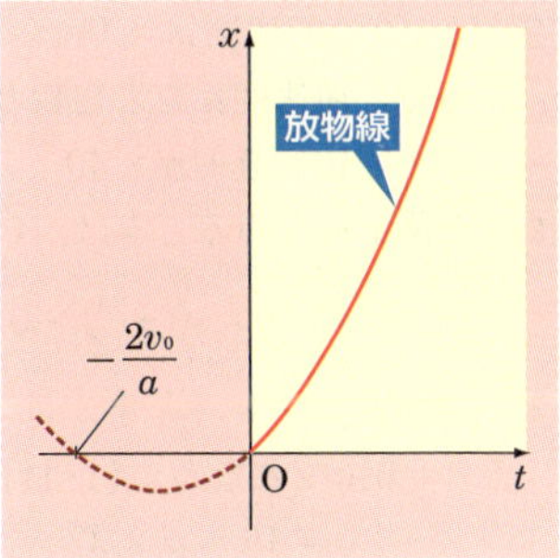


図19　等加速度直線運動の$x$-$t$グラフ

**❸ 時間を含まない式**　等加速度直線運動の速度を求める(1・11)式$v=v_0+at$から，$t=\frac{v-v_0}{a}$として，これを変位を求める(1・12)式$x=v_0t+\frac{1}{2}at^2$に代入すると，

$$v^2-{v_0}^2=2ax \quad (1\cdot13)$$

が得られる。

この式は，等加速度直線運動の問題で，時間$t$が与えられていない場合などに使うとよい。

> **ポイント　等加速度直線運動の時間を含まない式**
>
> $$v^2-{v_0}^2=2ax$$
>
> $v_0$〔m/s〕：初速度　　$v$〔m/s〕：終わりの速度
>
> $a$〔m/s²〕：加速度　　$x$〔m〕：変位

**例題　等加速度直線運動**

駅を出発した電車が直線状のレールの上を走っていく。静止していた電車が一定の加速度で速さを増しながら，40秒後に16m/sの速さになった。進行方向を正として，次の各問いに答えよ。ただし，必要なら$\sqrt{3}\fallingdotseq1.73$を用いること。

(1)　このときの加速度の大きさはいくらか。

(2)　(1)のときに進んだ距離は何mか。

その後，一定の速さで80秒間進んでから，ブレーキをかけて一定の加速度で減速し，ブレーキをかけはじめて32秒後に止まった。

(3)　ブレーキをかけているときの電車の加速度はいくらか。

(4)　ブレーキをかけはじめてから64m進んだときの速さはいくらか。

(5)　電車が駅を出発してから停止するまでの$v$-$t$グラフをかけ。

(6)　電車が駅を出発してから停止するまでの$a$-$t$グラフ（加速度と時間の関係）をかけ。

**着眼**　電車は直線レール上で加速度運動をするから，等加速度直線運動の3つの公式をうまく使う。

**解説** (1)　初速度$v_0 = 0$m/sで，そのほかに時間$t$，終わりの速度$v$などの値が与えられている。加速度$a$を未知数とすればよいから，(1·11)式を用いて，

$16 = 0 + a \times 40$　　よって，　$a = 0.40\,\mathrm{m/s^2}$

(2)　変位$x$を求めるときは，(1·12)式を使う。

$$x = 0 \times 40 + \frac{1}{2} \times 0.40 \times 40^2 = 320\,\mathrm{m}$$

(3)　初速度はブレーキをかける前の速さであるから，初速度$v_0 = 16$m/sで，止まったとき$v = 0$m/sとなる。(1·11)式を使うと，

$0 = 16 + a \times 32$　　よって，　$a = -0.50\,\mathrm{m/s^2}$

(4)　経過時間$t$が与えられていないから，(1·13)式を使う。$v$が未知数である。

$v^2 - 16^2 = 2 \times (-0.50) \times 64$　　よって，　$v = 13.84 \fallingdotseq 14\,\mathrm{m/s}$

(5)　時刻$t = 0$s〜40sの間は等加速度運動だから，グラフは直線。$t = 40$sで$v = 16$m/sになり，その後80秒間は速度が一定。その後32秒間は等加速度で減速する。

(6)　時刻$t = 0$s〜40sの間の加速度は，(1)より$0.40\,\mathrm{m/s^2}$。$t = 40$s〜120sの間は等速直線運動だから，加速度は0である。$t = 120$s〜152sの間は，(3)より$-0.50\,\mathrm{m/s^2}$である。

答　(1)**0.40m/s²**　(2)**320m**　(3)**−0.50m/s²**　(4)**14m/s**

(5)
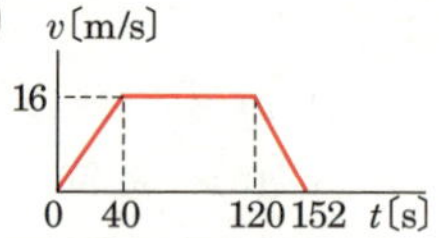


(6)
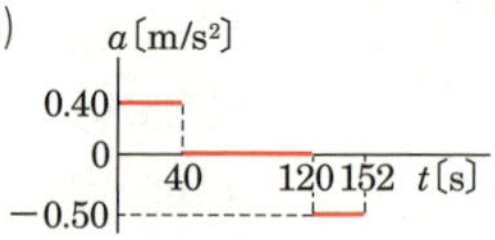


**類題 3**　時速50.4km/hで走っている自動車の運転手が道路上に障害物を発見して急ブレーキをかけるとする。運転手が障害物を発見してからブレーキをかけるまでに0.60秒かかり，ブレーキによる加速度が$-4.0\,\mathrm{m/s^2}$である場合，運転手が障害物を発見してから自動車が止まるまでに，自動車は何m走るか。(解答▷*p.229*)

## 3 負の等加速度直線運動　重要

**❶ *v-t* グラフ**　初速度$v_0$が正で，加速度$a$が負の場合の$v$-$t$グラフは図20のようになる。加速度が負であるから，速度はしだいに小さくなり，ついには0になる。速度が0になる時刻$t_1$は，$0 = v_0 + at_1$より次のようになる。

$$t_1 = -\frac{v_0}{a}$$

速度が0になった後も同じ加速度で運動しつづけるとすると，速度が負になる。つまり，時刻$t_1$以後は，物体が初速度と反対の向きに運動して，原点（出発点）のほうへ戻ってくることがわかる。

このような運動は，投げ上げた物体(▷*p.31*)や斜面をのぼる物体などに見られる。

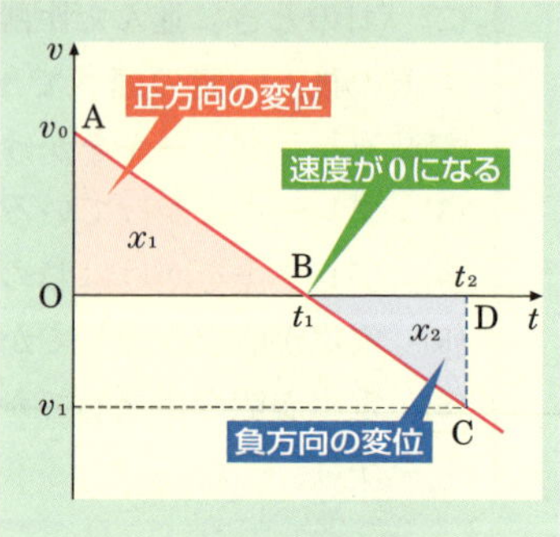

図20　負の等加速度直線運動の$v$-$t$グラフと変位

**❷ 変位と移動距離**　図20の $v$-$t$ グラフで，$t=0$～$t_1$ の変位 $x_1$ は，グラフの直線と $t$ 軸の間に囲まれる三角形OABの面積で表される。次に，$t=t_1$～$t_2$ の間のグラフの直線と $t$ 軸の間に囲まれた三角形BCDの面積 $x_2$ は，速度が負であるから，停止した点からの負方向の変位 $-x_2$ を表す。したがって，時刻 $t_2$ における原点からの変位 $x$ は，

$$x=x_1+(-x_2)=x_1-x_2$$

である。いっぽう，移動距離 $S$ は全行程の長さであるから，次のようになる。

$$S=x_1+x_2$$

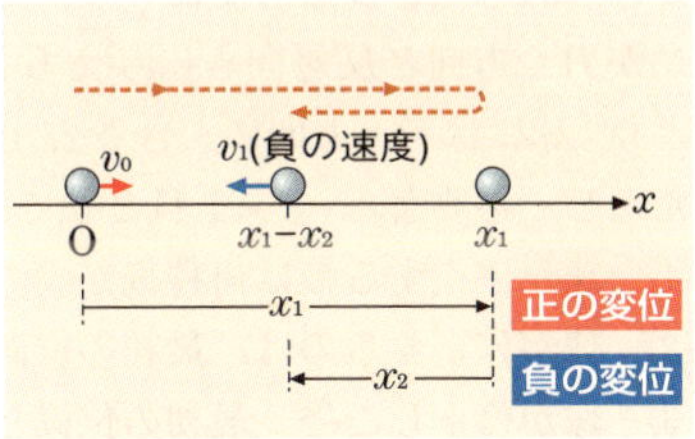


図21　負の等加速度直線運動の変位と移動距離

## 例題　斜面をのぼる球の運動

なめらかな斜面上で球をころがしてのぼらせる。斜面の下端から0.50mの点を原点Oとし，斜面に沿って上向きに $x$ 軸をとる。球が原点Oを正の向きに通り過ぎる瞬間の速さを2.6m/sとし，球にはつねに $-2.0\,\mathrm{m/s^2}$ の加速度が生じているものとして，次の問いに答えよ。

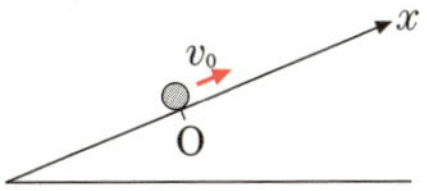


(1)　球が斜面上で停止するのは，原点Oを通ってから何秒後か。
(2)　球が再び原点Oを通過するときの速さは何m/sか。
(3)　球が斜面の下端に到達するのは，最初に原点Oを通ってから何秒後か。

**着眼**　斜面上をころがってのぼる運動は負の等加速度直線運動である。公式に代入する速度，加速度，変位の正負をまちがえないように注意すること。

**解説**　(1)　球の速度が0になるときの時刻を求めればよい。(1·11)式に，$v=0\,\mathrm{m/s}$，$v_0=2.6\,\mathrm{m/s}$，$a=-2.0\,\mathrm{m/s^2}$ を代入し，時刻 $t$ を未知数として解く。

$$0=2.6+(-2.0)t \qquad \text{よって，} \quad t=1.3\,\mathrm{s}$$

(2)　球が再び原点を通過するというのは，変位 $x$ が0になるということである。ここでは時間が与えられていないので，(1·13)式を使う。$v$ が未知数で，$v_0=2.6\,\mathrm{m/s}$，$a=-2.0\,\mathrm{m/s^2}$，$x=0\,\mathrm{m}$ であるから，$v^2-2.6^2=2\times(-2.0)\times0$ となり，これを整理して $v=\pm2.6\,\mathrm{m/s}$ となる。速さを求めるときは絶対値を求めればよいから，2.6m/sとなる。

(3)　斜面の下端の座標は，$x=-0.50\,\mathrm{m}$ である。したがって，変位が $-0.50\,\mathrm{m}$ になる時刻を求めればよい。(1·12)式で，時刻 $t$ を未知数とし，その他の数値を代入すると，

$$-0.50=2.6t+\frac{1}{2}(-2.0)t^2$$

これを整理すると，$t^2-2.6t-0.5=0$ から，$t\fallingdotseq1.3\pm1.5\,\mathrm{s}$

$t>0$ であるから，$t=2.8\,\mathrm{s}$

答　(1) **1.3秒後**　(2) **2.6m/s**　(3) **2.8秒後**

**類題 4**　なめらかな水平面上に糸のついた球をおき，糸の他端にはおもりをつける。右図のように，糸を滑車にかけ，おもりをつるしておいて，球に3.0m/sの初速度を，糸が引く方向と反対向きに与える。初速度の向きに$x$軸をとり，球には$-x$方向に大きさ$2.5\,m/s^2$の加速度が生じるものとして，次の各問いに答えよ。ただし，必要なら$\sqrt{2}=1.41$として計算すること。（解答▷*p.229*）

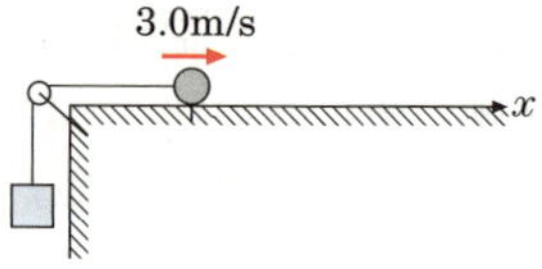


(1)　球が停止するのは何秒後か。

(2)　球が停止するのは，最初の位置から何m離れた所か。

(3)　球が停止した後，最初の位置とのちょうど中間まで引き返すのに要する時間を求めよ。

## この節のまとめ　運動の表し方

| | |
|---|---|
| □物理量の測定と表し方 ▷*p.10* | ● **基本単位**…m，kg，sなど。基本単位を組み合わせてほかの単位を組み立てることができる。<br>● **誤差**…測定値の，真の値からのずれ。<br>● **有効数字**…測定した値のうち，意味のある数字。 |
| □変　位 ▷*p.16* | ● **変位**…位置の変化を表す量。向きと大きさを合わせもつベクトルなので，**変位ベクトル**ともいう。<br>● **移動距離**…運動の道すじに沿って測った長さ。 |
| □速さと速度 ▷*p.17* | ● **平均の速さ**…途中の速さの変化を無視して，物体の移動距離$\Delta x$〔m〕と所要時間$\Delta t$〔s〕とから求めた速さ$\bar{v}$〔m/s〕。<br>● **瞬間の速さ**…非常に短い距離$\Delta x$〔m〕と，それを移動するのにかかる時間$\Delta t$〔s〕とから求めた速さ$v$〔m/s〕。<br>$v=\dfrac{\Delta x}{\Delta t}$<br>● **速度**…瞬間の速さに向きを含めたベクトル。<br>● **等速直線運動**…一定の速度$v$〔m/s〕で$t$〔s〕間運動したときの移動距離$x$〔m〕は，<br>$x=vt$<br>● **$x$-$t$グラフ**…等速直線運動の$x$-$t$グラフは，原点を通る直線。**グラフの傾きが速度を表す。**<br>● **$v$-$t$グラフ**…等速直線運動の$v$-$t$グラフは，$t$軸に平行な直線。グラフと$t$軸によって**囲まれた面積が移動距離を表す。** |

| | |
|---|---|
| □一直線上の運動における合成速度と相対速度 ▷ p.19 | ◎ **合成速度**…ある速度で運動する物体に対して別の速度で運動する物体の速度。2つの速度ベクトルの和で求められる。<br>$\vec{v}=\vec{v_1}+\vec{v_2}$<br>◎ 大地に対して運動している物体を基準にして見た他の物体の速度を**相対速度**という。<br>◎ **Bから見たAの相対速度 $\vec{v_{BA}}$**<br>$\vec{v_{BA}}=\vec{v_A}-\vec{v_B}$ |
| □加速度 ▷ p.22 | ◎ **加速度**…単位時間あたりの速度の変化量。<br>直線運動では,<br>$a〔m/s^2〕=\dfrac{\Delta v〔m/s〕}{\Delta t〔s〕}=\dfrac{v_2-v_1}{t_2-t_1}$ |
| □等加速度直線運動 ▷ p.24 | ◎ **速度**…初速度$v_0$〔m/s〕, 加速度$a$〔m/s²〕で運動する物体の$t$〔s〕後の速度$v$〔m/s〕は,<br>$v=v_0+at$<br>◎ **$v$-$t$ グラフ**…等加速度直線運動の$v$-$t$グラフは直線。グラフの直線と$t$軸との間に囲まれる図形の面積が変位を表す。<br>◎ **変位**…初速度$v_0$〔m/s〕, 加速度$a$〔m/s²〕で運動する物体の$t$〔s〕後の変位$x$〔m〕は,<br>$x=v_0t+\dfrac{1}{2}at^2$<br>$v^2-v_0{}^2=2ax$<br>◎ **$x$-$t$グラフ**…等加速度直線運動の$x$-$t$グラフは**放物線**。 |

# 2節 空中での物体の運動

## 1 自由落下運動

### 1 重力加速度

図22は小球を落としたときのストロボ写真である。ボールの像の間隔がしだいに広くなっていることから，小球には加速度が生じていることがわかる。落下の加速度は，物体の質量と無関係に一定の値となり，この大きさを写真から求めると，約 $9.8\,\mathrm{m/s^2}$ である。これを**重力加速度**といい，記号 $g$ で表す。★1

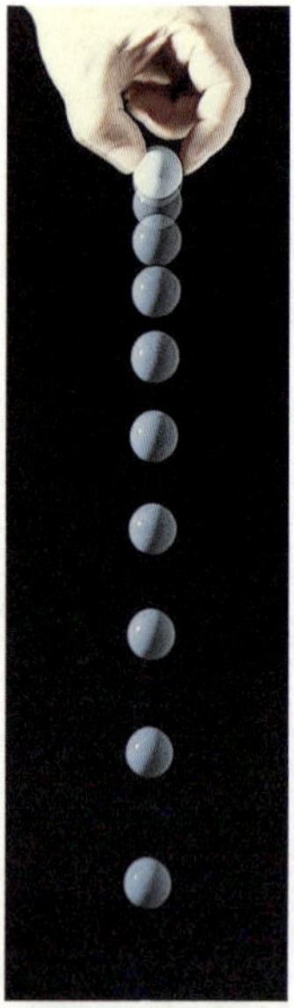

図22 自由落下運動する小球

補足　運動方程式（▷*p.59*）で学ぶように，質量 $m$〔kg〕の物体にはたらく重力を $W$〔N〕とすると，$W=mg$ という関係が成りたつ。

**重力加速度**
$$g=9.8\,\mathrm{m/s^2}$$

### 2 自由落下運動 重要

**❶ 自由落下運動**　重力のはたらく方向を**鉛直**（えんちょく）**方向**，それに垂直な方向を**水平方向**という。物体が，重力だけを受けて鉛直下向きに落下する運動を，**自由落下運動**という。

参考　ボールが空気中を落下する場合は，重力以外に空気の抵抗力がはたらく（▷*p.40*）。しかし，速度があまり大きくならないうちは，抵抗力は非常に小さいので，無視してもよい。

**❷ 自由落下運動の関係式**　自由落下運動は等加速度直線運動の１つであるから，*p.24～25* で導いた公式を使えばよい。自由落下運動は鉛直下向きの運動であるから，鉛直下向きに $y$ 軸をとって座標を表す。初速度 $v_0=0$，加速度は $g$ であるから，(1･11)～(1･13) 式の，$v_0$ を0，$a$ を $g$，$x$ を $y$ とそれぞれ書きなおせばよい。

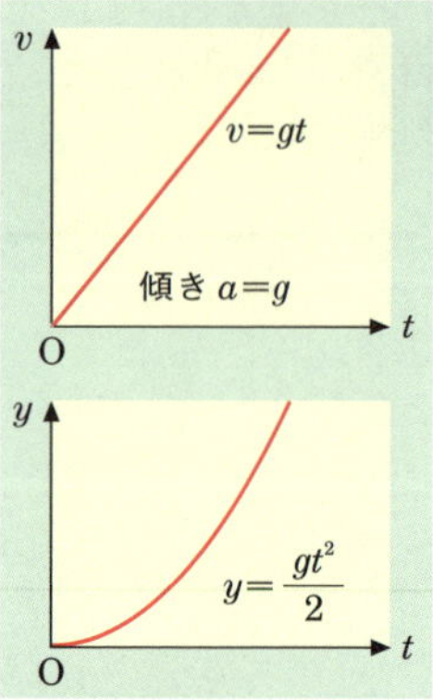


図23 自由落下運動におけるv-tグラフ，y-tグラフ

**ポイント　自由落下運動**

| | | |
|---|---|---|
| 速度 | $v=gt$ | (1･14) |
| 変位 | $y=\dfrac{1}{2}gt^2$ | (1･15) |
| 時間を含まない式 | $v^2=2gy$ | (1･16) |

★1 本書では以後，特にことわりのない場合には，$g=9.8\,\mathrm{m/s^2}$（有効数字２桁）とする。

**例題　自由落下運動**

重力加速度を$9.8\,\mathrm{m/s^2}$として，鉄球が初速度0で自由落下を始めてから4.9m落下したときの速さを求めよ。また，落下を始めてからこの位置にくるまでの時間を求めよ。

**着眼**　自由落下運動の公式は3つある。どの公式を使うのがいちばん能率がよいか考えて解答しよう。

**解説**　最初の問題は，速度$v$〔m/s〕が未知数で，変位$y=4.9\,\mathrm{m}$が与えられているから，(1･16)式を使うとよい。

$v^2=2\times9.8\times4.9$　　　よって，　$v=9.8\,\mathrm{m/s}$

次の問題は，時間$t$が未知数で，変位$y=4.9\,\mathrm{m}$と速度$v=9.8\,\mathrm{m/s}$が与えられているから，(1･14)式と(1･15)式のどちらでもよいが，$t$の1次式である(1･14)式のほうが簡単である。

$9.8=9.8t$　　　よって，　$t=1.0\,\mathrm{s}$

答　速さ…**9.8m/s**　時間…**1.0s**

## 2 投げ上げと投げおろし

### 1 投げ上げた物体の運動　重要

**❶ 式の導き方**　物体を**真上(鉛直上向き)**に初速度$v_0$で投げ上げる運動を，**鉛直投げ上げ**という。$y$軸の向きを初速度の向きにそろえて鉛直上向きにとると，重力加速度は$-g$となり，負の等加速度直線運動となるから，(1･11)〜(1･13)式の，$a$を$-g$，$x$を$y$とそれぞれ書きかえると，次のようにまとめることができる。

このときの$x$-$t$グラフ，$y$-$t$グラフはそれぞれ右の図25のようになる。

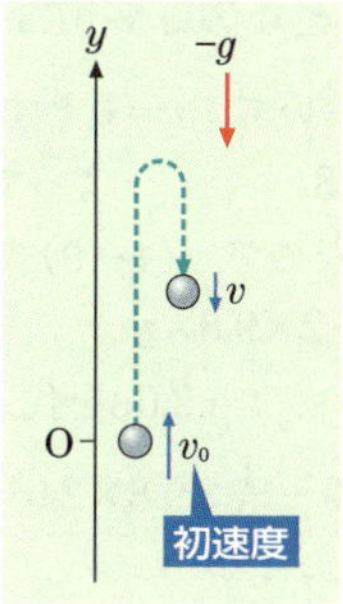


図24　投げ上げ運動

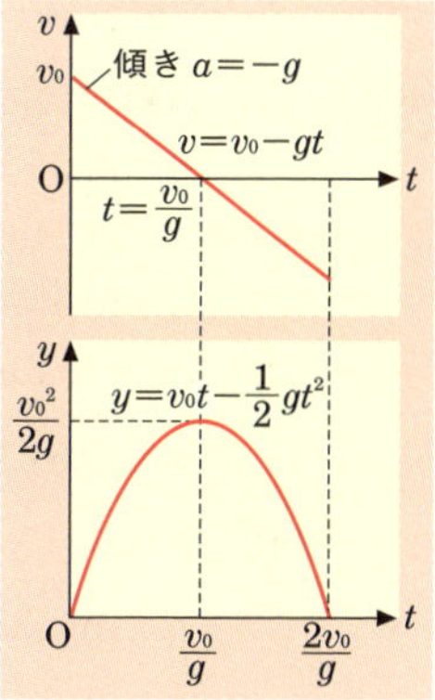


図25　鉛直投げ上げの$v$-$t$グラフ，$y$-$t$グラフ

**ポイント**

投げ上げ(鉛直投げ上げ)

速度　$v=v_0-gt$　(1･17)

変位　$y=v_0t-\dfrac{1}{2}gt^2$　(1･18)

時間を含まない式　$v^2-v_0{}^2=-2gy$　(1･19)

**❷ 最高点の高さ**　投げ上げた物体はしだいに速度が小さくなり，ついには0になって，そこから落下をはじめる。すなわち，**速度が0になった瞬間が最高点である。**

したがって，$v=v_0-gt$ において，$v=0$ とすると，

$$0=v_0-gt \quad から，\quad t=\frac{v_0}{g}$$

この $t$ を，$y=v_0t-\frac{1}{2}gt^2$ に代入すると，最高点の高さが求められる。

$$y=v_0\cdot\frac{v_0}{g}-\frac{1}{2}g\left(\frac{v_0}{g}\right)^2=\frac{v_0^2}{2g} \quad （最高点の高さ）$$

**注意**　どの向きを正にとるかによって，加速度 $a$ の符号が変わってしまうので気をつけよう。ここでは鉛直上向きを正としているので，加速度は負になる。

**例題　真上に投げ上げた物体の運動**

真上に向けて，初速度19.6m/sでボールを投げた。重力加速度を9.8m/s$^2$として各問いに答えよ。

(1)　ボールは投げてから何秒後に最高点に達するか。

(2)　投げた点からボールの最高点までの高さは何mか。

(3)　ボールが再び投げた点にもどるまでの時間は何秒か。

**着眼**　(1)最高点では速度が0になることから，$v=0$ とすればよい。
(3)投げた点にもどるのは変位が0になることだから，$y=0$ とすればよい。

**解説**　(1)　(1·17)式において，$v=0$ とすると，

$0=19.6-9.8t$　　　よって，　$t=2.0$s

(2)　最高点での速度は0なので，(1·19)式に $v_0=19.6$m/s，$v=0$m/sを代入すると，

$0-19.6^2=-2\times9.8\times y$　　　よって，　$y=19.6\text{m}\fallingdotseq20\text{m}$

(1·18)式に $v_0=19.6$m/s，$t=2.0$sを代入しても求めることができる。

$$y=19.6\times2.0-\frac{1}{2}\times9.8\times2.0^2=19.6\text{m}\fallingdotseq20\text{m}$$

(3)　(1·18)式で $y=0$ とすると，

$0=19.6t-\frac{1}{2}\times9.8t^2=4.9t(4-t)$　　　よって，　$t=0.0$s, 4.0s

$t>0$ であるから，$t=4.0$s

**答**　(1) **2.0秒後**　(2) **20m**　(3) **4.0秒**

**類題 5**　鉛直方向に初速度 $v_0$ で投げ上げた物体が，はじめの点にもどるまでの時間 $t$ を $v_0$ と $g$ で表せ。（解答▷p.229）

**類題 6**　小球Aを自由落下させると同時に，その真下の地上の点から小球Bを初速度 $v_0$ で真上に投げ上げたところ，AとBの速さが同じになったときに衝突した。（解答▷p.229）

(1)　Aを自由落下させてから衝突するまでの時間を $v_0$ と $g$ で表せ。

(2)　Aの最初の地上からの高さを $v_0$ と $g$ で表せ。

## 2 投げおろした物体の運動 重要

初速度$v_0$で投げおろした物体の運動は，下向きを$y$軸の正の向きにとれば，初速度も加速度も正であるから，速さがしだいに大きくなる**正の等加速度直線運動**となる。そこで，(1・11)〜(1・13)式の，$a$を$g$，$x$を$y$とそれぞれ書きかえれば，投げおろした物体の運動を表す式になる。

補足　鉛直投げ上げと鉛直投げおろしをあわせて，**鉛直投射**という。

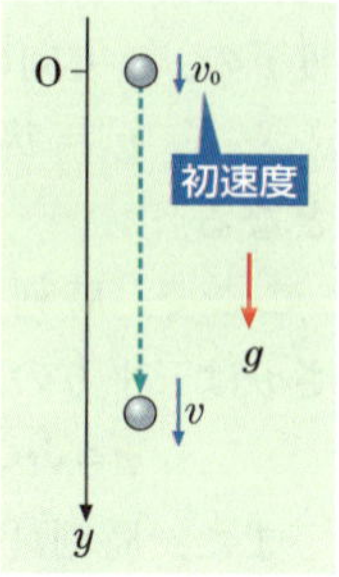


図26 投げおろした物体の運動

**ポイント**

**投げおろした物体の運動**

- 速度　$v = v_0 + gt$　(1・20)
- 変位　$y = v_0 t + \frac{1}{2}gt^2$　(1・21)
- 時間を含まない式
  $v^2 - v_0{}^2 = 2gy$　(1・22)

# 3 放物運動

## 1 水平投射した物体の運動

**❶ 水平投射**　物体を水平に投げることを**水平投射**という。水平投射された物体の運動は，水平方向の運動と鉛直方向の運動に分けて考えることができる。

図27のように初速度$v_0$で水平方向($x$軸方向)に物体を投げ出す。このとき，

① 水平方向には，重力がはたらかないので物体は速度$v_0$の**等速直線運動**をする。
② 鉛直方向には初速度が0，重力加速度$g$の**自由落下運動**を行う。
③ 物体の運動の経路(軌跡)は，**最初の投射位置を頂点とした放物線**をえがく。

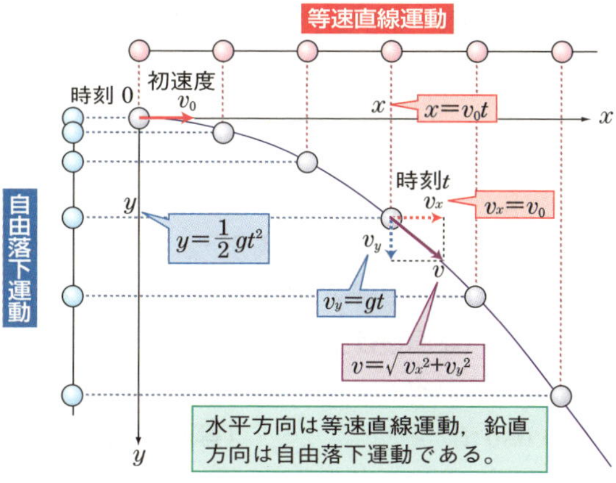


図27 水平投射した物体の運動

**❷ 水平投射した物体の運動**　時刻$t=0$のときの水平方向の初速度を$v_0$とし，出発点を原点として水平方向に$x$軸，鉛直下向きに$y$軸をとれば，時刻$t$における速度$\vec{v}$の，$x$方向の値($x$成分)$v_x$および$y$方向の値($y$成分)$v_y$は，それぞれ，

$$v_x = v_0 \qquad v_y = gt$$

となる。

ここで，時刻$t$における速度$\vec{v}$は$\vec{v_x}$と$\vec{v_y}$との合成速度(▷p.37)なので，その大きさ$v$は三平方の定理を使って，次のように表せる。

$$v = \sqrt{{v_x}^2 + {v_y}^2} = \sqrt{{v_0}^2 + (gt)^2} \qquad (1\cdot23)$$

また，時刻$t$〔s〕における位置($x$，$y$)は，

$$x = v_0 t \qquad \text{(等速直線運動)} \qquad (1\cdot24)$$

$$y = \frac{1}{2}gt^2 \qquad \text{(自由落下運動)} \qquad (1\cdot25)$$

ここで(1·24)，(1·25)より，$t$を消去すると，この物体の運動の軌跡を表す方程式

$$y = \frac{1}{2}g\left(\frac{x}{v_0}\right)^2 = \frac{g}{2{v_0}^2}x^2 \qquad (1\cdot26)$$

が得られる。(1·26)式の$y$は$x$の２次関数であるから，物体の運動の軌跡は**放物線**であることがわかる。

## 2 斜方投射した物体の運動

**❶ 斜方投射**　物体を斜めに投げることを**斜方投射**という。斜方投射された物体の運動は，水平方向の運動と鉛直方向の運動に分けて考えることができる。

① 水平方向には重力がはたらかないので，物体は**等速直線運動**をする。

② 鉛直方向では**鉛直投げ上げ**(▷p.31)の運動になる。

③ 物体の運動の経路は，上に凸の放物線をえがく。

**❷ 斜方投射した物体の運動**　時刻$t=0$のときに，**水平方向と角$\theta$をなす方向に初速度$v_0$で投げ上げ**られた物体の運動は，**初速度$\vec{v_0}$の$x$成分が$v_0\cos\theta$，$y$成分が$v_0\sin\theta$**(▷p.35)で，それぞれ$x$方向，$y$方向に出発した運動に分けて考えることができる。

次ページの図28のように，物体の出発点を原点にとり，水平方向に$x$軸，鉛直上向きに$y$軸をとれば，時刻$t$〔s〕における速度$\vec{v}$の$x$成分$v_x$，$y$成分$v_y$は，それぞれ

$$v_x = v_0\cos\theta \qquad \text{(等速直線運動)} \qquad (1\cdot27)$$

$$v_y = v_0\sin\theta - gt \qquad \text{(鉛直投げ上げ)} \qquad (1\cdot28)$$

時刻$t$〔s〕における位置($x$，$y$)は，それぞれ

$$x = (v_0\cos\theta)\,t = v_0\cos\theta\cdot t \qquad \text{(等速直線運動)} \qquad (1\cdot29)$$

$$y = (v_0\sin\theta)\,t - \frac{1}{2}gt^2 = v_0\sin\theta\cdot t - \frac{1}{2}gt^2 \qquad \text{(鉛直投げ上げ)} \qquad (1\cdot30)$$

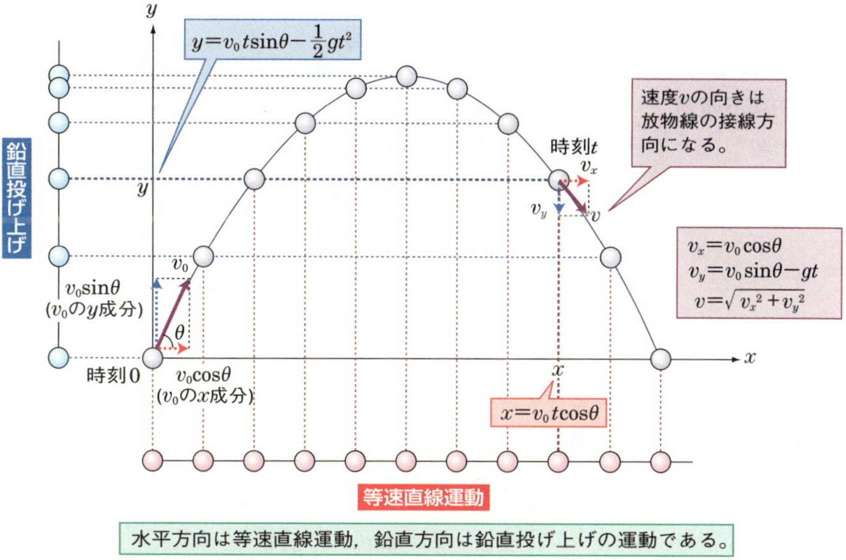


**図28** 斜方投射した物体の運動

(1・27)，(1・28)より，時刻$t$〔s〕における速さ$v$〔m/s〕は，水平投射と同様に，

$$v=\sqrt{v_x{}^2+v_y{}^2} \tag{1・31}$$

となる。

また，(1・29)，(1・30)より$t$を消去すると，物体の運動を表す方程式は，

$$y=v_0\cdot\frac{x}{v_0\cos\theta}\cdot\sin\theta-\frac{1}{2}g\left(\frac{x}{v_0\cos\theta}\right)^2$$

$$=-\frac{g}{2v_0{}^2\cos^2\theta}x^2+\tan\theta\cdot x \tag{1・32}$$

これは$x$の２次方程式であるから，斜方投射した物体の運動の軌跡も**放物線**であることがわかる。

**補足**　右の図29のような∠ACB=90°となる直角三角形ABCを考える。∠BAC=$\theta$（シータ）とすると，各辺の長さの比は，それぞれ$\theta$の大きさだけで決まる。このとき，

① $\frac{対辺}{斜辺}=\frac{BC}{AB}$を$\theta$の**正弦**（せいげん）または**サイン**といい，**sin$\theta$**と書く。

② $\frac{底辺}{斜辺}=\frac{AC}{AB}$を$\theta$の**余弦**（よげん）または**コサイン**といい，**cos$\theta$**と書く。

③ $\frac{対辺}{底辺}=\frac{BC}{AC}$を$\theta$の**正接**または**タンジェント**といい，**tan$\theta$**と書く。

①〜③をまとめて**三角比**といい，次の関係が成りたつ。

$$\frac{\sin\theta}{\cos\theta}=\frac{\frac{BC}{AB}}{\frac{AC}{AB}}=\frac{BC}{AC}=\tan\theta,\quad(\sin\theta)^2+(\cos\theta)^2=1$$

この関係は，$\theta>90°$に拡張した場合(**三角関数**)でも成立する。(▷p.224)

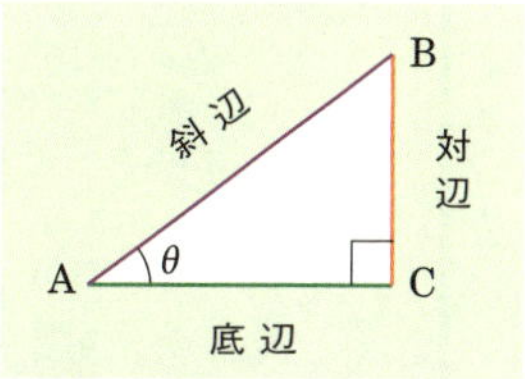


**図29** 三角比

## この節のまとめ　空中での物体の運動

| | |
|---|---|
| □自由落下運動 ▷p.30 | ◎ 重力加速度…質量とは無関係に，$g=9.8\,\mathrm{m/s^2}$<br>◎ 重力…質量 $m$〔kg〕の物体にかかる重力は $mg$〔N〕。<br>◎ 自由落下運動…鉛直下向きを $+y$ とすると，<br>速度　$v=gt$<br>変位　$y=\frac{1}{2}gt^2$<br>$t$ を消去して，$v^2=2gy$ |
| □投げ上げと投げおろし ▷p.31 | ◎ 投げ上げた物体の運動<br>鉛直上向きを $+y$ とすると，<br>速度　$v=v_0-gt$<br>変位　$y=v_0t-\frac{1}{2}gt^2$<br>$t$ を消去して，$v^2-v_0{}^2=-2gy$<br>◎ 投げおろした物体の運動<br>鉛直下向きを $+y$ とすると，<br>速度　$v=v_0+gt$<br>変位　$y=v_0t+\frac{1}{2}gt^2$<br>$t$ を消去して，$v^2-v_0{}^2=2gy$ |
| □放物運動 ▷p.33 | ◎ 水平投射した物体の運動<br>水平方向…等速直線運動<br>鉛直方向…自由落下運動<br>◎ 斜め上方に投げた物体の運動<br>鉛直上向きを $+y$ とすると，<br>$v_x=v_0\cos\theta$<br>$v_y=v_0\sin\theta-gt$<br>$v=\sqrt{v_x{}^2+v_y{}^2}$<br>$x=v_0\cos\theta\cdot t$<br>$y=v_0\sin\theta\cdot t-\frac{1}{2}gt^2$ |

# 3節 さまざまな運動

## 1 平面上の運動

### 1 平面上の速度の合成

**❶ 変位の合成**　海面上を走っている船のデッキを歩く人の運動を考えてみよう。

いま，人がデッキ上で図30の点Aから点Bまで歩く間に，船も移動して，点Aが点A′まで移動したとすると，人の海面に対する変位は$\overrightarrow{AB'}$である。これは，船の変位$\overrightarrow{AA'}$と人のデッキ上での変位$\overrightarrow{AB}$とを合成したものである。

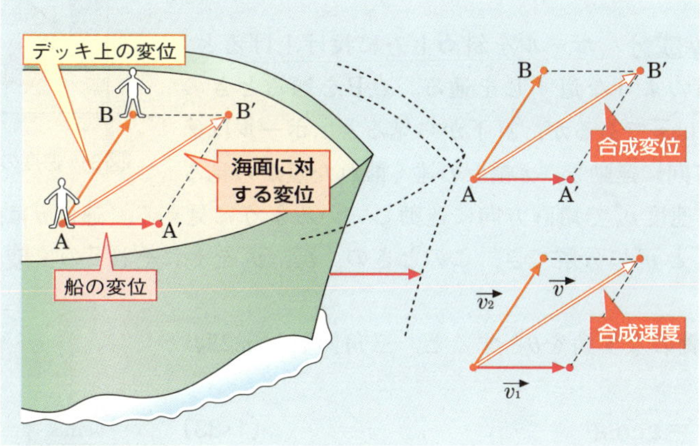


図30　速度の合成

**❷ 速度の合成**　上に述べたのは変位の関係であるが，変位を時間で割ったものが速度であるから，速度の関係も変位の関係と同じで，人の海面に対する速度$\vec{v}$は，船の海面に対する速度$\vec{v_1}$と人のデッキに対する速度$\vec{v_2}$を合成したものになる。速度の合成には，力の合成(▷p.48)と同じように，**平行四辺形の法則**を使う。

**例題　川を横切るモーターボートの速さ**

1.2m/sの速さで流れている川を，静水なら8.4m/sの速さで走るモーターボートで横切った。モーターボートから見て，モーターボートは川を垂直に横切ったとして，岸から見たモーターボートの速さを求めよ。ただし，$\sqrt{2}=1.41$とする。

**着眼**　流れている水の上をモーターボートが走るから，流れの速度とモーターボートの速度を合成すればよい。

**解説**　モーターボートは川の流れと垂直な方向に進もうとするから，モーターボートの速度ベクトルと流れの速度ベクトルは右図のような関係になる。よって，合成速度を$\vec{v}$とすると，三平方の定理により，

$$v^2 = 8.4^2 + 1.2^2$$

よって，

$$v = 6\sqrt{2} \fallingdotseq 8.5\mathrm{m/s}$$

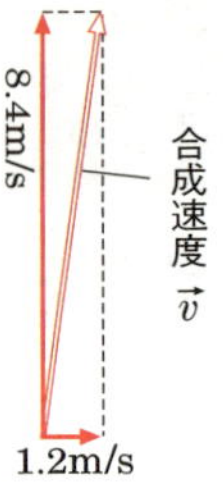


答　**8.5m/s**

## 2 速度の分解

**❶ 速度の分解**　1つの速度ベクトルを，平行四辺形の法則を使って2つの速度ベクトルに置きかえることを**速度の分解**という。

**❷ $x$成分・$y$成分**　ボールを斜め上方に投げ上げると，ボールは図31のような道すじを通る。点Pを通るときのボールの速度は$\vec{v}$であるが，真下から見ると，ボールは速度$\vec{v_x}$で水平方向に運動し，$x$軸上の遠く離れた点から見ると，ボールは速度$\vec{v_y}$で鉛直方向に運動しているように見える。速度$\vec{v}$は，これら2つの速度$\vec{v_x}$と$\vec{v_y}$に分解でき，このときの，$\vec{v_x}$，$\vec{v_y}$をそれぞれ$\vec{v}$の**$x$成分**，**$y$成分**という。

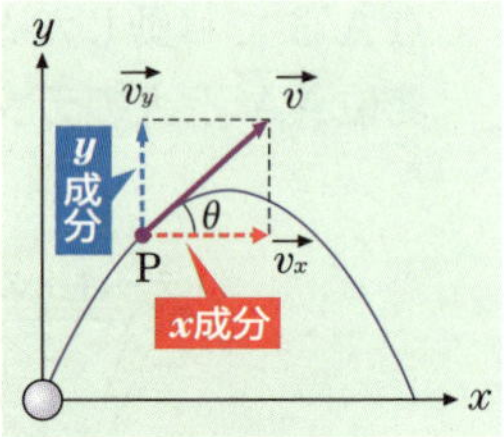


図31　速度の分解

速度$\vec{v}$と$x$軸のなす角を$\theta$とすると，三角関数(▷p.224)を使って，

$$\begin{cases} v_x = v\cos\theta & (1\cdot33) \\ v_y = v\sin\theta & (1\cdot34) \\ v^2 = v_x{}^2 + v_y{}^2 & (1\cdot35) \end{cases}$$

という関係がある。

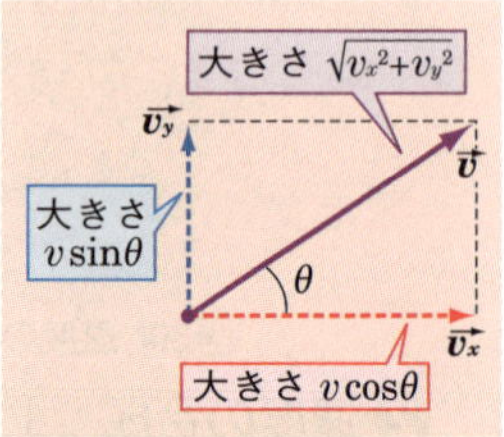


図32　$x$成分・$y$成分

**ポイント　速度の分解**

速度$\vec{v}$〔m/s〕と$x$軸の正方向とのなす角が$\theta$のとき，

$\vec{v}$の $\begin{cases} x\text{成分} & v_x = v\cos\theta \\ y\text{成分} & v_y = v\sin\theta \end{cases}$　　$v^2 = v_x{}^2 + v_y{}^2$

## 3 平面上の相対速度

**❶ 平面上の相対速度**　一直線上の運動についての相対速度はすでに学んだ(▷p.20)。一般に物体A，物体Bが平面内をそれぞれ速度$\vec{v_A}$，$\vec{v_B}$で運動しているとき，Bから見たAの相対速度$\vec{v_{BA}}$を求めてみよう。

いま，A, Bに対して静止している点(たとえば大地)を考える。物体Bから見ると，大地は自分とは逆向き，すなわち速度$-\vec{v_B}$で運動しているように見える。このとき，物体Aは大地に対して速度$\vec{v_A}$で運動している。

よって，Bから見たAの相対速度$\vec{v_{BA}}$は，Aの大地に対する速度$\vec{v_A}$と，大地のBに対する速度$-\vec{v_B}$を足しあわせた合成速度となる。したがって，

Bに対するAの相対速度　$\vec{v_{BA}} = \vec{v_A} + (-\vec{v_B}) = \vec{v_A} - \vec{v_B}$　(1·36)

となる。逆に考えて，次のようにいえる。

Aに対するBの相対速度　$\vec{v_{AB}} = \vec{v_B} - \vec{v_A}$　(1·37)

**❷ 相対速度の作図**　作図で求める場合は，$\vec{v_{BA}} = \vec{v_A} + (-\vec{v_B}) = \vec{v_A} - \vec{v_B}$より，たとえば次のようにかく。

① 2つの速度ベクトル$\vec{v_A}$と$\vec{v_B}$を平行移動し，始点をそろえる。

② $\vec{v_B}$と**逆向きのベクトル$-\vec{v_B}$**をつくる。

③ $\vec{v_A}$と$-\vec{v_B}$で**平行四辺形をつくり，対角線のベクトルをかけば**，相対速度$\vec{v_{BA}}$が求められる。

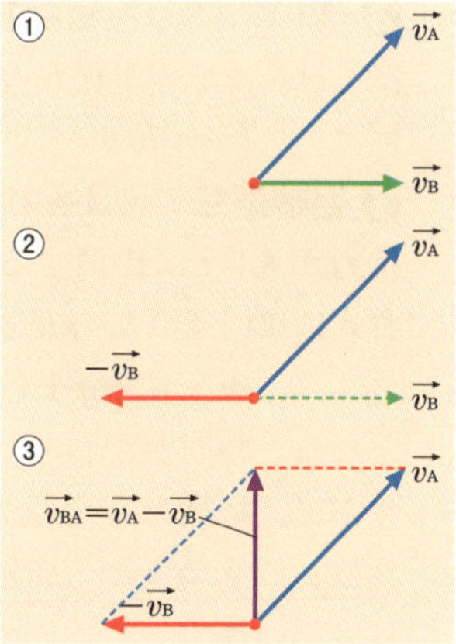


図33 相対速度の作図

**ポイント**
**B(観測者)から見たA(物体)の相対速度**
**：物体の速度から観測者の速度を引く**
$\vec{v_{BA}} = \vec{v_A} - \vec{v_B}$

## 4 一般の加速度と相対加速度

**❶ 一般の加速度**　速度の方向が変わる場合でも，速度の変化量$\Delta\vec{v}$は，変化前の速度$\vec{v_1}$と変化後の速度$\vec{v_2}$を使うと，$\Delta\vec{v} = \vec{v_2} - \vec{v_1}$となる。この場合の加速度は，直線運動の場合(▷p.22)と同様に，

$$\vec{a} = \frac{\Delta\vec{v}}{\Delta t} = \frac{\vec{v_2} - \vec{v_1}}{\Delta t} \qquad (1·38)$$

となる。このことからも，加速度もベクトルであることがわかる。

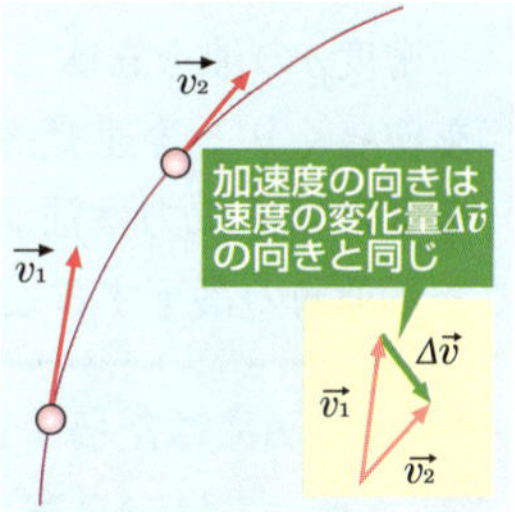


図34 速度の変化量

このとき，加速度$\vec{a}$や物体にはたらく力$\vec{F}$の向きは，速度の変化量$\Delta\vec{v}$，すなわち$\vec{v_2} - \vec{v_1}$の向きとなる。

**❷ 相対加速度**　物体A，Bが大地に対して，それぞれ加速度$\vec{a_A}$，$\vec{a_B}$で運動している場合，物体Bから見ると，物体Aは加速度$(\vec{a_A} - \vec{a_B})$で運動しているように見える。これを物体Bに対する物体Aの**相対加速度**という。

## 2 空気抵抗を受ける物体の運動

**❶ 遅い物体の空気抵抗**　物体が空気中を運動すると，物体が空気を押しのけて進むために，抵抗力(**空気抵抗**)を受ける。空気抵抗の大きさは，物体の形状，速さ，温度などによって複雑に変化する。形が球で速さが小さいとき，空気抵抗の大きさ$F$は，球の半径$R$と速さ$v$との積に比例する。

$$F=\kappa Rv \quad (\kappa\text{は比例定数})$$

空中を落下する霧や雨の粒は，ほぼこの関係にしたがう。

**❷ 速い物体の空気抵抗**　球が速くなると，球の後方に渦(うず)ができ，空気抵抗は球の半径$R$の2乗と速さ$v$の2乗に比例するようになる。

$$F=\kappa' R^2v^2 \quad (\kappa'\text{は比例定数})$$

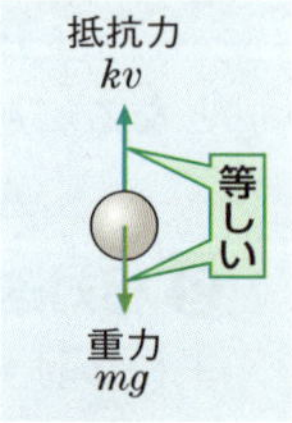


図35　終端速度

**❸ 終端速度**　質量$m$の物体が空気中をゆっくりと落下するとき，抵抗力が速度$v$に比例するならば，物体の運動方程式は比例定数$k=\kappa R$をつかって

$$ma=mg+(-kv) \qquad (1\cdot39)$$

となる。時間がたつと，速度が大きくなるので，やがて，抵抗力$kv$と重力$mg$の大きさが等しくなる。こうなると，加速度が0になるので，物体はこの後ずっと等速直線運動をする。このときの速度$v_f$を**終端速度**といい，

$$mg-kv_f=0 \qquad \text{より，} \qquad v_f=\frac{mg}{k}$$

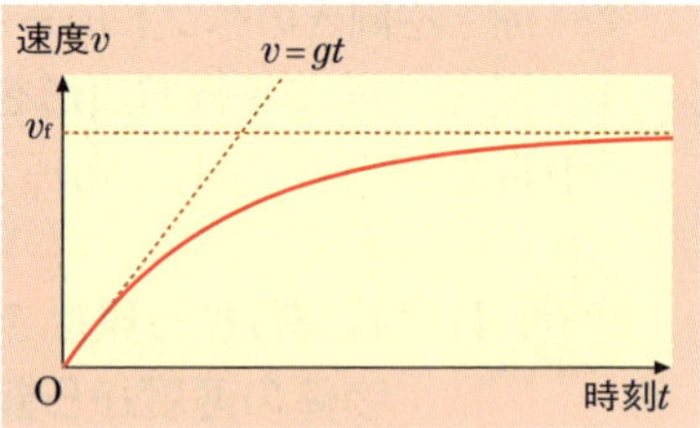


図36　落下速度の変化

**例題　油滴の落下の終端速度**

密度$\rho$の油を霧吹きで細かい油滴にして空気中に吹き出すと，油滴は空気中をゆっくりと等速で落下する。このとき油滴は球になっていて，油滴が空気から受ける抵抗力は油滴の半径$r$と速度$v$に比例する(比例定数を$\kappa$とする)として，油滴の落下する速さを$\rho$，$r$，$\kappa$，および重力加速度$g$で表せ。

**着眼**　油滴にはたらく力は重力と抵抗力の2つであり，油滴が等速で落下するから，力はつり合っている。

**解説**　油滴の体積は$\frac{4}{3}\pi r^3$より，油滴の質量は$\frac{4}{3}\pi r^3\rho$であるから，重力は$\frac{4}{3}\pi r^3\rho g$である。

次に，抵抗力は$r$と$v$に比例するから，$\kappa rv$である。油滴が等速で落下するのは，重力と抵抗力とがつり合ったときだから，

$$\frac{4}{3}\pi r^3\rho g=\kappa rv \qquad \text{よって，} \qquad v=\frac{4\pi r^2\rho g}{3\kappa}$$

**答**　$\dfrac{4\pi r^2\rho g}{3\kappa}$

## この節のまとめ　さまざまな運動

| | |
|---|---|
| □平面上の運動 ▷ p.37 | ◎速度の合成…速度$\overrightarrow{v_A}$で運動している物体A上で，Aに対して速度$\overrightarrow{v_B}$で運動する物体Bの合成速度$\vec{v}$は，ベクトルの和で求められる。<br>$\vec{v}=\overrightarrow{v_A}+\overrightarrow{v_B}$<br>◎速度の分解…$x$成分，$y$成分に分解することが多い。<br>$\begin{cases} v_x=v\cos\theta \\ v_y=v\sin\theta \\ \dfrac{v_y}{v_x}=\tan\theta \\ v=\sqrt{v_x{}^2+v_y{}^2} \end{cases}$<br>◎相対速度…速度$\overrightarrow{v_B}$で運動する物体Bから見た，速度$\overrightarrow{v_A}$で運動する物体Aの相対速度$\overrightarrow{v_{BA}}$は，ベクトルの差で求められる。<br>$\overrightarrow{v_{BA}}=\overrightarrow{v_A}-\overrightarrow{v_B}$<br>◎平面上の加速度…加速度$\vec{a}$はベクトルであり，大きさと向きをもつ。<br>$\vec{a}=\dfrac{\Delta\vec{v}}{\Delta t}=\dfrac{\overrightarrow{v_2}-\overrightarrow{v_1}}{t_2-t_1}$<br>◎相対加速度…Bから見たAの相対加速度<br>$\overrightarrow{a_{BA}}=\overrightarrow{a_A}-\overrightarrow{a_B}$ |
| □空気抵抗を受ける物体の運動 ▷ p.40 | ◎空気抵抗力…球形の物体なら，低速では半径$R$と速さ$v$に比例する。<br>◎終端速度…時間がじゅうぶんたち，重力と抵抗力がつり合って，等速直線運動を行うときの速度。 |

# 章末練習問題

解答 ▷ p.230

**1** 〈単位の変換〉

**有効数字を考慮して，次の各物理量の単位を変換せよ。**

(1) 36km/hは何m/sか。

(2) 25m/sは何km/hか。

**2** 〈$x$-$t$グラフと変位・速度〉 テスト必出

**右図の$x$-$t$グラフで表される運動をしている物体がある。**

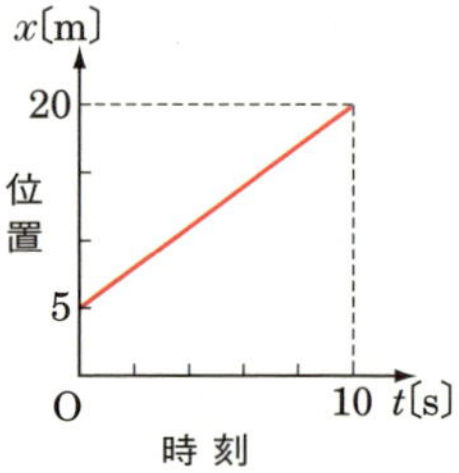


(1) この物体の速さは何m/sか。

(2) この物体の加速度はいくらか。

(3) 5秒から10秒までの変位は何mか。

**3** 〈平均速度と平均の加速度〉

**ある物体の位置$x$〔m〕と時刻$t$〔s〕の関係を調べたところ，$t_1 = 2$sで$x_1 = 5$m，$t_2 = 4$sで$x_2 = 11$m，$t_3 = 6$sで$x_3 = 21$mだった。**

(1) 時刻が2〜4秒における平均の速度を求めよ。

(2) 時刻が4〜6秒における平均の速度を求めよ。

(3) (1), (2)で求めた速度を使って，時刻が3〜5秒における平均の加速度を求めよ。ただし，$t = 3$sにおける瞬間の速度は時刻2〜4秒の平均の速度に等しく，$t = 5$sにおける瞬間の速度は時刻4〜6秒の平均の速度に等しいものとする。

**4** 〈一直線上の運動の相対速度〉 テスト必出

**南北に走る直線道路を北向きに15m/sで動くバスの中から乗客が外を見ている。**

(1) 乗客から見て，次の物体はどの向きにどれだけの速さで運動するように見えるか。

① バスと同じ方向に20m/sで動いている自動車

② バスと逆の方向に20m/sで動いている自動車

(2) 乗客から見て10m/sで追い越したバイクは，バスの外から見てどの向きにどれだけの速さで運動しているか。

## 5 〈加速度の大きさ〉 テスト必出

**物体が次のような等加速度運動をしたとき，それぞれの加速度の大きさを求めよ。**

(1) 5秒間に，速度が10m/sから25m/sに変化した。

(2) 20m/sで走っていた車が急ブレーキをかけて4秒後に止まった。

(3) 右向き3m/sで運動していた物体が5秒後に左向き7m/sになった。

## 6 〈$v$-$t$ グラフと位置・加速度〉

**一直線上を運動している物体がある。右図は，運動の正の向きを右向きにとったときの，この物体の $\boldsymbol{v}$-$\boldsymbol{t}$ グラフである。**

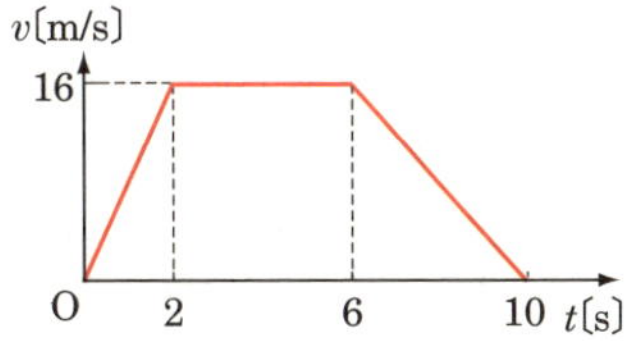


(1) 時刻0s～2.0s，2.0s～6.0s，6.0s～10sの間における物体の加速度は，それぞれ何$m/s^2$か。

(2) 時刻0s～10sにおける物体の移動距離 $l$ は何mか。

(3) 時刻0s～10sにおける物体の平均の速さ $\bar{v}$ は何m/sか。

## 7 〈負の等加速度直線運動〉 テスト必出

**直線上を右向きに運動する物体があり，時刻 $\boldsymbol{t}=0$ のときに位置 $\boldsymbol{x}=0$（原点），速度 $\boldsymbol{v}=10$ m/sだった。この物体は等加速度直線運動を行い，時刻 $\boldsymbol{t}=12$ sでは左向きに14m/sの速さで進んでいた。右向きを正として，次の各問いに答えよ。**

(1) 物体の加速度 $a$〔$m/s^2$〕の向きと大きさを求めよ。

(2) 時刻 $t$〔s〕における物体の速度 $v$〔m/s〕を，$t$ を用いた式で示せ。

(3) 速度が0m/sになるのは，時刻が何秒のときか。

(4) 時刻 $t$〔s〕における物体の位置 $x$〔m〕を，$t$ を用いた式で示せ。

(5) 時刻 $t=12$ sのとき，物体は最初の位置から左右どちらの向きに何m離れているか。

(6) 時刻 $t=0$ s～12sにおける，物体の移動距離は何mか。

## 8 〈正の等加速度直線運動〉

**等加速度直線運動を行っている次の各物体について，それぞれ問いに答えよ。**

(1) はじめ速度10m/sで運動していた物体が，一定の割合で加速して，25秒後には速度が30m/sとなった。このとき，加速度の大きさは何$m/s^2$か。

(2) 初速度5.0m/sで運動していた物体が，100m移動する間に，速度15m/sになった。この間の平均の加速度の大きさは何$m/s^2$か。

(3) 初速度2.0m/s，加速度0.5$m/s^2$で運動していた物体の，10秒後の速さを求めよ。また，その間の変位を求めよ。

## 9 〈等加速度直線運動における$v$-$t$グラフ〉

**初速度$v_0 = 12\,\mathrm{m/s}$で一直線上を移動する物体がある。この物体が時刻$t = 0\,\mathrm{s}$から一定の加速度$a$〔$\mathrm{m/s^2}$〕で等加速度運動を行い，18m進んで止まった。**

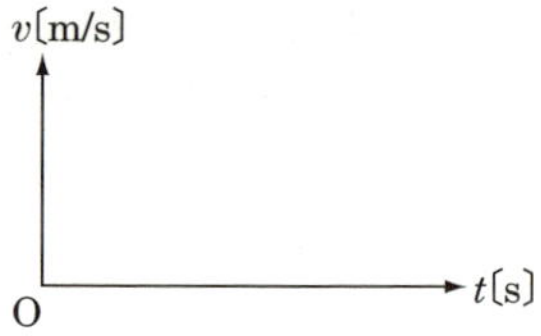


(1)　この物体の加速度$a$を求めよ。

(2)　この物体が止まった時刻を求めよ。

(3)　この物体が止まるまでの$v$-$t$グラフをかけ。

## 10 〈自由落下①〉 テスト必出

**高さ19.6mのビルの屋上から物体を自由落下させた。重力加速度を$9.8\,\mathrm{m/s^2}$，落下しはじめて$t$〔s〕後の物体の速さを$v$〔m/s〕，落下距離を$y$〔m〕とし，空気抵抗は無視する。**

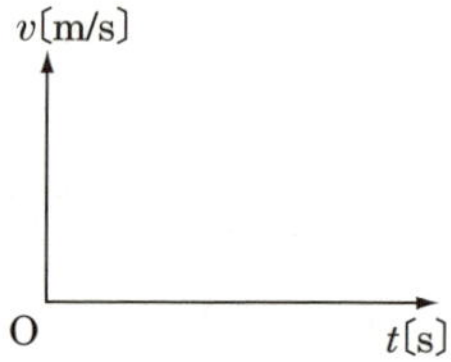


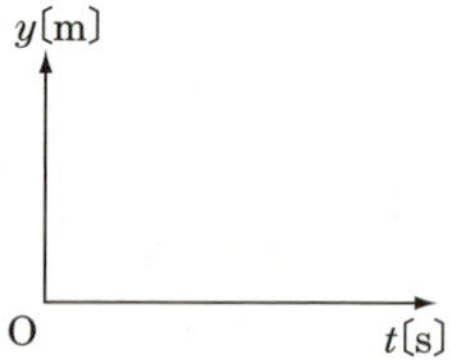


(1)　物体に生じる加速度は，どの向きにいくらか。

(2)　物体が落下しはじめて1.0秒後の速さ$v_1$を求めよ。

(3)　物体が落下しはじめて1.0秒間の落下距離$y_1$を求めよ。

(4)　物体が落下しはじめてから地面に達するまでにかかる時間$t_2$を求めよ。

(5)　物体が地面に達する直前の速さ$v_2$を求めよ。

(6)　物体が地面に達するまでの$v$-$t$グラフをかけ。

(7)　物体が地面に達するまでの$y$-$t$グラフをかけ。

## 11 〈鉛直投射の$y$-$t$グラフ〉 テスト必出

**地上である物体を鉛直方向に投げ上げた。このとき，物体の高さ$y$と時刻$t$の関係は，図に示すグラフのようになった。ただし，このグラフの横軸の1目盛りは1秒である。縦軸の1目盛りの大きさは記入していない。**

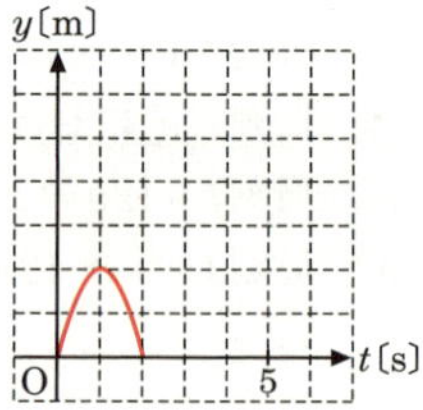


(1)　重力加速度を$9.8\,\mathrm{m/s^2}$として，最高点の高さを求めよ。

(2)　火星上の重力加速度の大きさはおよそ$3.7\,\mathrm{m/s^2}$である。火星上で，同じ物体を，同じ初速度で鉛直方向に投げ上げたとき，その運動を表すグラフはどのようになるか。最も適当なものを，次のア～エから選べ。

ア
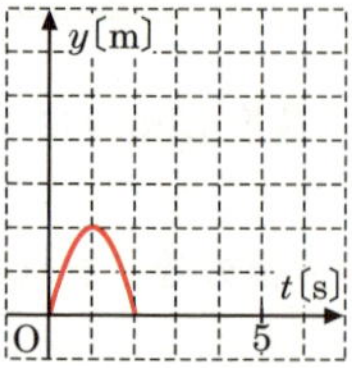


イ
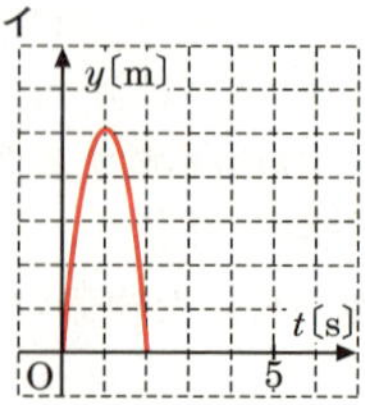


ウ
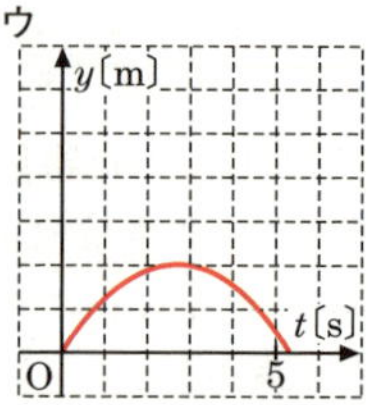


エ
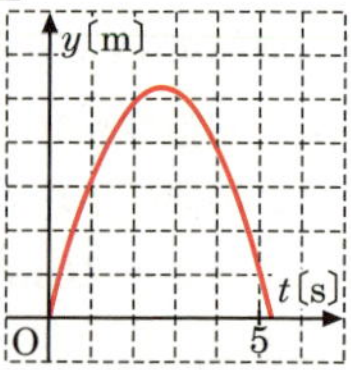

## 12 〈自由落下②〉

**次の文中の空欄に適当なことばまたは式を入れよ。**

物体が重力だけを受けて落下していく運動のうち，初速度が0の運動を①□といいう。重力の大きさは物体の②□で決まるが，このときの落下の加速度は，空気の抵抗を無視すれば物体の②□にかかわらず一定であり，有効数字2桁で表すと③□$m/s^2$である。この加速度のことを④□とよび，記号⑤□を用いて表す。

①□している物体の，落下しはじめてから$t$〔s〕経過したときの速度$v$〔m/s〕は，$t$と⑤□を用いると$v=$⑥□と表せる。また，落下距離$y$〔m〕は，$t$と⑤□を用いると$y=$⑦□と表すことができる。

## 13 〈鉛直投射〉 テスト必出

**高さ$y=0$の地点から，初速度$v_0=19.6\,m/s$で小球を地表から真上に投げ上げた。小球を投げてからの経過時間を$t$〔s〕とする。また，上向きを正とし，重力加速度の大きさ$g=9.8\,m/s^2$とする。また，空気抵抗は無視できるものとする。**

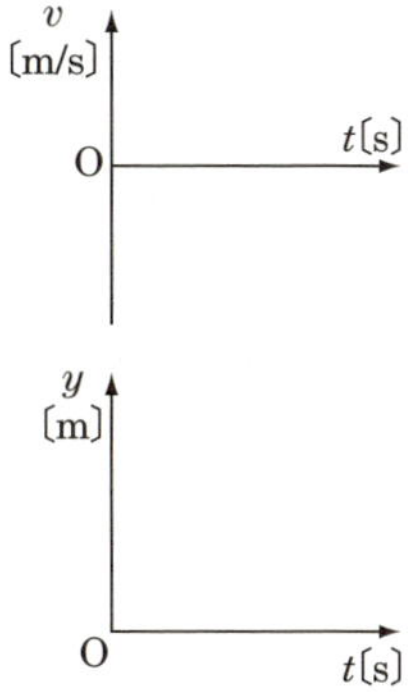


(1) 投げてから1.0秒後の小球の速度$v_1$と高さ$y_1$を求めよ。

(2) 小球が最高点に達するまでの経過時間$t_2$と，そのときの小球の速度$v_2$を求めよ。

(3) 小球の最高点の高さ$y_{max}$は何mか。

(4) 小球が再び地表に戻ってくるまでの経過時間$t_3$を求めよ。また，$t_3$は$t_2$の何倍になるか求めよ。

(5) 小球が再び地表に戻ってきたときの速度$v_3$を，正負をつけて答えよ。

(6) 物体が再び地表に戻ってくるまでの$v$-$t$グラフ，$y$-$t$グラフをそれぞれかけ。

## 14 〈運動している物体からの投射〉

**水平面上を速さ5.0m/sで右向きに等速直線運動しているバスの中から，小球を速さ9.8m/sで真上に投げ上げた。その後，小球は図のような放物線をえがき，再び手に戻ってきた。小球を投げた点を原点Oとし，水平右向きを$x$方向，鉛直上向きを$y$方向とする。また，重力加速度を$9.8\,m/s^2$とし，空気抵抗は無視する。**

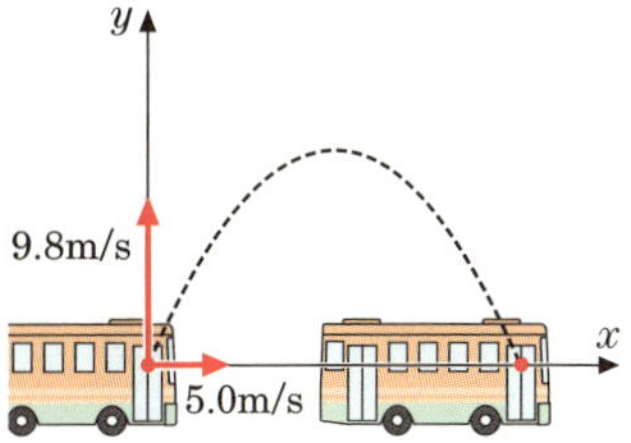


(1) 水平面上から見て，小球の$x$方向，$y$方向の運動はそれぞれ何運動といえるか。

(2) 小球が最高点に達するのは，小球を投げ上げた何秒後か。

(3) 小球が再び手に戻ってくるのは，小球を投げ上げた何秒後か。

(4) 小球が再び手に戻ってくるまでの間に，バスの進んだ距離は何mか。

# 2章 力と運動

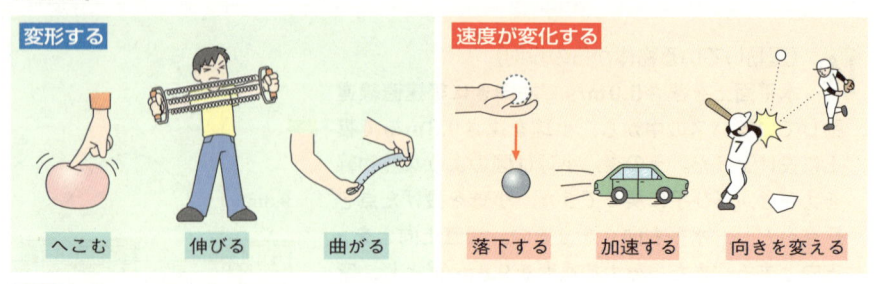
ループをえがくジェットコースター

# 1節 力の性質

## 1 力のはたらき

### 1 力とその種類

**❶ 力とは何か**　**力**は目に見えないが，次のような現象によって，物体に力がはたらいていることがわかる。

① **物体が変形する**　ボールをおすとへこんだり，ばねを引っぱると伸びたり，プラスチックのものさしの両端をおすと曲がったりする。これらはすべて力のはたらきによる。

② **物体の速度が変化する**　物体を手から離すと落下したり，自動車のアクセルをふむと加速したり，ボールを打つと向きを変えたりする。これらも力のはたらきによる。

変形する
へこむ
伸びる
曲がる
速度が変化する
落下する
加速する
向きを変える

図37 物体に力がはたらいているときの例

**ポイント**　力は｛物体を**変形**させる／物体の**速度を変化**させる｝原因となる。

### ❷ 力の種類

① **張力**　ぴんと張った糸や金属線が物体を引く力を**張力**という。張力は糸や金属線が引っぱる向きにはたらく。(▷p.63)

② **弾性力**　物体の変形によって生じる力，たとえば引き伸ばされたばねや曲げられた金属板が他の物体に及ぼす力を一般に**弾性力**という。(▷p.63)

③ **垂直抗力**　物体が他の物体とふれあっているとき，物体の面に対して，物体の内側への向きに垂直にはたらく力を**垂直抗力**という。(▷p.66)

④ **摩擦力**　物体が他の物体とふれあっているとき，物体の面に対して，物体の面と平行にはたらく力を**摩擦力**という。摩擦力は，物体の運動をさまたげる向きにはたらく。(▷p.66)

⑤ **重力**　地球が，地球上の物体に及ぼす万有引力を**重力**という。(▷p.62)

⑥ **静電気力**　電気を帯びた物体どうしの間にはたらく力を**静電気力**または**電気力**という。(▷p.177)

⑦ **磁気力**　磁石の磁極どうしの間にはたらく力を**磁気力**または**磁力**という。(▷p.193)

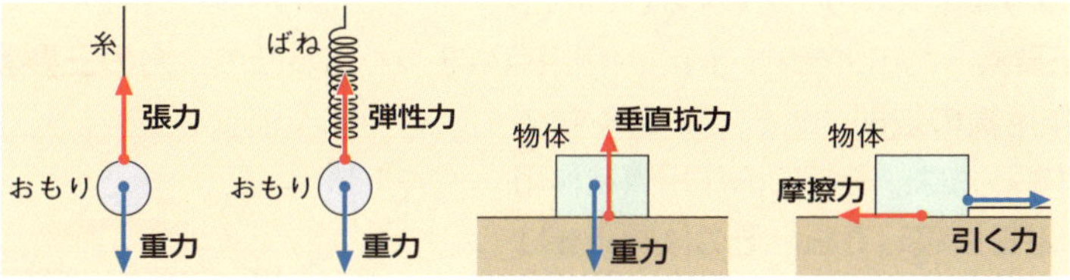


図38 いろいろな力

### ❸ 近接力と遠隔力

多くの力は物体どうしが接触していなければ作用することができない。すなわち，物体は他の物体との接触面に力を受けるのである。このような力を**近接力**という。これに対して，重力，静電気力，磁気力などは，物体どうしが離れていても作用する。このような力を**遠隔力**という。

> **ポイント**　力の作用する点
>
> **物体は，接触する他の物体から接触面に力を受ける。**
>
> 例外：重力，静電気力，磁気力

## 2 力の表し方

### ❶ 力の単位

力の大きさは，**ニュートン**(記号**N**)という単位で表す。質量1kgの物体に1m/s$^2$の加速度を生じさせる力の大きさが1Nである(▷p.59)。

補足　1Nは，質量がおよそ102gの物体の重さ(物体にはたらく重力)と等しい。

## ❷ 力(ちから)ベクトル

① **力ベクトル**　力のはたらきは，その大きさだけでなく，向きによっても変わる。つまり，変位ベクトル(▷p.16)や速度ベクトル(▷p.18)などと同じように，力は，大きさと向きを合わせもつ量(ベクトル)である。そのため，力ベクトルともいう。

② **力の作用点**　力が作用する点を力の作用点といい，作用点を通って力の方向に引いた直線を作用線という。重力，静電気力，磁気力以外の力(近接力)では，作用点は他の物体と接している表面にある。たとえば，手で顔をたたくと顔の表面が作用点となる。一方，重力の作用点は物体の重心である。

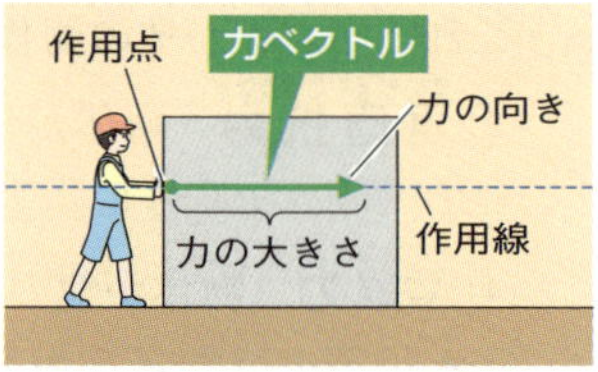

図39　力の表し方

③ **力の表し方**　図39のように矢印を用いる。このとき，矢印の長さが力ベクトルの大きさに比例するように，また矢印の向きが力ベクトルの向きを表すようにする。

注意　力を図で表すとき，物体の表面に作用点をかくと作用・反作用の関係(▷p.53)にある２つの力がわかりづらくなるので，本書では物体表面よりも少しだけ内側にあるものとしてかくことにする(図40)。また，矢印が重なったり，見づらくなってしまう場合には，少しだけずらしてかく。

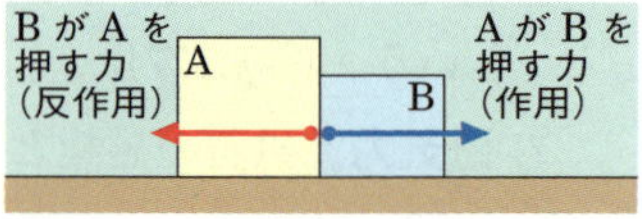

図40　力の作用点

④ **力の三要素**　力の大きさ，向き，作用点の３つをあわせて，力の三要素という。

⑤ **力の作用線の法則**　大きさのある物体に作用する力は，その力の作用点を作用線上のどこに移しても，そのはたらきは変わらない。したがって，図41(a)のように作用している力を，考えやすいように，(b)のようにかきなおしてもよい。

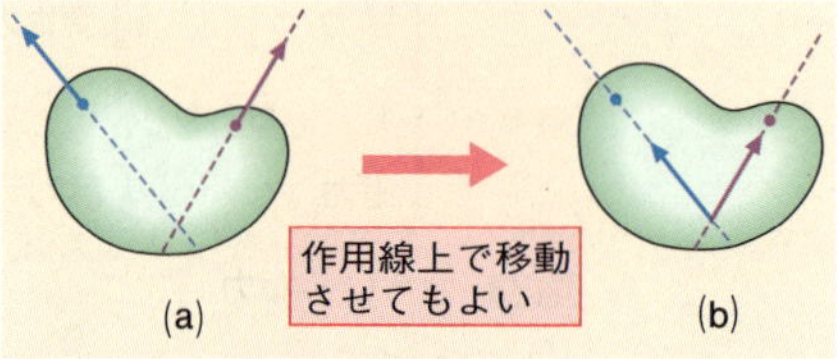

図41　力の作用線の法則

# 2　力の合成と分解

## 1　力の合成　重要

❶ **合力(ごうりょく)**　図42のように，ばねに２本の糸をつけ，それぞれの糸を$\vec{F_1}$，$\vec{F_2}$(矢印はベクトルを示す)の力で引いたとする。2つの力が異なる方向にはたらいても，ばねの伸びる方向は１つで，図42の$\vec{F_3}$で表される１つの力がはたらいたのと同じことになる。このとき，２つの力$\vec{F_1}$，$\vec{F_2}$と同じはたらきをする１つの力$\vec{F_3}$を，$\vec{F_1}$と$\vec{F_2}$との合力であるという。また，合力を求めることを力の合成という。合力は，平行四辺形の法則か，ベクトルの加法を用いて求めることができる。

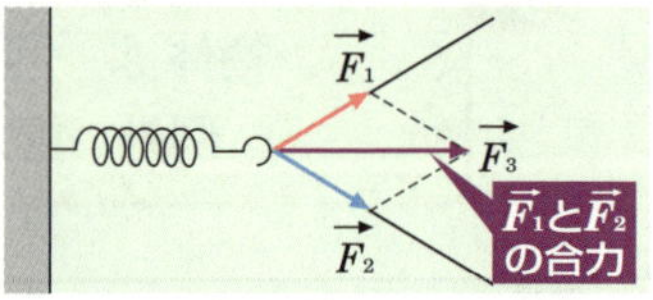

図42　合力

**❷ 平行四辺形の法則**　実験によれば，合力$\vec{F_3}$の向きと大きさは，$\vec{F_1}$と$\vec{F_2}$のベクトルを2辺としてえがいた平行四辺形の対角線の向きと大きさにそれぞれ等しい。

① $\vec{F_1}$，$\vec{F_2}$のベクトルの始点を一致させるように一方のベクトルを平行移動させる。

② $\vec{F_1}$，$\vec{F_2}$が2辺となる平行四辺形をかく。

③ 2つのベクトルの始点から対角線を引き，反対側の頂点が矢印の先となるようなベクトルをつくる。これが合力$\vec{F_3}$となる。

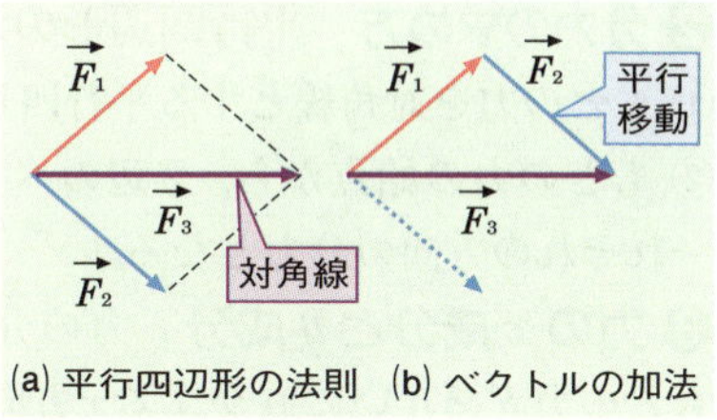


図43 合力の求め方

**❸ ベクトルの加法**　$\vec{F_1}$と$\vec{F_2}$の合力を求めるには，図43(b)のように，$\vec{F_1}$ベクトルの終点に$\vec{F_2}$ベクトルを平行移動して継ぎ足し，$\vec{F_1}$ベクトルの始点から$\vec{F_2}$ベクトルの終点に向かう$\vec{F_3}$ベクトルをつくってもよい。

これは，力は向きと大きさをもつベクトルであり，最初のベクトルの始点からすべてのベクトルを継ぎ足した終点の位置が，すべてを足しあわせたベクトル（合力）の終点になるからである。この方法を**ベクトルの加法**という。ベクトルの加法を使うと，1つの物体にたくさんの力が作用しているときも，力ベクトルをつぎつぎに継ぎ足して，合力を求めることができる。

**例題　力の合成**

右図(1)，(2)それぞれの力$\vec{F_1}$と$\vec{F_2}$を合成し，それぞれ合力$\vec{F_3}$を求めよ。

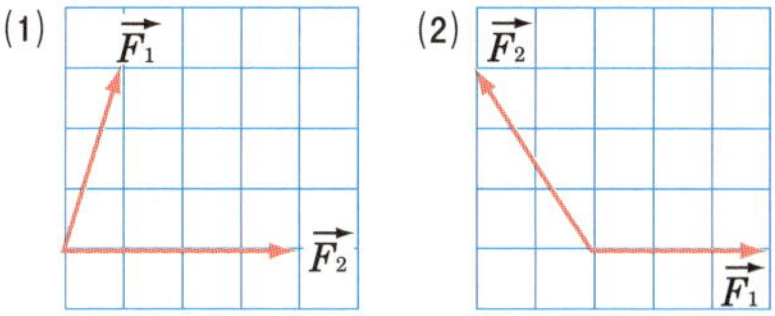


**着眼**　平行四辺形の法則またはベクトルの加法を使う。

**解説**　(a)　平行四辺形の法則を使い，$\vec{F_1}$と$\vec{F_2}$で平行四辺形をつくって対角線のベクトルを合力$\vec{F_3}$とする方法

(b)　ベクトルの加法を使い，$\vec{F_1}$の矢印の先に$\vec{F_2}$を平行移動させ，$\vec{F_1}$の始点から$\vec{F_2}$の矢印の先まで結んだベクトルをつくり，これを合力$\vec{F_3}$とする方法

答

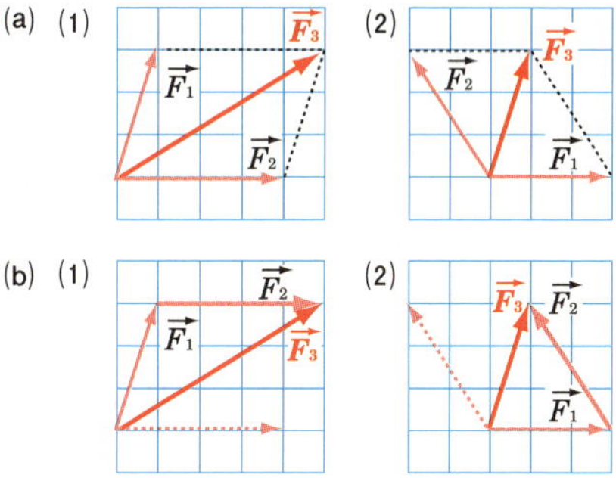


## 2 力の分解　重要

**❶ 分力**（ぶんりょく）　力の合成とは反対に，1つの力と同じはたらきをする2つの力を求めることを**力の分解**といい，この2つの力をもとの力の**分力**という。

**❷ 分力の求め方**　**平行四辺形の法則を逆に使う**と，分力を求めることができる。

① もとの力を対角線とする平行四辺形をつくる。

② もとの力の始点から，2辺のベクトルをかく。このとき，2辺のベクトルがそれぞれの方向の分力となる。

**❸ 力の $x$ 成分と $y$ 成分**　力の分解で多く使われるのは，もとの力 $\vec{F}$ を互いに直交する $x$ 方向，$y$ 方向の2力に分解する場合である。このとき，$x$ 方向の分力を力 $\vec{F}$ の $x$ 成分 $F_x$，$y$ 方向の分力を $y$ 成分 $F_y$ という。図44のように，もとの力 $\vec{F}$ と $x$ 軸とが角 $\theta$ をなすとき，$\vec{F}$ の $x$ 成分 $F_x$，$y$ 成分 $F_y$ は，

$$F_x = F\cos\theta \qquad F_y = F\sin\theta$$

と表される。

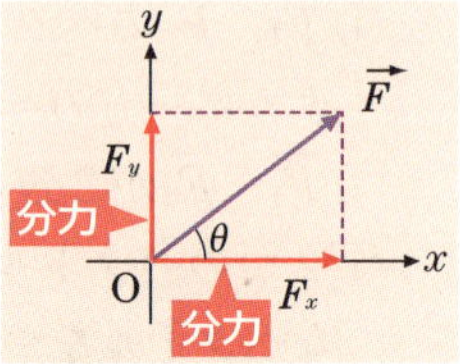


図44　力の分解

**ポイント**

**力の分解**　$\vec{F}$ の $\begin{cases} x\text{成分} & F_x = F\cos\theta \quad (1\cdot40) \\ y\text{成分} & F_y = F\sin\theta \quad (1\cdot41) \end{cases}$

$F$〔N〕：力 $\vec{F}$ の大きさ　　$\theta$：力 $\vec{F}$ と $x$ 軸とのなす角

補足　力 $\vec{F_1}$ の $x$ 成分と $y$ 成分をそれぞれ $F_{1x}$ と $F_{1y}$，力 $\vec{F_2}$ の $x$ 成分と $y$ 成分をそれぞれ $F_{2x}$ と $F_{2y}$ としたとき，これらの合力 $\vec{F} = \vec{F_1} + \vec{F_2}$ の $x$ 成分 $F_x = F_{1x} + F_{2x}$，$y$ 成分 $F_y = F_{1y} + F_{2y}$ となる。（▷p.225）

**例題　力の分解**

力 $\vec{F}$ の $x$ 方向，$y$ 方向の分力をそれぞれ $\vec{F_x}$，$\vec{F_y}$ としたとき，これらをそれぞれ作図し，その大きさを求めよ。ただし，1目盛りの長さは1Nを表し，(1)，(2)ともに $\vec{F}$ の大きさは5.0Nとする。また，$\sqrt{3} = 1.732$ とする。

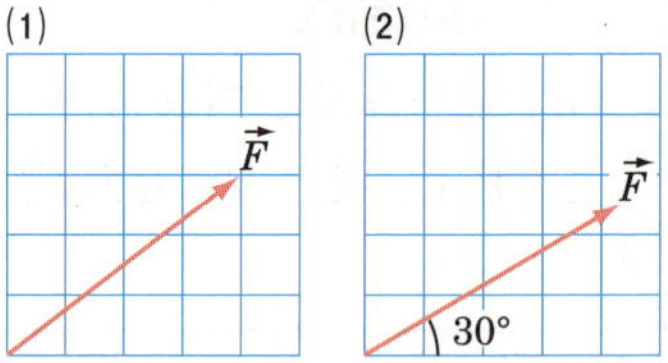


**着眼**　**平行四辺形の法則から分力を求める。(2)は角 $\theta = 30°$ より成分を求める。**

解説　(1)　平行四辺形（この場合は長方形となる）をつくり，2辺から分力 $F_x$，$F_y$ を作図する。各成分は，図の目盛りより，$F_x = 4.0$N，$F_y = 3.0$Nとなる。

(2)　平行四辺形（長方形）をつくり，2辺から分力 $F_x$，$F_y$ を作図する。各成分は $\theta = 30°$ より，

$$F_x = F\cos 30° = 5.0 \times \frac{\sqrt{3}}{2} \fallingdotseq 5.0 \times \frac{1.732}{2} \fallingdotseq 4.3\text{N},\quad F_y = F\cos 60° = 5.0 \times \frac{1}{2} = 2.5\text{N}$$

となる。

答　(1) $F_x = 4.0$N，$F_y = 3.0$N　(2) $F_x = 4.3$N，$F_y = 2.5$N

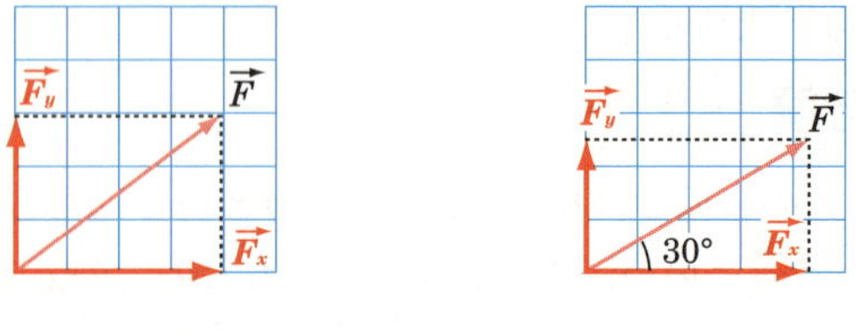

# 3 力のつり合い

## 1 2力のつり合い 重要

**❶ 力のつり合い**　物体にいくつかの力が作用しても，その合力の大きさが0になるときは，物体の運動の状態は変化しない。この状態を**力のつり合い**という。ここで「運動の状態が変わらない」とは，物体が静止または同じ向きに同じ速さで運動する(＝等速直線運動する▷p.18)ことをいう。

静止を含め，等速直線運動をしている物体は力のつり合いの状態にあるし，力のつり合いの状態にある物体は等速直線運動を続けると考えてよい。

補足　力がつり合ったとき，物体の運動状態は変わらないが，物体の変形は起こる(▷p.46)ので，力がはたらかない状態と全く同じというわけではない。

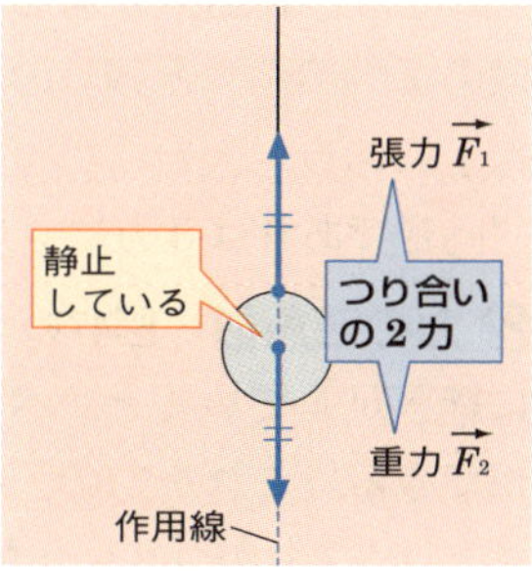


図45　2力のつり合い

視点　糸でつるした物体は静止している。このとき，張力 $\vec{F_1}$ と重力 $\vec{F_2}$ は
①同一作用線上にあり
②大きさが等しく
③互いに反対向きに
なっている。

**❷ 2力のつり合いの条件**　物体に2つの力 $\vec{F_1}$，$\vec{F_2}$ が作用したとき，つり合うためには合力が $\vec{0}$ [★1]でなければならないから，

$$\vec{F_1} + \vec{F_2} = \vec{0} \qquad (1\cdot42)$$

よって，

$$\vec{F_1} = -\vec{F_2}$$

が成りたつ。つまり，$\vec{F_1}$ と $\vec{F_2}$ とは，大きさが同じで向きが反対でなければならない。

また，$\vec{F_1}$ と $\vec{F_2}$ の作用線は同一でなければならない。[★2]

**ポイント**

2力のつり合いの条件（合力＝$\vec{0}$）
① **同一作用線上にあり，**
② **大きさが等しく，**
③ **互いに反対向き。**

## 2 3力のつり合い 重要

**❶ 3力のつり合いの条件**　次ページの図46のように，1点に3つの力 $\vec{F_1}$，$\vec{F_2}$，$\vec{F_3}$ が作用してつり合っている場合，合力が $\vec{0}$ になっているから，

$$\vec{F_1} + \vec{F_2} + \vec{F_3} = \vec{0} \qquad (1\cdot43)$$

が成りたつ。

★1　$\vec{0}$ はゼロ・ベクトルと読み，大きさが0のベクトルである。ゼロ・ベクトルでは始点と終点が同じ点になるので，向きを考えることはできない。

★2　$\vec{F_1}$ と $\vec{F_2}$ の大きさが同じで向きが反対であっても，2力が同一作用線上になければ，物体が回転しはじめる。

ここで，3つの力のうちどれか2つの合力を考える。たとえば，$\vec{F_1}$と$\vec{F_2}$との合力を$\vec{F}$とすると，$\vec{F}=\vec{F_1}+\vec{F_2}$であるから，前ページの(1･43)式は，

$$\vec{F}+\vec{F_3}=\vec{0}$$

となり，$\vec{F}$と$\vec{F_3}$とがつり合いの式を満たすことになる。

つまり，作用点が同じ3力のうち，任意の2力の合力と残りの力とが同一作用線上にあり，大きさが等しく，互いに反対向きであれば3力はつり合う。

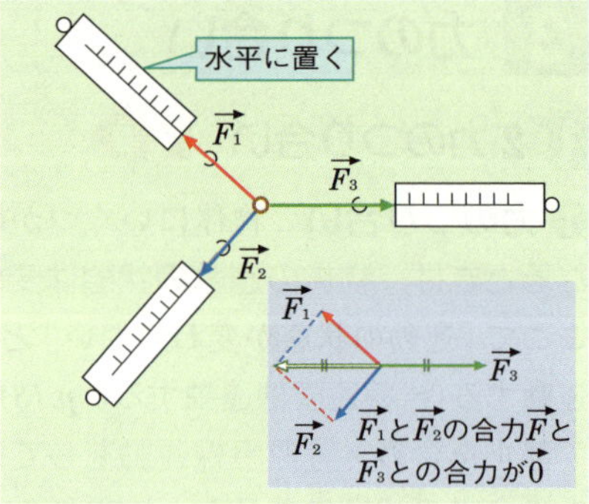


図46　3力のつり合い

**❷ 力の三角形**　図47のように$\vec{F_1}$，$\vec{F_2}$，$\vec{F_3}$のベクトルを順に継ぎ足していくと，ベクトルの加法により閉じた三角形ができる。これを**力の三角形**という。力の三角形ができることは，3力がつり合うための条件となる。

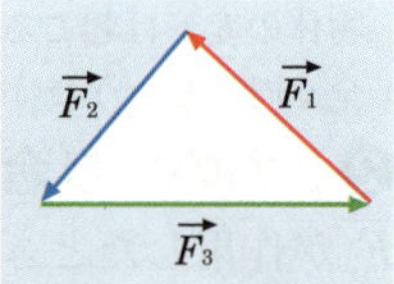


図47　力の三角形

**❸ 離れた点にはたらく3力のつり合い**

図48のように，1つの物体上の離れた所にある3点にそれぞれ力$\vec{F_1}$，$\vec{F_2}$，$\vec{F_3}$がはたらく場合，この物体にはたらく力がつり合うためには，やはり，ベクトル$\vec{F_1}$，$\vec{F_2}$，$\vec{F_3}$が閉じた三角形をつくらなければならない。

さらに，3つの力の作用線が1点で交わる，という条件が必要である。この条件がないと，任意の2力の合力と残った力とは，作用線が一致しないため，物体にはたらく力はつり合わず，回転しはじめる。

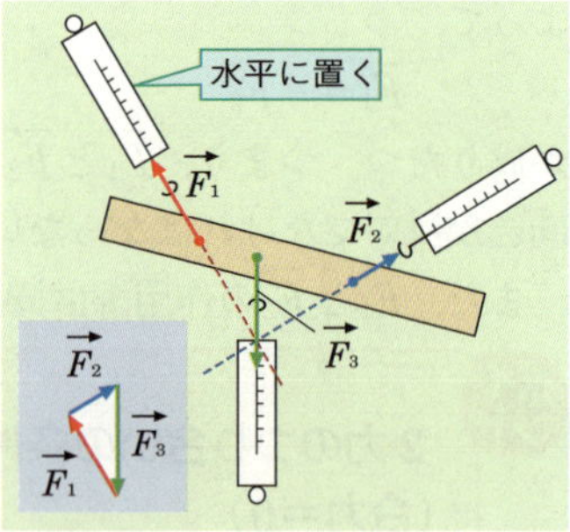


図48　離れた3点にはたらく3力のつり合い

**ポイント**　**3力のつり合う条件**
①**3力の合力が$\vec{0}$**　②**3力の作用線が1点で交わる**

**❹ 4力以上のつり合い**　1点に4つの力が作用してつり合っている場合でも，3力の場合と同様に考えると，すべての力の合力$\vec{F_1}+\vec{F_2}+\vec{F_3}+\vec{F_4}=\vec{0}$となり，力のベクトルを順に継ぎ足すと閉じた四角形ができることが確かめられる。

一般に，複数の力$\vec{F_1}$，$\vec{F_2}$，$\vec{F_3}$，…が1点に作用してつり合う場合，次式が成りたつ。

$$\vec{F_1}+\vec{F_2}+\vec{F_3}+\cdots=\vec{0} \qquad (1\cdot44)$$

# 4 作用と反作用

## 1 作用・反作用の法則 重要

**❶ 力のはたらき方**　図49のように，キャスター付きのいすに，それぞれA，Bの2人が座る。AがBを押すと，BはAが押した向きに動く。ところが同時に，AもBとは逆向きに動きはじめる。これは，AがBを押す力が発生すると，BがAを押す力も同時に生じるからである。

また，図50のように，A，B 2つのばねばかりを向かい合わせて引くとき，Aのばねばかりを強く引いても弱く引いても，2つのばねばかりが示す力の大きさは必ず同じになる。これは，AがBを引く力が発生すると，BがAを引く力も同時に発生するからである。

すなわち，力は2つの物体の間で作用しあい，2つ1組(ペア)で生じる。言いかえると，力がはたらくとき，必ずペアになる力が存在していて，単独で物体に作用する力は存在しない。

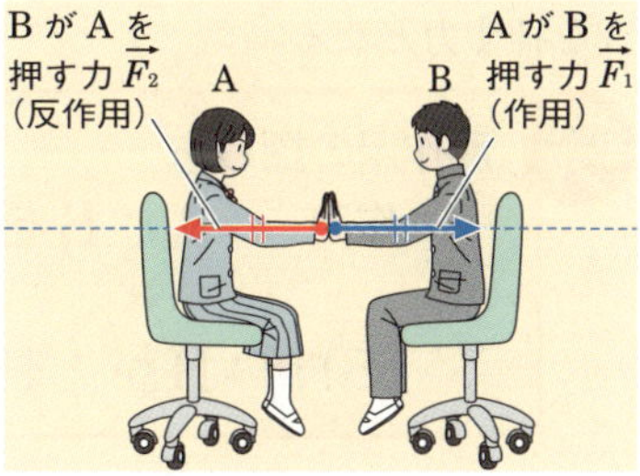

図49 物体どうし押しあう力

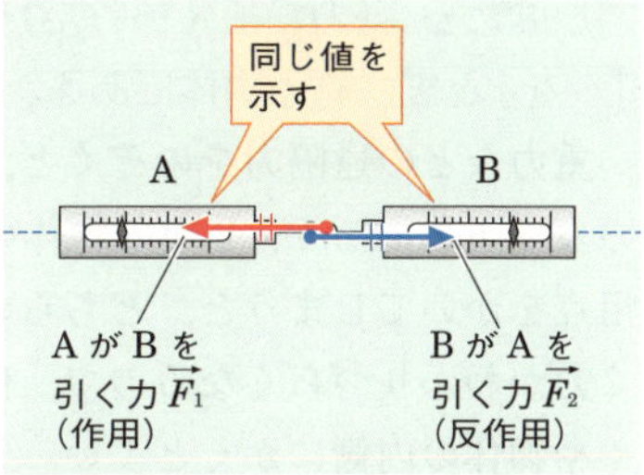

図50 物体どうし引きあう力

このとき，2つの力の片方を**作用**(action)といい，もう片方を**反作用**(reaction)という。

> **ポイント** 作用・反作用…物体Aが物体Bに力(作用)を加えると，BがAに加える力(反作用)も同時に発生する。

**❷ 作用・反作用の法則**　図49・50の例から，力は2つの物体間で作用しあい，2つ1組で生じる。そしてその2力は同一作用線上にあり，互いに逆向きであり，大きさが等しいことがわかる。

これらのことは，**作用・反作用の法則**または**ニュートンの運動の第3法則**として知られている。

> **ポイント** 作用・反作用の法則
>
> 作用と反作用の2力は
> ①同一作用線上にあり，
> ②大きさが等しく，
> ③互いに反対向き。

## 2 作用と反作用の例 重要

**❶ 反作用の探し方**　物体A，Bがあり，AがBに力(作用)を及ぼすとき，**反作用はAとBを入れかえた力となる。**AがBを押す力を作用とすると，反作用はBがAを押す力となる。

> **ポイント**
> **反作用の探し方**
> 作用　：**AがBを押す力**　とすると，AとBを入れかえて
> 反作用：**BがAを押す力**　とすればよい

**❷ 反作用の作図**　**作用や反作用の作用点は，力がはたらく(力が加えられた)物体，すなわち「〜を」と表される物体にある。**

重力などの遠隔力をのぞくと，作用点は物体の表面上にあるが，2つの物体の接触面上に作用点をかいてしまうと，どちらの物体にはたらく力かわかりづらくなるので，作図する際にはやや物体の内側にかくとよい。また，重なってしまう場合はすこしずらしてかくとよい。

補足　作用・反作用を記号で示すとき，個別に作用$F_1$，反作用$F_2$としたり，作用$F$に対して反作用が逆向きなので$-F$としたり，大きさのみを考え作用$F$に対して反作用も$F$としたりするなどの表記法がある。あとから学ぶ運動方程式(▷p.59)を扱う場合などは，作用と反作用を同じ記号$F$で表す表記法が簡単である。

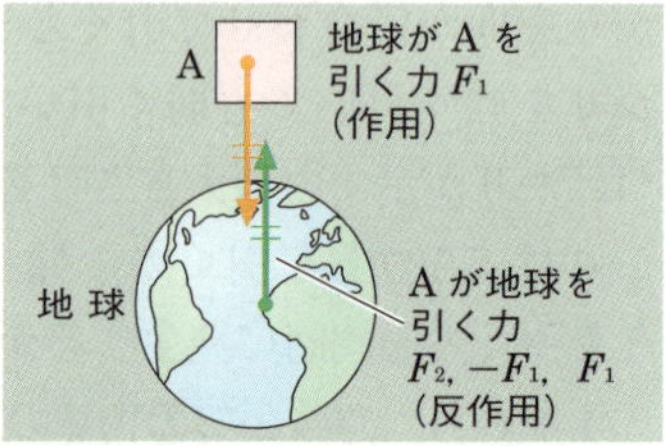


図51　万有引力の作用・反作用

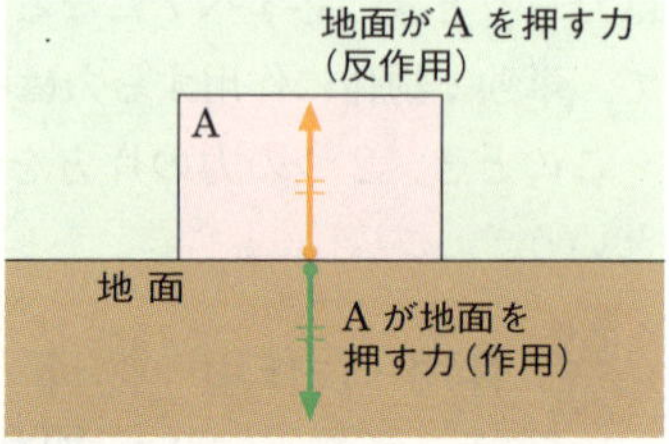


図52　垂直抗力の作用・反作用

**❸ 作用と反作用の例**

① **しっぺは打つほうも痛い**　腕にしっぺをすると，打たれた腕だけでなく，打ったほうの指も痛くなる。指が腕を打つ(**作用**)と，指は腕から同じ大きさの力を受ける(**反作用**)からだ。

② **高くジャンプ，速くターン**　高くジャンプするには，自分が地面を下向きに強く押す(**作用**)。すると，地面から自分を押す強い力(**反作用**)が生じる。水泳のターンでも，壁を強くける(**作用**)ほど，壁から強い力をうけ(**反作用**)，速く進む。

③ **水ロケットの推進力**　水ロケットは水を下向きに高圧で押し出す(**作用**)。すると水がロケットを上に押す力(**反作用**)が生じて上昇する。実際の宇宙ロケットも，大量のガスを高速で噴射して，その反作用で進む。

## 例題　作用と反作用

下図(1)～(4)の力(作用)が物体Aにはたらくとき，反作用はどのような力になるか。その力を図にかきいれよ。また，その力はどの物体からどの物体にどのような向きではたらく力か簡単に説明せよ。

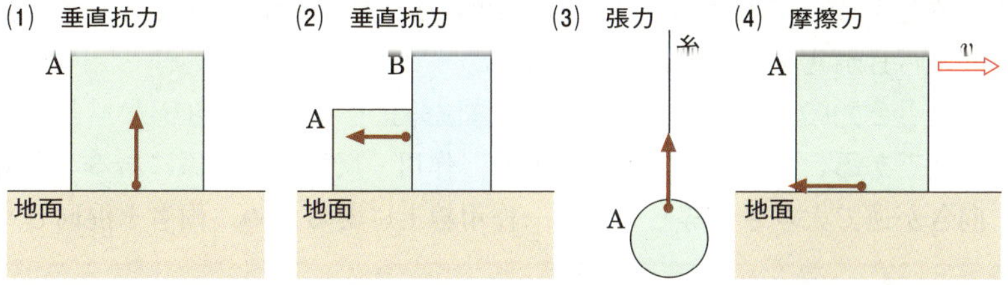


**着眼**　作用する力が「AがBを～する力」ならば，反作用の力は「BがAを～する力」である。近接力では，接触している面に作用点があることに注意する。

**解説**　(1) 作用が「地面がAを上向きに押す力」なので，押す物体と押される物体を入れかえ，力の向きを逆にすればよい。

(2) 作用が「BがAを左向きに押す力」なので，押す物体と押される物体を入れかえ，力の向きを逆にすればよい。

(3) 作用が「糸がAを上向きに引く力」なので，引く物体と引かれる物体を入れかえ，力の向きを逆にすればよい。

(4) 作用が「地面がAを左向きに押す力」なので，押す物体と押される物体を入れかえ，力の向きを逆にすればよい。

答　図…下図

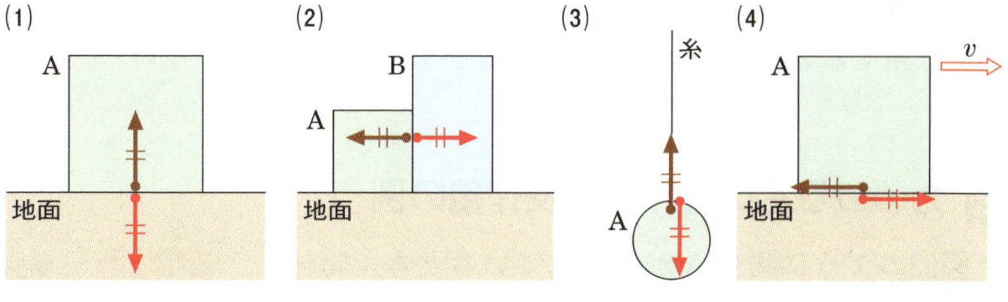


説明…(1) Aが地面を下向きに押す力
(2) AがBを右向きに押す力
(3) Aが糸を下向きに引く力
(4) Aが地面を右向きに押す力

# 5 力のつり合いと作用・反作用

## 1 力のつり合いと作用・反作用 重要

**❶ 力のつり合いと作用・反作用**　図49(▷p.53)のようにAがBを押すと，AとBは2人とも遠ざかってしまう。AがBを押す力の大きさが20Nなら，作用・反作用の法則からBがAを押す力は20Nである。

このとき「2力の合力＝$\vec{0}$」なので，物体は静止するのではないか，というのは誤った考えである。つり合っている2力も，作用・反作用の関係にある2力も，ともに，向きが逆で大きさが等しく，同一作用線上にあるため，両者を混同しやすい。

ポイント
**力のつり合いと作用・反作用**
**つり合いの2力：1つの物体にはたらき，同じ大きさで，逆向き。**
**作用と反作用：常に2つの物体にはたらき，同じ大きさで，逆向き。**

**❷ つり合い，作用・反作用と力の合成**　1つの物体にはたらく2力がたまたま同じであるとき，その2力はつり合っているという。このとき，つり合いの関係にある2力の作用点は同じ物体内にあるので，2力の合力を求めることができる。

いっぽう，作用・反作用の力は，2力が必ずペアで発生するので，どんな力にも，作用・反作用の関係にある力が存在する。そして，作用・反作用の関係にある2力の作用点は互いに別の物体上にあるので，合力を求めることはできない。

図49の場合でも，AがBを押す力が**作用**であり，その**反作用**としてBからAを押す力が加わり，これによって遠ざかったのである。この場合も，作用と反作用は，力の作用する物体が異なるので，合力を求めることはできない。

## 2 力のつり合いと作用・反作用の例

図53のように物体Aが静止しているとき，物体とその周りには地球が物体を引く重力$\vec{W}$，地面が物体を押す垂直抗力$\vec{N_1}$，$\vec{N_1}$の反作用であり，物体が地面を押す垂直抗力$\vec{N_2}$がはたらいている。

このとき，$\vec{W}$と$\vec{N_1}$は1つの物体Aにはたらいているつり合いの力であり，合力$\vec{0}$はである。いっぽう，**$\vec{N_1}$と$\vec{N_2}$は異なる物体にはたらいている作用と反作用**であり，合成して合力を求めることはできない。

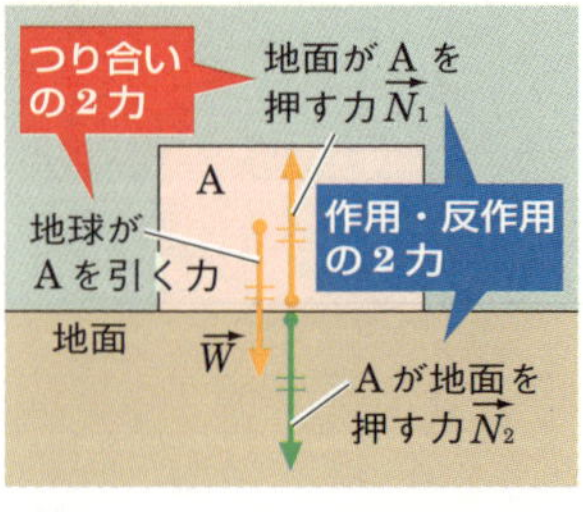

図53 力のつり合いと作用・反作用

## 例題　力のつり合いと作用・反作用

静止している物体A〜Cにそれぞれ図のような力がはたらいている。このとき，次の各問いに答えよ。

(1) 作用・反作用の関係にある力の組み合わせをすべて示せ。

(2) つり合いの関係にある力の組み合わせをすべて示せ。

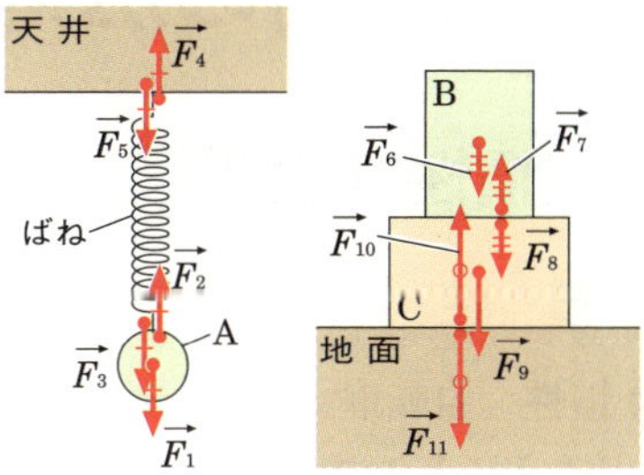


**着眼** つり合いの力は1つの物体内にはたらき，物体が等速直線運動しているときには合力が$\vec{0}$となる。作用・反作用は，異なる物体にはたらく力である。

**解説** $\vec{F_1}$と$\vec{F_2}$はAにはたらくつり合いの力，$\vec{F_2}$と$\vec{F_3}$はAとばねにはたらく弾性力と反作用，$\vec{F_3}$と$\vec{F_4}$はばねにはたらくつり合いの力，$\vec{F_4}$と$\vec{F_5}$はばねと天井にはたらく弾性力と反作用である。

また，$\vec{F_6}$と$\vec{F_7}$はBにはたらくつり合いの力，$\vec{F_7}$と$\vec{F_8}$はBとCにはたらく垂直抗力と反作用，$\vec{F_8}$と$\vec{F_9}$と$\vec{F_{10}}$はCにはたらくつり合いの力，$\vec{F_{10}}$と$\vec{F_{11}}$はCと地面にはたらく垂直抗力と反作用である。

**答** (1) $\vec{F_2}$と$\vec{F_3}$，$\vec{F_4}$と$\vec{F_5}$，$\vec{F_7}$と$\vec{F_8}$，$\vec{F_{10}}$と$\vec{F_{11}}$

(2) $\vec{F_1}$と$\vec{F_2}$，$\vec{F_3}$と$\vec{F_4}$，$\vec{F_6}$と$\vec{F_7}$，$\vec{F_8}$と$\vec{F_9}$と$\vec{F_{10}}$

## この節のまとめ　力の性質

| | |
|---|---|
| □力のはたらき ▷p.46 | ◎力は…物体の形や運動状態を変化させる原因となる。<br>◎力の単位…**ニュートン(N)** |
| □力の合成と分解 ▷p.48 | ◎力の合成…平行四辺形の法則やベクトルの加法を使って，**合力**を求める。<br>◎力の分解…平行四辺形の法則を用いて，**分力**を求める。力$\vec{F}$の$x$成分 $F_x=F\cos\theta$，$y$成分 $F_y=F\sin\theta$ |
| □力のつり合い ▷p.51 | ◎2力のつり合い…同一作用線上にあって，大きさが等しく，向きが反対。<br>◎3力のつり合い…3力のベクトルが閉じた三角形をつくり，作用線が1点で交わる。 |
| □作用と反作用 ▷p.53 | ◎**作用**と**反作用**は別べつの物体にはたらき，同一作用線上にあって，大きさが等しく，向きが反対である。 |

# 2節 運動の法則

## 1 慣性の法則

### 1 慣　性

**❶ 慣性**　自転車で平地を走るとき，こぐのをやめても，自転車はしばらくの間は同じように走りつづける。また，机の上に置いた物体は，ほかから力を加えて動かさない限り，ひとりでに動きだすことはない。このように，物体には，その速度(速さと運動の向き)を維持しようとする性質がある。この性質を**慣性**という。

**❷ 慣性の例**

① **ダルマ落とし**　図54はダルマ落としというおもちゃである。いくつかの木片の上にダルマが置いてあって，木片の1つを木づちでたたき出すと，上の木片とダルマが真下に落ちて，下の木片の上に乗る。これは，**たたき出された木片以外は，慣性によってその位置に静止しようとする**からである。

図54　ダルマ落とし

② **電車の発車と停車**　電車が発車するとき，立っている乗客は後方に倒れそうになる。**乗客は慣性によって静止しようとする**のに，電車の床が前方に動くために，足がそれにつれて前方に動かされるからである。反対に電車が停止するときは，**乗客は慣性によって同じスピードで動こうとする**のに，電車の床と足はスピードを落とすので，乗客は前方に倒れそうになる。

### 2 慣性の法則 重要

**❶ 慣性の法則**　ニュートンは，物体の慣性について，次のようにまとめた。これを**慣性の法則**(または**運動の第1法則**)という。

> ポイント　**慣性の法則：物体に外部から力が作用しないかぎり，最初に静止していた物体はいつまでも静止の状態を保ち，運動していた物体はいつまでもその速度を保って等速直線運動をつづける。**

**❷ 慣性の法則の成立**　地球上の物体には重力がはたらくので，力がまったくはたらかない状態にすることは難しい。しかし，物体にはたらく力がつり合う場合，運動に関しては力がはたらかないのと同じになり，慣性の法則が成りたつ。すなわち，物体に力がはたらいていても，その合力$=\vec{0}$のとき，慣性の法則は成立する。

# 2 力と加速度

## 1 加速度と力の関係

**❶ 加速度を生じる原因**　物体の外部から力が作用しないか合力が$\vec{0}$であれば，物体は慣性によって静止または等速直線運動をつづける。しかし，物体に外部から力がはたらくと静止していた物体は動きだし，等速直線運動をしていた物体は速さや運動の向きが変わる，すなわち加速度を生じる。このことから，加速度を生じる原因となるのは力であることがわかる。

**❷ 加速度と力**　加速度を生じる原因が力であるとすれば，加速度の大きさを決めるのも力の大きさであると予想される。次ページのような実験をして調べてみよう。

## 2 運動方程式 重要

**❶ 運動の第2法則**　実験から，質量$m$の物体に力$F$が作用したときの加速度$a$は，力$F$に比例し質量$m$に反比例するとわかる。これを**運動の第2法則**という。

**❷ 力の単位**　ニュートンの運動の第2法則を式にすると，

$a \overset{\star 1}{\propto} \dfrac{F}{m}$　　よって，　　$F \propto ma$

比例定数を$k$として，等式で表すと，

$F = kma$

となる。ここで，質量$m$の単位がkg，加速度$a$の単位がm/s$^2$のとき比例定数$k$の値が1になるように決められた力の単位が**ニュートン(N)**なのである。すなわち，質量$m = 1$kgの物体に作用したとき加速度$a = 1$m/s$^2$を生じさせる力の大きさ$F$が1Nである。

**❸ 運動方程式**　以上から，質量$m$〔kg〕の物体に$F$〔N〕の力が作用したとき，加速度$a$〔m/s$^2$〕を生じるとすれば，これらの間に，

$$ma = F \qquad (1\cdot45)$$

という関係が成りたつことになる。これを**運動方程式**という。一般に，加速度をベクトル$\vec{a}$で表すと，力もベクトル$\vec{F}$となり，

$$m\vec{a} = \vec{F} \qquad (1\cdot46)$$

である。この式は，加速度$\vec{a}$の向きが力$\vec{F}$の向きと同じであることを示す。

**ポイント**　**運動方程式**　$m\vec{a} = \vec{F}$

$m$〔kg〕：質量　　$\vec{a}$〔m/s$^2$〕：加速度　　$\vec{F}$〔N〕：力

物体にいくつかの力がはたらいているとき，力$\vec{F}$はすべての力の合力である。

★1　∝は比例を表す記号で，$y \propto x$は，$y$が$x$に比例することを意味する。このとき，適当な定数(**比例定数**)を$k$として，$y = kx$と表すことができる。

## 重要実験　加速度と力や質量の関係

**操作**

① 質量1kgの力学台車の前にゴムひもをつけ，後ろに記録テープをつける。ゴムひもの端をものさしの先にひっかけ，ゴムひもを一定の長さまでのばして，台車を引っぱる。このときの台車の運動を記録タイマーで記録する。

② ゴムひもの数を2本，3本，……と増やして，①と同じ実験をする。

③ テープの記録は，*p.23*の実験と同じ処理をして加速度を求める。

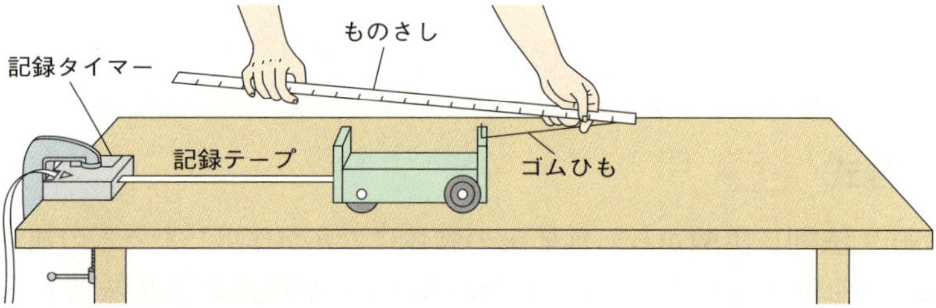


図55　加速度と力の関係を調べる実験

④ 次に，台車に1kgのおもり(台車と同じ質量)をのせて，①と同じようにして引っぱり，台車の運動を記録する。

⑤ 台車にのせるおもりの数を2個，3個，……と増やし，ゴムひもの数とゴムひもをのばす長さを変えないようにして，台車を引っぱり，運動を記録する。

**結果と考察**

① ゴムひもをのばす長さを一定にすると，ゴムひも1本あたりの張力が一定になるので，台車を引っぱる力の大きさはゴムひもの数に比例する。

② ①～③は，同じ質量の台車にいろいろな大きさの力を加えて，加速度と力の関係を調べるための実験である。

③ ②のようにゴムひもの数を変えて台車を引っぱったときの加速度の大きさを調べてみると，図56のようにゴムひもの数に比例して大きくなることがわかる。したがって，**加速度の大きさは力の大きさに比例する**といえる。すなわち，$a \propto F$。

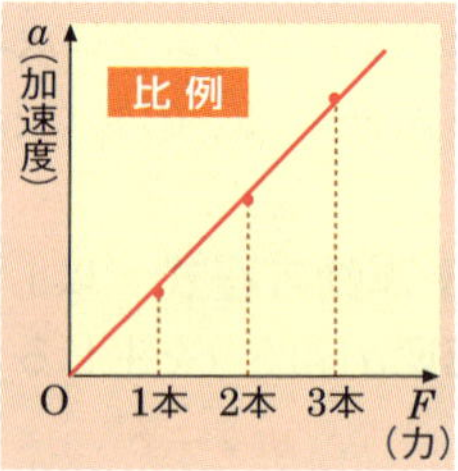


図56　加速度と力

④ ⑤でゴムひもの数もゴムひもをのばす長さも変えないのは，台車を引く力の大きさを一定にするためである。

⑤ ④，⑤は，同じ大きさの力をいろいろな質量の台車に加えて，加速度と質量の関係を調べるための実験である。

⑥ ⑤の結果を$a$-$\frac{1}{m}$グラフにすると，図57のような直線になる。このことから，**加速度の大きさは物体の質量に反比例する**ことがわかる。すなわち，$ma =$(一定)。

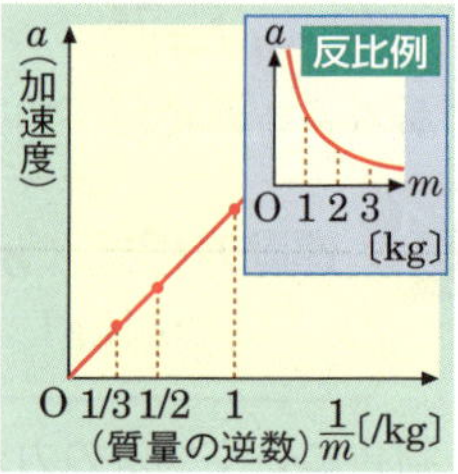


図57　加速度と質量

## 例題　運動方程式

なめらかな水平面上に質量5.0kgの物体を置き，次の(1)，(2)の力を加えたとき，物体に生じる加速度はそれぞれいくらか。右向きを正として答えよ。

(1)　図の力Bのみがはたらく場合

(2)　図の力Aと力Bがはたらく場合

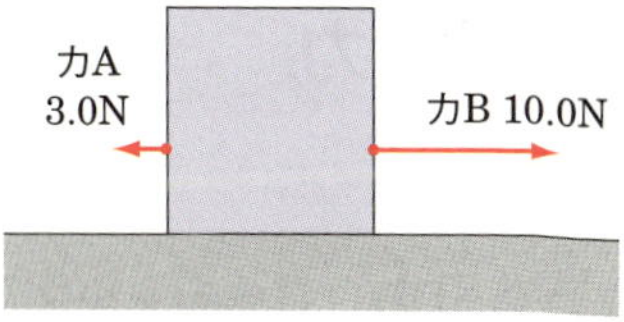


**着眼**　合力$F$を求め，運動方程式$ma=F$より$a$を求める。

**解説**　(1)　右向きを正として，物体にはたらく合力$F=10.0\,\text{N}$。運動方程式より，

$$ma=F \qquad よって \quad a=\frac{F}{m}=\frac{10.0\,\text{N}}{5.0\,\text{kg}}=2.0\,\text{m/s}^2$$

(2)　右向きを正として，物体にはたらく合力$F=10.0+(-3.0)=7.0\,\text{N}$。運動方程式より，

$$ma=F \qquad よって \quad a=\frac{F}{m}=\frac{7.0\,\text{N}}{5.0\,\text{kg}}=1.4\,\text{m/s}^2$$

答　(1)**2.0 m/s²**　(2)**1.4 m/s²**

**類題 7**　なめらかな水平面上に，質量3.0kgの物体がある。この物体が，正の向きに加速度$2.5\,\text{m/s}^2$で加速しているとき，この物体に作用している力の大きさを求めよ。(解答▷p.232)

**類題 8**　なめらかな水平面上に，質量1.5kgの物体がある。この物体が，東向きに4.5Nの力を受けるとき，この物体にはどちら向きにどれだけの加速度が生じるか。(解答▷p.232)

## この節のまとめ　運動の法則

| | |
|---|---|
| □慣性の法則 ▷p.58 | ○ **慣性の法則**(運動の第1法則)…物体の外部から力が作用しなければ(または作用している力がつり合っていれば)，物体はその運動状態を変えない。 |
| □力と加速度 ▷p.59 | ○ 運動の第2法則…加速度の大きさは，力の大きさに比例し，物体の質量に反比例する。<br>○ **運動方程式**…質量$m$〔kg〕の物体に力$\vec{F}$〔N〕が作用したときの加速度を$\vec{a}$〔m/s²〕とすると，$m\vec{a}=\vec{F}$<br>このとき，物体に作用する力の向きと，物体に生じる加速度の向きは同じ。 |

# 3節 いろいろな力のはたらき

## 1 重　力

### 1 重　力

**❶ 万有引力**（ばんゆういんりょく）　質量をもつすべての物体どうしは，互いに引きあう力(引力)を及ぼしあっている。この力を**万有引力**という。

**❷ 重力**　地球と地球上の物体とは互いに万有引力を及ぼしあう。この引力の作用線は地球の中心と物体とを結ぶ直線なので，地表で見ると，物体は地球の中心に向かう引力を受ける。この引力が**重力**である。

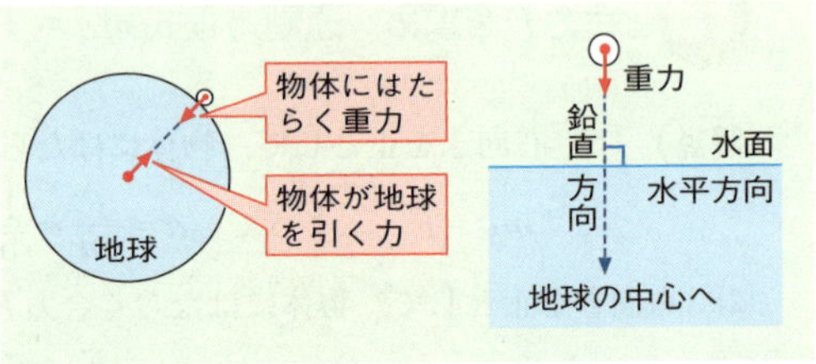

図58 重力の方向

重力の作用点は物体の**重心**であり，大きさが0の物体での作用点は物体の位置となる。

補足　厳密にいうと，重力は地球の引力と地球の自転による遠心力との合力なので，万有引力の大きさや向きとはわずかにちがう。

### 2 重さと重量

**❶ 重さ**　物体にはたらく重力の大きさを**重さ**または**重量**といい，単位**N**（ニュートン）で表す。

**❷ 質量**　物体に含まれている物質の量は，その物体をつくっている原子や分子の種類や数で決まる。この物質の量を**質量**といい，単位**kg**（キログラム）で表す。

**❸ 質量の決め方**　質量は，①，②の2通りの方法で決めることができ，くわしい実験によって，どちらで決めても同じ値になることがわかっている。

① **重力質量**　同一地点では，同じ質量の物体にはたらく重力は等しい。これより天びんの分銅と物体の重さを比較して決めた物体の質量を**重力質量**という。

② **慣性質量**（かんせい）　物体に力を加えると加速度を生じる。この加速度と加えた力の大きさから決めた物体の質量を**慣性質量**という。

### 3 重力の大きさ

**重力加速度** $g$〔m/s$^2$〕は，物体の質量によらず一定である（▷p.30）。

よって，物体にはたらく重力の大きさ$W$〔N〕は物体の質量$m$〔kg〕に比例し，$W=mg$ となる。

重力　$W=mg$

# 2 張力と弾性力

## 1 張　力

**❶ 張　力**(ちょうりょく)　ぴんと張った糸や綱(つな)が物体を引く力を**張力**ということがある。張力の向きは常に糸のほうに引っぱる向きだけにはたらき，押す向きの張力はない。

軽い★1糸で，糸と接触する滑車との摩擦力が小さくて無視できる場合には，右の図59のように糸のどの部分でも張力の大きさは同じである。張力は，記号$T$で表すことが多い。

また，**作用・反作用の法則**(▷p.53)より，糸が物体を引く張力の大きさと，物体が糸を引く力の大きさは同じなので，物体が糸を引く力の大きさも$T$で表すことが多い。

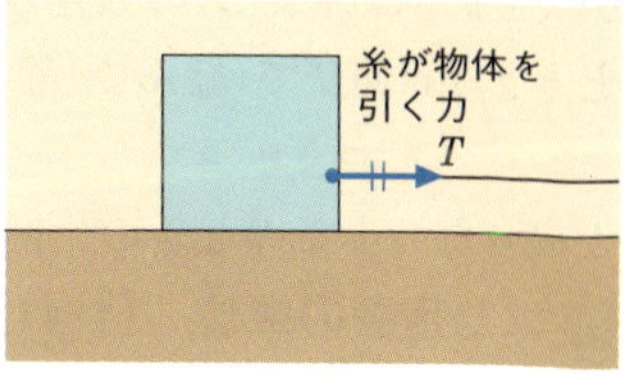


図59 張力

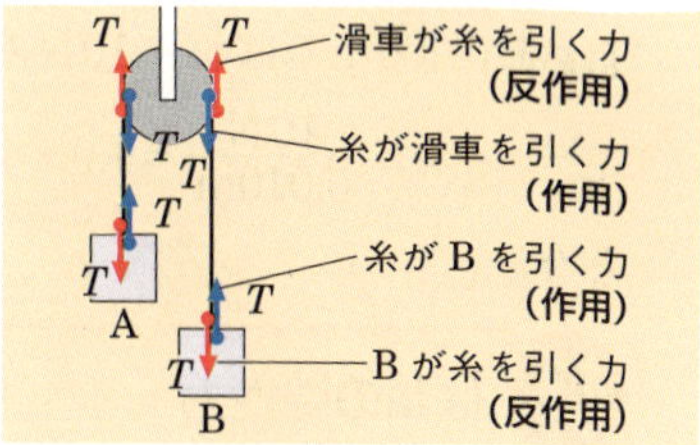


図60 張力とその反作用

視点　同じ糸がはたらかせる張力の大きさは等しい。

**❷ 張力の原因**　糸の一端を物体につなげて他端を引くとき，糸はわずかに伸びる。すると糸はもとの長さまで縮もうとして，次に述べる弾性力を生じる。これが張力発生のしくみである。

## 2 フックの法則　重要

**❶ 弾性と塑性**(だんせい そせい)　物体に力を加えたときに生じた変形が，ばねのように力を取り去ると元にもどる性質を**弾性**といい，粘土のように力を取り去っても変形が元に戻らない性質を**塑性**という。多くの物体は，加わる力が小さいうちは弾性を示すが，その力がある限界をこえると塑性を示すようになる。

**❷ フックの法則**　ばねなどの物体が弾性変形をしているとき，物体がもとの形にもどろうとして，まわりを引く(押す)力を，**弾性力**という。弾性力は，元に戻ろうとする向きにはたらき，引く向きにも押す向きにもはたらく。

実験によると，物体の変形量が一定の範囲内にあれば弾性力の大きさは物体の変形の大きさ(変形量)に比例する。この関係を**フックの法則**という。

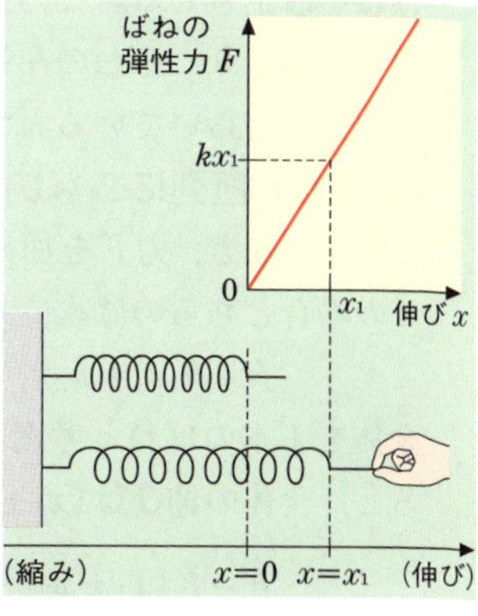


図61 変形量$x$と弾性力$F$

★1 物理では，「軽い」を無視できるほど質量が小さいという意味で使うことが多い。

**❸ ばねの伸び・縮み**　ばねに力が加わっていないときの長さを，そのばねの**自然の長さ**または**自然長**(しぜんちょう)という。ばねの弾性力もフックの法則にしたがって，ばねの伸び(または縮み)に比例する。ばねが静止しているとき，ばねの弾性力とばねを引く(または押す)力の大きさは同じである。すなわち，ばねに$F$〔N〕の力を加えたとき$x$〔m〕伸びて(縮んで)静止したとすると，

$$F = kx \qquad (1\cdot47)$$

が成りたつ。このときの比例定数$k$は，**ばね定数**とよばれる。

**❹ ばね定数の単位**　(1·47)式より，

$$k = \frac{F〔\mathrm{N}〕}{x〔\mathrm{m}〕}$$

なので，ばね定数の単位は**ニュートン毎メートル**(記号**N/m**)となる。たとえば，自然長0.200mのばねに10Nの力を加えたときの伸びが0.010mなら，ばね定数$k$は

$$k = \frac{10\,\mathrm{N}}{0.010\,\mathrm{m}} = 1.0 \times 10^3\,\mathrm{N/m}$$

となる。

**ポイント　ばねの弾性力**

$$F = kx$$

［$F$〔N〕：ばねの弾性力　$x$〔m〕：ばねの伸び(縮み)
$k$〔N/m〕：ばね定数］

## 3 ばねのつなぎ方と伸び・縮み　重要

**❶ ばねの片端を固定する場合**　図62のようにばねの左端を固定し，右端に力$F$を加えて引っ張って，ばねを静止させる。このとき，ばねにはたらく力のつり合いより，ばねの左端にも同じ大きさで逆向きの力がはたらいている。すなわち，ばねの弾性力は必ず両端に同じ大きさで生じる。

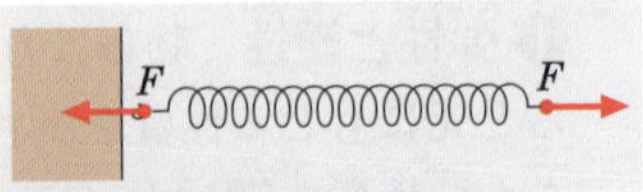

図62　片方を固定したばね

**❷ ばねを直列につないだ場合**　図63のように，ばね定数$k_1$，$k_2$の２本のばねを直列につなぎ，力$F$を加えて引っぱる。それぞれの伸びが$x_1$，$x_2$であったとすると，この場合どちらのばねにも力$F$が加わっているので，

$$F = k_1x_1 = k_2x_2$$

全体を１本のばねと考えたときのばね定数を$K$とすると，全体の伸びは$(x_1 + x_2)$であるから，

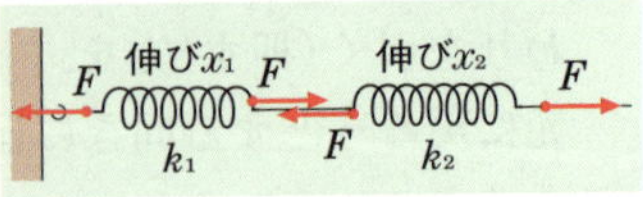

図63　ばねの直列つなぎ

$$F = K(x_1 + x_2) = K\left(\frac{F}{k_1} + \frac{F}{k_2}\right) \qquad よって，\frac{1}{K} = \frac{1}{k_1} + \frac{1}{k_2}$$

補足　ばねが縮む場合でも同様の関係が成りたつ。

### ❸ ばねを並列につないだ場合

図64のように，ばね定数$k_1$，$k_2$の2本のばねを並列につなぎ，力$F$を加えて引っぱったとき，どちらも$x$だけ伸びたとする。それぞれのばねに加わる力を$F_1$，$F_2$とすると，

$$F_1 = k_1x \qquad F_2 = k_2x$$

全体を1本のばねと考えたときのばね定数を$K'$とすると，全体に加わる力は，$F = F_1 + F_2$であるから，

$$F = F_1 + F_2 = k_1x + k_2x = (k_1 + k_2)x$$

この式を，$F = K'x$と比較することにより，

$$K' = k_1 + k_2$$

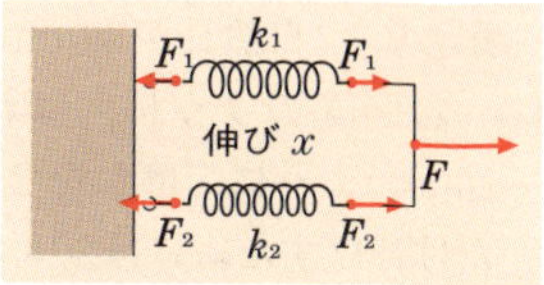


図64　ばねの並列つなぎ

> 直列 $\dfrac{1}{K} = \dfrac{1}{k_1} + \dfrac{1}{k_2}$
>
> 並列 $K' = k_1 + k_2$

**例題　ばねの組み合わせ**

ばね定数$k$，自然の長さ$l_0$のばね4本を下図のようにつないで，距離$l$だけ離れた壁の間に張った。ただし，張る前の全体の長さが$3l_0$であるものとし，$l > 3l_0$とする。

(1)　全体を1本のばねと考えたときのばね定数を求めよ。

(2)　ばね1の伸びはいくらか。

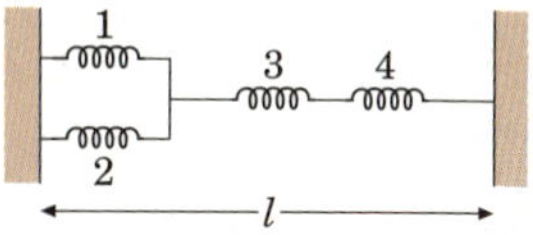


**着眼**　ばねを直列につなぐと，どのばねにも同じ大きさの力が加わる。ばね定数の等しいばねを並列につなぐと，両方のばねに同じ大きさの力が加わる。

**解説**　(1)　$l > 3l_0$だから，ばねはすべて伸びている。ばね3，4に加わっている力を$F$とすると，ばね1，2に加わっている力は$\dfrac{F}{2}$である。

ばね1，2の伸びを$x_1$，ばね3，4の伸びを$x_2$とすると，フックの法則により，

$$\frac{F}{2} = kx_1 \quad \cdots\cdots① \qquad F = kx_2 \quad \cdots\cdots②$$

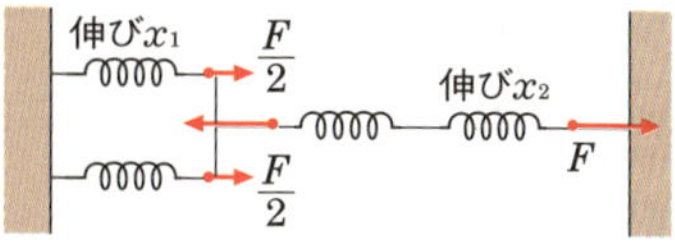


全体の伸びは$(l - 3l_0)$であるから，

$$l - 3l_0 = x_1 + 2x_2 \quad \cdots\cdots③$$

③式に①，②式から$x_1$，$x_2$を代入すると，

$$l - 3l_0 = \frac{F}{2k} + \frac{2F}{k} = \frac{5F}{2k} \qquad よって, \quad F = \frac{2k}{5}(l - 3l_0) \quad \cdots\cdots\cdots④$$

全体を1本のばねと考えたときのばね定数を$K$とすると，

$$F = K(l - 3l_0) \quad \cdots\cdots\cdots⑤$$

④式と⑤式を比較して，　$K = \dfrac{2k}{5}$

(2)　①式と④式より，　$x_1 = \dfrac{F}{2k} = \dfrac{l - 3l_0}{5}$

答　(1) $\dfrac{2k}{5}$　(2) $\dfrac{l - 3l_0}{5}$

**類題9** 自然長が3.0cmで強さの同じばねを組み合わせる。(解答▷*p.232*)

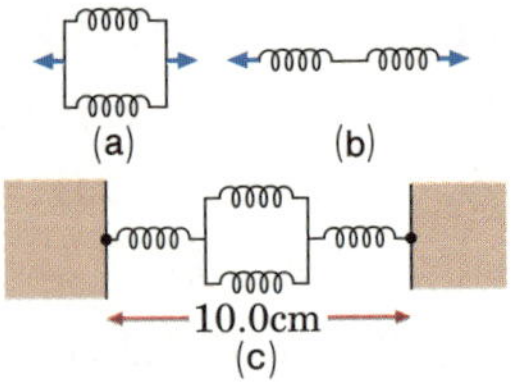


(1) 右図(a)のように，ばねを2本並列にしたものと，右図(b)のように，ばねを2本直列にしたものとを同じ長さだけ伸ばすためには，(a)は(b)の何倍の力を要するか。

(2) 4本のばねを右図(c)のようにつないで，10.0cmへだたった壁の間に水平に張った。このとき，左端のばねの長さは何cmになるか。小数第1位まで求めよ。

(3) 右図(c)のとき，左端のばねは，$1.0\times10^{-2}$Nの力で引っぱられていた。1つのばねのばね定数は何N/mか。

(4) 1本のばねを半分に切ったとき，切ったばね1本のばね定数は，もとのばねのばね定数の何倍になるか。

# 3 垂直抗力と摩擦力

## 1 垂直抗力

**❶ 垂直抗力** 面の上に物体を置くと，物体が面を押すため，面が少しへこむ。これをもとの形にもどそうとして弾性力が生じる。このときの面に垂直な弾性力を**垂直抗力**といい，記号$\vec{N}$で表す。

**❷ 垂直抗力の向き** 垂直抗力$\vec{N}$は面が物体を垂直に押す力であり，物体内側向きにはたらく。この面は地面などに限らず，2つの物体が接しており，面が押しつけられているときには垂直抗力がはたらく。

**❸ 垂直抗力の反作用** 物体の面に垂直抗力がはたらいているとき，**作用・反作用の法則**(▷*p.53*)によって，面をはさんで大きさが等しく逆向きの2つの垂直抗力が生じる。

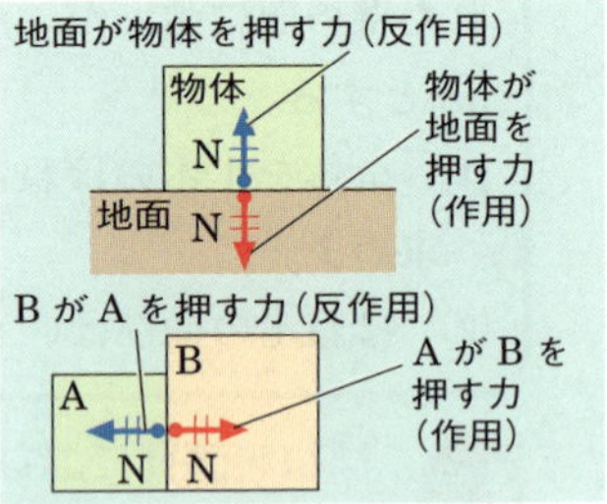


図65 それぞれの物体にはたらく垂直抗力

視点 それぞれにはたらく垂直抗力は面をはさんで逆向きで物体内部へ向かう。

## 2 摩擦力

**❶ 摩擦力**(まさつりょく) 図66のように，水平面上に置いた物体を水平方向に引く。引く力が小さい間は，物体は動かない。これは物体にはたらく張力$\vec{T}$と反対向きに大きさの等しい力$\vec{F}$が面から物体にはたらいてつり合うからである。このように，面の上の物体には面から物体の動きをさまたげる力がはたらく。この力を**摩擦力**という。

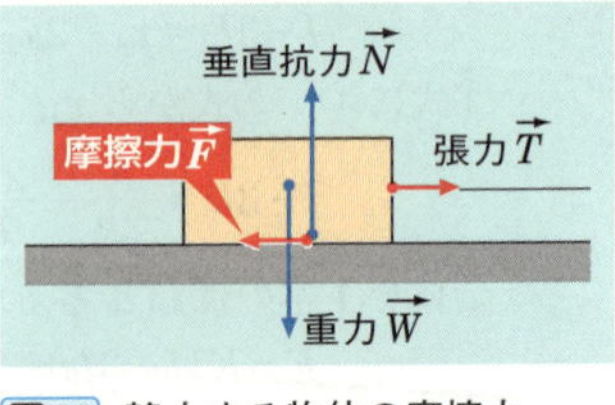


図66 静止する物体の摩擦力

視点 $F=T$，$N=W$

補足 垂直抗力の作用点は，正確には重心の真下より張力の向きにずれる。

**❷ 摩擦力の向き**　摩擦力は，物体の運動をさまたげる向きに生じる。

① 物体に右向きの外力を加えても物体が静止しているとき，摩擦力は左向きに生じる。

② 斜面を物体がすべりおりているとき，斜面にそって上向きの摩擦力が生じる。

③ 斜面上で物体を引き上げているとき，斜面にそって下向きの摩擦力が生じる。

④ 物体があらい面の上を右にすべっているとき，物体には左向きの摩擦力が発生し，物体は運動をさまたげられて減速する。

**❸ なめらかな面とあらい面**　摩擦力の大きさは，物体にはたらく力と，2つの物体が接触する面の組み合わせで決まる。

このとき，摩擦力が無視できるほど小さい面を**なめらかな面**といい，摩擦力を0として考える。いっぽう，**あらい(粗い)面**や**なめらかでない面**と書いてある場合には，摩擦力が発生するものとして扱う。

一般に，2つの物体どうしが接している場合，摩擦力を無視できないことが多い。そのため面の性質が書いていない場合は，摩擦力があるものとして考える。

## 3 静止摩擦力

**❶ 最大摩擦力**　摩擦力のうち，静止している物体にはたらく力を**静止摩擦力**という。前ページの図66で糸を引く力$T$を大きくすると，それにつれて摩擦力$F$も大きくなり，しばらくは，$T=F$の関係のままつり合いが保たれる。しかし，摩擦力にはある限界があり，張力$T$がこの限界を越えると，つり合いが破れて物体が動きだす。この限界の大きさの摩擦力を**最大摩擦力**または**最大静止摩擦力**という。

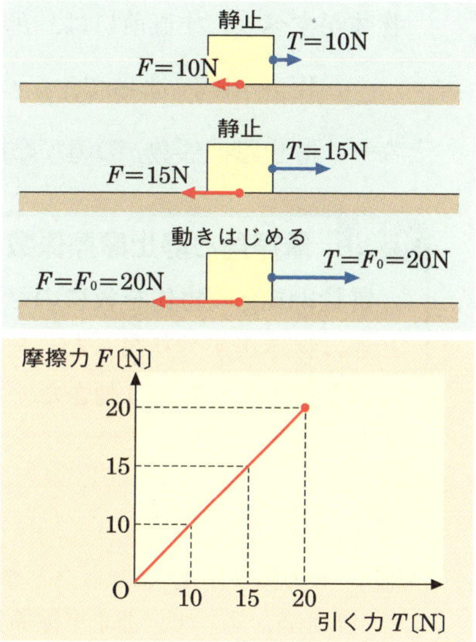


図67　最大摩擦力$F_0=20$Nのときの静止摩擦力$F$と外力$T$

**❷ 静止摩擦係数**　同じ面どうしにはたらく最大摩擦力の大きさ$F_0$は，垂直抗力の大きさ$N$に比例する。

$$F_0=\mu N \quad (1\cdot48)$$

このときの比例定数$\mu$（ミュー）を**静止摩擦係数**[★1]という。$\mu$の値は接触している面の組み合わせによって決まるが，接触面積にはほとんど関係がない。

★1　摩擦係数は力〔N〕を力〔N〕で割った量なので，単位をもたない**無次元量**(▷p.11)である。

したがって，平らな面をもち，各面の性質が同じ物体を地面の上に置くとき，どの向きに置いても最大摩擦力は変化しない。

**ポイント　最大摩擦力**

$$F \leqq F_0 = \mu N$$

［$F$〔N〕：静止摩擦力の大きさ　$F_0$〔N〕：最大摩擦力の大きさ
$\mu$：静止摩擦係数　$N$〔N〕：垂直抗力の大きさ］

**❸ 摩擦角**　物体を斜面上に置き，斜面の傾斜角をしだいに大きくしていくと，ある傾斜角のところで物体がすべりはじめる。このときの傾斜角$\theta$を**摩擦角**という。図68のように，重さ$W$の物体を傾斜角$\theta$の斜面上に置くと，重力$W$の斜面方向の成分$W_x$と斜面に垂直な方向の成分$W_y$は，

$$W_x = W\sin\theta \qquad W_y = W\cos\theta$$

である。物体が静止しているときは，斜面方向および斜面に垂直な方向の力がそれぞれつり合っているから，

$$W_x = F \qquad W_y = N$$

となっている。

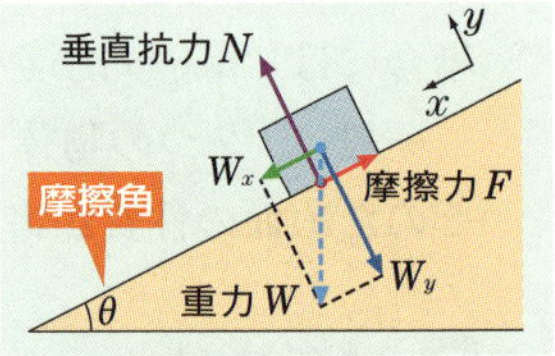

図68　摩擦角

物体がすべりだす直前には，$F = \mu N$になるから，

$$W_x = \mu W_y \quad \text{よって，}\quad \mu = \frac{W_x}{W_y} = \frac{W\sin\theta}{W\cos\theta} = \tan\theta$$

となり，**静止摩擦係数$\mu$の値が摩擦角$\theta$から求められる。**

**摩擦角$\theta$**
$\tan\theta = \mu$

**例題　摩擦角と静止摩擦係数**

質量3.0kgの物体を板にのせて板を傾けていくと，水平と30°の角をなしたときに物体がすべりだした。板を水平にして物体を水平方向に引くとき，何Nの力を加えると物体は動きだすか。重力加速度を9.8m/s²，$\sqrt{3} = 1.73$とする。

**着眼**　物体が動きだすときの力は最大摩擦力である。最大摩擦力は，$F_0 = \mu N$で与えられ，$\mu$は，$\mu = \tan\theta$を利用して求めればよい。

**解説**　板の傾きが30°になったときに物体がすべりだしたことから，摩擦角が30°であることがわかる。よって，静止摩擦係数$\mu$は，

$$\mu = \tan 30° = \frac{1}{\sqrt{3}}$$

水平な板の上で物体が動きだす直前には，物体を水平方向に引く力$F$と最大静止摩擦力$F_0 = \mu N$とが等しくなる。また，このときの垂直抗力$N$は重力$mg$に等しい。よって，

$$F = F_0 = \mu N = \mu mg = \frac{1}{\sqrt{3}} \times 3.0 \times 9.8 = \sqrt{3} \times 9.8 \fallingdotseq 17\,\text{N}$$

答　**17N**

## 4 動摩擦力 重要

なめらかでない面の上をすべり動く物体にも，物体の運動方向と反対向きの力が面から物体にはたらいて，物体の運動をさまたげる。このように，運動している物体にはたらく摩擦力を**動摩擦力**という。

動摩擦力の大きさ$F'$も垂直抗力の大きさ$N$に比例する。

$$F' = \mu' N \qquad (1\cdot49)$$

このときの比例定数$\mu'$を**動摩擦係数**という。$\mu'$の大きさは面の性質などによって決まり，物体の速さには無関係である。

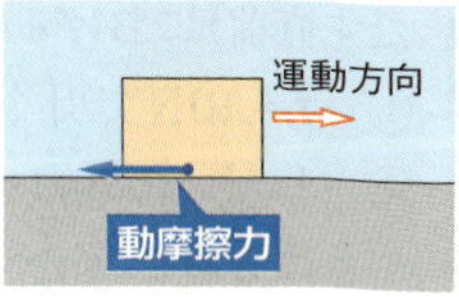


図69 動摩擦力

**ポイント 動摩擦力**

$$F' = \mu' N$$

[ $F'$〔N〕：動摩擦力の大きさ　$\mu'$：動摩擦係数
$N$〔N〕：垂直抗力の大きさ ]

## 5 摩擦の法則

**❶ 摩擦の法則**　摩擦力については，実験的に次のようなことがわかっている。

① 摩擦係数$\mu$，$\mu'$の値は，物体の接触面積とは無関係に，触れあっている2物体の面の性質によって決まる。

② 最大摩擦力の大きさ$F_0$や動摩擦力の大きさ$F'$は垂直抗力の大きさ$N$に比例する。

$$F_0 = \mu N,\quad F' = \mu' N$$

③ 動摩擦力の大きさは，物体の速度によって変化しない。

④ 同じ面の組み合わせの動摩擦係数$\mu'$は，静止摩擦係数$\mu$より小さい。

**動摩擦力の大きさ$F'$＜最大摩擦力の大きさ$F_0$**

**❷ 静止摩擦力と動摩擦力**　一般に動摩擦力の大きさ$F'$は最大摩擦力の大きさ$F_0$よりも小さい。そのため，静止した物体に外力を加えて引っ張りながら外力を大きくしていくとき，動かしはじめるためには大きな力が必要だが，いちど動きはじめると，動かしはじめの力よりも小さな力で動かし続けることができる。(図70)

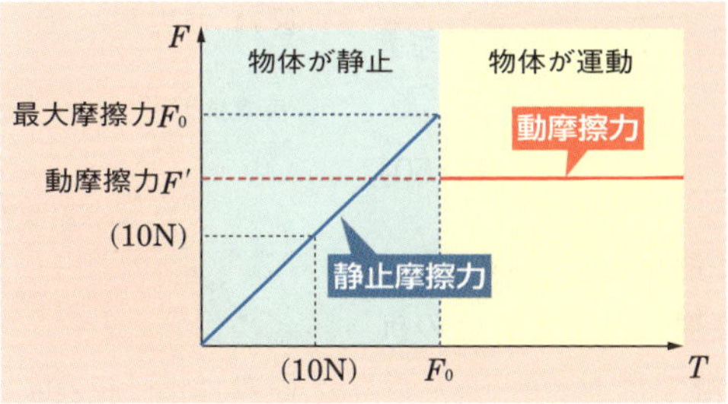


図70 静止する物体に横から加える張力を大きくしていったときの摩擦力

視点　静止しているあいだ，張力$T$と静止摩擦力$F$はつり合っている。いちど動きはじめると，加える張力$T$の大きさにかかわらず，動摩擦力$F'$の大きさは一定である。

**例題　静止摩擦力と動摩擦力**

なめらかでない水平面上にある物体を，外力 $f$ で水平右向きに引いたところ，物体は次の①～④のように運動した。このとき，それぞれの段階(②では動きだす直前)における摩擦力の大きさと，その種類を答えよ。

① $f = 10\,\mathrm{N}$ で引くと，物体は動かなかった。

② しだいに外力を大きくしていったところ，$f = 50\,\mathrm{N}$ に達したとき物体が動きはじめた。

③ 動きだしたあと $f = 30\,\mathrm{N}$ で引くと，物体は等速直線運動を行った。

④ 動きだしたあと $f = 40\,\mathrm{N}$ で引くと，物体は等加速度直線運動を行った。

**着眼**　図70のグラフを使って整理する。

**解説**　① 物体は面に対して静止しているので，摩擦力は静止摩擦力である。また，力を加えても動かなかったので，摩擦力は外力 $f$ とつり合っている。

② 力を加えても動かなかったので，摩擦力 $F$ は外力 $f$ とつり合っている。このときの摩擦力 $F$ は静止摩擦力だが，物体が面に対して動き出す直前なので最大摩擦力ともいえる。

③ 物体は運動しているので，摩擦力は動摩擦力である。また，物体が等速直線運動をしているので，摩擦力 $F'$ は外力 $f$ とつり合っている。

④ 物体は運動しているので，摩擦力は動摩擦力である。また，同じ物体にはたらく動摩擦力の大きさは物体の速度によらないので，摩擦力 $F'$ の大きさは③と同じになる。

答　①大きさ…**10 N**　種類…**静止摩擦力**
②大きさ…**50 N**　種類…**最大摩擦力(静止摩擦力)**
③大きさ…**30 N**　種類…**動摩擦力**
④大きさ…**30 N**　種類…**動摩擦力**

## 6 抗　力

物体が床や他の物体と接触しているとき，物体が接触面から受ける力を**抗力**といい，一般に記号 $\vec{R}$ で表す。

抗力 $\vec{R}$ を接触面に対し垂直な力と平行な力に分解したとき，面に垂直な分力が垂直抗力 $\vec{N}$，平行な分力が摩擦力 $\vec{F}$ である。すなわち，

$$\underset{(抗力)}{\vec{R}} = \underset{(垂直抗力)}{\vec{N}} + \underset{(摩擦力)}{\vec{F}} \tag{1・50}$$

図72のようにあらい斜面上で物体が静止しているときは，重力 $\vec{W}$ と抗力 $\vec{R}$ がつり合っていて一直線上にあり，その抗力 $\vec{R}$ は垂直抗力 $\vec{N}$ と静止摩擦力 $\vec{F}$ に分解できる。

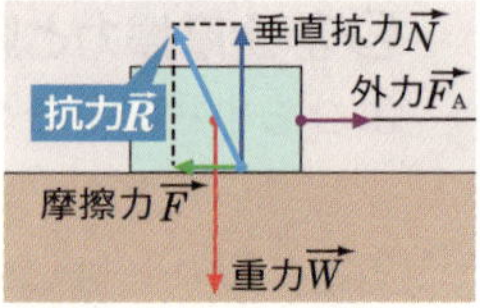

図71　抗力 $\vec{R}$

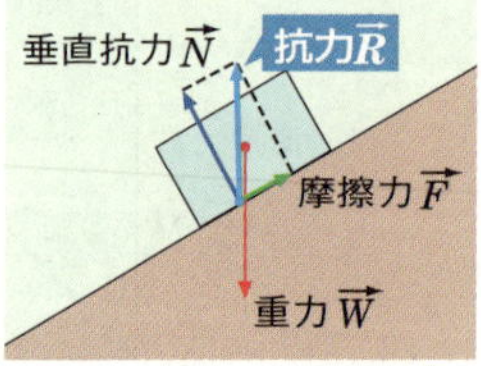

図72　斜面上での抗力

# 4 圧力と浮力

## 1 圧力とその単位 重要

**❶ 圧力**　力がある面全体に加わるとき，面の単位面積あたりに加わる力の大きさを**圧力**という。

いま，面積 $S$〔$m^2$〕の面に $F$〔N〕の力が加わったとすると，その圧力 $p$〔$N/m^2$〕は，次の式で表される。

$$p = \frac{F}{S} \qquad (1\cdot51)$$

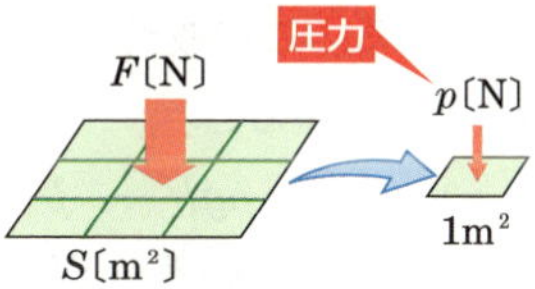


図73　面に加わる力と圧力

**❷ 圧力の単位**　MKS単位系（▷p.10）では，圧力の単位は $N/m^2$ となり，これを**パスカル（記号Pa）**という。気象関係では**ヘクトパスカル（hPa）**という単位をつかい，1hPa＝100Paである。

## 2 流体による圧力 重要

**❶ 流体による圧力**　気体と液体とを総称して**流体**という。流体の中にある物体は，まわりにある流体から圧力を受ける。この圧力は物体の表面に垂直かつ内側に向かってはたらき，同じ位置なら面の向きによらず同じ大きさである。

**❷ 大気圧**　大気による圧力を**大気圧**または単に**気圧**という。大気圧の大きさは標高や気象条件などによっても変化するが，標準値として**1013hPa（＝1.013×$10^5$Pa）**が定められていて，この値を**1気圧（1atm）**ということがある。

> **1Pa＝1N/m²**
> **1hPa＝100Pa**
> **1気圧＝1013hPa**

**❸ 水圧**　水による圧力を**水圧**という。水圧は，上にある水の重さで，さらに下にある水が押されることによって生じる。図74のように，水深 $h$〔m〕の水中に，上面の面積 $S$〔$m^2$〕をもつ物体があるとき，この物体の上面の上には体積 $hS$〔$m^3$〕の水があって，物体を下向きに押している。

水の密度を $\rho$（ロー）〔$kg/m^3$〕とすると，物体の上にある水の重さは $mg = \rho hSg$〔N〕となるので，物体の上面が受ける水圧の大きさ $p$〔Pa〕は，

$$p = \frac{\rho hSg}{S} = \rho hg \qquad (1\cdot52)$$

となる。水面の受ける大気圧 $p_0$ も考え，

$$p' = p_0 + p = p_0 + \rho hg \qquad (1\cdot53)$$

の $p'$ を水圧とすることもある。

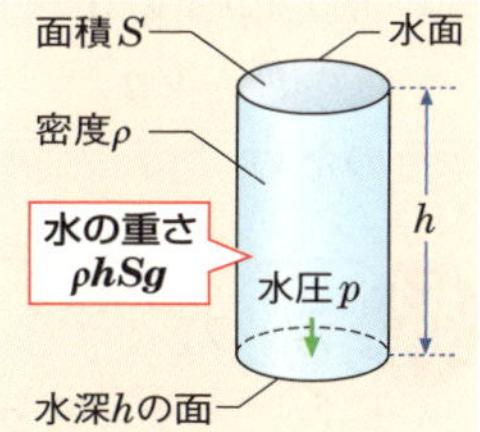


図74　水深 $h$ での水圧

**注意**　単に水圧という場合，（1・52）式の $p$ をあらわす場合と，（1・53）式の $p'$ をあらわす場合があるので気をつけること。本書では，特にことわりのない場合（1・52）式の意味で用いる。

## 3 水中ではたらく浮力 重要

**❶ 水中の物体が受ける浮力**　図75のように，深さ$h$〔m〕のところに，底面積$S$〔m²〕，高さ$l$〔m〕の物体があるとする。この物体の上面，下面が受ける圧力を$p_1$〔Pa〕，$p_2$〔Pa〕とすると，

$$p_1 = \rho gh \qquad p_2 = \rho g(h+l)$$

となる。物体の側面が受ける水圧はつり合うから，物体の上面と下面が水から受ける力の合力$F$〔N〕は，

$$F = p_2S - p_1S = (p_2 - p_1)S = \rho Slg \text{〔N〕}$$

この物体の体積を，$V = Sl$〔m³〕とすると，上の式は

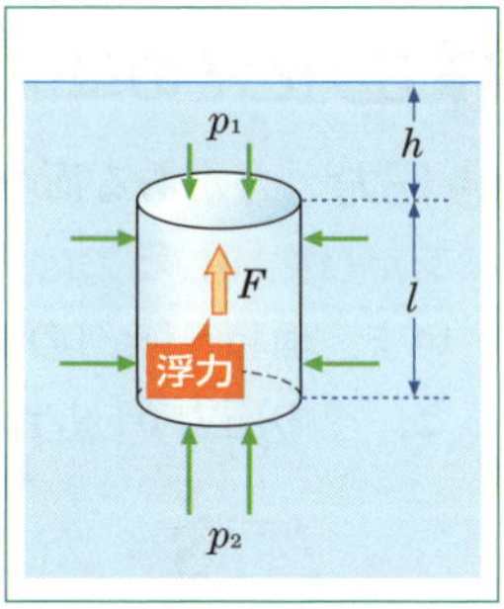

図75 浮力

$$F = \rho Vg \qquad (1\cdot54)$$

となる。この合力$\vec{F}$は上向きで，物体を浮かべる向きに押すので**浮力**という。

**❷ アルキメデスの原理**　(1·54)式より，液体中にある物体が受ける浮力の大きさは，物体と同じ体積の液体の重さに等しい。これを**アルキメデスの原理**という。

## 4 大気中ではたらく浮力

**❶ 大気圧と高さ**　空気にも質量があるので，下の空気は上の空気の重さによって押されている。これが大気圧が発生する原因である。したがって，水圧と同じように，大気圧も高度が高くなるほど小さくなる。

補足　水圧とはちがって，大気圧は高度に比例して小さくなるわけではない。これは，気体の密度が温度や圧力によって大きく変化する(▷p.116)からである。

**❷ 大気中の物体が受ける浮力**　大気中にある物体の上面が受ける大気圧は下面が受ける大気圧よりわずかに小さい。そのため，物体が大気から受ける力の合力は上向きとなり，水中の場合と同じように浮力を受ける。浮力の大きさ$F$〔N〕は，大気の密度を$\rho$〔kg/m³〕，物体の体積を$V$〔m³〕とすると，次のようになる。

$$F = \rho Vg$$

そのため，水圧と同じようにアルキメデスの原理が成りたつ。

**ポイント　浮　力**

$$F = \rho Vg$$

$F$〔N〕：浮力　　$\rho$〔kg/m³〕：流体の密度
$V$〔m³〕：物体の体積　　$g$〔m/s²〕：重力加速度

**アルキメデスの原理**…流体中にある物体が受ける浮力の大きさは，物体と同じ体積の流体の重さに等しい。

**例題　熱気球**

風船部分とゴンドラからなる熱気球がある。風船の体積は$V$〔m$^3$〕で，最初は地上の大気と同じ密度$\rho_0$〔kg/m$^3$〕の空気が入っている。風船内の空気を加熱すると熱気球は浮上しはじめる。この瞬間の風船内の空気の密度を求めよ。ただし，風船とゴンドラの質量の和を$M$〔kg〕とし，ゴンドラの体積は無視する。

**着眼**　風船に加わる浮力が気球とゴンドラの重さを支える。気球の重さには，風船内の空気の重さも含まれることを忘れないように。

**解説**　ゴンドラの体積を無視するから，浮力は風船部分だけにはたらく。その大きさは$\rho_0 Vg$〔N〕である。風船が浮上しはじめたときの風船内の空気の密度を$\rho$，重力加速度を$g$とすると，気球内の空気の重さは$\rho Vg$〔N〕である。熱気球が浮上しはじめるのは，風船の浮力と全体の重さがつり合ったときであるから，

$$Mg + \rho Vg = \rho_0 Vg \qquad \text{よって，}\quad \rho = \rho_0 - \frac{M}{V}$$

**答**　$\rho_0 - \dfrac{M}{V}$

# 5 いろいろな力による等加速度直線運動

## 1 糸で引き上げられる物体の等加速度直線運動　重要

物体に糸（ひも，綱などでも同じ）をつけて引っぱると，糸はわずかに伸び，もとの長さにもどろうとして物体を引く。この力を**張力**という（▷p.63）。張力は糸がぴんと張っているときだけ発生し，糸がゆるんでいるときは0である。糸は引く力をはたらかせることはできるが，押す力をはたらかせることはできない。

**例題　糸で引き上げられる物体の運動**

質量1.0kgの物体を軽くて伸びない糸で引き上げた。このときの物体の速さの変化を示したのが右下図のグラフである。次の各問いに答えよ。

(1)　物体の質量を$m$，糸の張力を$T$，重力加速度の大きさを$g$，物体の上昇の加速度を$a$として，物体の運動方程式をつくれ。

以下，重力加速度$g = 10$m/s$^2$とする。

(2)　時刻$t = 0.0$sから2.0sまでの加速度はいくらか。

(3)　(2)のときの糸の張力は何Nか。

(4)　時刻$t = 2.0$sから4.0sまでの糸の張力は何Nか。

(5)　時刻$t = 4.0$sから5.0sまでの糸の張力は何Nか。

(6)　時刻$t = 5.0$sの直後の糸の張力は何Nか。

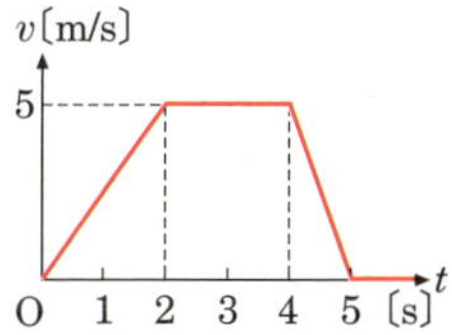

**着眼**　運動方程式 $ma=F$ の $F$ は，物体にはたらくすべての力の合力である。

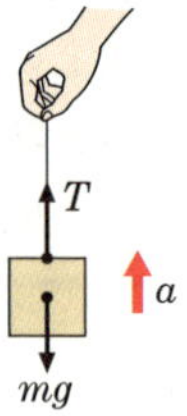


**解説**　(1)　物体には，鉛直下向きの重力 $mg$ と糸の方向(鉛直上向き)の張力 $T$ がはたらいている。上向きを正とするので，合力は $T+(-mg)$ となり，運動方程式は，

$$ma=T+(-mg)=T-mg \quad \cdots\cdots①$$

(2)　このグラフは $v$-$t$ グラフだから，傾きが加速度を表す。$t=0.0\text{s}$〜$2.0\text{s}$ の加速度を $a_1$ とすると，

$$a_1=\frac{5.0}{2.0}=2.5\text{m/s}^2 \quad \cdots\cdots②$$

(3)　①の $a$ を $a_1$ として，①，②より $T$ を求めると，

$$T=m(a_1+g)=1.0\times(2.5+10)=12.5\fallingdotseq 13\text{N}$$

(4)　$t=2.0\text{s}$〜$4.0\text{s}$ は $v$-$t$ グラフの傾きが0だから，加速度 $a=0$ である。

①より，　$0=T-mg$

よって，　$T=mg=1.0\times10=10\text{N}$

(5)　$t=4.0\text{s}$〜$5.0\text{s}$ の加速度 $a_2$ は，$v$-$t$ グラフの傾きから，

$$a_2=\frac{0.0-5.0}{5.0-4.0}=-5.0\text{m/s}^2$$

であるから，(3)と同様に，

$$T=m(a_2+g)=1.0(-5.0+10)=5.0\text{N}$$

(6)　$t=5.0\text{s}$ の直後は物体が静止するので，加速度 $a=0$ となり，(4)と同じ。

**答**　(1) $ma=T-mg$　(2) $2.5\text{m/s}^2$　(3) 13N　(4) 10N　(5) 5.0N　(6) 10N

**類題 10**　質量2.0kgの物体にひもをつけ，静止状態から22.6Nの力で真上に引き上げた。重力加速度を $9.8\text{m/s}^2$ とすると，4.0秒間に物体は何m上昇するか。(解答▷p.232)

## 2 連結された物体の等加速度直線運動　重要

連結された物体が外力を受けて加速度運動をするときは，それぞれの物体どうしも作用・反作用を及ぼしあっている。このような問題を解くときは，それぞれの物体について運動方程式をつくって考えればよい。

### 例題　並べた物体を押して動かす運動

なめらかな水平面上に質量 $m_1$，$m_2$，$m_3$ の3つの物体A，B，Cを図のように接して置き，Aを一定の力 $F$ で押すと，A，B，Cは一体となって等加速度運動をした。

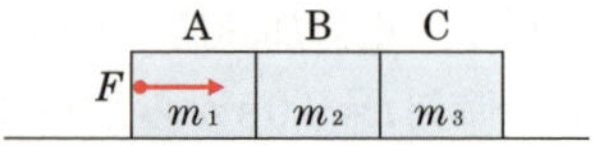


(1)　このときの加速度の大きさを求めよ。

(2)　AとBとが及ぼしあう力の大きさを求めよ。

(3)　BとCとが及ぼしあう力の大きさを求めよ。

**着眼** AとBとは互いに作用・反作用の力を及ぼしあう。BとCも互いに作用・反作用の力を及ぼしあう。AとBとが及ぼしあう力の大きさとBとCとが及ぼしあう力の大きさは同じではないから，それぞれ別の記号をつける。

**解説** (1) A，B，Cを一体と考えると，質量は$(m_1+m_2+m_3)$であるから，加速度を$a$とすると，運動方程式は次のようになる。

$$(m_1+m_2+m_3)a=F \qquad \text{よって，} \quad a=\frac{F}{m_1+m_2+m_3} \quad \cdots\cdots①$$

(2)，(3) AとBとが及ぼしあう力を$F_1$，BとCとが及ぼしあう力を$F_2$とすると，A，B，Cにはたらく水平方向の力は右図のようになる。よって，A，B，Cのそれぞれについての運動方程式は，右向きを正とすると，

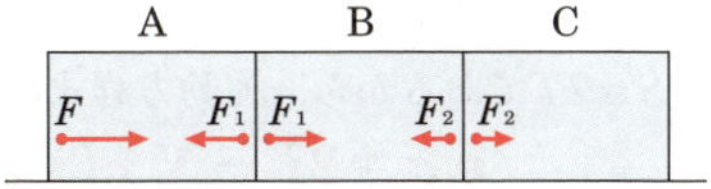


A：$m_1a=F+(-F_1)$ ……②

B：$m_2a=F_1+(-F_2)$ ……③

C：$m_3a=F_2$ ……④

①，②より，$F_1=F-m_1a=(m_1+m_2+m_3)a-m_1a=(m_2+m_3)a=\dfrac{m_2+m_3}{m_1+m_2+m_3}F$

①，④より，$F_2=m_3\times\dfrac{F}{m_1+m_2+m_3}=\dfrac{m_3}{m_1+m_2+m_3}F$

**答** (1) $\dfrac{F}{m_1+m_2+m_3}$　(2) $\dfrac{m_2+m_3}{m_1+m_2+m_3}F$　(3) $\dfrac{m_3}{m_1+m_2+m_3}F$

**類題 11** 質量$M$の物体Aと質量$m$の物体Bを軽い糸でつなぎ，Aをなめらかな水平面上に置き，Bは滑車を通し図のようにつるした。手を離すと，AとBは動きだした。重力加速度を$g$とする。（解答▷p.232）

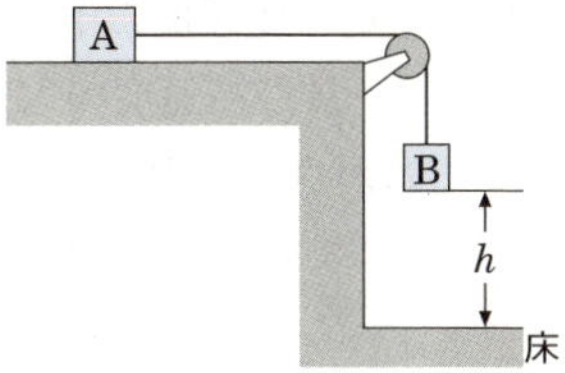


(1) 糸の張力はいくらか。

(2) Bの加速度はいくらか。

(3) Bが床に着く直前の速さはいくらか。

## 例題 滑車で自分を引き上げる運動

質量$M$の人が質量$m$の台の上に乗り，図のように滑車を用いて綱を引き，加速度$a$で上昇したとする。重力加速度の大きさを$g$とし，滑車の質量は無視でき，綱は軽くて伸びないとする。

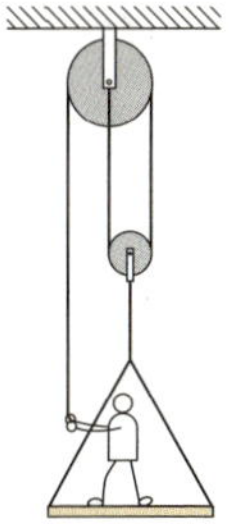

(1) 綱の張力を$T$，台が人に及ぼす垂直抗力を$N$とし，人および台の運動方程式をつくれ。

(2) 綱の張力$T$，垂直抗力$N$を求めよ。

**着眼** 1本の綱の張力はどこでも等しいから，滑車にかけられた綱が及ぼす張力はすべて$T$である。動滑車は2本の綱でつるされているのと同じである。

**解説** まず，はたらいている力のベクトルをすべてかきこむ。人が引いている綱の張力はすべて$T$である。台と人とは作用・反作用を及ぼしあうから，両方に$N$のベクトルをかく。以下，鉛直上向きを正とする。

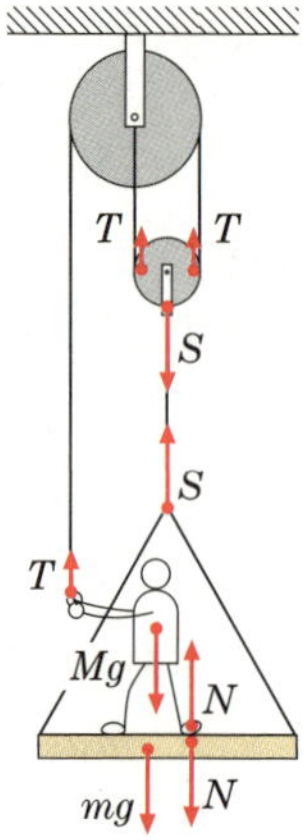


(1) 動滑車を下に引く力を$S$とすれば，動滑車の運動方程式は，

$$0 \times a = 2T + (-S) \quad \text{から，} \quad S = 2T \quad \cdots\cdots①$$

このように，質量が無視できる物体は，加速度運動をしていても，力はつり合っていると考えてよい。人にはたらく力は，張力$T$，重力$Mg$，垂直抗力$N$の3つであるから，運動方程式は，

$$\boldsymbol{Ma = T + N + (-Mg)} \quad \cdots\cdots②\cdots\cdots\text{答}$$

台にはたらく力は，張力$S$，重力$mg$，垂直抗力$N$の3つであり，$S = 2T$であるから，運動方程式は，

$$\boldsymbol{ma = 2T - N + (-mg)} \quad \cdots\cdots③\cdots\cdots\text{答}$$

(2) ①〜③より，　$\boldsymbol{T = \frac{1}{3}(M+m)(a+g)}$　　$\boldsymbol{N = \frac{1}{3}(2M-m)(a+g)}$……答

## 例題　滑車を通してつながれた2物体の運動

図のように，糸の一端を天井の点Cに固定し，軽い動滑車Dと定滑車Eに通した後，他端に質量$m$の物体Bをつるす。動滑車Dにも質量$m$の物体Aをつるした後，全体を支えてから手を離すと，Bは一定の加速度で下降した。重力加速度を$g$とする。

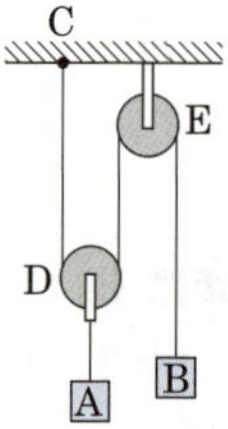


(1) A，Bの加速度の大きさを求めよ。

(2) 糸が点Cを引く力を求めよ。

**着眼** **物体Bが下降する距離は同じ時間内に動滑車Dが上昇する距離の2倍であるから，BとAの加速度は違う。糸の張力はどこでも同じ。**

**解説** A，Bの加速度の大きさをそれぞれ$a$，$b$とすると，時間$t$の間にBが下降する距離$\frac{1}{2}bt^2$は，Aが上昇する距離$\frac{1}{2}at^2$の2倍だから，

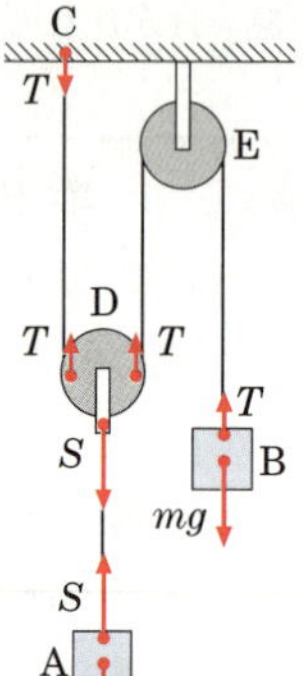


$$\frac{1}{2}bt^2 = 2 \times \frac{1}{2}at^2 \quad \text{より，} \quad b = 2a \quad \cdots\cdots①$$

Bをつるしている糸の張力を$T$，Aをつるしている糸の張力を$S$として，すべての力を図示すると，右図のようになる。上向きを正とすると，

Aの運動方程式は　$ma = S + (-mg)$　……②

Bの運動方程式は　$-mb = T + (-mg)$　……③

Dの運動方程式は　$0 \times a = 2T + (-S)$　から，　$S = 2T$　……④

①〜④より，　$a = \frac{g}{5}$　　$b = \frac{2}{5}g$　　$T = \frac{3}{5}mg$

答　(1) A…$\boldsymbol{\frac{g}{5}}$　　B…$\boldsymbol{\frac{2}{5}g}$　　(2) $\boldsymbol{\frac{3}{5}mg}$

**類題 12**　前ページの例題で，物体Aのかわりに質量$M$の物体Pをつるしたところ，Pは一定の加速度で下降した。Pの加速度を$M$，$m$，$g$で表せ。(解答▷p.233)

## 3 摩擦力を受ける物体の等加速度直線運動　重要

**❶ 動かない面の上をすべる物体**　物体が床や机などの上をすべる場合は，摩擦力は必ず物体の運動方向と反対向きにはたらくので，負の加速度を生じる。

**例題　急ブレーキをかけた自動車の運動**

20m/sの速さで走っていた質量1.0トンの自動車が急ブレーキをかけたところ，2.0秒間すべって停車した。重力加速度$g = 10\text{m/s}^2$として，次の各問いに答えよ。

(1)　停車するまでの加速度はいくらか。

(2)　タイヤと道路面との間の動摩擦係数はいくらか。

(3)　停車するまでにすべった距離はいくらか。

**着眼**　ブレーキをかけた後，自動車に水平方向にはたらく力は動摩擦力$\mu' N$だけである。動摩擦力は運動方向と反対向きにはたらくから，符号に注意しなければならない。

**解説**　(1)　2.0秒間に速さが20m/sから0になるので，加速度$a$は，

$$a = \frac{0-20}{2.0} = -10\text{m/s}^2$$

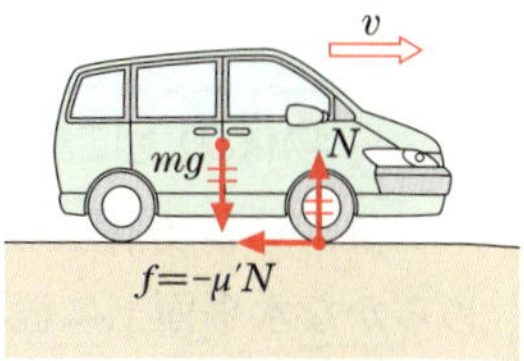


(2)　自動車の運動方程式は，

$$ma = -\mu' N \quad \cdots\cdots①$$

自動車の鉛直方向の力のつり合いより，

$$N = mg \quad \cdots\cdots②$$

①，②より，$\mu' = -\dfrac{ma}{N} = -\dfrac{ma}{mg} = -\dfrac{a}{g} = \dfrac{10}{10} = 1.0$

(3)　自動車の走った距離を$x$〔m〕とすると，

$$0^2 - 20^2 = 2ax$$

よって，

$$x = -\frac{20^2}{2a} = \frac{20^2}{2\times 10} = 20\text{m}$$

**答**　(1)**進行方向と反対向きに10m/s²**　(2)**1.0**　(3)**20m**

**類題 13**　質量$1.0\times10^3$kgの車が速さ72km/hで走っていたが，急ブレーキをかけて車輪の回転を止めたところ，すべって4.0s後に止まった。タイヤが地面から受けた平均の摩擦力の大きさは何Nか。(解答▷p.233)

**❷ 動く物体の面上をすべる物体の運動**　床の上に物体Bがあり，Bの上に別の物体Aが乗っていて，AがBに対して動くとき，Bも床に対して動くような場合の摩擦力の向きは，与えられた条件によって判断しなければならない。

① **Aに初速度を与えた場合**　図76①のように，物体Bの上に乗っている物体Aに右向きの初速度$v_0$を与えると，AはBに対して右向きに動くので，Bから左向きの摩擦力$f$を受ける。すると，Bはその反作用として，Aから右向きの摩擦力$f$を受けるので，BがAに引きずられるようにして，右向きに動きだす。摩擦力がはたらくと，Aは減速し，Bは加速するので，やがて，AとBの床に対する速さが等しくなる。こうなると，AはBに対して静止するので，AとBの間の摩擦力は0になる。

② **Bに力を加えた場合**　図76②のように，Bに右向きの力$F$を加えて動かすと，BはAに対して右向きに動き，Aから左向きの摩擦力$f$を受ける。Aはその反作用として右向きの摩擦力$f$をBから受け，床に対して右向きに動きはじめる。

③ **Aに力を加えた場合**　図76③のように，Aに右向きの力$F$を加えて動かすと，AはBに対して右向きに動き，Bから左向きの摩擦力$f$を受ける。Bはその反作用として右向きの摩擦力$f$をAから受け，床に対して右向きに動きはじめる。

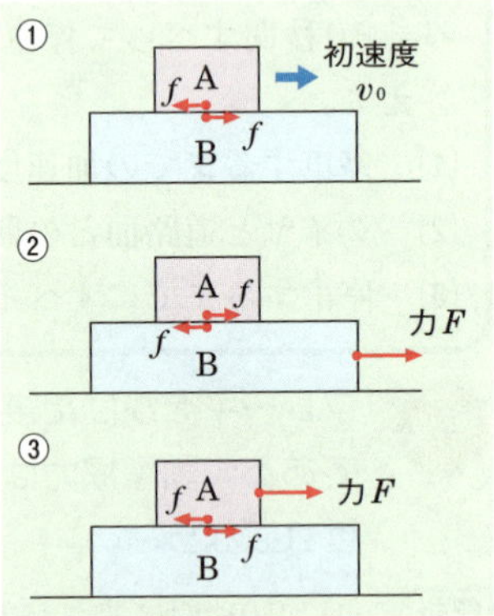


図76　動摩擦力の向き

**例題　物体の上に乗り移った物体の運動**

質量$M$の直方体Aが，Aと同じ高さの水平な台OPの側壁PQに接して，なめらかな水平面上に置かれている。いま，台OP上をすべってきた質量$m$の物体Bが速度$v_0$でAの上に乗り移り，Aの上ですべりつづけたところ，Aも右方にすべりはじめた。AとBの間の動摩擦係数を$\mu'$として，各問いに答えよ。

(1)　物体A，Bの加速度を求めよ。

(2)　物体BがAの上に乗りうつってから時間$t$後のA，Bの床に対する速度を求めよ。

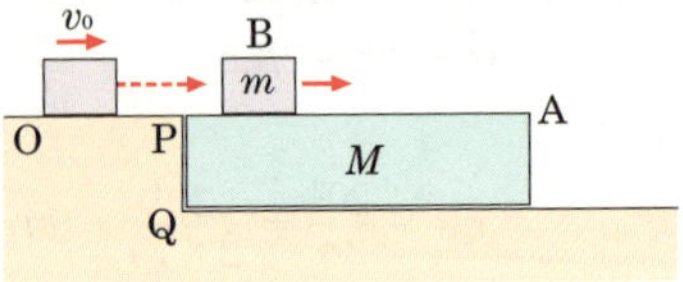


(3)　(2)のときの物体Aに対する物体Bの速度を求めよ。

(4)　物体BがAに対して静止するのは，BがAの上に乗り移ってからどれだけ時間がたったときか。

(5)　(4)のときの，A，Bの床に対する速度を求めよ。

**着眼** **BはAに対して右向きに動くので，Aから左向きの動摩擦力を受ける。したがって，AがBから受ける反作用の摩擦力は右向きになる。**

**解説** (1)　A，Bの加速度をそれぞれ$a_A$，$a_B$とする。AとBが及ぼしあう動摩擦力の大きさは，$f'=\mu'N=\mu'mg$で，向きは右図のようになる。A，Bそれぞれの運動方程式は，

A：$Ma_A=\mu'mg$　　よって，　$a_A=\dfrac{\mu'mg}{M}$

B：$ma_B=-\mu'mg$　　よって，　$a_B=-\mu'g$

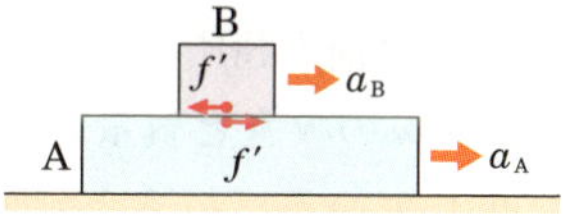


(2)　求めるA，Bの速度を$v_A$，$v_B$とすると，

$$v_A=a_At=\frac{\mu'mgt}{M}\qquad v_B=v_0+a_Bt=v_0-\mu'gt$$

(3)　Aに対するBの相対速度は，

$$v_{AB}=v_B-v_A=v_0-\mu'gt-\frac{\mu'mgt}{M}=v_0-\frac{\mu'gt(M+m)}{M}$$

(4)　Aに対するBの相対速度が0になるときだから，(3)の結果を用いて，

$$0=v_0-\frac{\mu'gt(M+m)}{M}\qquad よって，\quad t=\frac{Mv_0}{\mu'g(M+m)}$$

(5)　$v_A=v_B$なので，(2)の$v_A$に(4)を代入して，

$$v_A=\frac{\mu'mg}{M}\cdot\frac{Mv_0}{\mu'g(M+m)}=\frac{m}{M+m}v_0$$

答　(1) A…右向きに$\dfrac{\mu'mg}{M}$　B…左向きに$\mu'g$　(2) A…$\dfrac{\mu'mgt}{M}$　B…$v_0-\mu'gt$

(3) $v_0-\dfrac{\mu'gt(M+m)}{M}$　(4) $\dfrac{Mv_0}{\mu'g(M+m)}$　(5) $\dfrac{m}{M+m}v_0$

**類題 14**　なめらかな机の上に物体A，Bを図のように重ねて置いてある。A，Bの質量はそれぞれ$M$，$m$である。いま，物体Aに右向きの力$F$を加えて動かしたとき，BはAに対して左に動いた。BがAの端まで距離$l$だけ移動する時間を求めよ。ただし，重力加速度を$g$，AとBの間の動摩擦係数を$\mu'$とする。(解答▷p.233)

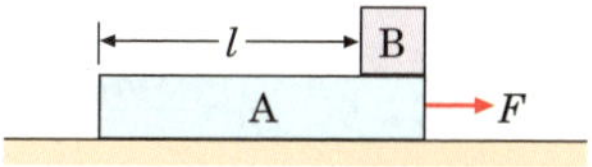


## 4 斜面上での等加速度直線運動 重要

斜面上での運動の問題を解くときは，物体にはたらくすべての力を，斜面の方向($x$方向)とそれに垂直な方向($y$方向)の成分に分解して考えるとよい。

斜面上においた質量$m$の物体にはたらく重力$W=mg$を分解すると，

**$x$方向の分力$W_x=mg\sin\theta$**

**$y$方向の分力$W_y=mg\cos\theta$**

となる。

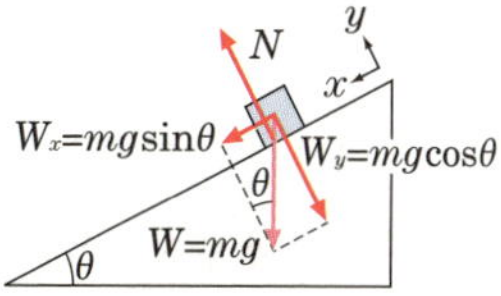


図77　重力の分解

物体は斜面から垂直抗力や摩擦力を受ける。物体は斜面に垂直な方向には運動しないから，重力の斜面に垂直な方向の分力$W_y$と垂直抗力$N$の合力はつねに0になる。

斜面方向の力の合力が0にならないときは，物体には加速度が生じるので，斜面方向の運動方程式をたてる。

## 例題　連結した2物体の斜面上の運動

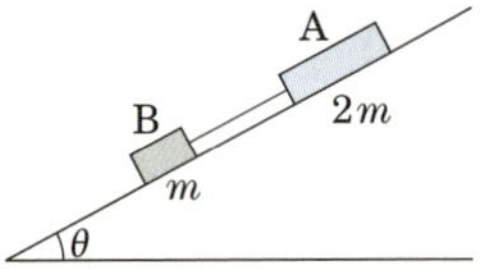


水平面と30°より小さい角$\theta$をなす斜面上に，質量$2m$の板Aと質量$m$の板Bとが糸でつながれて静止している。板Aと斜面との間には摩擦があるが，板Bと斜面の間には摩擦はない。角$\theta$をしだいに大きくしていくと，$\theta = 30°$になったとき，板がすべりはじめた。

(1)　板Aと斜面との間の静止摩擦係数はいくらか。ただし$\sqrt{3} = 1.73$とする。

(2)　重力加速度を$g$として動摩擦係数を静止摩擦係数の$\dfrac{1}{\sqrt{3}}$とするとき，板A，Bの加速度をそれぞれ求めよ。

(3)　重力加速度を$g$として板A，Bが距離$s$だけすべったときの速さを求めよ。

**着眼**　板がすべり出す直前の摩擦力が最大摩擦力である。運動中は動摩擦力がはたらく。摩擦力の向きは斜面に沿って上向きである。

**解説**　(1)　板Aが動きだす直前，Aにはたらく摩擦力は最大摩擦力$\mu N$($\mu$は静止摩擦係数，$N$は垂直抗力)になる。糸の張力を$T$とすると，Aの斜面方向のつり合いの式は，

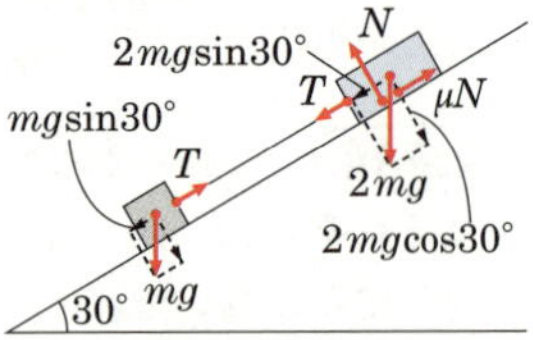


$$T + 2mg\sin 30° + (-\mu N) = 0 \quad \cdots\cdots ①$$

Aの斜面に垂直な方向のつり合いの式は，

$$N + (-2mg\cos 30°) = 0 \quad \cdots\cdots ②$$

Bの斜面方向のつり合いの式は，

$$mg\sin 30° + (-T) = 0 \quad \cdots\cdots ③$$

①～③より，$\mu = \dfrac{3mg\sin 30°}{N} = \dfrac{3mg\sin 30°}{2mg\cos 30°} = \dfrac{3}{2}\tan 30° = \dfrac{\sqrt{3}}{2} = 0.865 \fallingdotseq 0.87$

(2)　動摩擦係数は，$\mu' = \dfrac{\sqrt{3}}{2} \times \dfrac{1}{\sqrt{3}} = \dfrac{1}{2}$　$\cdots\cdots ④$

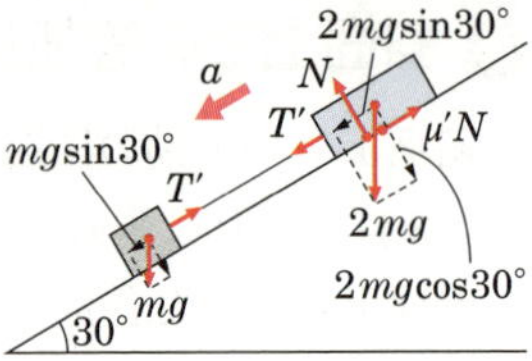


糸の張力を$T'$とし，斜面方向下向きを正とする。

A，Bのそれぞれについて運動方程式をたてると，

$$\text{A}: 2ma = 2mg\sin 30° + T' + (-\mu' N) \quad \cdots\cdots ⑤$$

$$\text{B}: ma = mg\sin 30° + (-T') \quad \cdots\cdots ⑥$$

②，④，⑤，⑥より，$a = \dfrac{3-\sqrt{3}}{6}g$

(3)　求める速さを$v$とすると，

$$v^2 - 0^2 = 2as \qquad よって，\quad v = \sqrt{2as} = \sqrt{\frac{3-\sqrt{3}}{3}gs}$$

**答**　(1) **0.87**　(2) $\dfrac{3-\sqrt{3}}{6}g$　(3) $\sqrt{\dfrac{3-\sqrt{3}}{3}gs}$

**類題 15**　図のように，水平な床面に対する傾角30°のなめらかな斜面があり，斜面の頂上に滑車が取りつけてある。質量が$M$で等しい2個の物体A，Bを軽い糸で結び，Bを斜面上に置いて，糸を滑車にかけてAをつるした。Aを床面から高さ$h$の所で静かにはなしたところ，Aは落下し，Bは斜面をすべり上がった。重力加速度を$g$とする。（解答▷*p.233*）

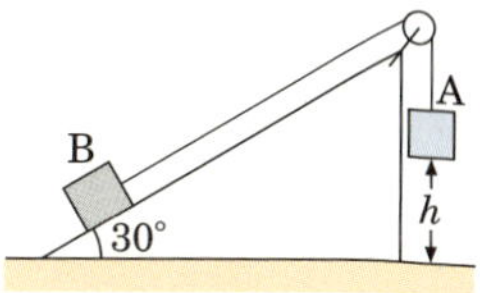


(1)　Aが落下するときの加速度はいくらか。

(2)　床面に達する直前のAの速さはいくらか。

## この節のまとめ　いろいろな力のはたらき

| | |
|---|---|
| □**重　力**<br>▷*p.62* | ● 地球が物体を引く力。作用点は重心で，鉛直方向下向きにはたらく。<br>● 重力は質量に比例する。質量$m$〔kg〕の物体にはたらく重力$W$〔N〕は，重力加速度を$g$〔m/s$^2$〕とすると，<br>$W = mg$ |
| □**張力と弾性力**<br>▷*p.63* | ● **張力**…糸や綱が物体を引く力。質量の無視できる糸の張力は，どの部分も同じ大きさ$T$となる。<br>● フックの法則…ばねの**弾性力**$F$〔N〕は，ばねの伸び(または縮み)$x$〔m〕に比例する。ばね定数を$k$〔N/m〕として，<br>$F = kx$ |
| □**垂直抗力と摩擦力**<br>▷*p.66* | ● **垂直抗力**…面が物体を垂直に押す力。作用・反作用の法則より，面をはさんで大きさが等しく逆向きの2つの垂直抗力$N$が生じる。<br>● **静止摩擦力**…物体を動かすために加えた力と等しい大きさ，反対向きではたらき，加えた力とつり合う。<br>● **最大摩擦力**…静止摩擦力の最大値。これ以上の大きい力を加えると，物体は動きだす。<br>$F_0 = \mu N$　（$\mu$は**静止摩擦係数**，$N$は垂直抗力）<br>● **動摩擦力**…動いている物体にはたらく摩擦力。<br>$F' = \mu' N$　（$\mu'$は**動摩擦係数**，$N$は垂直抗力）<br>● **抗力**…物体が接触面から受ける力。<br>$\vec{R} = \vec{N} + \vec{F}$<br>（抗力）（垂直抗力）（摩擦力） |

| | |
|---|---|
| □**圧力と浮力**<br>▷ *p.71* | ◎ **圧力**…面の単位面積あたりに加わる力の大きさ。面積 $S$〔$m^2$〕に力 $F$〔N〕が加わったときの圧力 $p$〔Pa〕は，<br>$p=\frac{F}{S}$<br>◎ 圧力の単位〔Pa〕=〔$N/m^2$〕と表すことができる。<br>◎ **浮力**…流体(液体または気体)中にある物体が，上下の圧力差によって受ける上向きの力。体積 $V$〔$m^3$〕の物体が流体中で受ける浮力の大きさ $F$〔N〕は，流体の密度を $\rho$〔$kg/m^3$〕とすると，<br>$F=\rho Vg$ |
| □**糸で引き上げられる物体の運動**<br>▷ *p.73* | ◎ **1本の糸の張力はどこでも等しい。** |
| □**連結された物体の運動**<br>▷ *p.74* | ◎ 連結された物体は**作用・反作用の力を及ぼしあいながら運動する。**<br>◎ それぞれの物体について運動方程式をたてる。<br>◎ 動滑車は2本の糸でつるされている物体として扱う。 |
| □**摩擦力を受ける物体の運動**<br>▷ *p.77* | ◎ あらい面の上をすべる場合は，**すべる向きに対して負の等加速度運動となる。**<br>◎ 動く物体の上をすべる場合は，反作用の摩擦力による等加速度運動を考えなければならない。 |
| □**斜面上での運動**<br>▷ *p.79* | ◎ はたらく力を**斜面方向と斜面に垂直な方向に分解する。**<br>◎ 斜面方向は運動方程式をたてる。斜面に垂直な方向はつり合いの式をつくる。 |

# 章末練習問題

解答▷p.233

**1**　〈合力と分力，力のつり合い〉 テスト必出

右図のように，点Oに2つの力$\vec{F_1}$，$\vec{F_2}$が作用している。図の1目盛りは10Nを表すものとして，次の各問いに答えよ。ただし，外せない根号をつけたままで答えること。

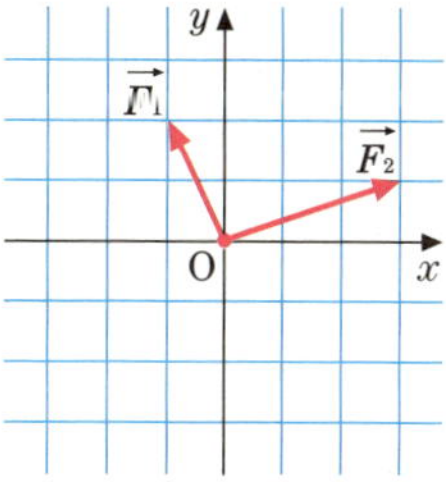


(1)　$\vec{F_1}$の$x$成分は何Nか。

(2)　2力の合力$\vec{F_1}+\vec{F_2}$の$y$成分は何Nか。

(3)　$\vec{F_1}$，$\vec{F_2}$につり合うような第3の力を$\vec{F_3}$としたとき，$\vec{F_3}$の$x$成分は何Nか。

(4)　(3)の$\vec{F_3}$の大きさは何Nか。

**2**　〈3力のつり合い〉 テスト必出

右図のように，質量5.0kgの小球を糸Aでつるしている。この小球にもう1本の糸Bをつけ，水平方向に引っぱると，糸Aは天井と30°の角度になってつり合った。このときの糸A，Bそれぞれの張力を$T_A$，$T_B$，重力加速度$g=9.8\mathrm{m/s^2}$として，次の各問いに答えよ。ただし，必要なら$\sqrt{3}=1.73$とせよ。

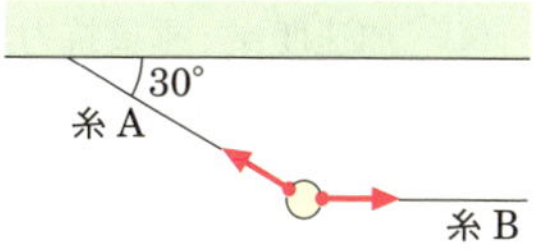


(1)　小球にはたらく重力$W$の大きさは何Nか。

(2)　張力$T_A$，$T_B$をそれぞれ求めよ。

**3**　〈弾性力とつり合い〉

ばね定数$k$のばね2本$S_1$，$S_2$と，質量$m$のおもりA，質量$M$のおもりBを右図のように並べ，天井からつるして静止させた。このときのばね$S_1$の伸び$x_1$，ばね$S_2$の伸び$x_2$をそれぞれ求めよ。ただし，重力加速度を$g$とし，ばねの重さは無視できるものとする。

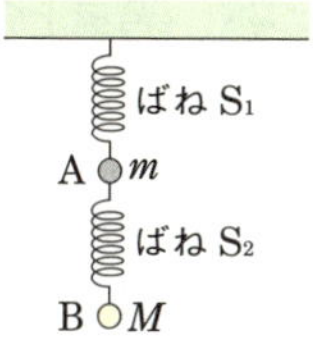


**4**　〈ばねにはさまれた物体の運動〉

自然長がどちらも$l$，ばね定数がそれぞれ$k_A$，$k_B$のばね2本と，大きさの無視できる小球をつなぎ，これを，左右に壁をもつ長さ$2l$の容器につないで，右図のように容器を固定した。

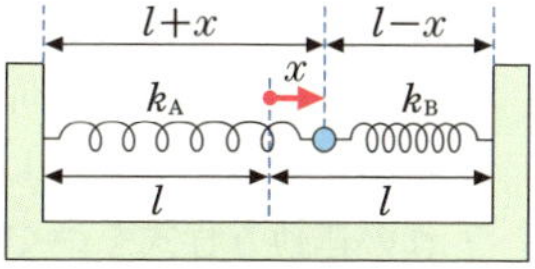


(1)　小球を元の位置から右に$x$だけ動かして手を離した。手を離した瞬間の小球にはたらくばねの弾性力の向きを求めよ。

(2)　(1)の瞬間に，小球にはたらくばねの弾性力の大きさを求めよ。

**5** 〈最大摩擦力〉

**図のように，あらい水平面におかれた質量2.0kgの物体を，糸で傾角30°をなす向きに引く。糸の張力$\vec{T}$をしだいに大きくしていくと，4.9Nになったときに物体が動きだした。重力加速度$g=9.8\,\mathrm{m/s^2}$，$\sqrt{3}=1.73$とする。**

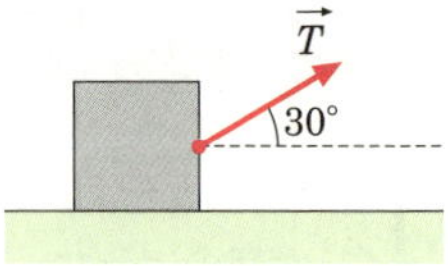


(1)　動き出す直前に物体にはたらく垂直抗力$N$は何Nか。

(2)　物体と水平面との間の静止摩擦係数$\mu$の値はいくらか。

**6** 〈斜面上の物体の運動〉 テスト必出

**傾角$\theta$のなめらかな斜面に，質量$m$の小物体を静かに置いて手を離すと，斜面に沿って加速度$a$ですべりおりた。それぞれ斜面と水平ですべりおりる向きを$x$軸の，斜面と垂直で斜め上向きを$y$軸の，正の向きにとる。また，物体にはたらく垂直抗力を$N$，重力加速度を$g$とする。**

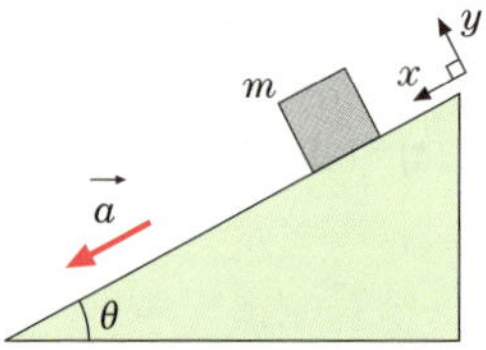


(1)　すべりおりるとき，物体にはたらく力を図にかきいれよ。

(2)　$x$軸方向(斜面に平行な方向)についての運動方程式をたてよ。

(3)　$y$軸方向(斜面に垂直な方向)についての運動方程式をたてよ。

(4)　加速度$a$，垂直抗力$N$の大きさをそれぞれ求めよ。

次に斜面を傾角$\theta$，動摩擦係数$\mu'$のあらい斜面に変えてから，質量$m$の小物体を静かに置いて手を離すと，斜面に沿って加速度$a'$ですべりおりた。

(5)　$x$軸方向(斜面に平行な方向)についての運動方程式をたてよ。

(6)　加速度$a'$の大きさを求めよ。

**7** 〈台車上の物体の運動〉

**右図のように，水平な床面上に質量$m_A$の台車Aを置き，さらに，その上に質量$m_B$の物体Bをのせた。台車と床面の間には摩擦はなく，台車Aと物体Bの間には静止摩擦係数$\mu$，動摩擦係数$\mu'$であるような摩擦力がはたらく($\mu>\mu'$)。また，重力加速度を$g$とし，$x$軸を図のようにとるものとする。**

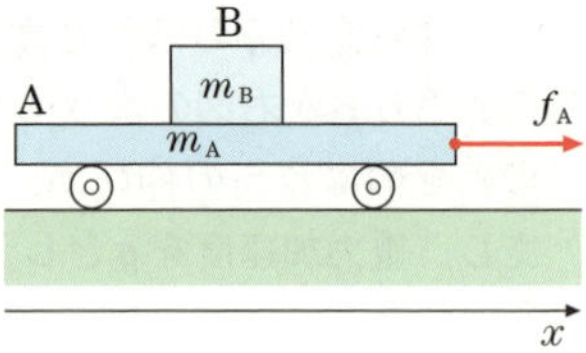


(1)　台車に$x$軸の正の向きに一定の力$f_A$を加えつづけたとき，物体は台車上をすべることなく，一体となって運動した。$f_A$はいくら以下か。

(2)　台車に$x$軸の正の向きにじゅうぶんに大きな力$F$を加えつづけたところ，台車上を物体がすべって運動した。台車Aの加速度を$\alpha$，物体Bの加速度を$\beta$として，それぞれの運動方程式をつくり，$\alpha$と$\beta$を求めよ。

(3)　次に，台車に力を加えずに，物体Bに一定の力$F'$を$x$軸の正の向きに加えつづけたら，物体は台車上をすべった。台車Aの加速度を$\alpha'$，物体Bの加速度を$\beta'$として，$\alpha'$と$\beta'$をそれぞれ求めよ。

## 8 〈壁に押しつけた物体〉 テスト必出

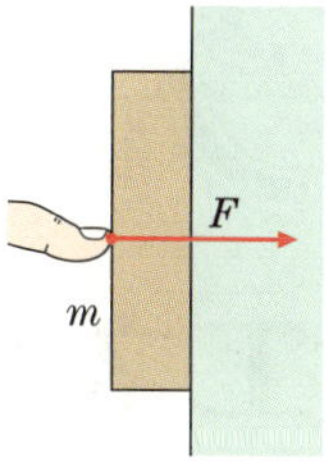


図のように，質量$m$の物体を手で鉛直な壁に押しつけた。物体と壁の間の静止摩擦係数を$\mu$とするとき，物体が落ちないようにするために，水平方向に手で加えなければならない最小の力はいくらか。重力加速度は$g$とし，手と物体の間の摩擦は無視できるものとする。

## 9 〈異なる加速度で運動を行う２物体〉

図のように，なめらかな水平面上に質量$M$の長い板Bが静止しており，その左側には板Bの厚さと同じ高さのなめらかな台がある。台上を速さ$v_0$で右向きに進む質量$m$の小物体Aが，板Bの上に乗った。小物体Aと板Bとの間の動摩擦係数を$\mu'$，重力加速度を$g$とし，右向きを正の向きとする。

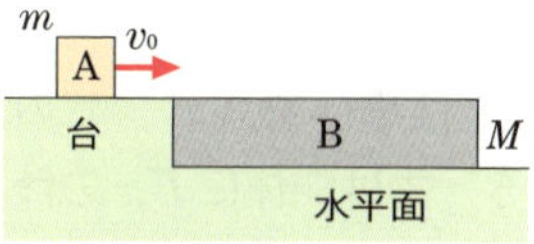


(1) 小物体Aが板B上をすべっている間のAとBの加速度をそれぞれ$\alpha$，$\beta$，AB間の垂直抗力を$N$として，A，Bそれぞれについての運動方程式をたてよ。

(2) (1)の$\alpha$，$\beta$を$N$を用いずに表せ。

小物体Aはやがて板Bに対して静止し，両者とも同じ速度$v'$となった。

(3) 小物体Aが板B上をすべっていた時間$T$，AがBに対して移動した距離$L$を求めよ。

(4) 小物体Aが板Bに対して静止したあとの，両者の速度$v'$を求めよ。

(5) 小物体Aが板Bの上に乗った瞬間を0として，$V_A$，$V_B$と$t$との関係をそれぞれグラフにかけ。

## 10 〈浮　力〉

底面積$S$，高さ$h$，密度$\rho$の円柱が，密度$\rho'$の液体中にある。液面と円柱の上面との距離を$x$，重力加速度を$g$とし，液体の圧力は深さに比例する圧力と液面での大気圧$p$の和になるとする。円柱の全体が液体中にあり，$\rho > \rho'$のとき，次の各問いに答えよ。

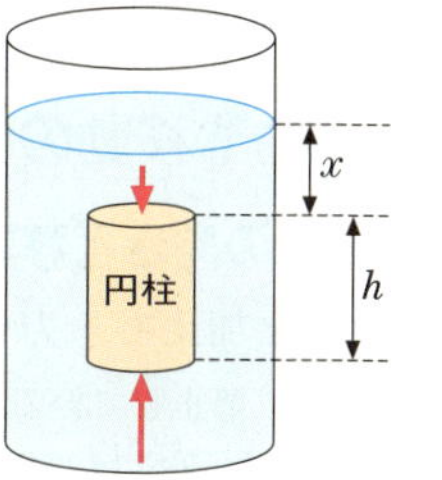


(1) 円柱の上面にはたらく力の大きさを求めよ。

(2) 物体に生じる浮力の大きさを求めよ。

(3) 物体にはたらく合力の大きさと向きを求めよ。

# 3章 エネルギー

野　球

## 1節 仕事と仕事率

## 1 仕　事

### 1 仕事の定義

**❶ 仕事**　物体に一定の力$F$〔N〕を加えながら，力の向きに距離$x$〔m〕動かしたとき，力は物体に$Fx$の**仕事**をしたという。すなわち，

力のした仕事　　$W = Fx$　　(1・55)

で表せる。加える力が2倍になると仕事も2倍，動かした距離が2倍になると仕事も2倍になる。

補足　仕事には正負があるが，向きはない。

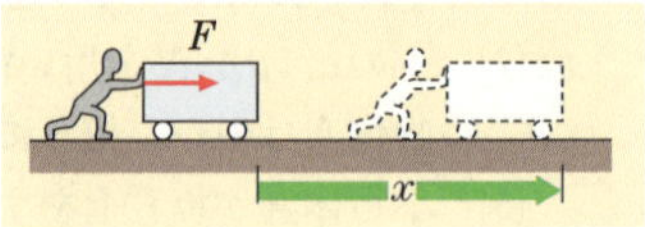


図78 仕事$W=Fx$

**❷ 仕事の単位**　仕事は力$F$〔N〕と距離$x$〔m〕の積であるから，仕事の単位はN・mとなり，これを**1J(ジュール)**という。

**❸ $F$-$x$グラフと仕事$W$**　物体に一定の力$F$を加えたとき，力$F$と移動距離$x$の関係を表す$F$-$x$グラフは図79のようになる。グラフと横軸($x$軸)が囲む図形の面積が$F$と$x$の積になり，仕事を表す。

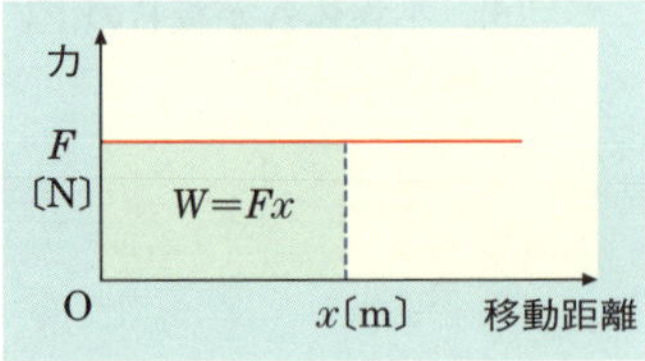


図79 $F$-$x$グラフ

視点　$F$-$x$グラフの面積が仕事$W$となる。これは力の大きさが変化しても同様に考える。

### 2 力や移動の向きと仕事 重要

**❶ 力の向きと移動方向がちがう場合**　次ページの図80のように，物体に一定の力$\vec{F}$を加えて，力の向きと角$\theta$をなす向きに距離$x$だけゆっくりと動かす。

補足　静止している物体を動かしはじめるとき，はじめはつり合いよりもわずかに大きな力が必要だが，動きはじめたあとはつり合うだけの力を加え続けることで，物体は等速直線運動をする。このように動かすことを，物理ではゆっくりと動かすまたは静かに動かすなどということが多い。

力$\vec{F}$の物体の移動する向き($\vec{x}$方向)の成分を$F'$とすると，$F'=F\cos\theta$となるから，仕事$W$は，

$$W=F'x=(F\cos\theta)\times x=Fx\cos\theta \qquad (1\cdot56)$$

である。このかわりに，変位$\vec{x}$の力の向き($\vec{F}$方向)の成分を$x\cos\theta$として，$W=F\times(x\cos\theta)$と考えても結果は同じになる。

**補足**　仕事はベクトルの内積(▷*p.225*)を使って，$W=Fx\cos\theta=\vec{F}\cdot\vec{x}$とも表せる。

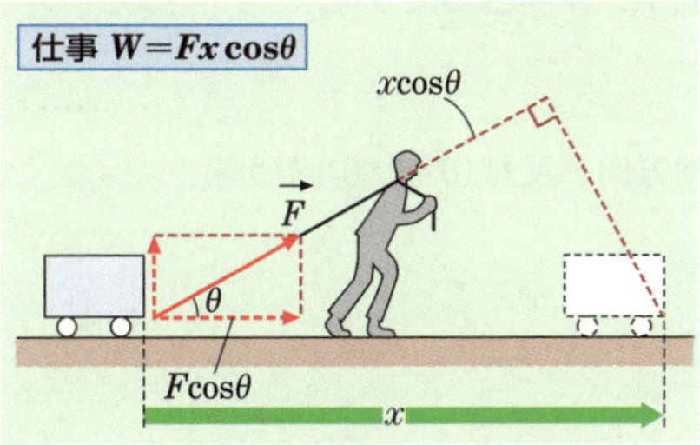


**図80**　力と移動方向が角$\theta$をなす仕事

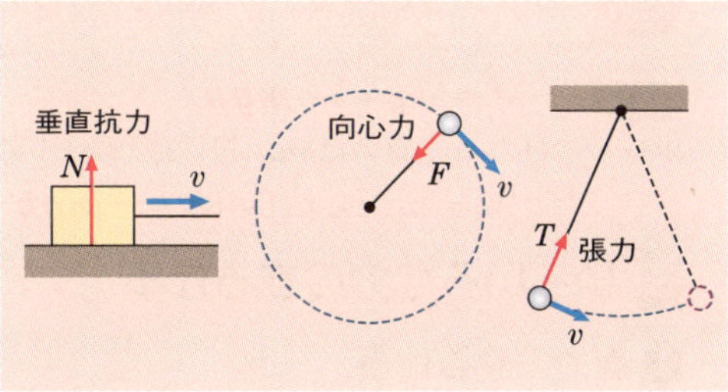


**図81**　仕事が0の場合($\theta=90°$)

**❷ 仕事が0になる場合**　力$\vec{F}$と物体が動く向きとのなす角が90°のときは，$\cos 90°=0$となるので，仕事$W=0$となる。これには次のような例がある。

① 平面上を運動する物体にはたらく垂直抗力
② 水平面上を運動する物体にはたらく重力
③ 単振り子(▷*p.97*)のおもりにはたらく糸の張力

**❸ 仕事が負になる場合**　力の向きと物体の移動する向きが逆向きの場合は，(1・56)式の$\theta=180°$で，$\cos 180°=-1$であるから，$W=-Fx$となり，仕事は負になる。これには次のような例がある。

① 平面上を運動する物体にはたらく摩擦力
② 鉛直上向きに上昇中の物体にはたらく重力

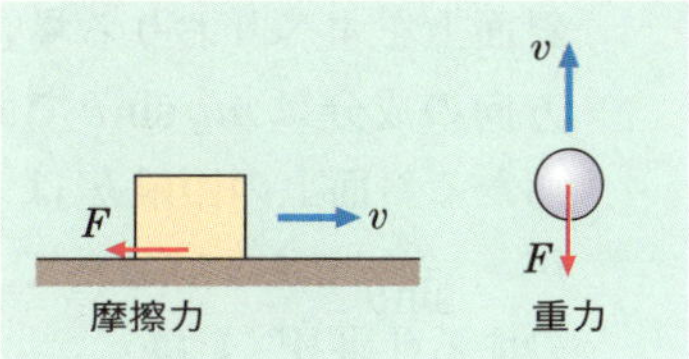


**図82**　仕事が負の場合($\theta=180°$)

**❹ 仕事の正負の意味**　仕事は**スカラー**(大きさのみで向きがない量▷*p.16*)であるから，仕事の正負は向きを表すのではない。力が物体に負の仕事をしたというのは，物体が外部に対して，正の仕事をしたという意味である。

**ポイント**

**仕事**　$W=Fx\cos\theta$

［$W$〔J〕：仕　事　　$F$〔N〕：力
　$x$〔m〕：移動距離　　$\theta$：力と移動する向きのなす角］

$\theta=90°$のとき　$W=0$　　$\theta=180°$のとき　$W=-Fx$

**例題　仕　事**

質量$m$〔kg〕のボールを手で鉛直上向きに高さ$h$〔m〕だけゆっくりともち上げる。このとき重力加速度を$g$〔m/s$^2$〕として，手が物体にした仕事$W_1$，重力が物体にした仕事$W_2$を求めよ。

**着眼**　ゆっくりともち上げるとき，外力は重力とつり合っている。

**解説**　$W_1 = mg \times h = \boldsymbol{mgh}$ ………答

ボールにはたらく重力は$mg$〔N〕で，ボールの移動方向と反対($\theta = 180°$)だから，

$W_2 = mg \times h \times \cos 180° = \boldsymbol{-mgh}$ ………答

## 3 いろいろな力のする仕事

### ❶ 重力のする仕事

① **物体が落下する場合**　質量$m$〔kg〕の物体が鉛直方向に$h$〔m〕落下する場合，重力$mg$〔N〕の向きと物体の移動方向は同じだから，重力のする仕事$W$〔J〕は，

$$W = mgh$$

② **なめらかな斜面上をすべりおりる場合**

質量$m$〔kg〕の物体が傾角$\theta$のなめらかな斜面上をすべりおりる場合，重力の斜面方向の成分は$mg\sin\theta$であり，高さ$h$にあたる斜面上の距離$h'$は$\dfrac{h}{h'} = \sin\theta$より，$h' = \dfrac{h}{\sin\theta}$である。よって，このとき重力のする仕事$W'$〔J〕は，

$$W' = mg\sin\theta \times \frac{h}{\sin\theta} = mgh$$

となり，①と②の値は同じになる。

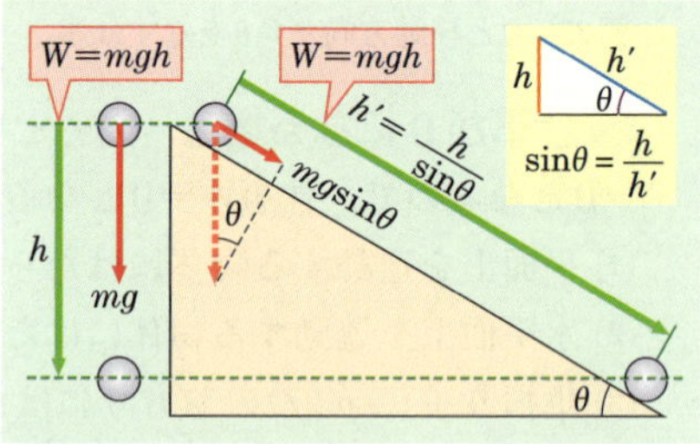


図83　重力のする仕事

視点　重力のする仕事は高さで決まる。

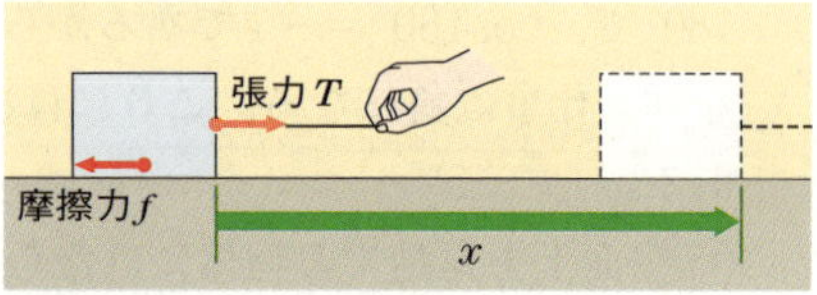


図84　摩擦力のする仕事

**❷ 重力にさからってする仕事**　質量$m$〔kg〕の物体をゆっくりと$h$〔m〕引き上げる。力は上向きに$mg$で，力の向きと移動方向とが同じだから，仕事$W$は，

$$W = Fh = mgh$$

**❸ 摩擦力のする仕事**　図84のように摩擦のある面上で，物体を面に沿って$x$〔m〕だけ動かす。摩擦力$f$〔N〕の向きはつねに物体が移動する向きと反対($\theta = 180°$)であるから，摩擦力のする仕事$W$は，$W = fx\cos 180° = -fx$　となる。

## 4 仕事の原理　重要

質量$m$〔kg〕の物体を，高さ$h$〔m〕の所までゆっくり引き上げる仕事を求める。

**❶ なめらかな斜面上を引き上げる場合**
斜面の傾きを$\theta$，引く距離を$h'$〔m〕とすると，仕事は，　$W_1 = mg\sin\theta \cdot h'$　となる。
$\dfrac{h}{h'} = \sin\theta$であるから，$h' = \dfrac{h}{\sin\theta}$
よって，　$W_1 = mg\sin\theta \times \dfrac{h}{\sin\theta} = mgh$

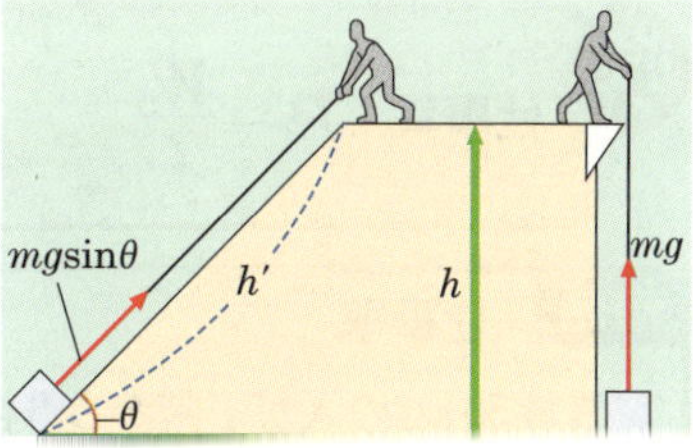

図85 仕事の原理

**❷ 上向きに引き上げる場合**　力$mg$〔N〕を加えて$h$〔m〕引き上げるから，仕事は，　$W_2 = mgh$　となる。

**❸ 仕事の原理**　なめらかな斜面上を引き上げる場合，力は小さくてすむが，移動距離が長くなり，仕事の量は変わらない。これを**仕事の原理**という。

（補足）摩擦がある場合や滑車の重さが無視できない場合は，直接の仕事より大きくなる。

**ポイント　仕事の原理：道具や装置を使っても仕事の総量は変化しない。**

**例題　仕事の原理**

質量$m$の物体を高さ$h$だけ引き上げる。傾き30°のなめらかな斜面上を引き上げるとき加える力と引く距離は，真上に引き上げる場合のそれぞれ何倍か。

**着眼**　仕事の原理より，斜面を用いても，直接引き上げても，仕事の大きさは変わらない。

**解説**　直接真上に引き上げる場合，加える力は$mg$，引く距離は$h$，仕事は$mgh$である。
傾き30°のなめらかな斜面を用いる場合，加える力は，$mg\sin 30° = \dfrac{1}{2}mg$
斜面上で引く距離を$x$とすると，仕事の原理より仕事の総量は変化しないので，

$\dfrac{1}{2}mgx = mgh$　これより，　$x = 2h$　**答**　加える力…$\dfrac{1}{2}$倍　引く距離…2倍

## 2 仕事率

### 1 仕事率　重要

**❶ 仕事率**　仕事の能率を表すのが**仕事率**である。仕事率は単位時間（1s）あたりにする仕事の量で表す。$W$の仕事をする時間が$t$なら，仕事率$P$は次のとおり。

$$P = \frac{W}{t} \tag{1·57}$$

**❷ 仕事率の単位**　仕事率の単位は，$P = \dfrac{W〔\mathrm{J}〕}{t〔\mathrm{s}〕}$よりJ/sとなり，1J/sを**1W（ワット）**ともいう。また，1000Wを**1kW（キロワット）**という。

**ポイント**　仕事率　$P=\frac{W}{t}$　$W$〔J〕の仕事をするのに $t$〔s〕かかるときの仕事率 $P$〔W〕

**例題**　仕事率

質量50kgの人が1階から3階まで10mの高さの階段を40秒かかってのぼった。この間に人が重力に抗してした仕事の仕事率はいくらか。重力加速度 $g=9.8\,\mathrm{m/s^2}$ として求めよ。

**着眼**　この人が重力に抗してした仕事は $W=mgh$，仕事率は(1·81)式より求める。

**解説**　上向きに $mg$ の力で，上向きに $h$ 移動するので，
人のした仕事は，$W=mgh=50\times9.8\times10\,\mathrm{J}$
仕事率は，$P=\frac{W}{t}=\frac{50\times9.8\times10}{40}=122.5\fallingdotseq1.2\times10^2\,\mathrm{W}$

**答**　$1.2\times10^2\,\mathrm{W}$

**類題 16**　消費電力100Wの電球が1h点灯するときの仕事は何Jか。(解答▷p.236)

## 2 仕事率と速さ

飛行機や自動車などの推進力が空気抵抗や摩擦力と等しくなると等速直線運動をする。このときの速さを $v$，推進力を $F$，距離 $x$ を進むのにかかる時間を $t$ とすると，仕事率 $P$ は，

$$P=\frac{W}{t}=\frac{Fx}{t}=F\cdot\frac{x}{t}=Fv \quad (1\cdot58)$$

となる。

**小休止**　自動車のギア

自動車が急な坂道を登るときは，推進力を大きくするために**ギア**を切りかえて，**車輪の回転数を小さくする**。これは，(1·58)式 $P=Fv$ において，エンジンの仕事率 $P$ を一定にしたまま推進力 $F$ を大きくするためには，**速さ $v$ を小さくしなければならないから**である。

## この節のまとめ　仕事と仕事率

| | |
|---|---|
| □仕　事<br>▷p.86 | ○物体が $F$〔N〕の力を受けて，力の向きと角 $\theta$ をなす向きに $x$〔m〕動かされるときの仕事は，$W=Fx\cos\theta$<br>○仕事の単位…1J＝1N·m<br>○**仕事の原理**…道具や装置を用いても，仕事の量は不変。 |
| □仕事率<br>▷p.89 | ○仕事をする能率を表す。単位は，1W（ワット）＝1J/s<br>$P=\frac{W}{t}=Fv$ |

# 2節 力学的エネルギー

## 1 運動エネルギー

### 1 エネルギー

**❶ エネルギー**　高い所から水を落下させて水車にあてると，水車をまわす仕事をする。このときの水のように，物体が他の物体に仕事をする能力をもつとき，その物体は**エネルギー**をもっているという。つまり，エネルギーとは仕事に変換することのできる物理量のことである。

**❷ エネルギーの単位**　エネルギーの大きさは，相手の物体に与えられる仕事の大きさで表されるので，エネルギーの単位には仕事と同じ**ジュール**(記号**J**)を使う。

### 2 運動エネルギー 重要

**❶ 運動エネルギー**　運動している物体が他の物体に衝突すると，他の物体を動かすので，仕事をすることができる。つまり，運動している物体はエネルギーをもっている。運動している物体がもっているエネルギーを**運動エネルギー**という。

**❷ 運動エネルギーの大きさ**　図86のように，質量$m$〔kg〕の弾丸Aが右向きに速さ$v$〔m/s〕で進み，静止している壁Bに撃ちこまれたあと，距離$x$〔m〕だけ動いて止まったとする。この間に弾丸Aが壁Bに行った仕事は，衝突前に弾丸Aがもっていた運動エネルギーの大きさである。弾丸Aが壁Bを一定の力$\vec{F}$〔N〕で押しつづける(作用)とすると，AはBから$-\vec{F}$の力で押される(反作用)から，Aの加速度$a$〔m/s²〕は，運動方程式より，

$$ma = -F \quad よって，\quad a = -\frac{F}{m}$$

ここで(1・13)式(▷p.25)を用いると，

$$0^2 - v^2 = 2\left(-\frac{F}{m}\right)x \quad よって，\ Fx = \frac{1}{2}mv^2$$

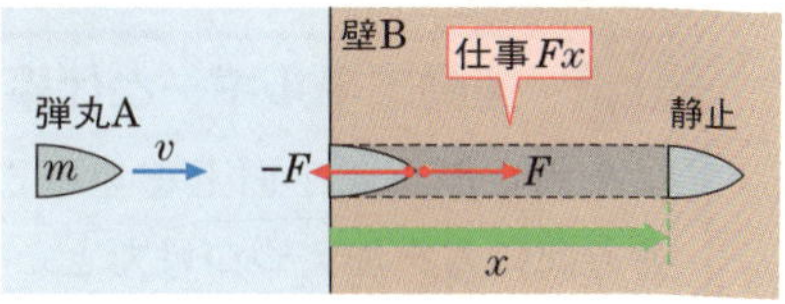

図86 運動エネルギーの求め方

となる。AがBにした仕事$Fx$が，Aがもっていた運動エネルギー$K$〔J〕であるから，

$$K = Fx = \frac{1}{2}mv^2 \qquad (1・59)$$

**ポイント**

**運動エネルギー**　$K = \frac{1}{2}mv^2$

$K$〔J〕：運動エネルギー　$m$〔kg〕：質量　$v$〔m/s〕：速度

## 3 エネルギーの原理 重要

**❶ 正の仕事をされた場合の運動エネルギーの変化**　図87のように，摩擦のない水平面上を右向きに速さ $v_0$〔m/s〕で運動している質量 $m$〔kg〕の物体に，右向きに一定の力 $F$〔N〕を加えながら距離 $x$〔m〕動かしたとき，物体の速さが $v$〔m/s〕になったとする。このときの物体の加速度は，$a=\dfrac{F}{m}$であるから，(1·13)式(▷p.25)より，

$$v^2-v_0{}^2=2\left(\frac{F}{m}\right)x$$

となる。両辺に$\dfrac{1}{2}m$をかけると，

$$\frac{1}{2}mv^2-\frac{1}{2}mv_0{}^2=Fx=W \qquad (1\cdot60)$$

(1·60)式から，力が物体に正の仕事をすると，そのぶんだけ運動エネルギーが増えることがわかる。これを**エネルギーの原理**という。

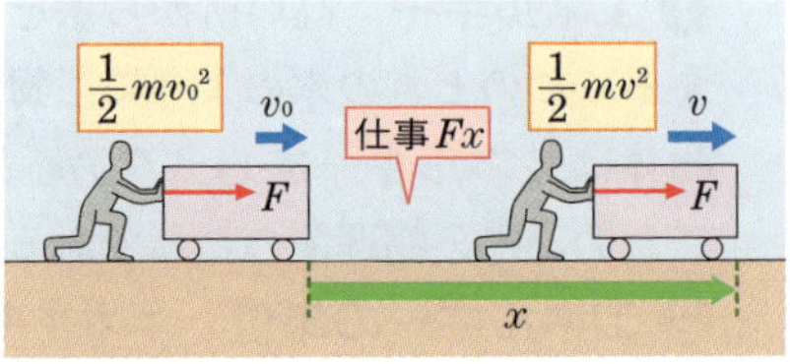

図87　運動エネルギーと仕事

補足　(1·60)式を移項すると，$\dfrac{1}{2}mv_0{}^2+W=\dfrac{1}{2}mv^2$となる。これは，物体がはじめにもっていた運動エネルギーに外力が行った仕事を加えると，変化後の運動エネルギーになることを意味する。

**❷ 負の仕事をされた場合の運動エネルギーの変化**　図87の力 $F$ が物体の進行方向と逆向きにはたらく(たとえば摩擦力)と，(1·60)式の仕事 $W$ が負になるので，なされた仕事のぶんだけ運動エネルギーが減少することになる。

**ポイント**　**エネルギーの原理：運動エネルギーの変化量は加えた仕事に等しい。**

$$\frac{1}{2}mv^2-\frac{1}{2}mv_0{}^2=W$$

**例題　運動エネルギーと仕事**

なめらかな水平面上を速さ2.0m/sで運動している質量1.0kgの物体に，運動方向に力を加えつづけたところ，速さが4.0m/sになった。

(1)　最初に物体のもっていた運動エネルギーはいくらか。

(2)　外力が物体に加えた仕事は何Jか。

**着眼**　運動エネルギーの増加量は，物体がされた仕事の量に等しい。

解説　(1)　$K=\dfrac{1}{2}mv^2=\dfrac{1}{2}\times1.0\times2.0^2=2.0\,\mathrm{J}$

(2)　エネルギーの原理より，運動エネルギーの増加量が物体に加えた仕事に等しいから，

$$W=\frac{1}{2}mv'^2-\frac{1}{2}mv^2=\frac{1}{2}\times1.0\times4.0^2-2.0=6.0\,\mathrm{J}$$

答　(1)**2.0J**　(2)**6.0J**

**類題 17**　質量$m$〔kg〕，速度$v$〔m/s〕の物体が摩擦のある面の上を運動して，距離$x$〔m〕だけ進んで静止した。動摩擦係数を$\mu'$，重力加速度を$g$〔m/s$^2$〕とする。（解答▷p.236）

(1)　物体が最初にもっていた運動エネルギーはいくらか。

(2)　物体が静止するまでに面に対してした仕事を$\mu'$を使って表せ。

(3)　動摩擦係数$\mu'$を求めよ。

(4)　速度$v$が2倍になると進む距離$x$は何倍になるか。

# 2　位置エネルギー

## 1　重力による位置エネルギー　重要

**❶ 重力による位置エネルギー**　高い所から物体が落下して，他の物体に衝突すると，その物体を動かすので，仕事をする。この仕事は物体の高さ，すなわち位置で決まるので，この物体のもつエネルギーを**重力による位置エネルギー**という。

**❷ 重力による位置エネルギーの大きさ**　図88のように，質量$m$〔kg〕の物体を高さ$h$〔m〕の点から初速度0で自由落下させた。地面に衝突する直前の速さを$v$とすると，(1・13)式(▷p.25)より，

$$v^2-0^2=2gh \qquad したがって，\quad v=\sqrt{2gh}$$

よって，衝突する直前の運動エネルギーは，

$$\frac{1}{2}mv^2=\frac{1}{2}m\cdot 2gh=mgh$$

となる。この運動エネルギーは物体の位置エネルギーが変換したものなので，重力による位置エネルギー$U$〔J〕は，次のようになる。

$$U=mgh \qquad (1\cdot61)$$

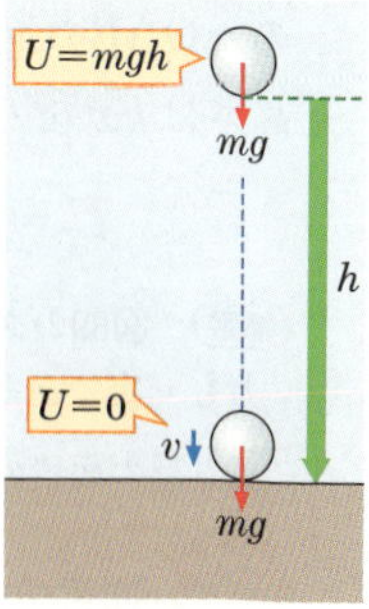


図88　重力による位置エネルギー

**ポイント**　重力による位置エネルギー　$U=mgh$

$U$〔J〕：位置エネルギー　$m$〔kg〕：質量
$h$〔m〕：高さ（上向きを正とする）

**補足**　質量$m$〔kg〕の物体を地面から高さ$h$〔m〕まで，重力に逆らってゆっくりもち上げる。このときの仕事は，上向きに$mg$〔N〕の力を加えて$h$〔m〕引き上げるのであるから，$W=mg\times h=mgh$であり，この仕事が物体の位置エネルギーとしてたくわえられている。

**❸ 位置エネルギーの基準点**　重力による位置エネルギーは高さに比例するので，高さの基準となる点($h=0$)をどこにとるかで，位置エネルギーの値は変化する。基準点のとり方によって，同じ位置にある物体でも位置エネルギーが異なり，負になることもある。しかし，任意の2点間の位置エネルギーの差は，基準点のとり方がちがっても変わらない。基準点はどこにとってもよいが，1つの現象を論じる間は同じ基準点を使わなければならない。また，鉛直上向きを常に正の向きとする。

## 2 弾性力による位置エネルギー

**❶ 弾性力による位置エネルギー** 引き伸ばしたり，押し縮めたりしたばねに物体をつけて手を離すと，ばねがもとの長さにもどるときに物体を動かして仕事をする。このエネルギーは変形したばねがたくわえていて，これを**弾性力による位置エネルギー**または単に**弾性エネルギー**という。

**❷ 弾性力による位置エネルギーの大きさ**

ばねを引き伸ばすと，外力の仕事が位置エネルギーとしてたくわえられる。ばね定数$k$〔N/m〕のばねをゆっくりと$x$〔m〕だけ引き伸ばすとき，ばねを引く力$F$〔N〕は，フックの法則より，$F=kx$であるから，伸び$x$に比例する。よって，$F$-$x$グラフは図89のようになり，ばねを$x$〔m〕だけ伸ばす仕事は図の△OABの面積で表される。△OABの底辺は$x$，高さは$kx$なので，弾性力の位置エネルギー$U$〔J〕は，

$$U=\frac{x\times kx}{2}=\frac{1}{2}kx^2 \qquad (1\cdot 62)$$

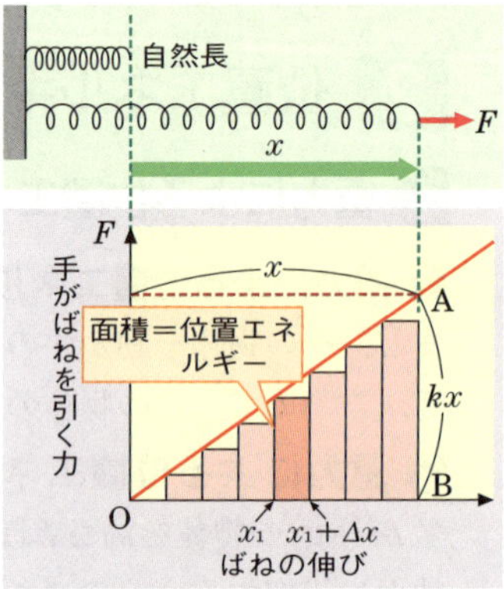

図89 弾性力の位置エネルギー

補足 図89のグラフで，ばねの伸びを短い距離$\Delta x$〔m〕に等分し，ばねを$\Delta x$〔m〕だけ伸ばす間は力も一定であると考えると，ばねを伸ばす仕事は，グラフの直線と$x$軸との間にかいた幅$\Delta x$の長方形の面積の和に等しい。$\Delta x$を細かくとれば，この値は△OABの面積$\frac{x\times kx}{2}$に近づく。

**ポイント** 弾性力による位置エネルギー $U=\frac{1}{2}kx^2$ 〔$k$〔N/m〕：ばね定数，$x$〔m〕：ばねの伸び（縮み）〕

# 3 力学的エネルギー保存の法則

## 1 力学的エネルギーの保存 重要

**❶ 力学的エネルギー** 物体のもつ位置エネルギー$U$と運動エネルギー$K$の合計を**力学的エネルギー**という。すなわち，重力による位置エネルギー，弾性力による位置エネルギー，運動エネルギーの合計が力学的エネルギーである。

**ポイント** 力学的エネルギー＝位置エネルギー＋運動エネルギー

**❷ 力学的エネルギーの保存** 質量$m$〔kg〕の物体を高さ$h$〔m〕の点から自由落下させる場合のエネルギーの変化を考えてみよう。

① 高さ$h$〔m〕の点では，位置エネルギー＝$mgh$，運動エネルギー＝0であるから，このときの力学的エネルギー＝$mgh$ である。

② 高さ $h'$〔m〕の点を通るときの速さを $v'$〔m/s〕とすると，(1･16)式(▷p.30)より，$v'^2=2g(h-h')$ であるから，

$$位置エネルギー=mgh',\quad 運動エネルギー=\frac{1}{2}mv'^2=mg(h-h')$$

よって，このときの力学的エネルギーは，$mgh'+mg(h-h')=mgh$　である。

③ 地面(高さ0)での速さを $v$〔m/s〕とすると，(1･16)式より，$v^2=2gh$ であるから，

$$位置エネルギー=0,\quad 運動エネルギー=\frac{1}{2}mv^2=mgh$$

よって，このときの力学的エネルギーは，$0+mgh=mgh$　である。

以上①〜③より，どの状態でも力学的エネルギーは一定である(図90)。

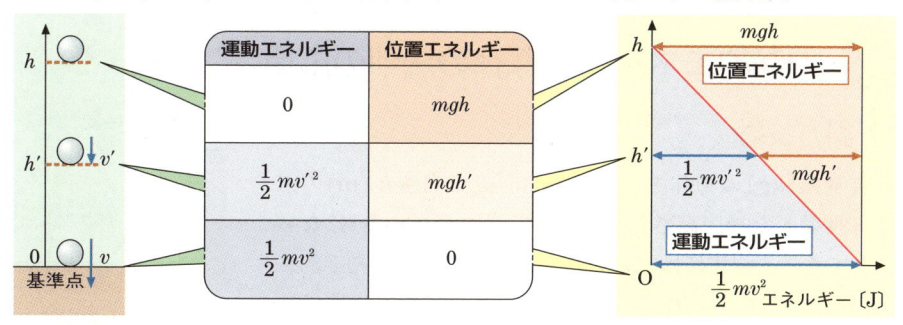

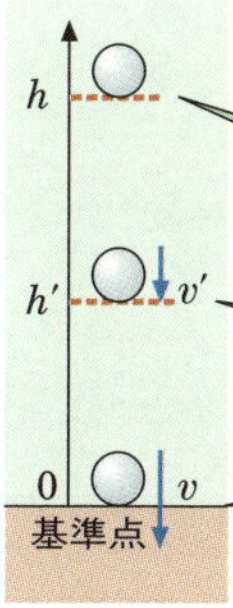


| 運動エネルギー | 位置エネルギー |
|---|---|
| 0 | $mgh$ |
| $\frac{1}{2}mv'^2$ | $mgh'$ |
| $\frac{1}{2}mv^2$ | 0 |

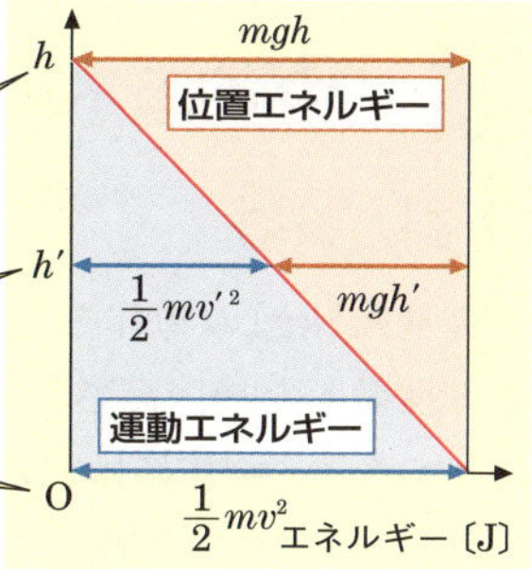


図90 力学的エネルギーの保存　視点　運動エネルギーと位置エネルギーの和はつねに一定。

**③ 力学的エネルギー保存の法則**　上記のことから，力学的エネルギーは $x$ の値によらず一定になることがわかる。この関係を**力学的エネルギー保存の法則**または省略して**力学的エネルギー保存則**という。この法則は，物体にはたらく力が**重力や弾性力のみの場合には，つねに成りたつ**。しかし，**摩擦力や空気の抵抗力などの力がはたらく場合は成りたたない**(▷p.96)。

> **ポイント**　**力学的エネルギー保存の法則：重力や弾性力のみがはたらくとき**
> **位置エネルギー＋運動エネルギー＝一定**

## 2 保存力と非保存力

**① 保存力**　力学的エネルギー保存の法則を成りたたせる力を**保存力**という。**重力**や**弾性力**および**万有引力**(▷p.62)や**静電気力**(▷p.177)なども保存力である。保存力だけがはたらく場合は，力に逆らって2点間を移動する仕事は2点の位置(高さ)の差だけで決まり，途中の経路(道すじ)によって変化しないから，力学的エネルギー保存の法則が成りたつ。

補足　重力や弾性力による仕事やエネルギーは道すじで変化しないが，摩擦力では距離が長くなると大きくなる。

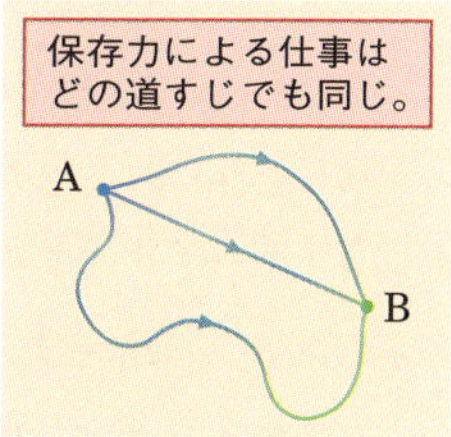


図91 保存力による仕事と道すじ

**❷ 非保存力**　摩擦力や抵抗力などのように，力学的エネルギー保存の法則を成りたたせない力を**非保存力**という。非保存力の場合は，同じ2点間を移動する場合でも，経路によって仕事の量が異なり，**力学的エネルギー保存の法則が成りたたない。**

**保存力……重力・弾性力・静電気力**
**非保存力……摩擦力・抵抗力**

**小休止　エネルギーのシーソー**

力学的エネルギー保存の法則は，エネルギーでシーソーをしているようなものである。片方のエネルギーが増加するためには，エネルギーを相手からもらわなければならず，そのぶんだけもう片方のエネルギーが減少する。そのため，力学的エネルギーの総量は変化しない。

# 4 力学的エネルギー保存の法則の応用

## 1 斜方投射

質量$m$〔kg〕の物体を初速度$v_0$〔m/s〕で高さ$h_0$〔m〕の点から投射した後，高さ$h$〔m〕の点で速度が$v$〔m/s〕になったとすると，物体には重力のみがはたらくので，**力学的エネルギー保存の法則が成りたつ。**よって，これらの間には，

$$mgh_0+\frac{1}{2}mv_0^2=mgh+\frac{1}{2}mv^2$$

という関係が成りたつ。

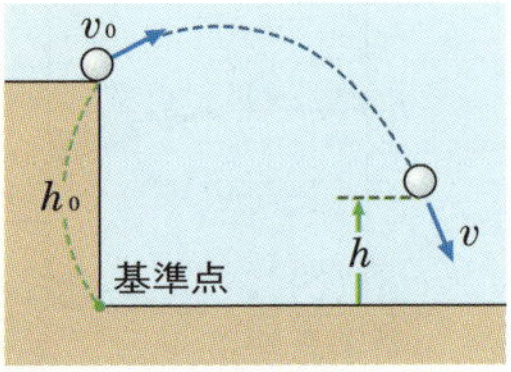


図92 投射の力学的エネルギー保存

視点　どこでも力学的エネルギーは同じ。

**例題　放物運動の力学的エネルギー**

重力加速度を$g$として，初速度$v_0$〔m/s〕で仰角$\theta$をなす方向に投げ上げた物体の，高さ$h$〔m〕における速さと最高点の高さをそれぞれ求めよ。

**着眼**　**物体を投げ出した後は，物体にはたらく力は重力だけであるから，力学的エネルギー保存の法則が成りたつ。最高点では，速度の鉛直成分が0になる。**

**解説**　投げ上げた点を位置エネルギーの基準点($h=0$)とすると，この点における力学的エネルギー$E_A$〔J〕は，

$$E_A=\frac{1}{2}mv_0^2$$

高さ$h$〔m〕の点での速さを$v$〔m/s〕とすると，この点における力学的エネルギー$E_B$〔J〕は，

$$E_B=\frac{1}{2}mv^2+mgh$$

力学的エネルギー保存の法則により，$E_A=E_B$だから，

$$\frac{1}{2}mv_0^2=\frac{1}{2}mv^2+mgh\quad よって，\quad v=\sqrt{v_0^2-2gh}$$

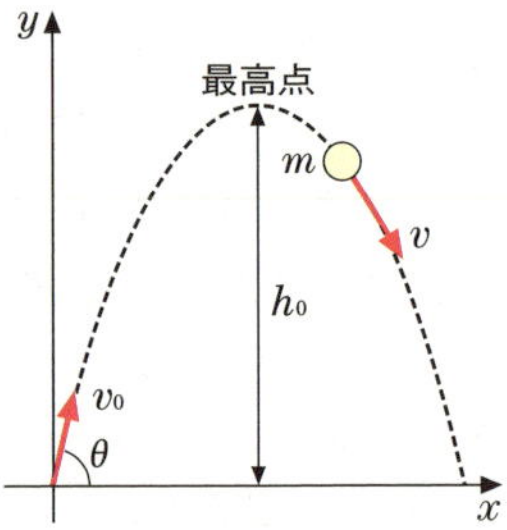

次に，最高点では速度の鉛直成分が0になるから，最高点での速さは初速度の水平成分$v_0\cos\theta$に等しい。したがって，最高点の高さを$h_0$〔m〕とすると，最高点における力学的エネルギー$E_C$〔J〕は，

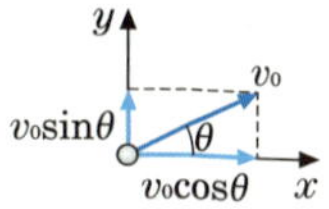


$$E_C=\frac{1}{2}m(v_0\cos\theta)^2+mgh_0$$

力学的エネルギー保存の法則により，$E_C=E_A$だから，

$$\frac{1}{2}m(v_0\cos\theta)^2+mgh_0=\frac{1}{2}mv_0^2$$

$$h_0=\frac{v_0^2(1-\cos^2\theta)}{2g}=\frac{v_0^2\sin^2\theta}{2g}$$

**答**　高さ$h$での速さ…$\sqrt{v_0^2-2gh}$　　最高点の高さ…$\dfrac{v_0^2\sin^2\theta}{2g}$

**類題 18**　がけの上から水平方向に初速度$v_0$で小石を投げた。小石の速さが初速度の2倍になるのは，小石の高さがどれだけ低くなったときか。（解答▷p.236）

## 2 単振り子 重要

図93のように，1本の糸におもりをつけてつるしたものを**単振り子**（たんふりこ）という。単振り子を振らせるとき，おもりには重力と糸の張力がはたらくが，おもりは糸（張力）の方向と垂直な方向に移動するので，張力は仕事をしない。したがって，重力だけが運動に関与し，力学的エネルギー保存の法則が成りたつ。

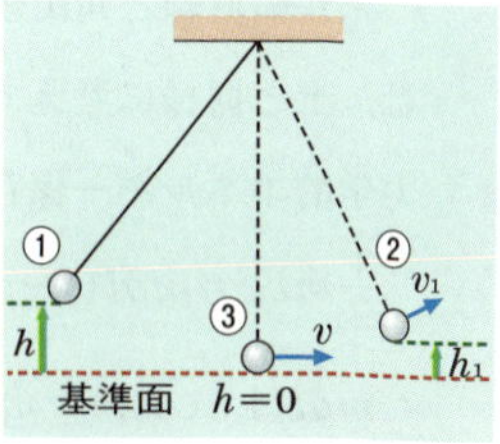


**図93** 単振り子の力学的エネルギー

**視点** 最初の位置エネルギーが保存される。

① おもりを水平方向に引っぱって，最下点より$h$〔m〕の高さの点から静かに離す。おもりの質量を$m$〔kg〕とし，おもりの最下点の位置を位置エネルギーの基準点とすると，最初のおもりの力学的エネルギーは，$E_A=mgh$

② おもりの高さが$h_1$〔m〕になったときの速さを$v_1$〔m/s〕とすると，このときの力学的エネルギーは，

$$E_B=mgh_1+\frac{1}{2}mv_1^2$$

力学的エネルギー保存の法則より，$E_A=E_B$だから，

$$mgh=mgh_1+\frac{1}{2}mv_1^2$$

③ 最下点での速さを$v$〔m/s〕とすると，②の式に$h_1=0$，$v_1=v$を代入して，

$$mgh=\frac{1}{2}mv^2$$

よって，　$v=\sqrt{2gh}$

この$v$がおもりの速さの最大値となる。

**例題** **単振り子の力学的エネルギー**

長さ$l$〔m〕の軽い糸に質量$m$〔kg〕のおもりをつけた単振り子がある。振り子が静止しているとき，おもりに初速度$v_0$〔m/s〕を与えると，振り子は糸が鉛直線と角$\theta$をなす所まで振れた。$v_0$および糸が鉛直線と角$\theta'$をなすときのおもりの速さ$v$〔m/s〕を$l$，$\theta$，$\theta'$および重力加速度$g$を用いて表せ。

**着眼** 単振り子のおもりの最下点を位置エネルギーの基準点にとる。おもりの基準点からの高さを$l$と$\theta$で表して，位置エネルギーの式に代入する。

**解説** おもりの最下点を位置エネルギーの基準点にとると，最下点での力学的エネルギーは，

$$E_1=\frac{1}{2}mv_0^2$$

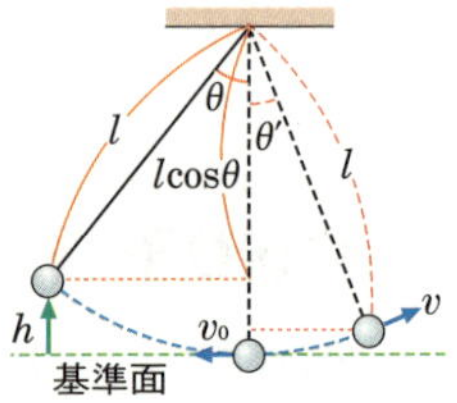


糸が鉛直線と角$\theta$をなしたときのおもりの基準面からの高さ$h$〔m〕は，$h=l-l\cos\theta=l(1-\cos\theta)$であるから，この点でおもりがもつ力学的エネルギーは，

$$E_2=mgh=mgl(1-\cos\theta)$$

糸が鉛直線と角$\theta'$をなすときのおもりの力学的エネルギーは，上と同様に考えて，$E_3=mgl(1-\cos\theta')+\frac{1}{2}mv^2$

力学的エネルギー保存の法則により，$E_1=E_2=E_3$であるから，

$\frac{1}{2}mv_0^2=mgl(1-\cos\theta)$　よって，$v_0=\sqrt{2gl(1-\cos\theta)}$ ……答

$mgl(1-\cos\theta)=mgl(1-\cos\theta')+\frac{1}{2}mv^2$　よって，$v=\sqrt{2gl(\cos\theta'-\cos\theta)}$ …答

**類題 19** 長さ$l$〔m〕の軽い糸におもりをつけた単振り子がある。単振り子のおもりを糸が水平になるまでもち上げて離す。おもりが最下点を通って，再び上昇し，糸が鉛直線と60°の角をなしたときのおもりの速さ$v$〔m/s〕を，$l$と重力加速度$g$を用いて表せ。（解答▷p.236）

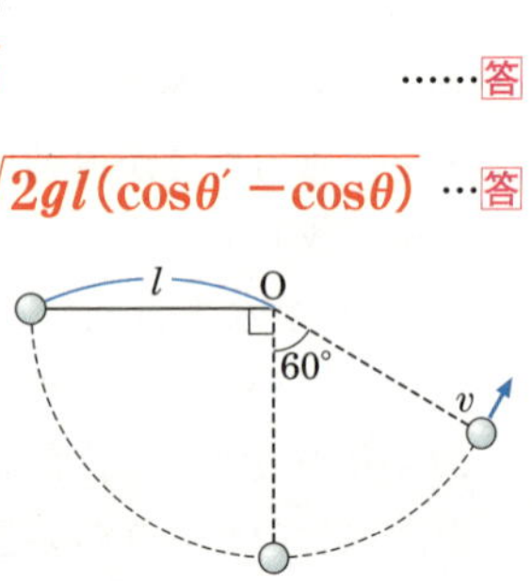


## 3 ばね振り子 重要

**❶ 水平に置いたばね振り子**　図94のように，ばね定数(▷p.64) $k$〔N/m〕のばねの一端を固定し，他端に質量$m$〔kg〕のおもりをつけ，おもりを引っぱってから離すと，おもりはつり合いの位置（ばねが自然長になる所）を中心にして往復運動をする。これを**ばね振り子**という。おもりに仕事をするのは弾性力のみであるから，力学的エネルギーが保存される。ばねが自然長のときのおもりの位置が弾性力による位置エネルギーの基準点である。

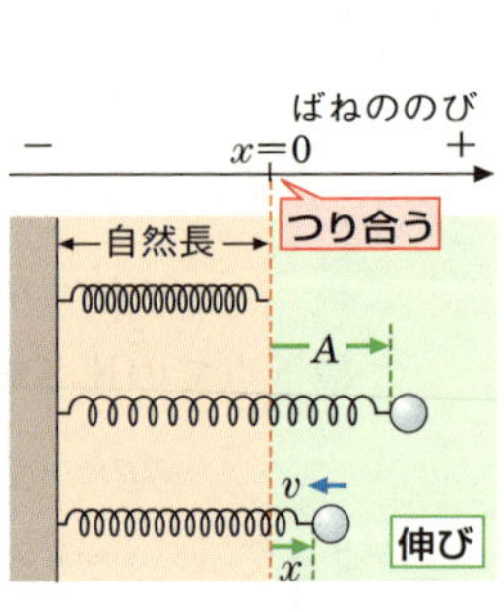


図94　ばね振り子

最初にばねを引き伸ばした長さを$A$〔m〕とし，ばねの伸びが$x$〔m〕になったときのおもりの速度を$v$〔m/s〕とすると，力学的エネルギー保存の法則より，次の式が成りたつ。

$$\frac{1}{2}kA^2=\frac{1}{2}kx^2+\frac{1}{2}mv^2$$

このとき，ばねの伸びが$x=\pm A$のとき速さ$v=0$となる。また，つり合いの位置$x=0$では速さが最大となり，このとき$\frac{1}{2}kA^2=\frac{1}{2}mv^2$より，$v=\pm A\sqrt{\frac{k}{m}}$となる。

**❷ 鉛直につるしたばね振り子**　図95のように，ばね定数$k$〔N/m〕のばねの上端を固定し，下端に質量$m$〔kg〕のおもりをつけて鉛直につるすと，ばねが$x_1$〔m〕伸びたところで，おもりにはたらく重力と弾性力がつり合うとする。このとき，次のようになる。

$$mg=kx_1$$

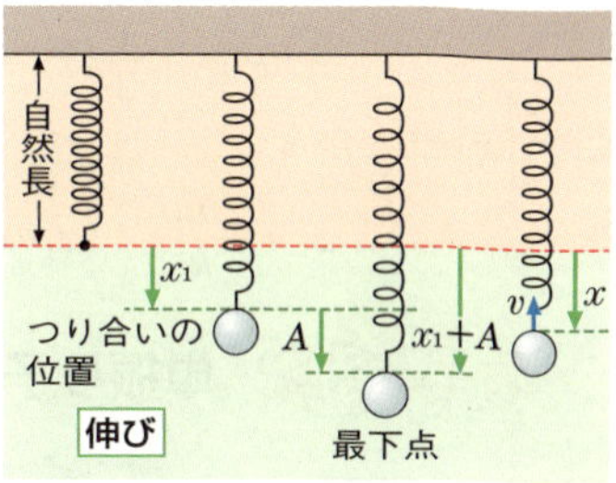


図95　鉛直につるしたばね振り子

ここからさらにおもりを$A$〔m〕下げてから離すと，おもりはつり合いの位置を中心に振幅(しんぷく)$A$〔m〕で上下に単振動(▷p.150)をする。

弾性力および重力による位置エネルギーの基準点はばねが自然長のときのおもりの位置である。ばねの伸びが$x$〔m〕のときのおもりの速さを$v$〔m/s〕とすると，力学的エネルギー保存の法則により，

$$-mg(x_1+A)+\frac{1}{2}k(x_1+A)^2=-mgx+\frac{1}{2}kx^2+\frac{1}{2}mv^2$$

このとき，最高点$x=x_1-A$と最下点$x=x_1+A$で速さ$v=0$に，つり合いの位置$x=x_1$で速さは最大となる。

**例題　ばね振り子の力学的エネルギー　重要**

ばね定数$k$〔N/m〕のばねの上端を固定し，下端に質量$m$〔kg〕のおもりをつけて鉛直につるす。この後，ばねが自然長になるまでおもりをもち上げて離したところ，上下に振動した。重力加速度を$g$〔m/s$^2$〕として，以下の各問いに答えよ。

(1)　おもりがつり合いの位置を通るときの速さ$v_1$〔m/s〕を求めよ。

(2)　おもりが最下点にきたときのばねののび$x_2$〔m〕を求めよ。

**着眼**　ばねが自然長のときのおもりの位置が弾性力による位置エネルギーの基準点となる。おもりがつり合ったときのばねの伸びを$x_1$〔m〕とすると，$mg=kx_1$　である。

**解説** (1) ばねの伸びを$x$として，自然長のときのおもりの位置$x=0$を重力による位置エネルギーの基準点とする。力学的エネルギー保存の法則により，つり合いの位置と自然長の位置を比較すると，

$$-mgx_1+\frac{1}{2}mv_1^2+\frac{1}{2}kx_1^2=mg\cdot 0+\frac{1}{2}m\cdot 0^2+\frac{1}{2}k\cdot 0^2=0$$

$mg=kx_1$から，$x_1=\dfrac{mg}{k}$を上式に代入して$v_1$を求めると，

$$v_1=g\sqrt{\frac{m}{k}}$$

(2) 最下点では速度が0だから，力学的エネルギー保存の法則により，

$$-mgx_2+\frac{1}{2}kx_2^2=0$$

$x_2\neq 0$だから，

$$x_2=\frac{2mg}{k}\quad (x_1\text{の2倍})$$

**答** (1) $v_1=g\sqrt{\dfrac{m}{k}}$　(2) $x_2=\dfrac{2mg}{k}$

## 重要実験　単振り子の力学的エネルギー保存

**操作**

① 鋼球をつけた糸をスタンドから鉛直につるし，かみそりの刃を糸に接するように固定する。
② 模造紙を床にしき，鋼球の真下の点Aにしるしをつけ，鋼球が落下するあたりにカーボン紙をしく。
③ 点Aから鋼球までの高さ$h_1$〔m〕を測る。
④ 鋼球を横に引き，このときの高さ$h_2$〔m〕を測る。
⑤ 鋼球を放して運動させると，糸の支点の真下を通るときに糸がかみそりの刃にふれて切れる。そこからは鋼球は放物運動をして，カーボン紙の上に落下する。
⑥ 鋼球の落下点BとAとの距離$L$〔m〕を測る。

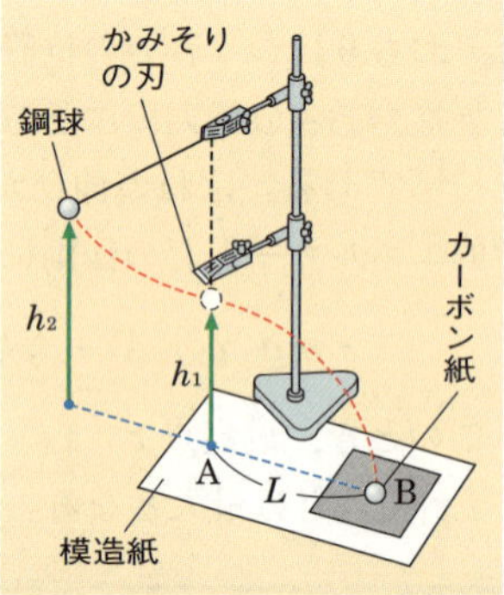


**図96** 力学的エネルギーの測定

**結果と考察**

① 糸が鉛直になったときの鋼球の速度を$v_0$〔m/s〕，糸が切れてから鋼球が床に落下するまでの時間を$t$〔s〕とすると，力学的エネルギー保存の法則から，

$$mg(h_2-h_1)=\frac{1}{2}mv_0^2$$

水平投射の関係から，

$$L=v_0t$$

$$h_1=\frac{1}{2}gt^2$$

以上の3式から，$L=2\sqrt{h_1(h_2-h_1)}$

② $L$の理論値と測定値が一致すれば，力学的エネルギーは保存されている。

# 5 力学的エネルギーが保存しない運動

## 1 非保存力による仕事と力学的エネルギー

**❶ 動摩擦力がはたらくときの力学的エネルギー**　動摩擦力(▷*p.69*)は**物体の運動に対して逆向きにはたらく**ので，つねに**負の仕事**をする(▷*p.88*)。物体が動摩擦係数$\mu'$の平面に垂直抗力$N$を加えながら運動すると，$-\mu' N$の動摩擦力をうける。このまま距離$x$だけすべると，動摩擦力は物体に$-\mu' Nx$の仕事をする。

したがって，このとき力学的エネルギー保存の法則は成りたたず，$\mu' Nx$だけ減少する。抵抗力(▷*p.40*)を受ける場合も同じように力学的エネルギーは減少する。

**❷ 内力と外力**　1個以上の物体のあつまりを物体系という。ある物体系に含まれる物体どうしで及ぼしあう力を**内力**という。いっぽう，物体系の外から及ぼされる力を**外力**という。たとえば，AとBという2つの物体が1つの物体系だとするとき，AとBの間にはたらく力が内力であり，物体系の外からAやBにはたらく力が外力である。

**❸ 外力による仕事と力学的エネルギー**　物体に摩擦力や抵抗力などの非保存力がはたらくと，物体の力学的エネルギーが変化する(保存しない)。このとき，変化前と変化後の力学的エネルギーをそれぞれ$E_1$と$E_2$，外力が行った仕事を$W$とすると，

$$E_2 - E_1 = W \qquad (1\cdot63)$$

という関係が成りたつ。上記の動摩擦力の例では，$E_2 - E_1 = -\mu' Nx$となる。

また，(1・63)式を変形すると，$E_2 = E_1 + W$となる。これは，物体のもつ力学的エネルギーは，外力の行った仕事$W$だけ増加することを意味する。

**❹ 非保存力が正の仕事をする場合**　重力や弾性力などの保存力だけがはたらいている場合は，力学的エネルギーは保存される。しかし，モーターや熱機関(▷*p.125*)による力など非保存力の外力が物体に正の仕事$W$をすると，力学的エネルギーは$W$だけ増加するので，力学的エネルギー保存の法則は成りたたない(**エネルギーの原理**▷*p.92*)。

**例題　あらい斜面上をすべりおりる物体**

水平面との角度が$\theta$のあらい斜面上を，質量$m$の物体が斜面に沿って初速度0で距離$L$だけすべりおりた。物体と斜面との間の動摩擦係数を$\mu'$，重力加速度を$g$として，物体がすべりおりたときの速さを求めよ。

**着眼**　①摩擦力は非保存力で，物体に対して負の仕事をする。
②力学的エネルギーは摩擦力の仕事のぶんだけ減少する。

**解説** 垂直抗力が$N=mg\cos\theta$であるから，物体にはたらく動摩擦力$f'$は，$f'=\mu'N=\mu'mg\cos\theta$

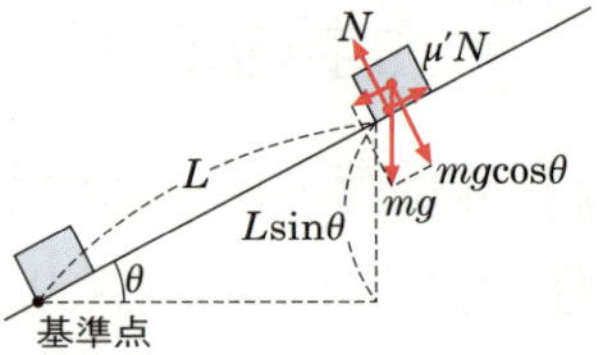


物体が斜面を$L$だけすべりおりた点を位置エネルギーの基準点にとると最初の力学的エネルギーは$mgL\sin\theta$である。求める速さを$v$とすると，物体が斜面を$L$だけすべりおりたときの力学的エネルギーの変化量が摩擦力のした仕事となるので，

$$\frac{1}{2}mv^2-mgL\sin\theta=-(\mu'mg\cos\theta)L \qquad v=\sqrt{2gL(\sin\theta-\mu'\cos\theta)}$$ …答

**補足** $mgL\sin\theta+(-\mu'mg\cos\theta)L=\dfrac{mv^2}{2}$としてもよい。

## 例題　抵抗力の行う仕事と力学的エネルギー

質量$m$の小さな弾丸が初速度$v_0$で水平に飛んできて，厚さ$d$のサンドバッグを貫通し，その後の速さが$v$になった。

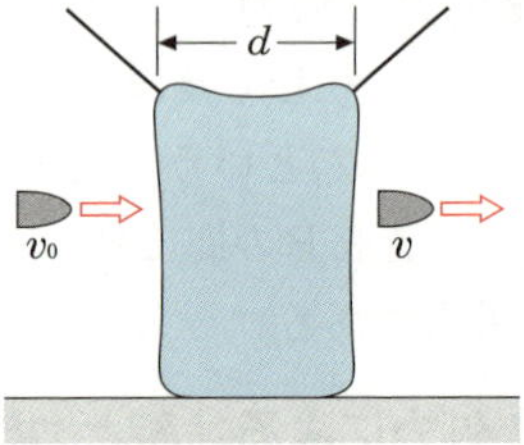


このとき，弾丸がサンドバッグ中で受ける抵抗力は，向きが運動と逆向き，大きさが一定であるとして，抵抗力の大きさ$f$を求めよ。

ただし，サンドバッグは固定されており，変形も移動もしない。また，重力は無視できるものとする。

**着眼** 抵抗力の行う仕事は負である。また，エネルギーの原理より，運動エネルギーの変化量は抵抗力の行う仕事に等しい。

**解説** 力$f$と移動方向とは逆向きなので，抵抗力が弾丸に行った仕事$W$は

$$W=fd\cdot\cos180^\circ=-fd$$

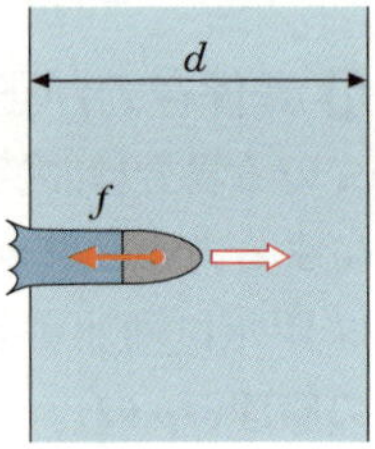


いっぽう，弾丸のもつ運動エネルギーの変化量$\Delta E$は，

$$\Delta E=\frac{mv^2}{2}-\frac{mv_0^2}{2}$$

ここでエネルギーの原理より，運動エネルギーの変化量$\Delta E$は抵抗力の行った仕事$W$に等しいので

$$-fd=\frac{mv^2}{2}-\frac{mv_0^2}{2}$$

よって，　$f=\dfrac{m(v_0^2-v^2)}{2d}$

答　$\dfrac{m(v_0^2-v^2)}{2d}$

**類題 20** 質量$M$の物体Mと質量$m$の物体mを糸でつなぐ。Mを水平面に置き，手でおさえておいて，右図のように糸をなめらかな滑車にかけ，mをつるす。手を離すと，Mとmは動きだす。mが$h$だけ落下したときの速さを求めよ。ただし，Mと面との間の動摩擦係数を$\mu'$とする。（解答▷p.236）

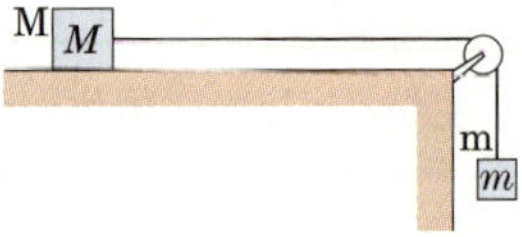

## この節のまとめ　力学的エネルギー

| | |
|---|---|
| □運動エネルギー<br>▷ p.91 | ● 質量 $m$〔kg〕の物体が速さ $v$〔m/s〕で運動しているときにもつ運動エネルギー $K$〔J〕は，$K=\frac{1}{2}mv^2$<br>● エネルギーの原理…物体に仕事 $W$〔J〕をすると，そのぶんだけ運動エネルギーが増減する。<br>$\frac{1}{2}mv^2-\frac{1}{2}mv_0{}^2=W$ |
| □位置エネルギー<br>▷ p.93 | ● 質量 $m$〔kg〕の物体が高さ $h$〔m〕のところでもつ重力による位置エネルギー $U$〔J〕は，$U=mgh$<br>● ばね定数 $k$〔N/m〕のばねを $x$〔m〕だけ伸び縮みさせたときの弾性力の位置エネルギー $U$〔J〕は，$U=\frac{1}{2}kx^2$ |
| □力学的エネルギー保存の法則<br>▷ p.94 | ● 力学的エネルギー＝位置エネルギー＋運動エネルギー<br>● 力学的エネルギー保存の法則…保存力（重力，弾性力）のみがはたらくとき，物体の力学的エネルギーは一定に保たれる。<br>● 力が運動の向きと垂直にはたらくとき，その力は仕事をせず，力学的エネルギーは一定に保たれる。 |
| □力学的エネルギー保存の法則の応用<br>▷ p.96 | ● 単振り子…１本の糸におもりをつけてつるした振り子<br>● ばね振り子…ばねの一端を固定し，他端におもりをつけた振り子 |
| □力学的エネルギーが保存しない運動<br>▷ p.101 | ● 非保存力が物体に正の仕事をすると，物体の力学的エネルギーは，その仕事のぶんだけ増える。<br>● 摩擦力や抵抗力は物体に負の仕事をするから，物体の力学的エネルギーは，その仕事のぶんだけ減少する。 |

# 章末練習問題

解答 ▷ p.236

## 1 〈水平面上での仕事〉 テスト必出

水平面の上に置いてある質量10kgの物体を，20Nの力で引いて4.0mだけ等速で移動させた。次の力のした仕事を求めよ。

(1) 20Nの力のした仕事
(2) 摩擦力のした仕事
(3) 重力のした仕事

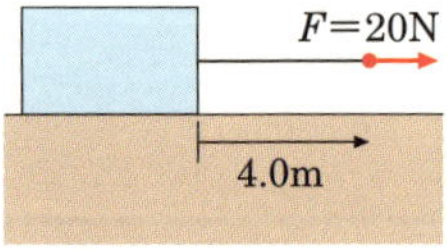


## 2 〈斜面上での仕事〉 テスト必出

水平面と$\theta$の角をなすあらい斜面上で，質量$m$の物体をAからBまで高さ$h$だけ引き上げた。動摩擦係数を$\mu'$，重力加速度を$g$として，あとの各問いに答えよ。

(1) 物体に斜面と平行な力を加えて移動させるためには，物体にいくらの力を加えなければならないか。
(2) 加えた力の行った仕事はいくらか。
(3) 摩擦力の行った仕事はいくらか。
(4) 重力の行った仕事はいくらか。
(5) 垂直抗力の行った仕事はいくらか。
(6) 物体が，加えた力にされた仕事はいくらか。

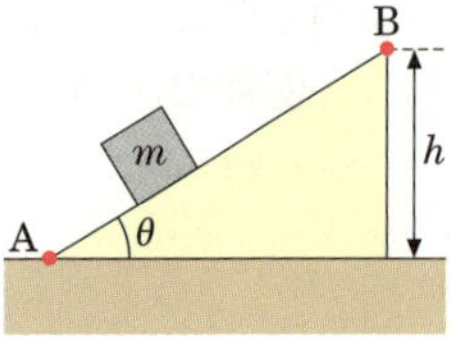


## 3 〈仕事と仕事率〉

なめらかな水平面上を，右向きに6.0m/sの速さで運動している質量1.0kgの物体がある。物体が原点Oを通過した瞬間から，右図のように一定の割合で変化する力を右向きに加えつづけながら6.0m動かした。次の各問いに答えよ。

(1) 点Oから6.0mの点を通過するまでに物体がされた仕事は何Jか。
(2) 点Oから6.0mの点を通過する瞬間の，物体の速さは何m/sか。

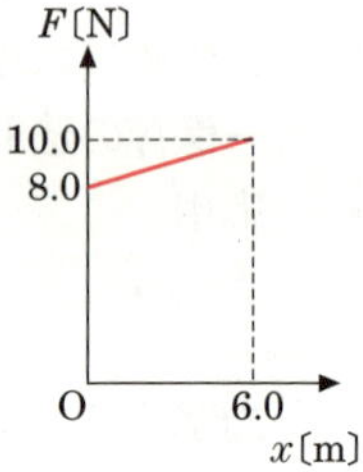


## 4 〈位置エネルギーの基準点〉

図のように，2階の床から1.0mの机上に質量10kgの小さな物体が置かれている。次の①～③の各場所を基準点として，物体のもつ重力による位置エネルギーを求めよ。ただし，重力加速度$g=9.8\text{m/s}^2$とする。

① 地面　　② 2階の床　　③ 2階の天井

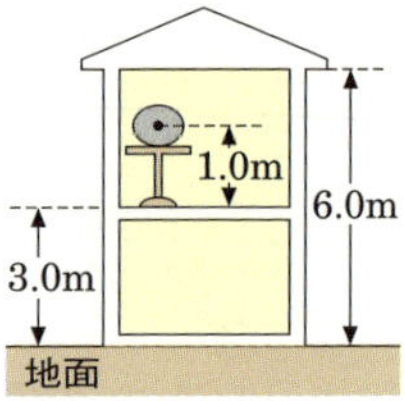

**5** 〈振り子の運動と力学的エネルギー保存の法則①〉 テスト必出

**長さ$L$の軽い糸に質量$m$のおもりをつけ，糸の他端を天井に固定する。糸が鉛直線と$\theta$の角をなすように，おもりを点Aにもち上げてから静かに放す。重力加速度の大きさを$g$として，次の各問いに答えよ。**

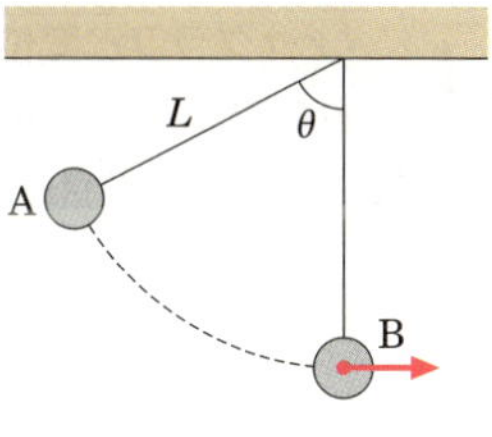


(1) 点Aから最下点Bに達するまでの鉛直方向の位置変化はいくらか。上向きを正として，$\theta$を含む式で示せ。

(2) おもりが最下点Bに達するまでに，糸の張力$S$および重力$mg$のなす仕事はいくらか。

(3) 点Bに達したときのおもりの速さはいくらか。

**6** 〈振り子の運動と力学的エネルギー保存の法則②〉

**長さ$L$の糸の一端を点Oに固定し，他端には質量$m$のおもりをつけ，糸がたるまないように，点Oと同じ高さQまでもち上げて静かに放した。糸が鉛直方向になったとき，糸の上半分を固定し，おもりを点Pのまわりで円運動させる。このとき，糸が鉛直方向と60°の角度をなすPSの位置にきた瞬間に糸を切ると，おもりは放物運動をした。重力加速度を$g$とし，糸の質量は無視する。**

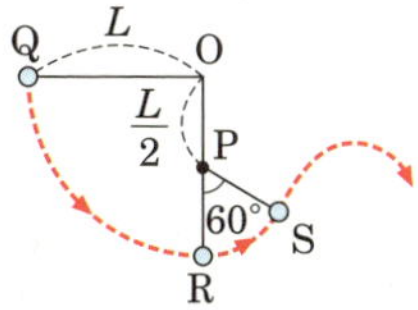


(1) 最下点Rでのおもりの速さはいくらか。

(2) 点Sでのおもりの速さはいくらか。

(3) 糸を切った後のおもりの放物運動の最高点は，円運動の最下点Rよりいくらの高さか。

**7** 〈ばねの運動と力学的エネルギー保存の法則〉

**質量$m$〔kg〕の小球を，ばね定数$k$〔N/m〕のつるまきばねに結びつけ，図のようにばねが自然長の位置を点Oとして，点Oより$r$〔m〕だけ伸びた状態で手を放した。小球と床との間には摩擦がないものとする。**

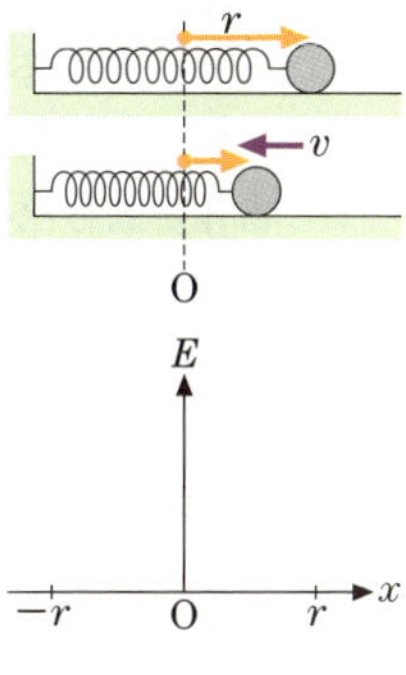


(1) 点Oからの変位$x$〔m〕における小球の速さ$v$〔m/s〕を求めよ。

(2) 小球の速さが最大となる変位はいくらか。

(3) 小球の速さが0となる変位はいくらか。

(4) ばねによる位置エネルギーと運動エネルギーをそれぞれ変位$x$の関数としてグラフにかけ。

**8** 〈摩擦力と運動エネルギー〉 テスト必出

**質量1.0kgの物体が初速度3.0m/sで運動して，あらい水平面上で2.0mすべって静止した。重力加速度を9.8m/sとする。**

(1) 摩擦力のした仕事を求めよ。

(2) 摩擦によって失われた力学的エネルギーを求めよ。

(3) 摩擦力はいくらか。

(4) 動摩擦係数を求めよ。

# 定期テスト予想問題1

解答▷p.238

時　間60分　合格点70点　得点

**1** 〈$x$-$t$グラフと変位・速度〉

**右のグラフは，時刻$t=0$sに原点Oから出発して一直線上の道を進む自転車の，時刻$t$と位置$x$〔m〕の関係を表す$x$-$t$グラフである。右向きを正として，各問いに答えよ。**

〔各4点…合計12点〕

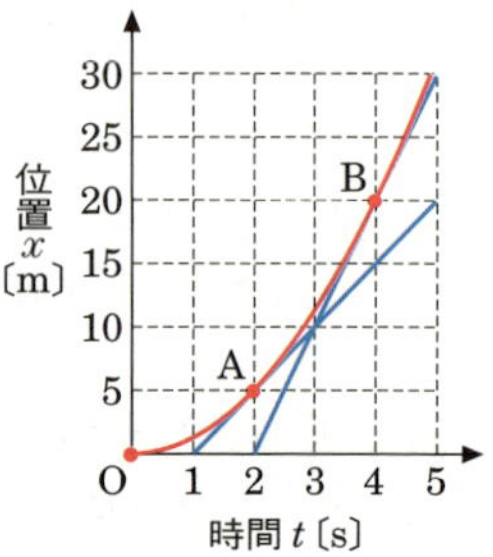


(1)　$t=2$s～4sでの変位は，どの向きにいくらか。

(2)　$t=2$s～4sでの平均の速度はいくらか。

(3)　点A，点Bにおける瞬間の速度はそれぞれいくらか。ただし，図の青線は各点での接線である。

**2** 〈一直線上の運動の合成速度〉

**流速5.0m/sの川の中で，静水に対して8.0m/sで進むことのできる船を動かした。これについて，次の各問いに答えよ。**

〔各3点…合計6点〕

(1)　上流に向かって船を進めたとき，船の速さは川岸に対して何m/sか。

(2)　下流に向かって船を進めたとき，船の速さは川岸に対して何m/sか。

**3** 〈加速度運動〉

**一直線上で，右の$v$-$t$グラフのような運動をしている物体がある。時刻$t=0$での位置を原点Oとして，以下の各問いに答えよ。**

〔各4点…合計20点〕

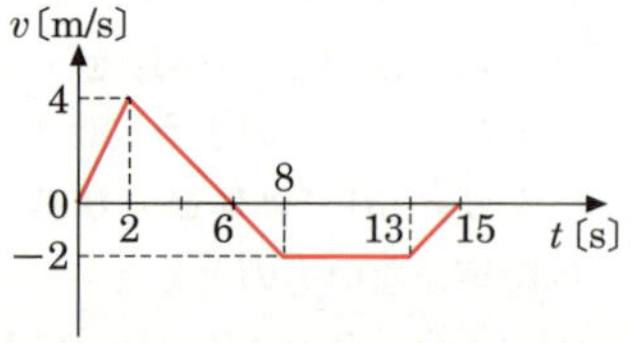


(1)　物体が動き出したあと，原点Oからもっとも離れるのは，出発した何秒後か。

(2)　(1)のとき，物体は原点Oから何m離れた点にいるか。

(3)　物体が原点Oに戻ってくるのは，時刻$t$が何sのときか。

(4)　物体が動きはじめてから最後に停止するまでに動いた道のりは何mか。

(5)　物体が最後に停止したとき，原点Oから何m離れた点にいるか。

**4** 〈等加速度運動〉

**$x$軸上を運動している物体がある。この物体は，時刻$t=0$のときに原点$x=0$を20m/sで右向きに通過し，その後左向きの加速度2.0m/s$^2$で等加速度運動を行った。右向きを正として以下の各問いに答えよ。**

〔各4点…合計12点〕

(1)　物体が最も右に達するときの時刻$t_1$と，そのときの位置$x_1$を求めよ。

(2)　物体が再び原点を通過するときの時刻$t_2$と，そのときの速さ$v_2$を求めよ。

(3)　時刻$t_3=25$sにおける速さ$v_3$と，そのときの位置$x_3$を求めよ。

**5** 〈斜面上の等加速度運動〉

**なめらかな斜面上に物体がある。ここで斜面上に原点Oをとり，斜面に沿って上向きを$x$軸の正の向きとした。ここで，原点Oを初速度$v_0 = 10.0$m/sで$x$軸の正の向きに出発した物体がある。物体は等加速度直線運動をして，3.0秒後には負の向きに速さ5.0m/sになった。**　〔各4点…合計12点〕

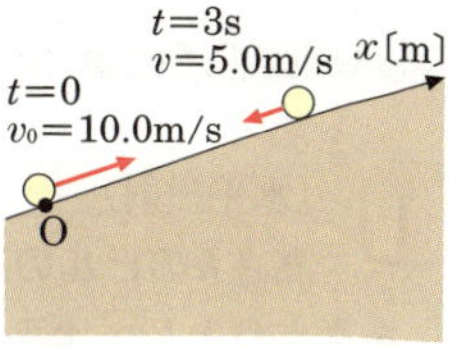


(1)　物体の加速度は，正負どちらの向きにどれだけの大きさか。

(2)　物体が静止するのは，原点Oを出発した何秒後か。

(3)　物体がふたたび原点Oを通過するのは，出発した何秒後か。

**6** 〈鉛直投射①〉

**高さ24.5mのビルの屋上から，小球を19.6m/sの速さで真上に投げ上げた。重力加速度を$9.8\,\mathrm{m/s^2}$として，次の各問いに答えよ。**　〔各4点…合計12点〕

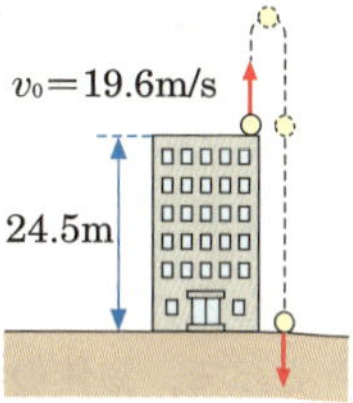


(1)　小球の最高点の高さは，地面から何mか。

(2)　小球を投げ上げたあと，地面に達するまでの時間$t$を求めよ。

(3)　小球が地面に達するときの速さ$v$を求めよ。

**7** 〈鉛直投射②〉

**小球を鉛直上向きに投げ上げたところ，最高点の高さは10mだった。重力加速度$g = 9.8\,\mathrm{m/s^2}$とする。**　〔各4点…合計20点〕

(1)　小球を投げるときの速さは何m/sか。

(2)　小球が最高点に達するときの速さは何m/sか。

(3)　小球が最高点に到達するのは，投げ上げてから何秒後か。

(4)　小球が再び投げたところに戻ってくるときの速さは何m/sか。

(5)　小球が再び投げたところに戻ってくるのは，投げ上げてから何秒後か。

**8** 〈自由落下〉

**橋の上から小石を自由落下させたところ，小石は3.0秒後に水面に達した。重力加速度$g = 9.8\,\mathrm{m/s^2}$とする。**　〔各3点…合計6点〕

(1)　小石を落とした場所は，水面より何m高いか。

(2)　小石が水面にぶつかるときの速さは何m/sか。

# 定期テスト予想問題 2

解答▷p.240

時　間90分　合格点70点　得点

## 1 〈水平投射〉

**高さ$h$のビルの屋上から，小球を水平方向に$v_0$の速さで投げた。小球を投げた位置を原点Oとし，水平方向かつ初速度の向きに$x$軸，鉛直下向きに$y$軸をとる。重力加速度を$g$として，各問いに答えよ。**

〔各3点…合計12点〕

(1)　投げてから時間$t$後の小球の速度$\vec{v}$の$x$成分$v_x$，$y$成分$v_y$をそれぞれ求めよ。

(2)　$x$方向，$y$方向の運動は，個別に考えるとそれぞれ何運動だといえるか。

(3)　投げてから時間$t$後の小球の位置の座標$(x,\ y)$を求めよ。

(4)　小球の軌道の式を，$y=$の形で，$x$および$v_0$，$g$を含む式で求めよ。

## 2 〈斜方投射〉

**次の文の空欄に，適当なことばや式を入れよ。**

〔①～④，⑪各1点，⑤～⑩各2点…合計16点〕

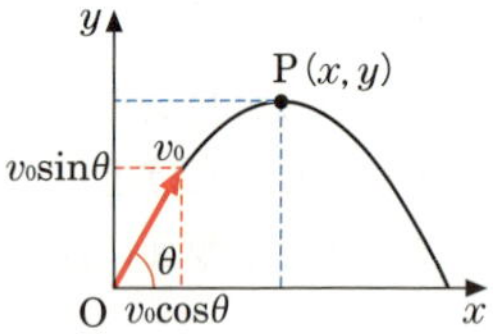


水平な地面から，物体を初速度$v_0$で仰角$\theta$の向きに投げ出した。水平方向，鉛直方向にそれぞれ$x$，$y$の座標軸をとって，物体の運動を考える。

物体にはたらく力は，①□方向の②□力だけなので，この方向に③□運動をする。一方，それに垂直な方向には④□運動をする。したがって，投げ出してから$t$〔s〕後の速さ$\vec{v}$は，$v_x=$⑤□，$v_y=$⑥□で表され，このときの物体の位置$(x,\ y)$は$x=$⑦□，$y=$⑧□となる。

最高点では⑨□$=0$となり，投げ出してから最高点に達するまでの時間を$t_1$，再び地面に達するまでの時間を$t_2$とすると，$t_2$は$t_1$の⑩□倍となる。また，地面に達するときの速さは⑪□である。

## 3 〈摩擦力①〉

**図のように板を用いて水平な床の上に傾き$\theta$の斜面をつくる。斜面の静止摩擦係数を$\mu$，動摩擦係数を$\mu'$とする。**

〔各3点…合計6点〕

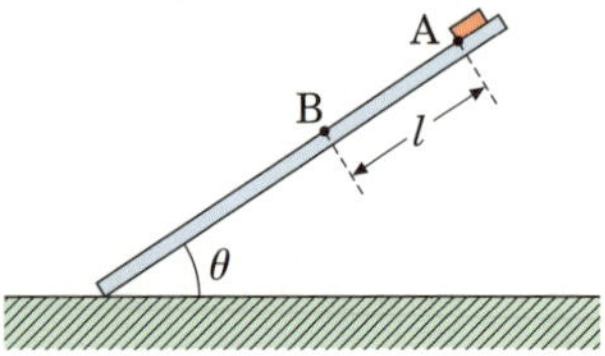


(1)　面の傾きをゆっくりと大きくしていくと，点Aに静止していた物体が角度$\theta=\theta_0$のときすべりだした。静止摩擦係数$\mu$を$\theta_0$を含む式で表せ。

(2)　次に，$\theta$を$\theta_0$より大きな値に固定して点Aに物体を置いたところ，初速度0ですべりはじめた。点Bでの物体の速さ$v$を求めよ。ただし，重力加速度を$g$，AB間の距離を$l$とする。

**4** 〈摩擦力②〉

**図のように，水平面上に置かれている質量1.5kgの物体に斜め上方から$F$〔N〕の力を加えた。重力加速度を$9.8\,m/s^2$，物体と面との間の静止摩擦係数を0.30として，次の各問いに答えよ。ただし，必要なら$\sqrt{3}=1.73$を用いること。**　〔各3点…合計12点〕

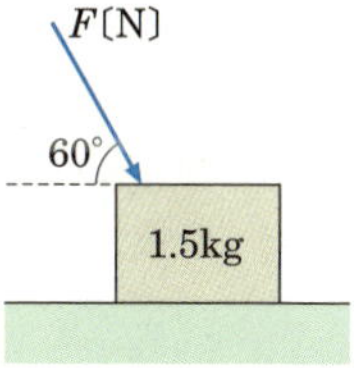


(1) $F=10$Nのとき，物体にはたらく垂直抗力はいくらか。

(2) $F=10$Nのとき，物体にはたらく摩擦力はいくらか。

(3) 加える力$F$を何N以上にすると，物体は動きだすか。

(4) 物体が力$F$を大きくしても動かないためには，静止摩擦係数の値がどのような範囲にあればよいか。

**5** 〈滑車につないだ物体の運動〉

**図のように，2つの滑車と伸び縮みしないひもを使い，質量$M$の物体1と質量$m$の物体2をつり下げた。はじめ，物体1，2は動かないように手で支えられている。静かに手を離したところ，物体1，2が運動しはじめた。このときの物体1の加速度を$\alpha$，物体2の加速度を$\beta$とする。ただし，加速度は鉛直下向きを正とする。また，滑車とひもの質量は無視でき，滑車はなめらかに回転するものとする。**　〔各3点…合計12点〕

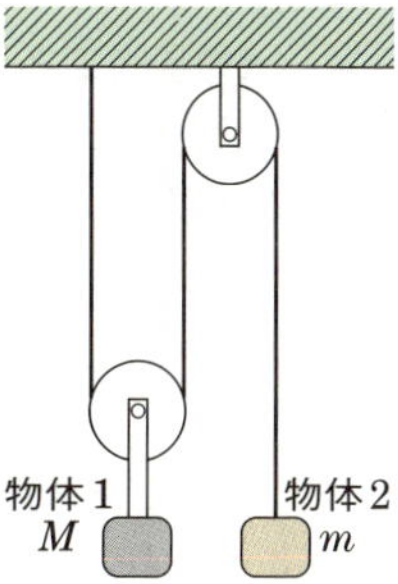


(1) 加速度$\alpha$と$\beta$の間に成りたつ関係式を求めよ。

(2) ひもの張力を$T$，重力加速度を$g$として，物体1，2の運動方程式をつくれ。ただし，物体1については$M$と$\alpha$，物体2については$m$と$\beta$を使って示すこと。

(3) ひもの張力$T$を$M$，$m$，$g$を使って示せ。

(4) 物体1が上昇するときの$M$，$m$の関係を求めよ。

**6** 〈連結した物体の運動〉

**図のようにして，質量2.0kgの木片を1.5kgのおもりで引いた。木片と机の面の間の動摩擦係数を0.25，重力加速度を$10\,m/s^2$として，次の問いに答えよ。**　〔各3点…合計9点〕

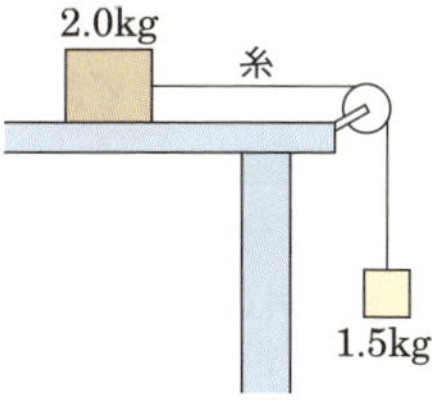


(1) 木片の加速度を$a$〔$m/s^2$〕，糸の張力を$T$〔N〕，木片と机との間の抗力を$N$〔N〕として，木片とおもりについての運動方程式をそれぞれつくれ。ただし，木片は水平方向と鉛直方向それぞれについて考えること。

(2) $a$と$T$を求めよ。

(3) 動いている木片の上に静かに荷物をのせて，木片が一定の速さで運動するようにしたい。荷物の質量はいくらにすればよいか。ただし，荷物と木片は一体となって動くものとする。

**7** 〈摩擦力と仕事〉

**図のように，傾き30°の摩擦のある斜面を質量5.0kgの物体が10mすべりおりた。斜面と物体の間の動摩擦係数を0.10，重力加速度を9.8m/s$^2$として，次の問いに答えよ。ただし，必要なら$\sqrt{3}=1.73$を用いること。**　〔各3点…合計12点〕

(1) 重力のする仕事を求めよ。
(2) 重力の斜面方向の成分のする仕事を求めよ。
(3) 物体にはたらく垂直抗力のする仕事を求めよ。
(4) 摩擦力のする仕事を求めよ。

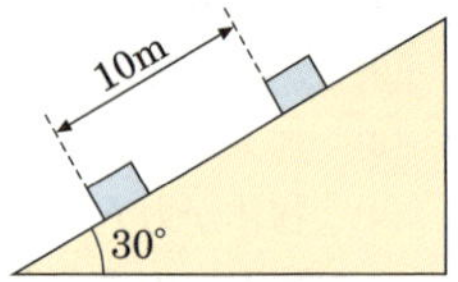


**8** 〈力学的エネルギー保存の法則〉

**水平面と$\theta$の角度をなすなめらかな斜面の下端に，長さ$l$，ばね定数$k$のばねの一端を固定して，上端に質量$m$のおもりをつないだ。重力加速度を$g$として，以下の各問いに答えよ。**　〔各3点…合計9点〕

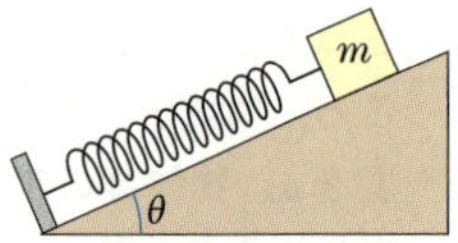


(1) おもりが静止しているとき，ばねの縮みはいくらか。
(2) ばねが自然長になるまでおもりを斜面に沿って持ち上げ，静かに手を離した。おもりが，(1)で静止していたときの位置を通り過ぎるときの速さはいくらか。
(3) (2)で，ばねが最も縮んだときの，ばねの長さはいくらか。

**9** 〈力学的エネルギー保存の法則〉

**壁に固定された軽いつるまきばね（ばね定数$k$）に質量$m$の小物体を押しつけ，自然長より$a$だけ縮めて離した。水平面ABと斜面BCはなめらかにつながっており，水平面のうち長さ$l$の部分はあらい面（動摩擦係数$\mu$）であるが，それ以外の水平面と斜面はなめらかな面である。小物体を離すとばねの弾性力に押されて動きはじめ，ばねから離れたあと高さ$h$の点まで上がった。重力加速度を$g$として，以下の各問いに答えよ。**　〔各3点…合計12点〕

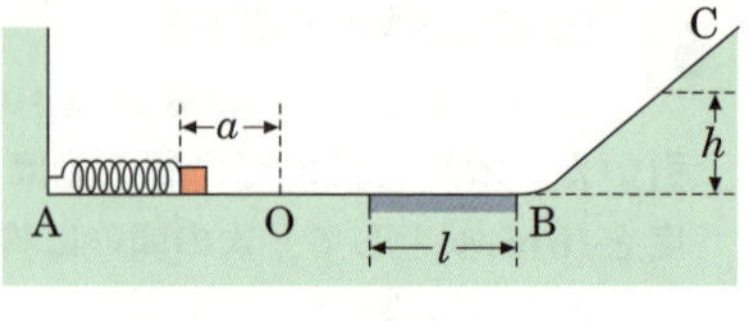


(1) ばねが$a$だけ縮んでいるときの弾性力の大きさを求めよ。
(2) (1)のときのばねの弾性エネルギーを求めよ。
(3) 小物体がばねから離れるときのばねの伸びと，小物体の速さを求めよ。
(4) 動摩擦係数$\mu$の値はいくらか。

# 第2編
# 物理現象とエネルギー

# 1章 熱とエネルギー

太陽光発電所(山梨県)

## 1節 熱と温度

### 1 熱と温度

#### 1 熱運動

**❶ 原子や分子の運動**　煙の微粒子や，水に1滴の牛乳を入れたものを顕微鏡で観察すると，煙や牛乳の微粒子は図1のようにでたらめな動きをする。このような微粒子の運動を**ブラウン運動**という。微粒子の動きは，液体や気体の分子が乱雑に運動しており，これらが微粒子に不規則に衝突することで引きおこされたものである。また，固体中では，原子や分子が乱雑に振動している。これらの運動を原子や分子の**熱運動**という。

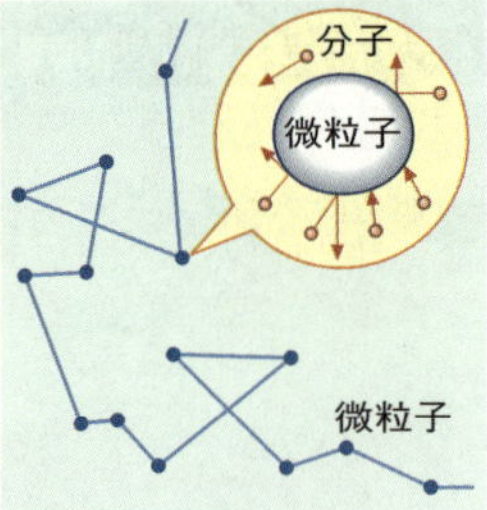


図1 ブラウン運動

視点　微粒子は分子と衝突し不規則な運動をする。

**❷ 熱運動の激しさと温度**　分子レベルで見ると，温度は原子や分子の熱運動の激しさを表す。つまり，固体分子の振動が激しくなったり，気体分子の速度が大きくなったりすることを温度が上昇するという。

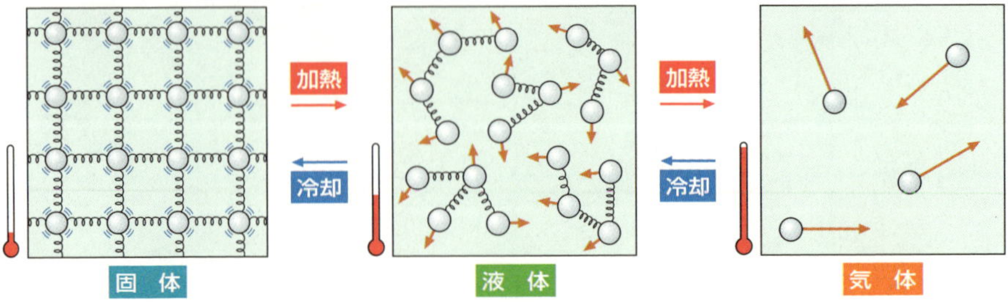


図2 熱運動のモデル

視点　固体よりも液体，液体よりも気体のほうが自由に熱運動できる。(▷p.116)

## 2 温度の表し方

**❶ セルシウス度**　日常生活で用いられている温度目盛りを**セルシウス度**または**セ氏温度**といい，単位℃で表す。1気圧のもとで水がとける温度(融点)を0℃，水が沸騰する温度(沸点)を100℃と定める。

**❷ 絶対温度**　理論的に原子や分子の熱運動がなくなる−273℃を0とする温度目盛りを**絶対温度**という。単位**K(ケルビン)**で表し，目盛り幅はセルシウス度と同じである。セルシウス度の$t$〔℃〕と絶対温度の$T$〔K〕には次の関係がある。

$$T = 273 + t \tag{2・1}$$

## 3 熱の表し方

**❶ ジュール**　物体を加熱すると，原子や分子の運動エネルギーが大きくなる。このとき物体が得たエネルギーを**熱エネルギー**または単に**熱**といい，熱エネルギーの量を**熱量**という。熱はエネルギーの一形態なので，単位には**ジュール(記号J)**(▷p.86)を用いる。

**❷ カロリー**　日常生活では，**カロリー(記号cal)**という単位も用いる。**1cal**は水1gの温度を1K上昇させる熱量で，ジュールとカロリーには次の関係がある★1(▷p.115)。

$$1\,\mathrm{cal} = 4.18\,\mathrm{J} \tag{2・2}$$

## 4 熱の流れ

低温の物体と高温の物体を接触させておくと，高温の物体は温度が下がり，低温の物体は温度が上がって，最後には2つの物体の温度は等しくなる。これは，高温の物体の熱運動のエネルギーが低温の物体へ移動するためである。このように自然状態では，熱エネルギーは温度の高いものから低いものに向かって移動する。熱エネルギーを逆向きに(温度の低いものから高いものへ)移動させるためには，他の動力による仕事が必要となる。

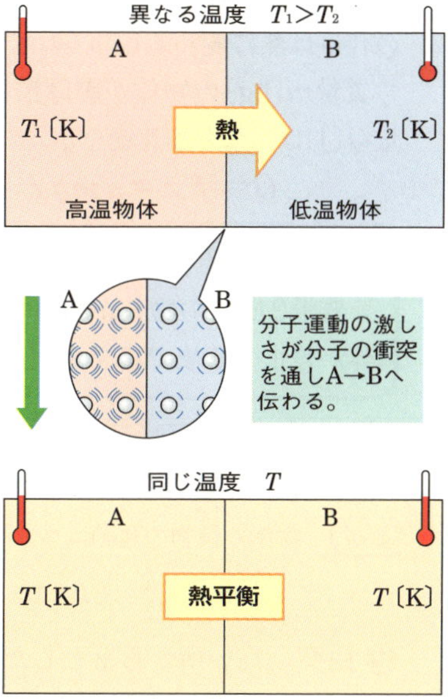

図3　熱の移動と熱平衡

**ポイント**　熱エネルギー…自然には**高温の物体から低温の物体へ**向かって流れる。

2つの物体の温度が等しくなり熱エネルギーの移動がなくなった状態を**熱平衡**という。

★1　この値は条件によって多少変化するので，いくつかの標準値が決まっている。

### 5 熱の伝わり方

**❶ 熱伝導**　高温の物体から，それに接触している低温の物体に直接熱が伝わる現象を**熱伝導**または単に**伝導**という。熱伝導は，高温の物体の分子の運動のエネルギーが，接触面を通して直接低温の物体の分子に伝わったり，1つの物体で高温部から低温部にエネルギーが流れたりする現象である。たとえば，火にかけたなべ全体が熱くなるのがその例である。

**❷ 対流**　気体や液体が循環しながら熱を運んで全体が暖められる現象を**対流**という。たとえば，ストーブで暖められた空気が上にのぼり，かわって冷たい空気が下におりて，部屋が暖められるのがその例である。

**❸ 熱放射**　高温の物体のもつ熱が光などの電磁波(▷*p.203*)となって離れた所にある別の物体にまで伝わる現象を**熱放射**または単に**放射**という。たとえば，太陽の熱が地球にとどくのがこの例である。

参考　2000℃程度の物体の熱放射による光は赤く見えるが，高温になると青白くなる。これは，放射された電磁波に含まれる波長(▷*p.204*)の割合が，物体の温度によって変化するからである。

## 2 仕事と熱

### 1 仕事による熱の発生

**❶ 摩擦熱**　物体どうしがこすれ合って，動摩擦力にさからって仕事をすると，この仕事は熱に変わる(▷*p.69*)。この熱を**摩擦熱**という。

質量$m$〔kg〕の物体が**動摩擦係数**$\mu'$の水平面上を$x$〔m〕すべったときに発生する熱量$Q$〔J〕は，重力加速度を$g$〔m/s$^2$〕，動摩擦力を$f'$〔N〕とすると，次のようになる。

$$Q = f'x = \mu' mgx$$

**例題　摩擦熱**

質量2.0kgの物体が摩擦のある面上で初速度10m/sですべりだした。この物体が停止するまでに発生する熱量は何Jか。

**着眼**　動摩擦係数が与えられていないのでとまどうかもしれないが，要するに，物体が最初にもっていた運動エネルギーがすべて熱になる。

**解説**　物体の最初の運動エネルギーが，摩擦力にさからう仕事にすべて使われ熱となる。

$$\frac{1}{2}mv^2 = \frac{1}{2} \times 2.0 \times 10^2 = 100\,\mathrm{J}$$

答　**100J**

**❷ 衝突**　高い所から落とした物体が地面に衝突して静止したとき，熱が発生する。このときに発生する熱量は物体が最初にもっていた位置エネルギーに等しい。物体どうしの衝突でも，力学的エネルギーの一部が熱に変わることがある。

## 2 熱の仕事当量

仕事と熱の関係は，**ジュール**(イギリス，1818～1889)によって調べられた。$W$〔J〕の仕事が全部$Q$〔cal〕の熱に変わるとき，

$$W = JQ \tag{2・3}$$

という比例関係がある。$J$は比例定数で，**熱の仕事当量**と呼ばれ，熱1calが何Jの仕事に相当するかを表す量である。実験の結果，$J$の値は，次のような値であることがわかっている。

$$J = 4.18\,\mathrm{J/cal}$$

**$W=JQ$**
**$J=4.18\,\mathrm{J/cal}$**



### 例題　高いところから物体を落としたときの発熱量

質量6.0kgの物体を高さ10mの所から地面に落としたところ，最終的に物体は静止した。このときに発生する熱量は何calか。ただし，熱の仕事当量を4.2 J/cal，重力加速度を9.8m/s$^2$とする。

**着眼** 物体が最初にもっていた位置エネルギーは，最後にはすべて熱になる。したがって，位置エネルギーを熱量に換算すればよい。

**解説** 位置エネルギーを熱量に換算すると，

$$mgh = 6.0\times9.8\times10 = 588\,\mathrm{J} = \frac{588\,\mathrm{J}}{4.2\,\mathrm{J/cal}} = 140\,\mathrm{cal}$$

答　**140cal**

### 発展ゼミ　仕事当量の測定

◇ジュールは図4のような装置で，仕事が熱に変わる場合の量的な関係を調べる実験をした。

◇ハンドルAをまわして，おもりBとCを一定の高さまで引き上げ，ハンドルから手を離すと，おもりが落下しながら，熱量計の中の羽根車をまわす。

◇熱量計の中には水が入れてあり，羽根車によってかきまぜられるが，固定翼があって動きにくいので，すぐ止まる。ここで水の運動エネルギーは熱になり，水の温度が上がる。この温度変化を温度計ではかる。

◇おもりBとCが重力からなされる仕事を$W$〔J〕，水が得た熱量を$Q$〔cal〕とすると，その比率$J$は，$J=\dfrac{W}{Q}$と求められる。

◇その結果，1calの熱を発生させるには，つねにおよそ4.2Jの仕事が必要であることを確かめた。

◇この定数$J$を，**熱の仕事当量**という。

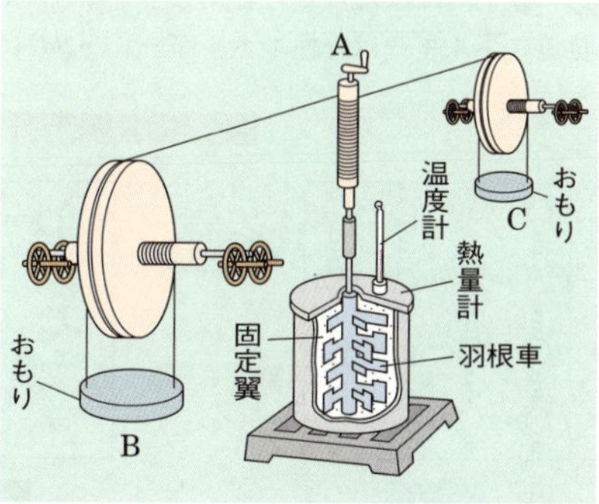


図4　ジュールの実験装置

# 3 物質の三態

## 1 物質の三態と分子の運動

**❶ 物質の三態**　水を冷やしていくとやがて氷になる。逆に温度を上げていくと水蒸気になる。一般に物質は，温度や圧力のちがいにより，固体・液体・気体の3つの状態に変化する。この3つの状態を，**物質の三態**という。

**❷ 固体**　固体中の分子や原子，イオンは，互いに強い力で引きあっており，決まった位置に並んでいる。分子や原子，イオンは，並んだ位置を中心にして細かく不規則な振動をしている。分子間，原子間にはたらく力は強いので，固体を変形させるのには大きな力がいる。

**❸ 液体**　固体の温度を上げていくと，原子や分子の運動が激しくなる。すると分子や原子の強い結合がところどころで切れ，分子や原子が互いに位置を入れ替わりながら運動できるようになる。これが液体である。液体は容器の形に応じて変形できる。

**❹ 気体**　さらに温度を上げていくと，分子や原子の速度が大きく自由に運動できるようになる。分子や原子間の距離が固体や液体と比べて大きいので（1atm＝1気圧で10倍程度）分子間にはたらく力はほとんど無視できる。これが気体であり，分子や原子は自由に移動できるので容器の形に応じて変形できる。また，分子や原子の距離が離れているので，収縮や膨張しやすい。

**❺ 分子の熱運動と物質のエネルギー**　物質のもつエネルギーは，分子間力や原子間力による位置エネルギーと，熱運動による運動エネルギーからなる。固体では，分子間力や原子間力による位置エネルギーが大きく，気体では熱運動による運動エネルギーが大きい割合をしめる。

参考　分子間にはたらく力を，分子を結びつけているばねの弾性力にたとえると，分子間力による位置エネルギーは弾性エネルギー（▷*p.94*）に相当する。

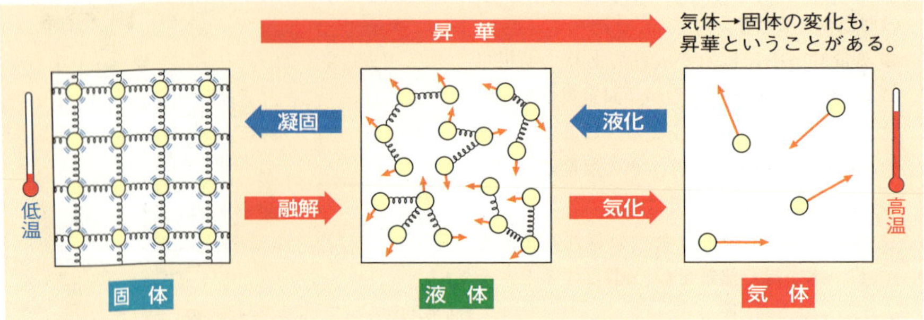


図5　物質の三態と三態変化

## 2 三態変化

**❶ 熱と三態変化**　水を氷(固体)の状態から熱を加えていく場合を考える。

① 氷では0℃より低い温度では，熱を与えると温度がしだいに上昇していく。

② 0℃の状態で氷に熱を加えても，氷が少しずつ水(液体)になり全部の氷がとけるまで温度が上昇しない。この水と氷の共存している温度を，**融点**という。固体から液体への変化を**融解**といい，そのために必要な熱量を**融解熱**という。

③ 水だけになると，再び熱を与えるぶん温度が上昇するようになる。

④ 100℃になると，水は**沸騰**しはじめ，すべての水が水蒸気に変化するまで温度上昇が止まる。この温度を**沸点**という。液体から気体への状態変化を**気化**(または**蒸発**)といい，そのために必要な熱量を**気化熱**(または**蒸発熱**)という。

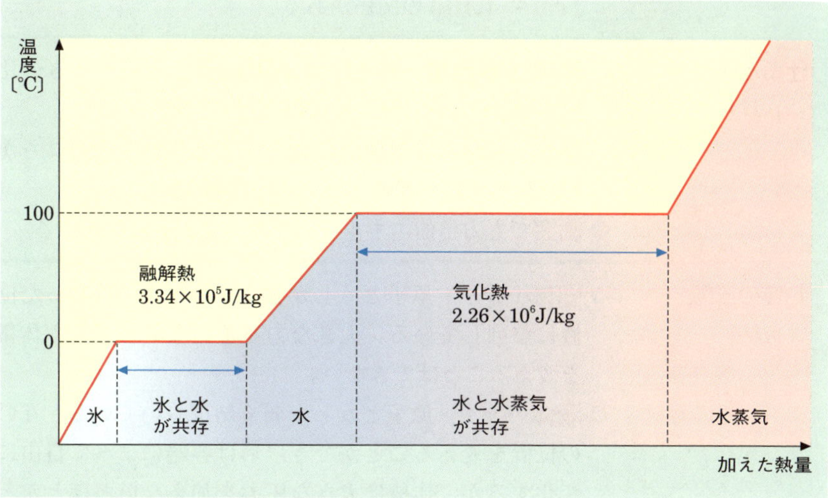


図6　水の三態変化と加えた熱量・温度の関係

温度を下げていくとき，気体から液体への変化を**液化**(または**凝縮**)，液体から固体への変化を**凝固**という。

**❷ 潜熱**　融解熱と気化熱を総称して**潜熱**という。熱を加えても温度変化が起こらないのでそのように名付けられた。共存状態で加えられた熱は分子間の結合を引き離すために使われる。

**❸ 昇華**　ドライアイス(固体の二酸化炭素)やナフタレンなどは，常圧(1atm▷p.71)下で固体から気体に変化する。このように固体から直接気体になる状態変化を**昇華**という。また，**気体から直接固体になる状態変化**のことも昇華ということがある。昇華の際に出入りする**昇華熱**も潜熱の一種である。

## この節のまとめ　熱と温度

| | |
|---|---|
| □熱と温度<br>▷ p.112 | ◎ 物質は，原子・分子レベルで**熱運動**している。<br>◎ 温度…原子・分子の熱運動の激しさを表す量。<br>◎ セルシウス温度（セ氏温度）…1気圧のもとで氷が融解する温度を0℃，水が沸騰する温度を100℃とした温度。<br>◎ **絶対温度**…−273℃を0K（0ケルビン）とした温度。$t$〔℃〕と$T$〔K〕には$T = 273 + t$の関係がある。0Kでは理論的には熱運動が0になる。<br>◎ **カロリー（cal）**…1gの水の温度を1K上昇させる熱量。**1 cal = 4.18 J**の関係がある。 |
| □仕事と熱<br>▷ p.114 | ◎ **熱の仕事当量**…$W$〔J〕$= JQ$〔cal〕とおいたときの比例定数$J$のこと。$J = 4.18$ J/calである。<br>◎ 物体どうしに動摩擦力がはたらくと，動摩擦力にさからう仕事が熱に変わる。これを**摩擦熱**という。<br>◎ **衝突**でも力学的エネルギーが熱に変わることがある。 |
| □物質の三態<br>▷ p.116 | ◎ **固体**…分子・原子どうしが強く結びつき，決まった位置に整列している。大きな力を加えないと，形や体積を変えることはできない。<br>◎ **液体**…分子・原子どうしが弱く結びついている。互いの位置を変えることができ，形は容器によって自由に変化するが，体積は大きな圧力を加えないとほとんど変わらない。<br>◎ **気体**…分子・原子どうしが結合から離れて自由に運動している。決まった形や体積をもたず，容器の形と大きさによって変化する。<br>◎ **融解熱**…**融解**（固体→液体）の際に吸収し，**凝固**（液体→固体）の際に放出する。<br>◎ **気化熱**…**気化**（液体→気体）の際に吸収し，**液化**（気体→液体）の際に放出する。<br>◎ **昇華熱**…固体→気体で吸収し，気体→固体で放出。<br>◎ **潜熱**…融解熱，気化熱，昇華熱。分子どうしの結合力による位置エネルギー変化に必要なエネルギーである。 |

# 2節 エネルギーの保存と変換



## 1 物体の温度変化

### 1 比熱と熱容量 重要

**❶ 比熱**　フライパンをガスバーナーで熱するとすぐに熱くなるが，同じ質量の水を同じように熱しても，なかなか熱くならない。このように，同じ質量の物質に同量の熱量を与えても，温度の上がり方はちがう。このちがいを表す量が**比熱**(**比熱容量**)である。比熱は，**物質1gの温度を1Kだけ上げるのに必要な熱量**で表し，単位は**ジュール毎グラム毎ケルビン**(**記号J/(g·K)**)である。

補足　比熱は，1kgの温度を1Kだけ上げるのに必要な熱量で表すこともある。この場合の単位はJ/(kg·K)となる。

いま，比熱$c$〔J/(g·K)〕の物質$m$〔g〕に熱量$Q$〔J〕を与えたとき，温度が$\Delta T$〔K〕上がったとすると，これらの間に，次の関係が成りたつ。

$$Q = mc\Delta T \qquad (2\cdot4)$$

**❷ 熱容量**　物質を熱するとき，物質の質量が大きければ，必要な熱量もそれに比例して大きくなる。そこで，**ある物体全体の温度を1K上げるのに必要な熱量**を考え，これを**熱容量**という。熱容量の単位は**ジュール毎ケルビン**(**記号J/K**)である。

いま，熱容量$C$〔J/K〕の物体に熱量$Q$〔J〕を与えたとき，温度が$\Delta T$〔K〕上がったとすると，これらの間に，次の関係が成りたつ。

$$Q = C\Delta T \qquad (2\cdot5)$$

**❸ 比熱と熱容量の関係**　(2·4)式と(2·5)式より，次の式が成りたつ。

$$C = mc \qquad (2\cdot6)$$

物体がいくつかの物質(比熱を$c_1, c_2, c_3$, ……，質量を$m_1, m_2, m_3$, ……とする)からできているとすると，次の関係が成りたつ。

$$C = m_1c_1 + m_2c_2 + m_3c_3 + \cdots\cdots \qquad (2\cdot7)$$

**例題　銅と鉄でできている物体の温度変化**

ある物体は質量が1.5kgであるが，質量比でちょうど$\frac{2}{3}$は銅，残りは鉄でできている。この物体を100℃から500℃まで上昇させるには何Jの熱が必要か。ただし，銅と鉄の比熱をそれぞれ0.385J/(g·K)，0.482J/(g·K)とする。

**着眼**　この物体は2種類の物質でできているから，その熱容量は(2·7)式で求められる。熱容量がわかれば，必要な熱量は(2·5)式で求められる。

**解説**　この物体の熱容量は，(2·7)式により，

$$C=m_1c_1+m_2c_2=\left(1500\times\frac{2}{3}\right)\times0.385+\left(1500\times\frac{1}{3}\right)\times0.482=626\,\mathrm{J/K}$$

よって，求める熱量は，(2·5)式により，

$$Q=C\Delta T=626\times(500-100)\fallingdotseq2.5\times10^5\,\mathrm{J}$$

**答**　**$2.5\times10^5$ J**

**注意**　この例題のように与えられた条件中の質量の単位がそろっていないことがあるので，計算する前にしっかりと確認すること。

**類題 1**　比熱0.80 J/(g·K)の砂100gを，比熱1.34 J/(g·K)の合成樹脂100gで固めた物体の比熱はいくらか。(解答▷*p.243*)

## 2 熱量保存の法則

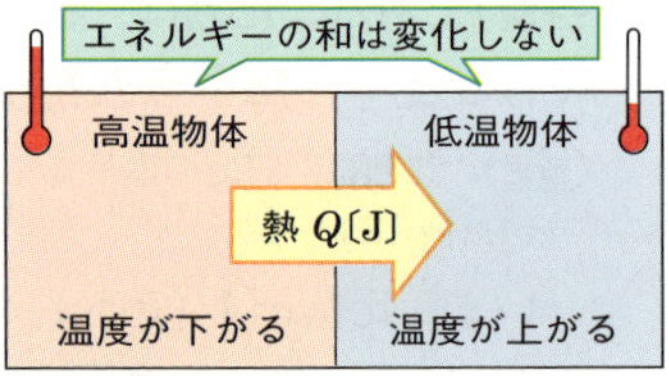


**図7**　熱量の保存

外部と熱の出入りがない状態で，高温の物体と低温の物体とを接触させると，**高温の物体から低温の物体へ熱が移動**し，最後に両方の温度が等しくなって熱平衡に達する。このとき，高温の物体が失った熱量と低温の物体が得た熱量は等しい。すなわち，全体の熱量の総和は一定である。これを**熱量保存の法則**という。これは熱に関する**エネルギー保存の法則**(▷*p.125*)を意味する。

**ポイント**　**熱量保存の法則：外部との熱の出入りがなければ，**
**高温物体の失った熱量＝低温物体の得た熱量**

**例題**　**熱量保存の法則**

質量200g，温度70℃の銅製の球を，10℃の水2000gの中に入れて，よくかきまぜたところ，最後に全体の温度が$t$℃になった。銅の比熱を0.38 J/(g·K)，水の比熱を4.2 J/(g·K)として，問いに答えよ。

(1)　銅球の熱容量はいくらか。
(2)　銅球の失った熱量を$t$を用いて表せ。
(3)　温度$t$℃を求めよ。

**着眼**　銅球からそのまわりを包んでいる水に熱量が移動したと考え，熱量保存の法則を使って解く。

**解説**　(1)　(2·6)式により，　$C=mc=200\times0.38=76\,\mathrm{J/K}$

(2)　銅球の温度は70℃から$t$℃まで下がったから，温度変化は，$\Delta T=70-t$である。
銅球の失った熱量は，(2·5)式により，

$$Q=C\Delta T=76\times(70-t)$$

(3)　水の温度は10℃から$t$℃まで上がったから，温度変化は，$\Delta T=t-10$である。
水の得た熱量は，(2・4)式により，$Q'=mc\Delta T=2000\times4.2\times(t-10)$
熱量保存の法則により，$Q=Q'$となるから，$76(70-t)=2000\times4.2\times(t-10)$
よって，$t=10.5$℃　　答　(1)**76 J/K**　(2)**76(70−t)〔J〕**　(3)**11℃**



## 3 熱膨張

**❶ 固体・液体の熱膨張**　固体や液体の体積がほぼ変わらないのは，構成する原子や分子どうしが結合しているからである。分子や原子はお互いの距離が最も安定になる位置を中心に運動している(▷p.112)ので，ほとんどの固体や液体は，温度が上昇すると振動中心の間隔が広がって体積が増加する。これが**熱膨張**である。

**❷ 気体の熱膨張**　気体は決まった体積をもたないので，条件をつけなければ膨張・収縮といっても意味がない。温度が上昇すると気体分子の熱運動が激しくなり，容器の体積を一定に保つと内部の圧力が上昇する。また，一定の圧力に保つには容器の体積が大きくならなければならない。これが**気体の熱膨張**である。

## 重要実験　比熱の測定

**操作**

① 比熱をはかる金属の球の質量$m_1$〔g〕，水熱量計の銅製容器の質量$m_2$〔g〕，銅製かくはん棒の質量$m_3$〔g〕，水熱量計に入れた水の質量$m_4$〔g〕を求める。
② 水の入った容器を水熱量計の箱に入れ，ゆっくりかきまぜて水温$t_1$〔℃〕をはかる。
③ 別のビーカーに水を入れ，金属球を底につかないように入れて沸騰させ，しばらく熱して水温$t_2$〔℃〕をはかる。
(➡金属球の温度＝水温)
④ 金属球を容器に入れてふたをし，ゆっくりかきまぜ，水温$t_3$〔℃〕をはかる。

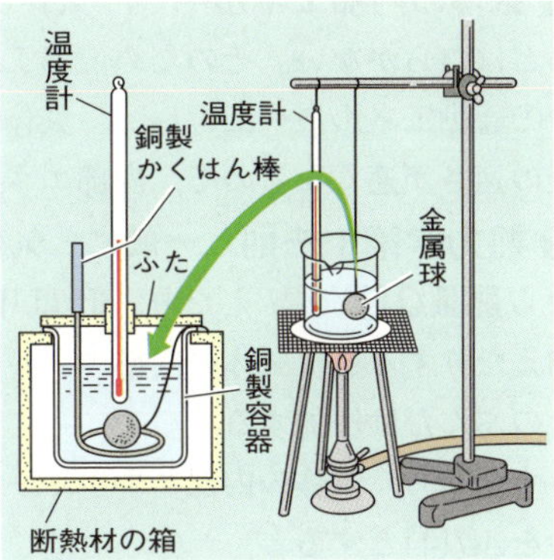

図8　比熱の測定

**結果と考察**

① 金属球の温度は$t_2$〔℃〕から$t_3$〔℃〕に下がるから，この間に，$Q=m_1c_1(t_2-t_3)$〔J〕の熱を放出する($c_1$は金属の比熱)。この熱で水熱量計の水，銅製容器，かくはん棒などの温度が$t_1$〔℃〕から$t_3$〔℃〕まで上がる。水の比熱を$c_2$〔J/(g・K)〕，銅の比熱を$c_3$〔J/(g・K)〕とすると，熱量保存の法則から金属球の比熱$c_1$を求めることができる。

$$m_1c_1(t_2-t_3)=[m_4c_2+(m_2+m_3)c_3](t_3-t_1)\quad より,$$

$$c_1=\frac{[m_4c_2+(m_2+m_3)c_3](t_3-t_1)}{m_1(t_2-t_3)}$$

# 2 エネルギーの保存

## 1 内部エネルギー

**❶ 内部エネルギー**　物体が運動したり，高い位置にあったりするとき，その物体は力学的エネルギー(▷*p.94*)をもつ。同様に，物体を構成する分子や原子も，熱運動の運動エネルギーや分子間力による位置エネルギーをもっている。このような物体内部で原子や分子がもっているエネルギーを**内部エネルギー**という。すなわち，内部エネルギーはそれぞれの原子や分子がもっている位置エネルギーと運動エネルギーの総和である。

**❷ 内部エネルギーの増加**　物体に外部から熱を与えたり，仕事を行うと，内部エネルギーが増加し，分子や原子の熱運動がさかんになる。すなわち，物体の温度が上がる。また，衝突や摩擦などによって失われた力学的エネルギーは，最終的には物体や周囲の空気などの内部エネルギーとなって，それらの温度を上昇させる(▷*p.114*)。

## 2 熱力学第1法則 重要

**❶ 気体の内部エネルギー**　気体は分子間の距離が大きいので，分子間力はほとんどはたらかない。そのため位置エネルギーは無視でき，内部エネルギーはほぼ分子の運動エネルギーに等しい。気体を圧縮すると，ピストンに衝突する分子の衝突後の速さが速くなるので，内部エネルギーは大きくなる。

**❷ 熱力学第1法則**　一般に，気体に外から熱量$Q$〔J〕を与えたり，仕事$W$〔J〕を加えたりすると，気体の内部エネルギーはそのぶんだけ増加する。

すなわち，気体の内部エネルギーの増加量を$\Delta U$〔J〕とすると，

$$\Delta U = Q + W \qquad (2\cdot8)$$

の関係がつねに成りたつ。

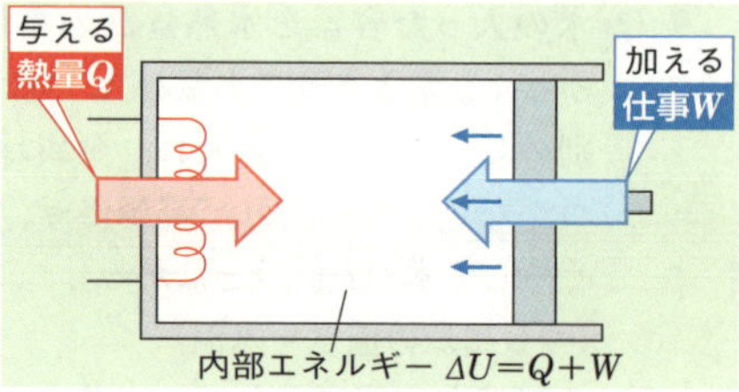


図9　熱力学第1法則

これを**熱力学第1法則**という。これは熱現象と力学的現象が同時に起こる場合にもエネルギーの総量が保存されること(▷*p.125*)を表している。

> **ポイント**
> 熱力学第1法則
> $\Delta U = Q + W$
>
> $\Delta U$〔J〕：内部エネルギー変化
> $Q$〔J〕：外から与えた熱
> $W$〔J〕：外から行った仕事

補足　気体を圧縮するとき外から加える仕事$W$は正，膨張させるとき$W$は負である。

## 3 断熱変化 重要

**1 断熱変化**　気体を熱を伝えない容器に入れ，外部との間で熱の出入りができないようにしておいて，圧力，体積，温度を変化させることを**断熱変化**という。反応時間が短くて熱が出入りできない場合の変化も断熱変化とみなせる。

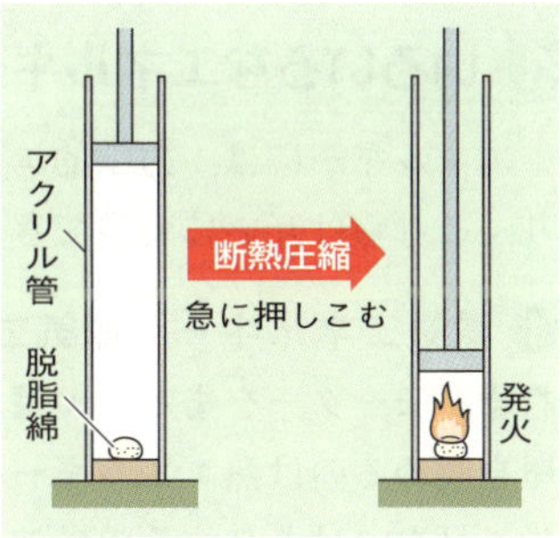


図10 断熱圧縮の例

**2 断熱圧縮**　外部との間で熱の出入りができないようにして気体を圧縮すると，熱力学第1法則における与えた熱量$Q$が0になるから，

$$\Delta U = 0 + W = W > 0$$

となり，気体の内部エネルギー$\Delta U$は，外部が行った仕事$W$のぶんだけ増加し，気体の温度が上昇する。図10のように，一端を閉じたアクリル管の中に脱脂綿を入れて，ピストンを急激に押しこみ，内部の空気を圧縮すると，空気の温度が上がって，脱脂綿が発火する。

**3 断熱膨張**　気体を断熱的に膨張させると，気体が外部に正の仕事をする。よって，外力は気体に負の仕事$W'$をすることになる。したがって，熱力学の第1法則により，

$$\Delta U = 0 + W' = W' < 0$$

となり，内部エネルギーは減少するので，気体の温度が下がる。

中身の入っていないペットボトルにふたをして横から押し縮め，急に離すとペットボトル中の空気がくもることがある。これは，空気の断熱膨張で温度が下がり，空気中の水蒸気が液化するからである。

### 小休止　自転車の空気入れ

空気入れで自転車のタイヤに空気を入れた後，空気入れの根もとのところをさわってみると，びっくりするほど熱くなっていることがある。これは摩擦によるよりも，むしろ断熱圧縮によって発生した熱である。

高速で飛行する宇宙船が大気圏に突入すると，前方の空気を極度に圧縮しながら進む。このとき，断熱圧縮された空気は温度が上がり，1万℃を超えることもある。

**ポイント**

断熱圧縮…温度が上がる

$$\Delta U = W > 0$$

断熱膨張…温度が下がる

$$\Delta U = W < 0$$

［$\Delta U$〔J〕：内部エネルギー変化
$W$〔J〕：外から行った仕事］

# 3 エネルギーの流れと変換

## 1 いろいろなエネルギーとその変換

エネルギーには，力学的エネルギーや熱エネルギー以外にもいろいろな種類があり，これらは互いに変換できる。変換前後でエネルギーの総量は変化しない。

**❶ 電気エネルギー**　**電気エネルギーはさまざまなエネルギーに変換して利用される。**モーターをまわすのは力学的エネルギーへの変換であり，電気ストーブで部屋を暖めるのは熱エネルギーへの変換である。また，スピーカーで音を再生したり，蛍光灯をつけたりするのは波のエネルギーへの変換であるし，水の電気分解は化学エネルギーへの変換である。

**❷ 化学エネルギー**　**化学反応が起こる際に，原子や分子がもつ化学エネルギーを別の形のエネルギーとして取り出すことができる。**石油を燃やす場合は，化学エネルギーを熱エネルギーとして取り出している。火薬の爆発の際には，力学的エネルギーや，光や音などの波のエネルギーにも変わる。電池は化学エネルギーを電気エネルギーとして取り出している。

図11　ソーラーカー

視点　光のエネルギーを電気エネルギーに変え，さらに運動エネルギーに変換する。

**❸ 波のエネルギー**　**光，音，電波などは波（▷*p.141*）として空間を伝わるときに，エネルギーも伝える。**光合成は化学エネルギーへ，太陽電池は電気エネルギーへの変換である。電子レンジでは電磁波が熱エネルギーに変わっている。

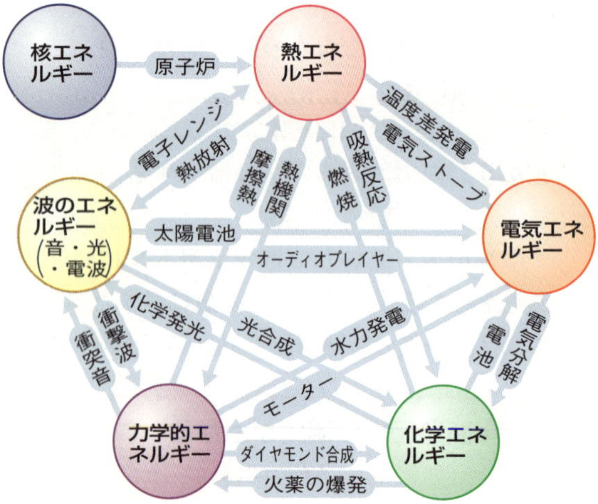


図12　エネルギーの変換

**❹ 核エネルギー**　**原子核崩壊や核分裂，核融合などの際に生じるエネルギー（▷*p.213*）。**原子炉では核分裂で出る熱エネルギーを利用して発電をする。太陽内部では核融合が起こり，エネルギーが光など電磁波に変化する（▷*p.129*）。

## 2 エネルギーの保存

**❶ エネルギー保存の法則**　エネルギーは他の種類のエネルギーに変換することができるが，このとき，変換前のエネルギーの合計と変換後の合計はつねに等しい。これを**エネルギー保存の法則**または**エネルギー保存則**という。これは自然現象を支配するきわめて重要な原理で，どのような場合でもつねに成りたつ。

**ポイント**　エネルギー保存の法則：現象にかかわるエネルギーの総和はつねに**一定不変**である。

**❷ 力学的エネルギー・熱量の保存**　力学的エネルギー保存の法則(▷p.94)や熱量保存の法則(▷p.120)は，エネルギー保存の法則を力学的エネルギーまたは熱エネルギーのみに限定してあてはめたものであるといえる。

## 3 熱機関

**❶ 熱機関**　蒸気機関，ガソリンエンジン，ディーゼルエンジンなどのように，**熱エネルギーを仕事に変換する装置**を**熱機関**という。

**❷ 熱機関の仕事**　熱機関では高熱源から吸収した熱量の一部を仕事に変換し，残りを低熱源に放出する。たとえば，ガソリンエンジンでは，ガソリンを燃焼させて高温・高圧の気体(高熱源)をつくり，ピストンを押す仕事を取り出した後，残りの熱を外部の大気(低熱源)中に放出する。

熱機関が高熱源から$Q_1$〔J〕の熱を吸収し，これから仕事$W$〔J〕を取り出した後，低熱源に$Q_2$〔J〕の熱を放出したとすると，エネルギー保存の法則より，$Q_1 = Q_2 + W$

よって，熱機関で取り出す仕事は次のようになる。

$$W = Q_1 - Q_2 \qquad (2\cdot9)$$

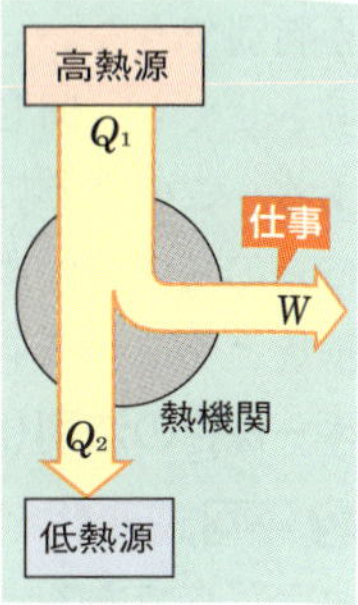


図13　熱機関

**❸ 熱機関の効率**　熱機関が高熱源から吸収した熱量のうちどれだけの割合を仕事に変えることができるかを**熱機関の効率**または**熱効率**という。熱効率$e$は，

$$e = \frac{W}{Q_1} = \frac{Q_1 - Q_2}{Q_1} = 1 - \frac{Q_2}{Q_1} \qquad (2\cdot10)$$

と表される。このとき，つねに$e < 1$となる。すなわち$Q_2 > 0$となるので，熱機関では吸収した熱をすべて仕事に変えることはできない。一般に仕事をすべて熱に変換することはできるが，**熱エネルギーをすべて仕事に変換することはできない。**これは**効率100％の熱機関は存在しない**ともいえる。

**参考**　実際の熱機関の効率は，蒸気機関で20％以下，ガソリンエンジンで30％程度，ディーゼルエンジンで40％程度である。

**例題　熱機関の効率**

毎秒8.0gのガソリンを消費し，90kWの出力を発生するエンジンがある。このエンジンの効率は何%か。ガソリンの燃焼熱は1gあたり$4.0\times10^4$Jである。

**着眼**　仕事率$P=90$kWであり，1Wは1J/sである。

**解説**　ガソリンの燃焼によって毎秒発生する熱量は，

$$Q_1=8.0\times4.0\times10^4=32\times10^4\ \mathrm{J/s}$$

エンジンの毎秒の出力は，$P=90\mathrm{kW}=9.0\times10^4\ \mathrm{J/s}$であるから，熱機関の効率は，

$$e=\frac{P}{Q_1}=\frac{9.0\times10^4}{32\times10^4}\fallingdotseq0.28$$

**答　28%**

## 4 可逆変化と不可逆変化

**❶ 可逆変化**　図14は，斜めに投げ上げた球の運動をストロボ写真に撮影したものである。この球は左から右に運動したのであるが，写真ではどちら向きに運動しているか判別できない。これは球を右から左に運動させても，同じような写真になるからである。このように，ひとつの変化とその逆向きの変化とがまったく同じエネルギー状態をともなって存在する場合，これを**可逆変化**という。可逆変化は**力学的エネルギー保存の法則**(▷p.94)が成りたつときだけ見られる。

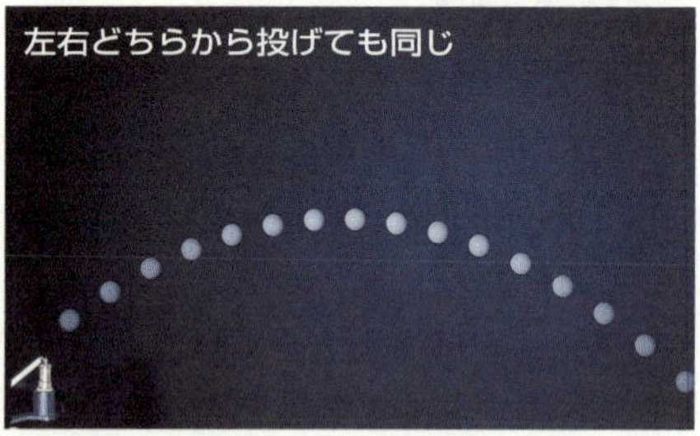


図14　可逆変化

**❷ 不可逆変化**　図15は，摩擦のある面の上で模型の自動車を走らせたときのストロボ写真である。自動車は運動エネルギーを少しずつ摩擦熱に変換させながら，しだいに遅くなり，やがて静止する。これと逆向きの変化，すなわち静止していた自動車が走り出し，熱を吸収しながらしだいに速度を上げるという変化は存在しない。このように，自然状態では現象の進む向きが片方向だけで，ひとりでに逆向きに進むことのないような変化を**不可逆変化**という。

図15　不可逆変化

**❸ 不可逆変化の例**　熱をともなう現象はすべて不可逆変化である。摩擦のある面上の運動(▷p.101)や衝突して静止する場合など，力学的エネルギーが保存されない場合は，失われたエネルギーは最終的に熱に変わるので，不可逆変化である。

① 高い所から鉄球を落とすと，位置エネルギーが熱に変わる。逆に鉄球を熱しても，最初の位置には戻らない。

② 空気中で振り子を振らすと，しだいに振幅が小さくなり，最後に静止する。静止した振り子が自然に動き出すことはない。

③ インクを1滴水中にたらすと，しだいに全体にひろがり，全体が同じ濃さの色水になる。この後，自然にインクが1か所だけに集まることはない。

④ 高温の水と低温の水を混ぜると，全体が同じ温度の水になる。この後，高温の水と低温の水に分かれることはない。

**小休止　ビデオの逆再生**

いろいろな運動をビデオにとり，それを逆再生してみるとおもしろい。おもしろいのは，それが不自然で，起こりそうもないことがつぎつぎと起こるからである。私たちの身のまわりで日常起こっていることは，たいてい熱の発生をともなう不可逆現象で，これをビデオで逆再生しても，それは実際には起こらない不思議な現象になるのである。われわれの一生も不可逆変化だといえる。

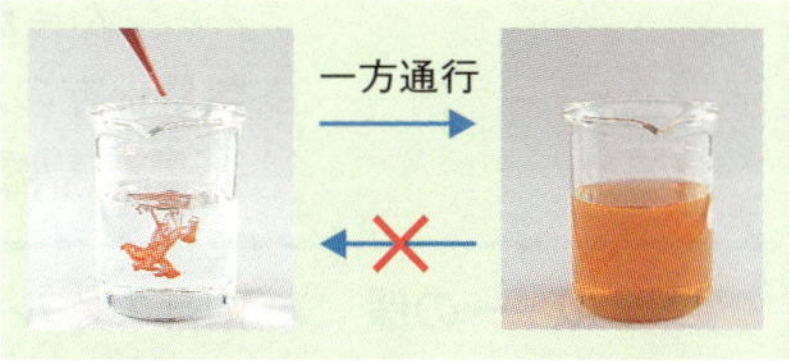


図16　不可逆現象の例

## 5 熱力学第2法則　重要

**❶ 不可逆性の表現**　熱力学第1法則(▷*p.122*)は，熱と仕事に関するエネルギーの保存を表現しているが，これだけでは熱の移動方向が決まらず，熱が低温物体から高温物体へ移ることが理屈のうえでは可能になる。そこで，熱の移動方向を規定する別の法則が必要となる。これが**熱力学第2法則**で，いくつかの表現法がある。

**❷ 熱力学第2法則**

①「熱が高温物体から低温物体へ移動する現象は不可逆変化である。」(**クラウジウスの原理**)熱は自然に高温物体から低温物体に移り，低温物体から高温物体へひとりでに移ることはない。クーラーは低温の室内から熱を取り出し，高温の外部に捨てるが，その際に電気による余分な仕事を必要とするので，全体ではエネルギーの総和が増加し，熱だけをみるとエネルギー保存の法則が成りたたない。

②「仕事が熱に変わる現象は不可逆変化である。」(**トムソンの原理**)仕事はすべてを熱に変えられるが，外部に何の変化も及ぼさずに熱をすべて仕事に変えることはできない。これは熱機関の効率が100％未満であることに対応する。

**小休止　永久機関**

いちど動かしはじめるとエネルギーの供給なしに永久に仕事を続ける装置を**第1種永久機関**，熱源の熱を100％仕事に変える装置を**第2種永久機関**という。どちらも多くの人が試みたが実現できなかった。これは熱力学第1，第2法則のためである。

## この節のまとめ　エネルギーの変換と保存

| | |
|---|---|
| □物体の温度変化<br>▷ p.119 | ● **比熱**…単位質量の温度を1Kだけ上げるのに必要な熱量。<br>$Q = mc\Delta T$<br>$c$〔J/(g·K)〕：比熱　$m$〔g〕：質量　$\Delta T$〔K〕：温度変化<br>● **熱容量**…物体の温度を1Kだけ上げるのに必要な熱量。<br>$Q = C\Delta T$<br>$C$〔J/K〕：熱容量　$\Delta T$〔K〕：温度変化<br>● 物体の温度を $\Delta T$ 上げるのに必要な熱量 $Q$〔J〕は，<br>$Q = mc\Delta T = C\Delta T$<br>● **熱量保存の法則**…外部との熱の出入りがないとき，<br>**高温物体の失った熱量＝低温物体の得た熱量** |
| □エネルギーの保存<br>▷ p.122 | ● **内部エネルギー**…分子・原子の位置エネルギーと分子・原子の運動エネルギーの和。<br>● **熱力学第1法則**…気体に加えられた熱量 $Q$〔J〕と仕事 $W$〔J〕の和は内部エネルギーの増加 $\Delta U$〔J〕に等しい。<br>$\Delta U = Q + W$<br>● **断熱変化**…外部との熱の出入りがない状態変化。<br>{ **断熱圧縮**…温度上昇<br>{ **断熱膨張**…温度下降 |
| □エネルギーの流れと変換<br>▷ p.124 | ● **エネルギー保存の法則**…現象にかかわったエネルギーの総和はつねに**一定不変**。<br>● **熱機関**…高熱源から熱量 $Q_1$ を吸収し，仕事 $W$ をして低熱源に熱量 $Q_2$ を放出する。<br>● **熱機関の効率**…$e = \dfrac{W}{Q_1} = \dfrac{Q_1 - Q_2}{Q_1}$<br>● **可逆変化**…逆向きの変化がまったく同じ状態をとるような変化。<br>● **不可逆変化**…ひとりでには逆向きに進まない変化。<br>● **熱力学第2法則**…熱の移動方向を規定。熱が高温物体から低温物体へ移動する現象は**不可逆変化**である。また，仕事が熱に変わる現象は**不可逆変化**である。 |

# 3節 エネルギーの利用

## 1 太陽エネルギー

### 1 太陽エネルギー

太陽はその中心部における核融合反応(▷*p.213*)によって，**$3.9\times10^{26}$ W**(毎秒$3.9\times10^{26}$ J)ものエネルギーを生み出している。これらのエネルギーは光などの熱放射(▷*p.114*)によって地球に運ばれる。大気圏外側まで到達するエネルギーは**1.37 kW/m²**(この値を**太陽定数**という)であり，**年間では$5.5\times10^{24}$ J**となる。これは人類が消費するエネルギーにくらべて，桁(けた)違いに大きい。

### 2 エネルギーの利用と太陽エネルギー

**❶ 太陽エネルギーの利用**

太陽からのエネルギーのほとんどは熱となり，すべてを利用することはできない(**熱力学第2法則**▷*p.127*)。しかし大気の運動や降雨，海流など，地球の大規模な現象のほとんどは太陽エネルギーによって引きおこされており，これらを通して間接的に太陽エネルギーを利用している。

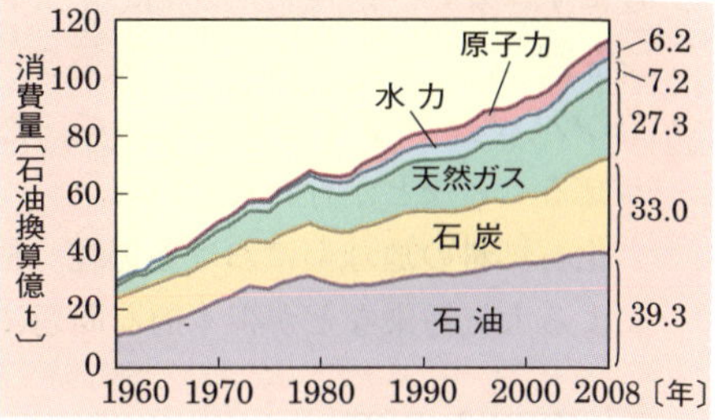


図17 世界の1次エネルギー消費の推移

**❷ 化石燃料の利用と太陽エネルギー**　生物の栄養生産をになうのは植物の光合成であり，太陽エネルギーがもとになっている。主要な1次エネルギー★1である**石油，石炭や天然ガス**は，大昔の動植物が変性してできたものなので**化石燃料**と呼ばれるが，これらの化石燃料も太陽エネルギーがもとになったといえる。

## 2 発電とエネルギー

### 1 発電とエネルギー

**❶ 発電**　エネルギーはさまざまな形に変換できる(▷*p.124*)が，遠くに運んだり，いろいろなエネルギーに再変換して利用することを考えると，電気に変換するのが便利である。そのため，1次エネルギーの多くは，発電によって電気エネルギーに変換される。

★1 自然界にそのまま存在し，人間が利用するエネルギー資源を1次エネルギーという。

**❷ 枯渇性エネルギーと再生可能エネルギー**　化石燃料は埋蔵量が限られており，枯渇性エネルギーと呼ばれる。原子力エネルギーも，ウランなどの地下資源を利用しているので，枯渇性エネルギーである。いっぽう，消費されても自然の力によって定常的・反復的に補充されるエネルギー資源を再生可能エネルギーと呼ぶ。再生可能エネルギーには，太陽光，風力，地熱，潮汐(ちょうせき)力などがある。

## 2 火力発電

石油，石炭，天然ガスなどの化石燃料を燃焼させ，タービンを回して発電するのが火力発電であり，全発電量のおよそ３分の２をしめている。化石燃料を燃焼させて，もっていた化学エネルギーを熱エネルギーに変え，さらにタービンを使って電気エネルギーに変換する。

熱エネルギーから蒸気タービンを使って電気エネルギーに変わる割合(熱効率▷p.125)は40％程度にすぎない。燃焼した高温のガスでガスタービンを回し，さらにその廃熱で蒸気タービンを回すコンバインドサイクルによって，熱効率を向上させることなどが行われている。

化石燃料の地球上における偏在，枯渇，排ガスによる大気汚染などが根本的な問題になっている。

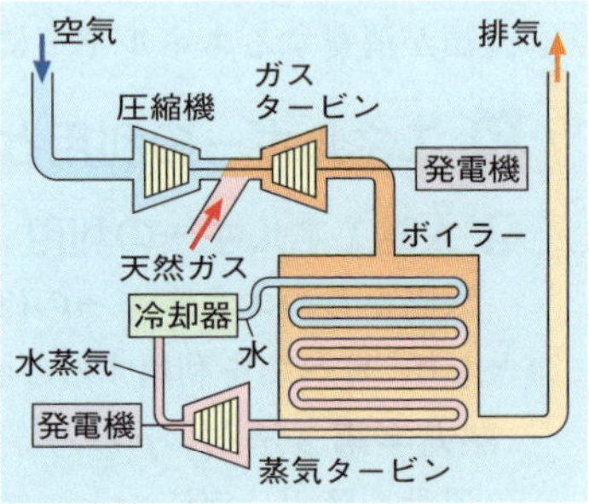


図18　コンバインドサイクル

## 3 原子力発電　（くわしくは▷p.213〜）

ウラン235($^{235}_{92}U$)などの核分裂によって発生する熱で蒸気タービンを回して発電するのが原子力発電である。2012年時点では，全世界で427基が運転中，75基が建設中，94基が計画中である。

過去に引きおこされたスリーマイル島(1979年)，チェルノブイリ(1986年)，福島第一(2011年)などの重大事故では，環境中に放出された放射性物質(▷p.210)による汚染が問題となっている。また，事故が発生しないにしても，原子炉の運転によって生じる使用済み核燃料に含まれる放射性物質の処理や貯蔵も課題である。

## 4 水力発電

海水などが太陽エネルギーによって蒸発し，上空から降雨となって地上に戻る。このとき高所にたまった水の位置エネルギーを利用するのが水力発電である。

かつては日本の発電の主力だったが，自然の地形を利用する必要があり，ダムなどの建設に限界があることから，その比率は低くなってきている。ダムによるせき止め湖もしだいに埋まっていくので，永久的に使用できるわけではない。

夜間の余剰電力を用いて水を高所にくみ上げ，その落下時に発電させる揚水発電も水力発電の一種である。

補足　水力発電では化石燃料などの資源を消費することはないが，大規模なものほど環境破壊をともなうので，再生可能エネルギーに含める場合と含めない場合とがある。



## 5 再生可能エネルギーによる発電

**❶ 太陽光発電**　太陽電池(光電池)を用いて，太陽からの光エネルギーを直接電気エネルギーに変換するのが太陽光発電である。

天候に左右され，大電流も得られにくいことから利用は限定的である。しかし，これまで問題であった発電効率もしだいに改善され，寿命が長いこと，維持・管理が比較的容易なことから，実用範囲は増えてきている。

**❷ 風力発電**　風のエネルギー(大気の運動エネルギー)を利用するのが風力発電である。大気の循環を利用するという点からは，広い意味では太陽エネルギーを利用しているといえる。

立地や天候に左右されるという欠点はあるが，場所によっては採算性があり，実用化されている。

**❸ その他の発電**　火山の多い日本では，マグマに由来する熱を利用する地熱発電も利用されている。ほかに，潮の満ち引きを利用する潮汐(ちょうせき)発電を行っている地域もあるが，日本では普及していない。また，波のはたらきを利用する波力発電や，生物由来の有機物を利用したバイオマス発電などの研究も進められている。

### 発展ゼミ　太陽電池のしくみ

◇一般的に使われている太陽電池は，n型半導体とp型半導体という2種類の半導体を図19のように接合させたもので，半導体ダイオードの一種である。

◇n型半導体とp型半導体の境界部分付近に光を当てると，結合をつくっている電子の一部が光のエネルギーによって結合から離れ，負(マイナス)の電荷をもった自由電子(▷*p.176*)となる。

◇また，電子を失った部分は，電子の孔(あな)(ホール)となり，正(プラス)の電荷をもった粒子としてふるまうようになる。

◇このとき，負の電荷をもつ自由電子はn型半導体に，正の電荷をもつホールはp型半導体に引き寄せられる。そのため，n型側は負，p型側は正にそれぞれ帯電して電圧が生じる。

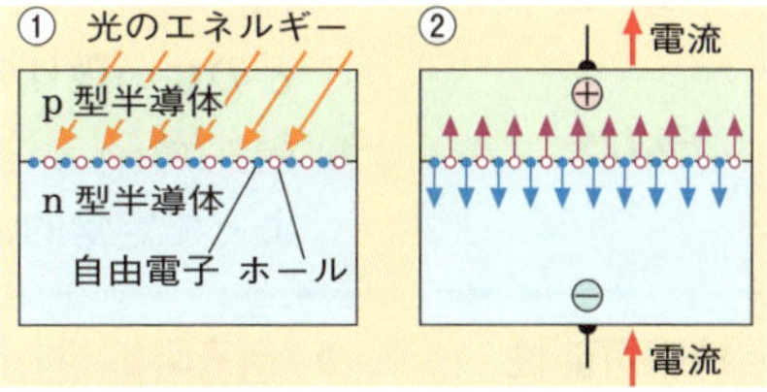


図19　太陽電池

# 3 持続可能性

## 1 持続可能性

人類が文明生活を営む上では，現在の生活だけでなく将来の子孫が生きていけるかという観点も重要である。人間活動が将来も続いていくかどうかを示す考え方を**持続可能性**(サステナビリティ；sustainability)という。

## 2 資源・環境と持続可能性

化石燃料を本格的に利用しはじめた19世紀以降，その消費量は増加しつづけていて，長い年月をかけてつくられたものを短期間で消費しているため枯渇が危ぶまれている。新たな鉱脈が見つかったとしても，採掘可能な期間(可採年数)は数十年から百数十年程度と考えられており，化石燃料に依存した社会は持続可能ではない。

資源だけでなく，大気，海洋，土壌などの環境を維持することも，持続可能性を評価する上では重要である。20世紀には資源の乱用，環境汚染など多くの問題がおきた。これらを解決していくことが，人類の持続可能性を保つために必要である。

## この節のまとめ　さまざまなエネルギー

| | |
|---|---|
| □太陽エネルギー ▷p.129 | ○**太陽定数**…1.37 kW/m$^2$ の太陽放射が地球の大気圏外側まで到達している。<br>○**化石燃料**…石油・石炭・天然ガスなど，太古の生物に由来する燃料。 |
| □発電とエネルギー ▷p.129 | ○**枯渇性エネルギー**…人間が消費したあと補充されることのない限りのあるエネルギー。<br>○**再生可能エネルギー**…人間が消費しても自然の力によって定常的あるいは反復的に補充されるエネルギー。 |
| □持続可能性 ▷p.132 | ○**持続可能性**…サステナビリティともいい，人間活動が将来も続くかどうかを示す考え方。 |

# 4節 気体の圧力と体積

## 1 気体の圧力

### 1 気体の圧力

**❶ 圧力**　力が面に対して加わるとき，面の単位面積あたりに加わる力の大きさを**圧力**という。気体は，触れている面のどの部分にも同じ圧力を及ぼすので，圧力 $p$〔Pa〕の気体が面積 $S$〔$m^2$〕の面を押す力の大きさを $F$〔N〕とすると，$\boldsymbol{F = pS}$ となる(▷p.71)。

**❷ 大気圧**　大気圧の標準値は1013hPa＝$1.013\times10^5$Pa と定められており，この圧力を**1気圧**または**1atm**という(▷p.71)。

補足　圧力を測定するとき，ガラス管などに水銀を入れた**水銀柱**を使う方法があり，高さ1mmの水銀柱の底が受ける圧力を**1ミリメートル水銀柱**(記号**mmHg**)とよぶ。1気圧は高さ760mmの水銀柱の底が受ける圧力と等しいので，1atm＝$1013\times10^5$Pa＝760mmHg となる。

**❸ 気体の圧力**　図20(a)のように，断面積 $S$ の容器に気体を入れ，ピストンの上に質量 $M$ のおもりをのせる。大気圧を $p_0$ とすると，ピストンは大気から $p_0S$，おもりから $Mg$ の下向きの力を受ける。いっぽう容器内の気体の圧力を $p$ とすると，ピストンは気体から $pS$ の力を上向きに受ける。

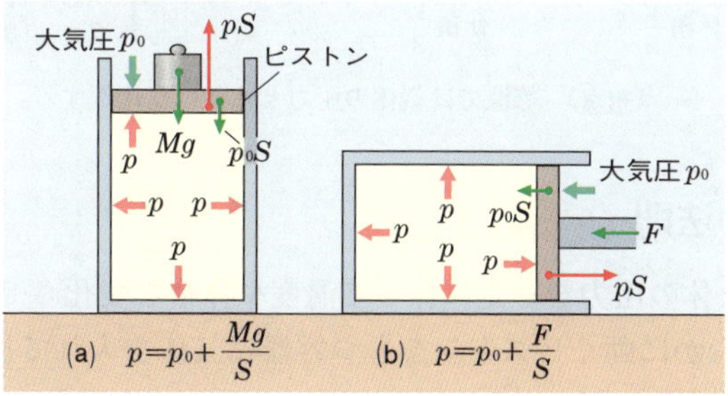


図20　気体の圧力

ピストンがつり合っていれば，$pS=p_0S+Mg$ なので，次の関係が成りたつ。(図20(b)についても同様に考える)

$$p = p_0 + \frac{Mg}{S} \qquad (2\cdot11)$$

### 2 ボイルの法則 重要

**❶ 等温変化**　気体の温度を一定に保って圧力や体積を変化させることを**等温変化**という。

第2編　物理現象とエネルギー

たとえば，熱を伝えやすい物質でできた容器に気体を入れてゆっくりと収縮や膨張をさせると，気体の温度はつねに外部と同じ温度に保たれるので，気体は等温変化をする。

**❷ ボイルの法則**　シリンダーの中に気体を入れ，温度を一定に保ちながらピストンを押して圧力を増やしていく。圧力を2倍，3倍，4倍にしていくと，体積は$\frac{1}{2}$，$\frac{1}{3}$，$\frac{1}{4}$になる。このように等温では気体の圧力$p$〔Pa〕と体積$V$〔$m^3$〕とは反比例し，

$$pV = K（一定）\qquad (2\cdot12)$$

の関係が成りたつ。これを発見者の名にちなんで**ボイルの法則**という。

**小休止　ダイバーの心得**

スキューバダイビングをする人は，ボイルの法則をよく知っていなければならない。たとえば，水面下20mの水圧は2atmなので，大気圧と合わせて3atmの圧力になっているため，肺の中には3atmで体積$V$の空気が入っている。このまま急速に水面に浮上すると，水面の圧力は大気圧1atmでありボイルの法則より$3 \times V = 1 \times V'$で，体積は$3V$となり，肺が破裂してしまう。このような危険を避けるため，急浮上するときは，息をはき続けなければならない。

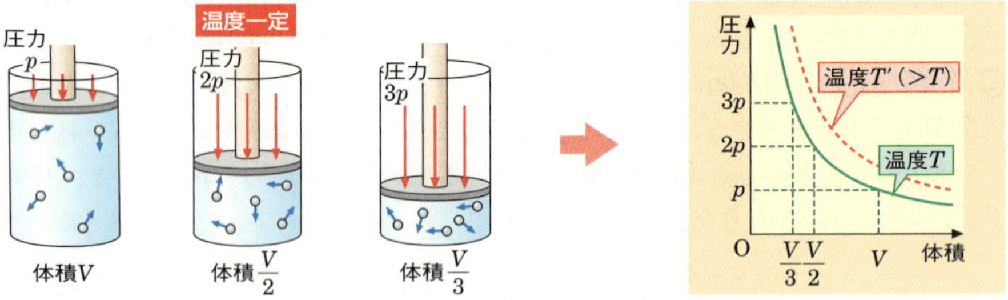


図21　ボイルの法則　　視点　等温では気体の圧力と体積は反比例する。

## 3 シャルルの法則　重要

**❶ 定圧変化**　気体の圧力を一定に保って温度や体積を変化させることを**定圧変化**という。なめらかに動くピストンをもつ容器に気体を入れて加熱すると，気体は膨張するが，ピストンがなめらかに動き，つり合いの位置まで移動するので，気体の圧力はつねに大気圧と等しい。

**❷ シャルルの法則**　一定量の気体を圧力を一定に保って圧縮または膨張させると，気体の体積$V$〔$m^3$〕は絶対温度(▷p.113) $T$〔K〕に比例し，

$$\frac{V}{T} = K（一定）\qquad (2\cdot13)$$

の関係が成りたつ。これを発見者にちなんで，**シャルルの法則**という。

注意　シャルルの法則において体積$V$の単位は両辺が同じなら何でもよいが，温度$T$は必ず絶対温度を使わなければいけない。絶対温度(K)の値はセ氏温度(℃)に273を加えたものである。

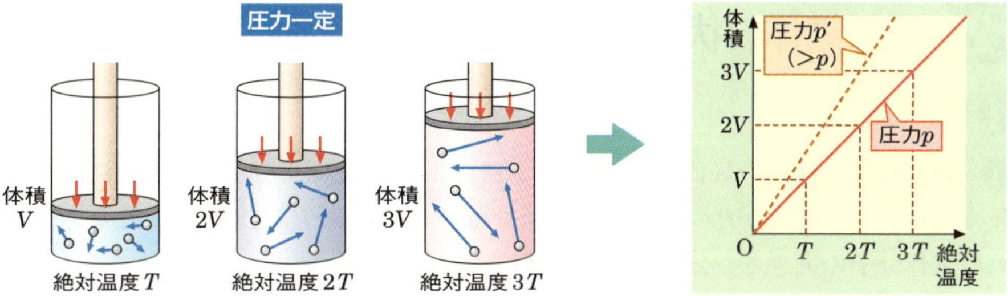


図22　シャルルの法則　　視点　定圧では気体の体積は絶対温度に比例する。

## 発展ゼミ　シャルルの法則と絶対温度

◇シャルルは，18世紀末に圧力一定のもとで気体を熱すると，すべての気体が，温度が1度上昇するごとに，0℃のときの体積 $V_0$ の273分の1ずつ増加することを発見した。

◇これをグラフにすると図23のようになる。これを左に延長すると，−1℃で気体の体積は $\frac{272}{273}V_0$，−2℃で $\frac{271}{273}V_0$，−273℃で0になる。

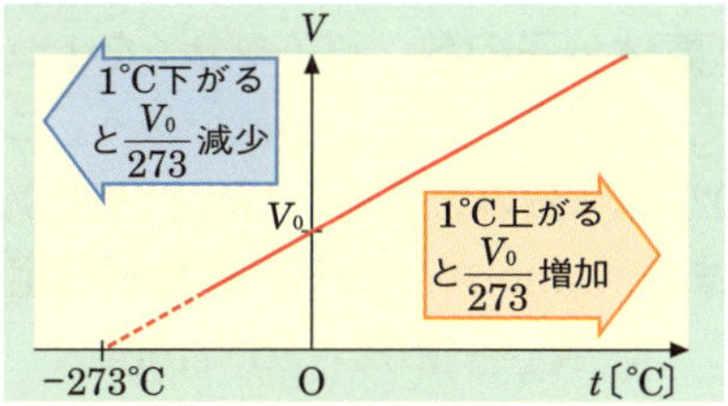


図23　気体の体積の変化

◇−273℃を0Kとする絶対温度はシャルルよりずっと後の19世紀半ばになって，イギリスの科学者ケルビンによる熱力学の研究を通して定められた。

## 4　ボイル・シャルルの法則　重要

ボイルの法則から，一定量の気体の体積 $V$〔m$^3$〕は圧力 $p$〔Pa〕に反比例する。また，シャルルの法則から，体積 $V$〔m$^3$〕は絶対温度 $T$〔K〕に比例する。これをまとめると，**一定量の気体の体積 $V$〔m$^3$〕は絶対温度 $T$〔K〕に比例し，圧力 $p$〔Pa〕に反比例する**ことになる。よって，

$$V = K\frac{T}{p} \qquad \frac{pV}{T} = K\text{（一定）} \tag{2・14}$$

という関係が成りたつ。これを**ボイル・シャルルの法則**という。

また，ボイル・シャルルの法則は，次のように表すこともできる。一定の質量の気体が，圧力 $p_1$，体積 $V_1$，絶対温度 $T_1$ の状態から，圧力 $p_2$，体積 $V_2$，絶対温度 $T_2$ の状態に変化したとき，$\frac{p_1V_1}{T_1} = \frac{p_2V_2}{T_2}$ となる。

**ポイント**　**ボイル・シャルルの法則**　$\frac{pV}{T} = \text{一定}$

$p$〔Pa〕：圧力　$V$〔m$^3$〕：体積　$T$〔K〕：絶対温度

# 2 理想気体の状態方程式

## 1 理想気体

**① 理想気体**　現実の気体(**実在気体**)では，ボイル・シャルルの法則は高温・低圧では比較的よく成りたつものの，低温や高圧では近似的にしか成りたたない。これは気体分子の大きさや分子間力の影響によるものである。

そこで，ボイル・シャルルの法則が厳密に成りたつような仮想的な気体を考え，このような気体を**理想気体**とよぶ。実在気体でも，大きさや分子間力の影響が少ないとき(低圧で密度が小さいときや高温で分子運動が盛んなとき)は，理想気体と同じふるまいをする。

**② 気体分子の数**　原子や分子を１つずつ数えることはできないので，$6.02\times10^{23}$ 個を１まとまりとした集団で扱う。このように表した物質の数量を**物質量**といい，$6.02\times10^{23}$ 個の物質量を**1 mol(モル)**という。

また，1 molの個数を**アボガドロ定数**といい，記号 $N_A$ で表す。すなわち，

$$N_A = 6.02\times10^{23}/\text{mol}$$

**③ 気体分子の数**　原子や分子1 molあたりの質量を**モル質量**といい，単位グラム毎モル(記号g/mol)やkg/molで表す。たとえば1 molの水素分子 $H_2$ の質量は約2 gなので，水素分子のモル質量は $2\,\text{g/mol} = 2\times10^{-3}\,\text{kg/mol}$ といえる。

補足　1 molの物質量は，炭素12原子($^{12}_{6}C$ ▷p.208)12 gの個数をもとに定められている。

参考　分子や原子において，炭素12原子を基準にとり，その質量を12とした相対質量を，それぞれ**分子量**や**原子量**という。炭素12原子のモル質量は12 g/molなので，たとえばモル質量が2 g/molである水素分子の分子量は2，モル質量が32 g/molである酸素分子の分子量は32といえる。

**④ 標準状態**　容器内の気体の状態は，圧力 $p$，体積 $V$，絶対温度 $T$ によって決まる。そこで，一般に0℃(273 K)，1 atm($1.013\times10^5$ Pa)の状態を**標準状態**という。

標準状態で1 molの理想気体がしめる体積は，$V = 2.24\times10^{-2}\,\text{m}^3 = 22.4\,\text{L}$ である。一般の実在気体でも，標準状態で $V = 2.24\times10^{-2}\,\text{m}^3$ と考えてよい。

## 2 理想気体の状態方程式

**① 気体定数**　理想気体ではボイル・シャルルの法則が成りたつ。ここで，標準状態下で1 molの理想気体の体積は $2.24\times10^{-2}\,\text{m}^3$ なので，このときボイル・シャルルの法則の比例定数 $K = \dfrac{pV}{T}$ を**気体定数**といい，記号 $R$ で表す。その値は，

$$R = \frac{1.013\times10^5\times2.24\times10^{-2}}{273} = 8.31\,\text{J/(mol·K)} \qquad (2·15)$$

となる。

**❷ 理想気体の状態方程式**　気体定数$R$を用いてボイル・シャルルの法則を表すと，1molの気体では，$R=\frac{pV}{T}$すなわち$pV=RT$と書ける。

一般に，気体分子の物質量が$n$〔mol〕なら，体積$V$は1molのときの$n$倍になるので，

$$pV=nRT \quad (2\cdot16)$$

となる。この式を**理想気体の状態方程式**という。

注意　実在気体の状態は，高圧や低温になると，(2・16)式からのずれが大きくなる。

**ポイント**

**理想気体の状態方程式**　$pV=nRT$

$p$〔Pa〕：圧力　$V$〔$m^3$〕：体積　$n$〔mol〕：物質量
$R$〔J/(mol・K)〕：気体定数　$T$〔K〕：絶対温度



## この節のまとめ　気体の圧力と体積

| | |
|---|---|
| □気体の圧力 ▷p.133 | ◎**圧力**…面の単位面積あたりに加わる力。圧力$p$〔Pa〕の気体が面積$S$〔$m^2$〕に垂直に加える力$F$〔N〕は，<br>$F=pS$<br>◎**ボイルの法則**…一定温度の気体では，圧力と体積は反比例する。<br>$pV=$(一定)<br>◎**シャルルの法則**…一定圧力の気体では，体積と絶対温度は比例する。<br>$\frac{V}{T}=$(一定)<br>◎**ボイル・シャルルの法則**…気体について一般に，<br>$\frac{pV}{T}=$(一定) |
| □理想気体の状態方程式 ▷p.136 | ◎**アボガドロ定数**…1molあたりの粒子数。<br>$N_A=6.02\times10^{23}$/mol<br>◎**気体定数**…気体1molにおけるボイル・シャルルの法則の比例定数$R=\frac{pV}{T}=8.31$J/(mol・K)。<br>◎理想気体の状態方程式…$pV=nRT$ |

# 章末練習問題

解答▷p.243

**1** 〈仕事と熱〉

質量0.50 kgの木片が机上で初速度2.0 m/sを与えられ，机上をしばらくすべって停止した。木片の運動エネルギーがすべて熱に変わったとすると，その熱量は何Jになるか。

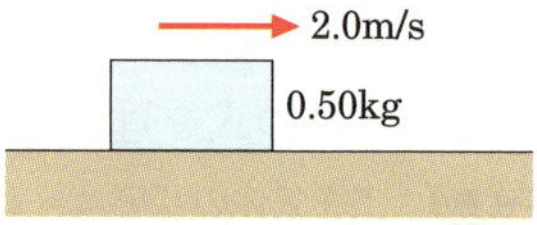


**2** 〈熱の仕事当量〉 テスト必出

質量200 gの水が入った容器がある。この容器の中に電熱線を入れ，電流を流して加熱した。電熱線での消費電力が20 Wで，6分20秒の間に水温が20℃から28℃に上昇した。水の比熱を1.0 cal/(g·K)として答えよ。

⑴　電熱線を発熱させるための仕事は何Jか。

⑵　電熱線での発熱がすべて水の温度上昇に使われたとすると，熱の仕事当量はいくらになるか。

⑶　⑵で求めた値は，実際の値とは大きく異なる。考慮すべき要因として考えられるものを挙げよ。

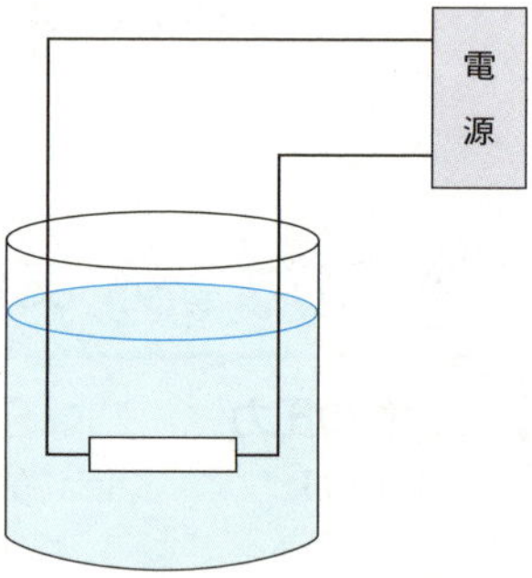


**3** 〈物質の三態〉

冷凍庫から取り出した氷を細かくくだいてビーカーに入れて，ビーカー内の温度を測りながら一定の強さで加熱したところ，図のような結果が得られた。

それぞれの時間区分①～④において，ビーカーの中の状態としてどれが最も適切か。次のア～エから各1つずつ選び，記号で答えよ。

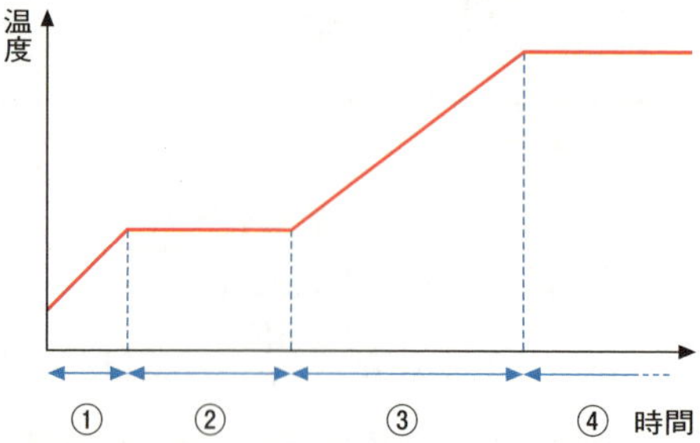


ア　氷のみ　　イ　水のみ　　ウ　氷と水が共存　　エ　氷も水もない

**4** 〈比熱と熱量保存〉 テスト必出

**ある金属でできた100gの球を沸騰している水でじゅうぶんに温めて取り出し，すぐに10℃，400gの水に入れた。しばらくたつと水温は20℃になり，その後水温は変化しなかった。水の比熱を4.2J/(g·K)とし，金属と水の間以外では熱のやりとりがないものとして，次の各問いに答えよ。**

(1) この金属の比熱を$c$〔J/(g·K)〕として，熱量保存の式をつくれ。

(2) (1)の結果を用いて，この金属の比熱$c$を求めよ。

**5** 〈潜　熱〉 テスト必出

**断熱容器に入れた20℃，500gの水の中に0℃の氷20gを入れた。氷が完全にとけ，全体の温度が一様になったとき，温度は$t$〔℃〕であった。水の比熱を4.2J/(g·K)として，次の各問いに答えよ。**

(1) 氷の融解熱を$Q$〔J/g〕として，熱量保存の式をつくれ。

(2) $Q=3.3\times10^2$J/gとし，(1)の結果を用いて$t$の値を求めよ。

**6** 〈エネルギーの変換〉

**次の(1)〜(5)の機器や設備におけるエネルギー変換は，図のア〜セのどの変換にあたるか。それぞれもっとも適切なものを選んで答えよ。**

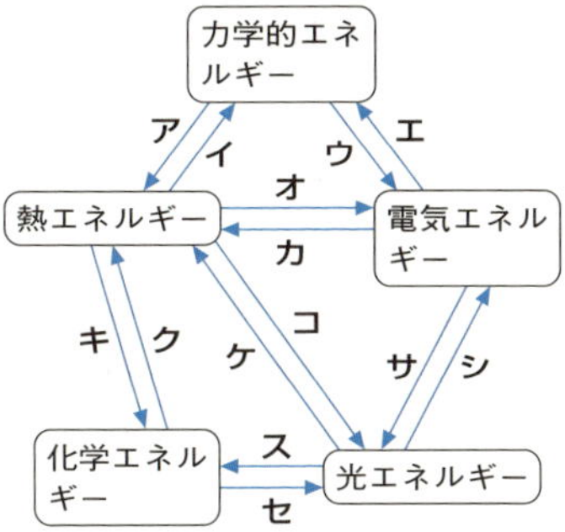


(1) 石油ストーブ　(2) 太陽電池　(3) 発光ダイオード

(4) 水力発電所　(5) 電磁調理器

**7** 〈不可逆過程〉

**次の(1)〜(3)の過程が不可逆過程である理由を，それぞれについて説明せよ。**

(1) 一般的なボールの落下による地面との衝突

(2) 熱した金属と水との間の熱伝導

(3) 水槽の中の水に赤インクをたらしたときの拡散

**8** 〈太陽エネルギー〉

**太陽は，内部の核融合反応によって生み出した膨大なエネルギーを，おもに熱放射として外部に放出している。ここで，右図のように，地球の位置で太陽からの放射に垂直な面を考えたとき，面 $1\,m^2$ あたりに届く放射のエネルギーを太陽定数といい，大きさは $1.37 \times 10^3\,W/m^2$ であることがわかっている。地球－太陽間の距離を $1.5 \times 10^{11}\,m$ として，次の各問いに答えよ。**

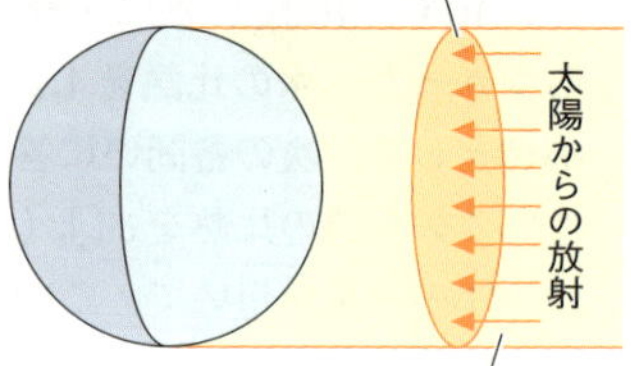


(1)　太陽が1秒に放射する全エネルギーを求めよ。

(2)　地球に届いた太陽エネルギーのうち，平均して30％が吸収されることなく宇宙空間に反射される。地球の半径を $6.4 \times 10^6\,m$ として，地球の大気や地面が1年間に受けとる太陽エネルギーの大きさを求めよ。

(3)　火星－太陽間の距離を $2.3 \times 10^{11}\,m$ として，火星における太陽定数に相当する値を求めよ。

**9** 〈再生可能エネルギー〉

**石油・石炭・天然ガスなどの化石燃料は，もともとは生物に由来し，さらに言えばそのエネルギーは太陽エネルギーによってつくられた自然エネルギーである。しかし，化石燃料は，再生可能エネルギーとは区別される。その理由を簡単に説明せよ。**

**10** 〈発　電〉

**電力は人間の生活や産業において欠かせないエネルギーの形である。次にあげる発電システムについて，それぞれ考えられる利点と欠点を簡単に述べよ。**

(1)　火力発電

(2)　水力発電

(3)　原子力発電

(4)　風力発電

(5)　太陽光発電

**11** 〈二酸化炭素の回収〉

**A君は，機械を用いて大気中の二酸化炭素を回収して炭素と酸素に分解すれば，地球温暖化を防ぐと同時に，炭素は燃料となるのでエネルギー問題も解決すると考えた。しかし，A君の考え方には重大な誤りがある。それは何か，簡単に説明せよ。**

# 2章 波

# 1節 波の伝わり方

## 1 振動と波

### 1 波の動きと媒質の振動

**❶ 水面波**　池に石を投げると，水面に上の写真のような円形の波ができて広がっていく。水面に浮かんでいる木の葉は，波が通りすぎるとき，上下に振動するが，波といっしょに移動していくことはない。このことから，水面の水は上下に振動しているだけで，波といっしょに移動しないことがわかる。このような，物質のある点に起こった運動がその物質内を伝わっていく現象を**波**または**波動**(はどう)といい，波を伝える物質を**媒質**(ばいしつ)，振動をはじめた点を**波源**という。

補足　水面にできる波を**水面波**という。水面波の媒質は水，音波(▷*p.157*)の媒質は空気，地震波の媒質は岩石である。真空を伝わる光や電波(▷*p.203*)は真空そのものが媒質になっている。

**❷ 媒質の条件**　水面に石を落とすと波ができるが，粘土の上に石を落としても波はできない。これは，水面には石によって穴をあけられても，すぐにもとにもどそうとする**復元力**がはたらくからである。一般に，媒質は変形したときに復元力を生じるものでなければならず，媒質に質量があることも必要な条件である。波の速さは，媒質の復元力と質量によって決まる。

**❸ パルス波と連続波**　図24のようにロープを水平に張り，一端を手でもつ。

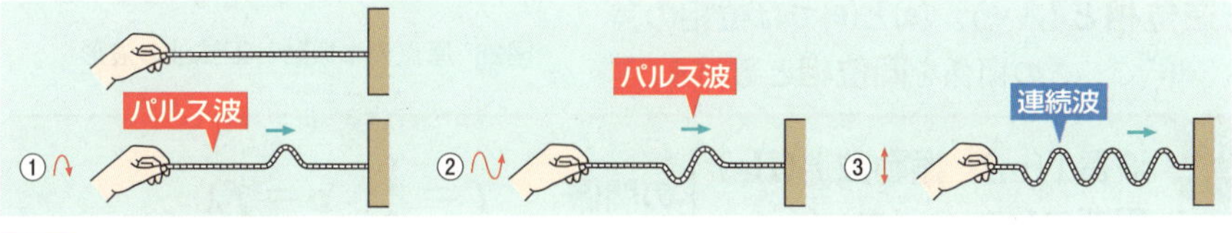


図24　パルス波の発生

① 手をすばやくあげてもどすと，1つの山だけの波ができて動いていく。このように，1かたまりの短くて孤立した波を**パルス波**という。
② 手をあげ，次にさげてもとにもどすと，山と谷が1つずつのパルス波ができる。
③ 手を連続して上下に動かすと，山と谷が交互に並んだ**連続波**ができる。

## 2 波を表す量 重要

**❶ 波長**　波源の1回の振動(図24②)による波の長さを**波長**という。連続波では，**1つの山から隣の山まで，あるいは1つの谷から隣の谷まで**の長さにあたる。

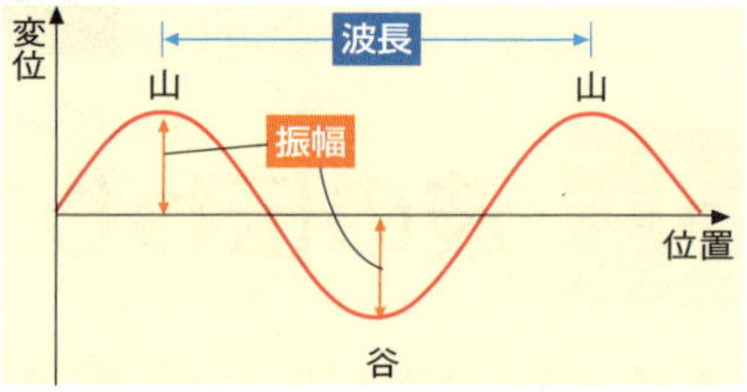

図25 波の用語

**❷ 振動数**　媒質が振動して，1秒間に往復する回数のことを波の**振動数**という。

**❸ 周期**　媒質の1回の往復にかかる時間を波の**周期**という。振動数を$f$〔Hz(ヘルツ)〕，周期を$T$〔s〕とすると，次の関係がある。

$$T = \frac{1}{f} \qquad (2\cdot17)$$

**❹ 変位**　波によって，媒質(ばいしつ)がもとの位置から動いた(ずれた)距離を**変位**という。

**❺ 振幅(しんぷく)**　変位の最大値を**振幅**★1という。

**❻ 振動と波の速さ**　図26のように点Pを反時計まわりに等速円運動をさせ，点Pと同期させるようにばねを持っている手を上下に運動させると，ばねには**正弦波**(せいげんは)(▷p.150)ができる。この図から，手を1回振動させる(点Pを1回転させる)と，波の先頭は1波長($\lambda$(ラムダ))右に進む。この間に経過する時間は$T$だから，波の速さ$v$は

$$\lambda = vT \qquad (2\cdot18)$$

である。(2・17)を用いてこれを変形すると，

$$v = f\lambda \qquad (2\cdot19)$$

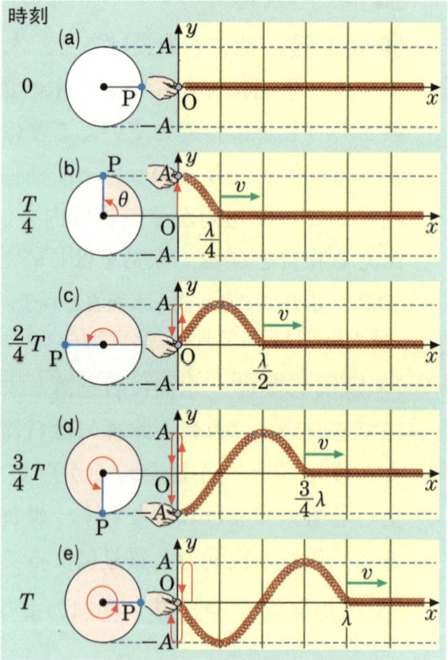

図26 原点の単振動と正弦波の波形

**❼ 位相(いそう)**　図の回転角$\theta$を**位相**という。図26で，(a)と(b)では，**位相の差は90°**である。(a)と(c)では**位相の差は180°**で，この関係を**逆位相**ともいう。(a)と(e)では**位相の差は360°**で，この関係を**同位相**ともいう。

**ポイント**　波長$\lambda$〔m〕，振動数$f$〔Hz〕，周期$T$〔s〕，速さ$v$〔m/s〕の関係　$T = \frac{1}{f}$，$v = f\lambda$

★1 すなわち山の高さまたは谷の深さにあたる。

## 3 横波と縦波のちがい 重要

**❶ 横波**　図27(a)のように，水平方向にのばしたばねの端を鉛直方向に振動させると，波は水平方向に進んでいく。

このように，**媒質の振動方向と波の進行方向が垂直**であるような波を**横波**という。横波は見た目にも波の形になっているのでわかりやすい。

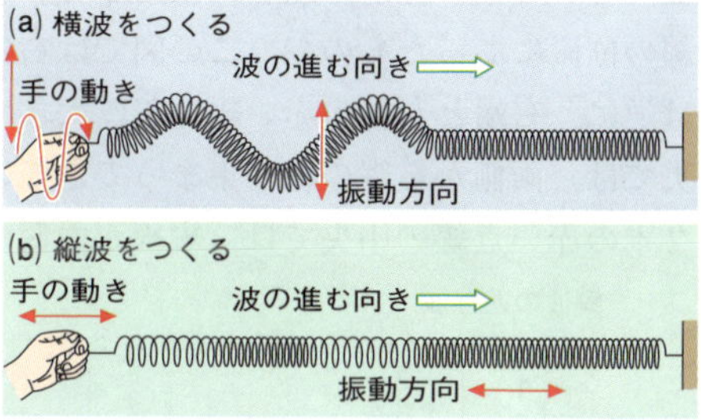

図27　横波と縦波

**❷ 縦波**　図28は長さの等しい単振り子を等間隔に並べて，おもりをばねで連結したものである。いま，左端のおもりを水平方向に振動させると，この振動が左から右へ伝わって，やがて全部のおもりが振動を始める。これも媒質の一部に起こった振動が伝わっていく現象であるから，波である。

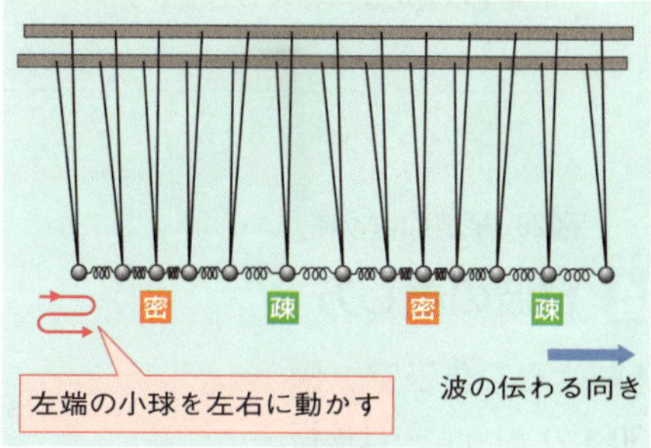

図28　縦波のモデル

図27(b)や図28のように，**媒質の振動方向と波の進行方向が同じ**ものを**縦波**という。

**❸ 疎密波**(そみつは)　図28で，左端のおもりが右に変位したときは，となりのおもりとの間隔がつまり，おもりが集まった**密**(みつ)な部分ができる。この密な部分が右に進むと，その後ろにおもりの間隔が広がった**疎**(そ)な部分ができ，これも密な部分と同じ速さで右に進んでいく。

縦波では，このような**媒質のつまった(密)なところとまばら(疎)なところが交互にできる**ので，縦波のことを**疎密波**とも呼んでいる。

### 小休止　地震波の横波と縦波

一般に，横波と縦波(疎密波)とでは縦波のほうが速く伝わる。そのため，地震のときは最初に縦波の地震波(P波)が到達して小さくゆれ，次に横波の地震波(S波)が到達して大きくゆれはじめる。

地震波でも，横波と縦波は振動が進行方向に対して平行か垂直かで区別される。そのため，地面を鉛直方向(縦方向)にゆらすのが縦波で，水平方向(横方向)にゆらすのが横波というのは誤解である。

**ポイント**
**横波**…媒質の振動方向と波の進行方向が**垂直**
**縦波(疎密波)**…媒質の振動方向と波の進行方向が**同じ**

図29はコンピュータでえがいた縦波のようすである。この図は，本来は等間隔で並んでいる縦の線が，左右に振動しているようすを示している。中央の赤い線は点線の位置にあったもので，この図では右に大きくずれていることがわかる。これとは逆に，右端と左端の赤い線は左に大きくずれている。右側の２本の赤い点線の中央では，両側から縦の線が集まってきている密な部分ができている。同様に左側の２本の赤い点線の中央では，縦線が両側に広がっている疎な部分ができている。

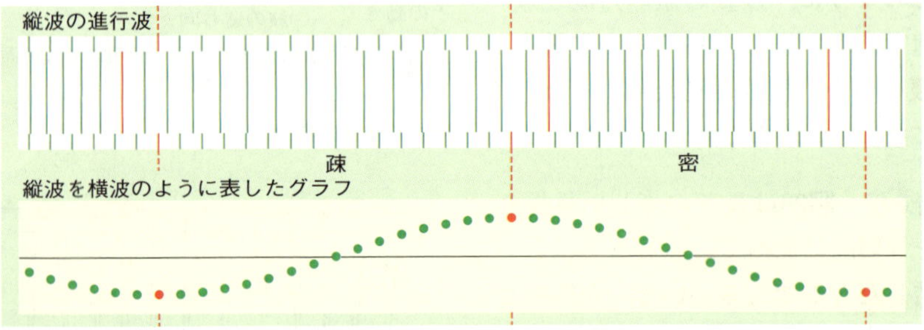


図29　縦波のようす

## 4　縦波の表し方

**❶ 縦波のグラフ**　図30(a)の $x_0$, $x_1$, …は，振動していないときの各媒質の位置である。縦波がきて媒質が振動をはじめ，ある瞬間の各媒質の位置が(b)のようになったとする。これを赤の矢印で記すと，変位の向きと大きさがわかる。ここで $+x$ 方向の変位を $+y$ 方向の変位に，$-x$ 方向の変位を $-y$ 方向の変位に置きかえる。置きかえた変位ベクトルの先を結ぶと，図30(c)の緑線のグラフになる。これが縦波のグラフである。

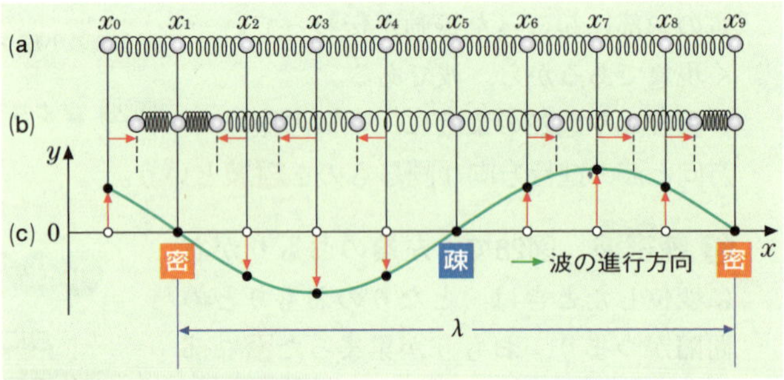


図30　縦波の表し方

**❷ 疎な点と密な点**　図30(a)の $x_1$, $x_5$, $x_9$の媒質は変位 0 であるが，その両側の媒質の変位をみると，$x_1$ と $x_9$ の媒質の両側の媒質は $x_1$ や $x_9$ に近づくように変位して密になっており，$x_5$ の媒質の両側の媒質は $x_5$ から遠ざかるように変位して疎になっている。グラフの山から谷に移る所が密，谷から山に移る所が疎である。

**ポイント**　縦波のグラフを $+x$ 方向に見ていくとき，
- 山から谷に移る所…密
- 谷から山に移る所…疎

# 2 重ねあわせの原理

## 1 波の重ねあわせ

**❶ ウェーブマシン**　図31は，中心にある鋼板に垂直に，たくさんの金属棒を溶接したもので，ウェーブマシンと呼ばれる実験装置である。金属棒の端を上下に動かすと，中心の鋼板がねじれるため，隣の棒も動きはじめ，全体が波のように動く。

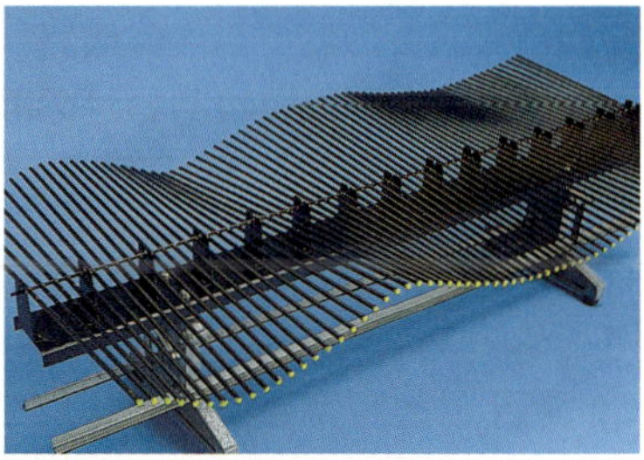

図31 ウェーブマシン

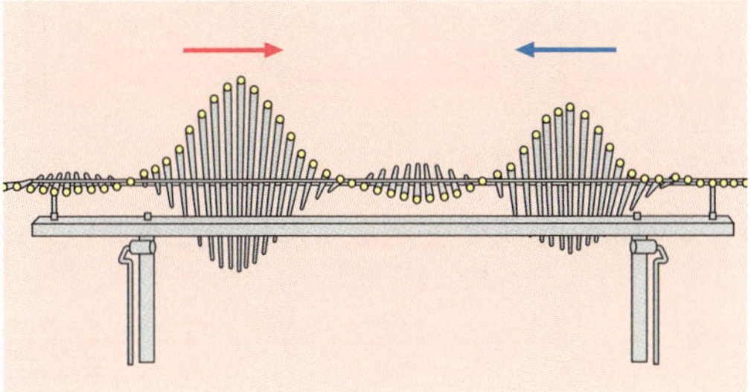

図32 ウェーブマシンの両側からパルス波を送る

視点　ウェーブマシンの両側から山のパルス波を送り出したらどうなるだろうか。波どうしが衝突してはね返る，衝突後に波が消滅する，波がすり抜ける，などいろいろな予想ができる。

ウェーブマシンの両側から山のパルス波を送り出すと，図33のように波がすり抜ける。では，衝突しているときはどんな波形になるのだろうか。

**❷ 波の独立性**　図33のAとBの波はだんだん近づいてきて，図の(c)で2つのパルス波がぶつかった後，(d)では2つのパルス波は何事もなかったかのように，もとの波形を保ってすり抜けるように進んでいる。

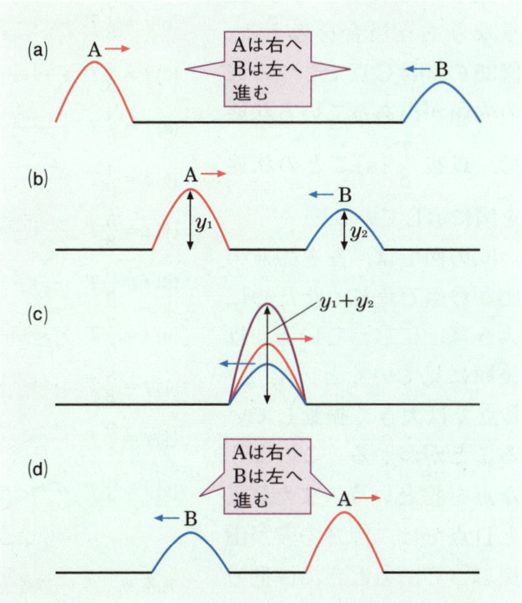


図33 波の重ねあわせ

このように，2つの波がぶつかっても，それぞれの波の振幅や波長などは変化しない。この性質を**波の独立性**という。

**❸ 波の重ねあわせの原理**　前ページの図33(c)のように，2つのパルス波が重なるときは，どちらの波形でもない別の波ができる。このときの媒質の変位$y$は，2つのパルス波の変位$y_1$，$y_2$を足しあわせたものになる。すなわち，$y=y_1+y_2$である。これを**波の重ねあわせの原理**という。

> **ポイント**　**波の重ねあわせの原理**
> 変位$y_1$，$y_2$の**合成波の変位**$y$は，$y=y_1+y_2$

**❹ 進行波と定常波**　長いばねを振動させたときの波では，波の山や谷が移動するように見える。このような波を**進行波**という。しかし，ある条件のもとでばねを振動させ続けると，ある場所は常に大きく振動し，ある場所はほとんど振動しないような波ができる。このような波を**定常波**または**定在波**という。

図34　定常波

**❺ 定常波のメカニズム**　波長と振幅が同じ2つの波が左右から伝わってきて，重なりあう場合を考える。図35の(a)はC点で2つの波の先頭が出あっている状態で，以後$\frac{T}{8}$〔s〕ごとの状態を図に示している。

(c)の図では，左右の波の山がC点で重なったために大きな山になっている。以後順に見ていくと，A，C，E点では大きく振動していることがわかる。このような点を**腹**(はら)という。またB点とD点では，片方の波が山になっているときには他方の波が必ず谷になっていて，重ねあわせると変位は0になる。

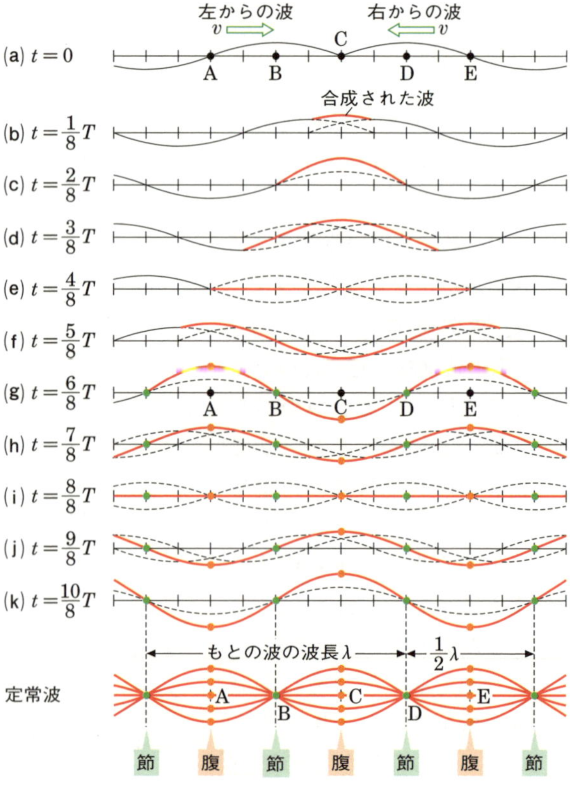


図35　定常波のできるようす

ここでは2つの波が常に逆位相になって変位が0になる。このような点を**節**(ふし)という。隣りあう腹と腹の間隔はもとの波の波長の$\frac{1}{2}$で，隣りあう腹と節の間隔はもとの波長の$\frac{1}{4}$になっている。



**❻ 定常波の条件**　定常波ができるのは，波長と振幅が同じ2つの波が互いに反対向きに伝わってくる場合である。

実際には両側から波を送るのではなく，片方から波を送り(**入射波**)，その**反射波**との間で定常波をつくることが多い。一端を固定されたばねの他端を振動させたときにできる定常波は，この原理でできる。

**例題　互いに逆方向に進む波**

図のように，振幅と波長が等しい2つの波が$x$軸上を互いに逆方向に1.0m/sの速さで進んでいる。

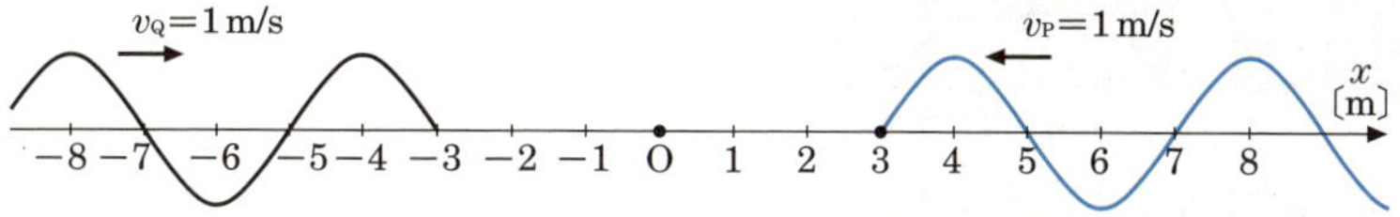


(1)　2つの波の波長を求めよ。
(2)　点Oは腹か節のどちらになるか。
(3)　点Oに最も近い節の位置の座標をあげよ。ただし，点Oが節である場合はそれ以外で最も近い節について答えること。
(4)　上図の状態から6.0秒後の波形を作図せよ。

**着眼**　2つの波が1秒後，2秒後，…にどうなっているかを図に表してみるとわかりやすい。

**解説**　(1)　山から山までの長さを求めると，8−4＝4mとなる。
(2)　点Oでは山と山，あるいは谷と谷が重なるので，点Oは腹となる。
(3)　点Oに最も近い節は，腹から$\frac{1}{4}$波長ずれた所なので，±1mの点である。
(4)　6秒後の波を重ねあわせる。

答　(1) **4m**　(2) **腹**　(3) **−1m，1m**
(4) **下図赤線**

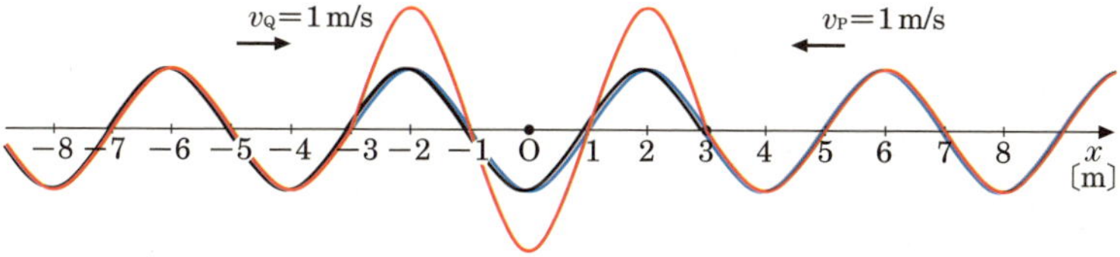

## 2 反射波の位相

定常波は入射波と反射波が重なりあう場合などにできる。

**❶ 自由端での反射**　自由に振動できる状態になっている媒質の端を**自由端**という。ウェーブマシンの端を自由端にしておいて，山のパルス波を送ると，図36のように，山のパルス波となって反射される。つまり，**波が自由端で反射するときは位相は変化せず，上下はそのままになる。**

補足 (1) **反射波のかき方**　図37(b)〜(e)のように，入射波を媒質の端を越えた先までかいて（青破線），それを媒質の端で折り返すと，反射波（赤線）になる。

(2) **入射波と反射波の重ねあわせ**　図37(b)〜(d)の，入射波と反射波が重なっている部分の波形は入射波と反射波の変位を合成したもの（紫線）になる。最大変位は入射波の2倍になる。

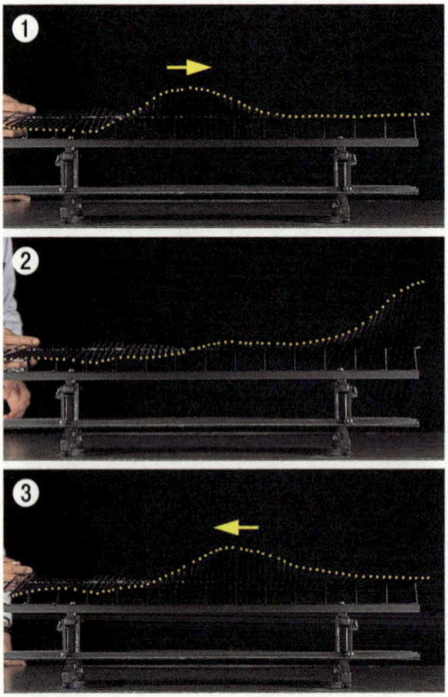


図36 ウェーブマシンの自由端反射

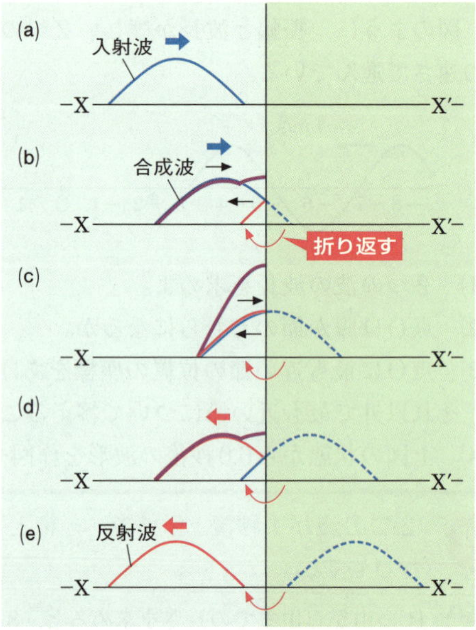


図37 自由端反射の入射波と反射波

**❷ 固定端での反射**　振動できない状態になっている媒質の端を**固定端**という。ウェーブマシンの端を固定端にしておいて，山のパルス波を送ると，次のページの図38のように，谷のパルス波になって反射される。つまり，**波が固定端で反射するときは，逆位相になって，上下が反転する。**

補足 (1) **反射波のかき方**　次ページの図39(b)〜(d)のように，入射波を媒質の端を越えた先までかき（青破線），それを上下反対に折り返し（赤破線），さらに左右反対に折り返すと（赤線），反射波の波形になる。

(2) **固定端の媒質の変位**　固定端の媒質は振動できないから，変位は常に0である。このため入射波と反射波の変位の向きは反対で大きさは等しい。

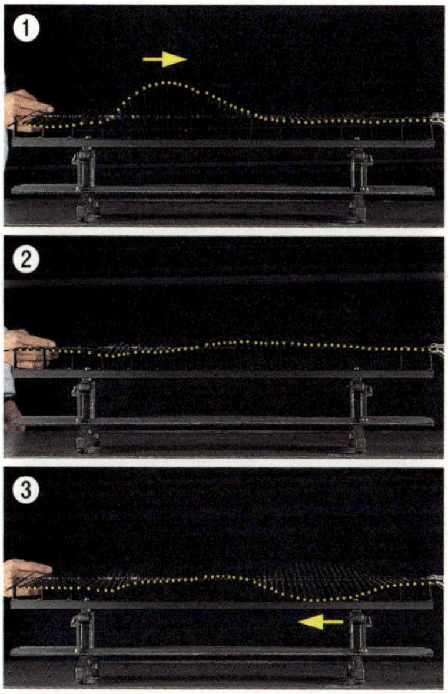

図38　ウェーブマシンの固定端反射

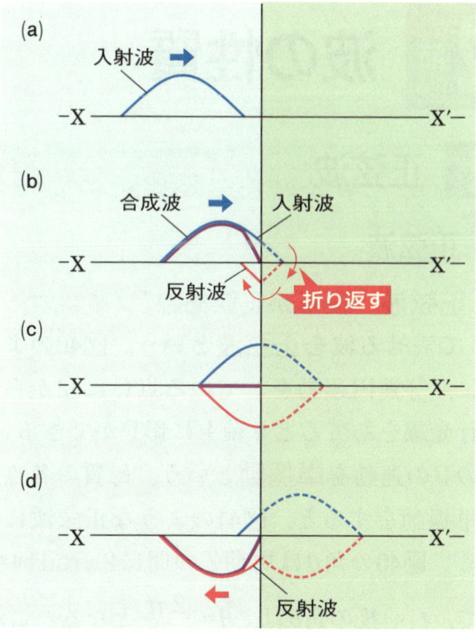


図39　固定端反射の入射波と反射波

**ポイント**
- **自由端**での反射：**位相の変化はない**
- **固定端**での反射：**逆位相になる**



## この節のまとめ　波の伝わり方

| | |
|---|---|
| □振動と波 ▷ p.141 | ◎ 周期 $T$，振動数 $f$，波長 $\lambda$，速さ $v$ の関係<br>$T=\dfrac{1}{f}$　　$v=f\lambda$<br>◎ **横波**…媒質が波の進行方向に**垂直**に振動する。<br>◎ **縦波**…媒質が波の進行方向と**同じ方向**に振動する。 |
| □重ねあわせの原理 ▷ p.145 | ◎ 合成波の変位 $y$ は，$y=y_1+y_2$<br>◎ **定常波**…伝わっていないように見える波<br>**腹**…大きく振動する点　　**節**…振動しない点<br>◎ 隣りあう腹と腹，節と節の間隔は**半波長**である。<br>◎ 反射波の位相 { 自由端…**位相変化なし** / 固定端…**逆位相になる** } |

# 2節 波の性質

## 1 正弦波

### 1 正弦波

**❶ 正弦波**　波形が正弦曲線(サインカーブ)で表せる波を**正弦波**という。図40のように，等速円運動をしている点Qに左から平行光線をあてると$y$軸上に影Pができる。このPの運動を**単振動**という。媒質の各点が単振動をすると，図41のような正弦波になる。図40の角$\theta$は周期$T$の間に$2\pi$rad★1回転するので，$t$〔s〕後の角$\theta$は，$\theta=\frac{2\pi t}{T}$となる。これからP点の変位$y$は，次の式で表される(図41)。

$$y=A\sin\theta=A\sin\frac{2\pi}{T}t \qquad (2\cdot20)$$

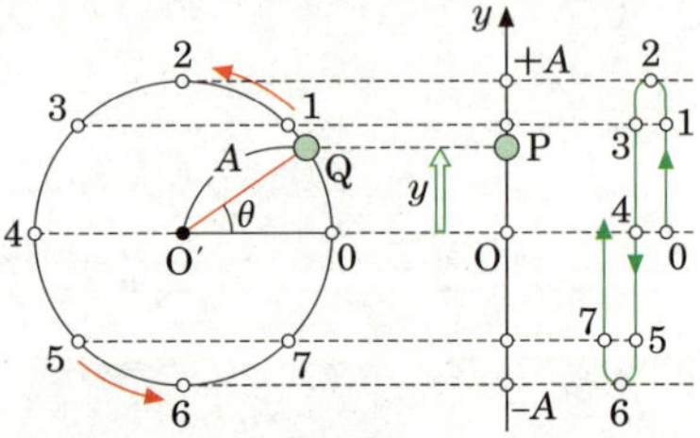

図40 等速円運動と単振動

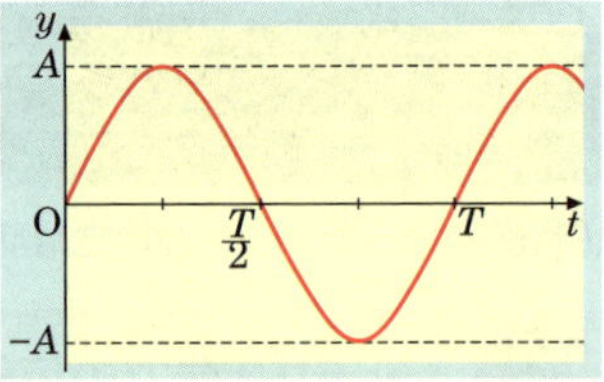

図41 正弦波の$y$-$t$グラフ

**❷ 正弦波の式**　ウェーブマシンの左端(棒1)を1回振動させると，図42(a)の波形ができる。振幅を$A$とすると，この波形は次の式で表される。

$$y=-A\sin\frac{2\pi}{\lambda}x \qquad (2\cdot21)$$

これが$t$〔s〕後に図42(b)のような波形になったとする。波の伝わる速さを$v$とすると，$t$〔s〕後の棒26の変位$y_{26}$は，$t=0$で$x-vt$の位置にある棒19の変位$y_{19}$と同じである。

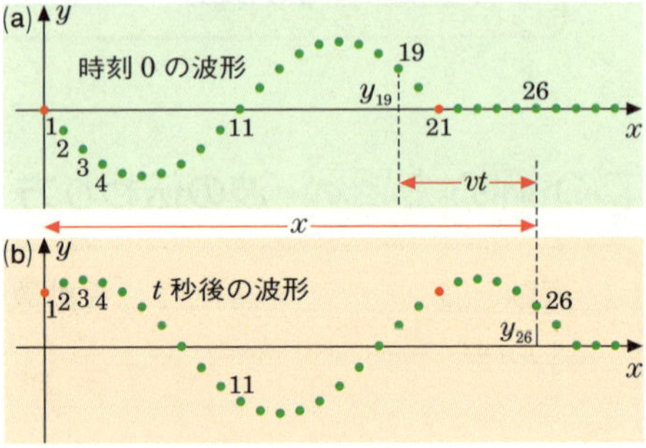

図42 ウェーブマシンの波形

変位$y_{26}$を求めるには，(2・21)式で$x$を$x-vt$で置きかえればよい。

$$y=-A\sin2\pi\left(\frac{x-vt}{\lambda}\right)=A\sin2\pi\left(\frac{vt}{\lambda}-\frac{x}{\lambda}\right)$$

これを$vT=\lambda$を用いて書きなおすと，正弦波を表す式は次のようになる。

$$y=A\sin2\pi\left(\frac{t}{T}-\frac{x}{\lambda}\right) \qquad (2\cdot22)$$

この式によって，各媒質の変位$y$が位置$x$と時間$t$の関数として表される。

★1 以降，位相は**弧度法**(▷p.224)で表すことにする。このとき，$2\pi$rad＝360°である。

(2·22)で時間$t$を一定にして$y$-$x$グラフをかくと，その時刻における波形が得られる。また，位置$x$を一定にして$y$-$t$グラフをかくと，その位置における媒質の変位の時間変化が得られる。図43は(2·22)を３次元のグラフで表したものである。

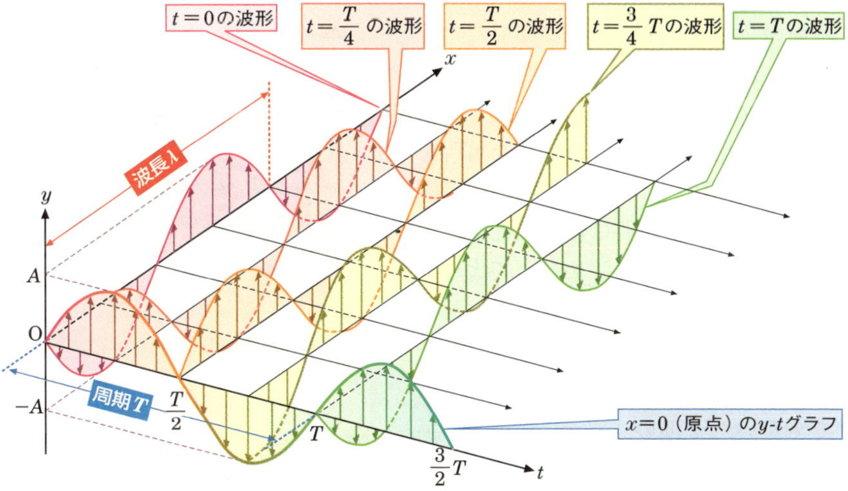


図43　波の式のグラフ

**ポイント**　**正弦波を表す式**　$y=A\sin 2\pi\left(\frac{t}{T}-\frac{x}{\lambda}\right)$

**③ 位相（いそう）**　(2·22)で$\phi$（ファイ）$=2\pi\left(\frac{t}{T}-\frac{x}{\lambda}\right)$とおいたとき，この$\phi$を**位相**という。$\phi$は**無次元**の量(▷p.11)である。(2·22)で$t$を$t+T$で置きかえると，そのときの位相$\phi'$は，$\phi'=2\pi\left(\frac{t}{T}-\frac{x}{\lambda}\right)+2\pi=\phi+2\pi$となる。$\sin\phi$と$\sin(\phi+2\pi)$は同じ値になるから，位相が$2\pi$ずれるごとに$y$の値は同じになる。このことは，$x$を$x+\lambda$に置きかえてもいえる。つまり，時間的には１周期$T$ごとに，空間的には１波長$\lambda$ごとに位相が$2\pi$ radだけ変化して，媒質の振動が同じになる。

(2·22)に$x=0$を代入すれば(2·20)が得られる。これはウェーブマシンの棒１の変位が，時間とともにどのように変化するかを示している。棒２，棒３，…の変位は棒１より少しずれたグラフになる。このずれは，棒１からの距離$x$〔m〕を用いて，$2\pi\frac{x}{\lambda}$で表される。この値が棒１に対する位相のずれ(位相差)である。

(2·22)に$t=0$を代入すれば(2·21)が得られ，これは$t=0$の瞬間の波形を表す。$t=\frac{T}{4}$，$\frac{T}{2}$，$\frac{3T}{4}$，…の波形を表すグラフは，$t=0$の波形よりも少しずれたものになる。$t=0$との位相差は$2\pi\frac{t}{T}$で表される。

# 2 波の干渉

## 1 水面波の干渉 重要

水面の2点$S_1$，$S_2$を同じ周期でたたくと，図44のように，$S_1$，$S_2$から同心円状の波が広がって重なりあう。2つの波の山と谷が重なった所では，2つの波が打ち消しあって振動しない。このような場所を連ねた曲線(図44のオレンジ色の線)を**節線**という。節線と節線の間は波の山と山または谷と谷が重なる所で，強めあって大きく振動する。このように，波が強めあったり弱めあったりすることを**波の干渉**(かんしょう)という。

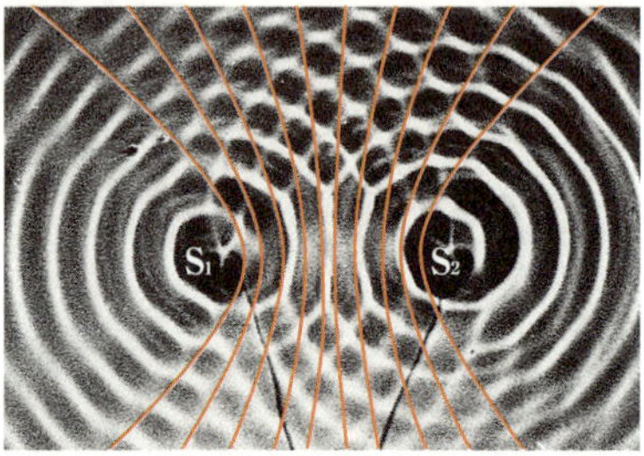

図44 水面波の干渉

図45はコンピュータでえがいた干渉の図である。2つの波源から出た波が重なりあって干渉しており，振動しない点が節線をつくっている。

節線にそって実線の矢印どうし，破線の矢印どうしを結ぶと双曲線になっている。

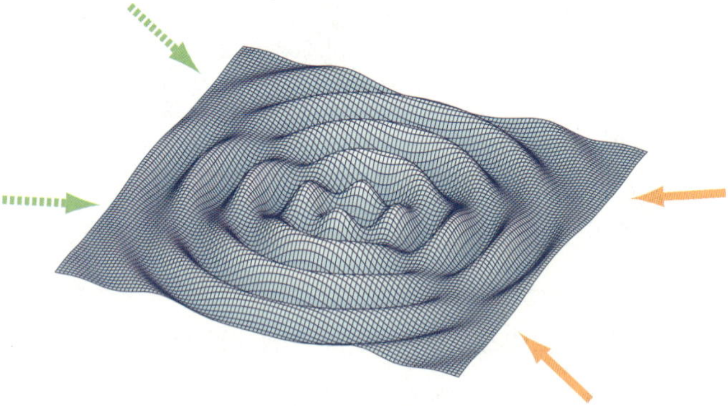
図45 コンピュータによる干渉図　視点 2本の節線が見られる。

## 2 干渉の条件

**❶ 波が強めあう条件**　図46は2つの波源$S_1$，$S_2$から波長$\lambda$と振幅の等しい波が同位相で送り出されているようすを示している。図46の点Pで2つの波が重なったときどうなるかを考えてみよう。

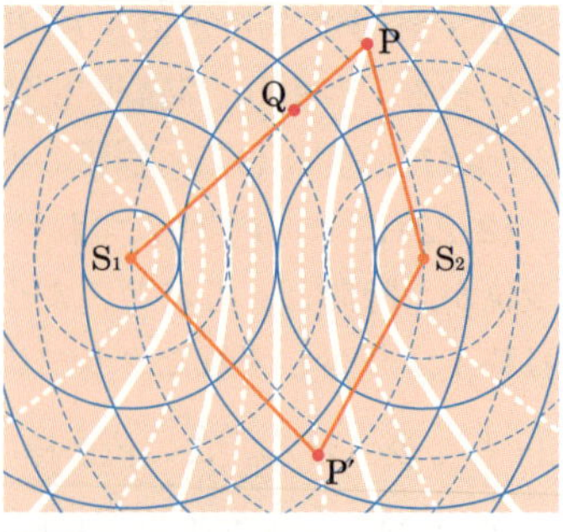

図46 2つの波源からの波の干渉
視点 青実線は波の山，青破線は波の谷で白破線は節線，白実線は2つの波が強めあう点を連ねた曲線。

波源$S_1$，$S_2$は同位相の波を出すから，$S_1$，$S_2$から等距離の点では波の変位は等しい。したがって，直線$S_1P$上に，$S_1Q = S_2P$となる点Qをとると，点Qでの$S_1$からの波の変位と点Pでの$S_2$からの波の変位は等しい。

波の変位は1波長ごとに同じくり返しが起こるから，QPが波長の整数倍ならば，$S_1$からの波の点Pでの変位は点Qでの変位に等しく，したがって$S_2$からの波の点Pでの変位に等しくなる。よって，点Pで$S_1$からの波と$S_2$からの波は強めあう。

QP＝$|S_1P-S_2P|$であるから，2つの波が強めあう条件は，$m$を整数として，

$$|S_1P-S_2P|=m\lambda \quad (2\cdot23)$$

**❷ 波が打ち消しあう条件**　2つの波源からの同位相の波が打ち消しあうのは，2つの波の変位が逆になった場合である。変位が逆になるのは，距離にして半波長の差にあたるから，図46のQPが（波長の整数倍＋半波長）になっていれば，P点におけるS₁からの波とS₂からの波の変位が逆になるため，打ち消しあう。よって，2つの波が打ち消しあう条件は，

$$|S_1P-S_2P|=\left(m+\frac{1}{2}\right)\lambda \quad (2\cdot24)$$

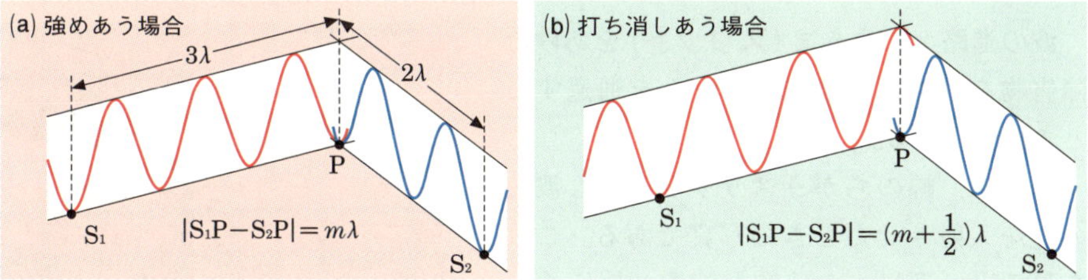


図47　波が強めあう場合と弱めあう場合

視点　立体図形をかいてみると，(a)では$S_1$から出た波は点Pで谷をつくり，$S_2$から出た波も点Pで谷をつくる。このため点Pは深い谷となる。(b)では山と谷になって打ち消しあう。

補足　節線上で波が完全に打ち消しあって振動しなくなるためには，2つの波の振幅も等しくならなければならない。

**ポイント**

同位相の波が強めあう条件…………$|S_1P-S_2P|=m\lambda$

同位相の波が打ち消しあう条件……$|S_1P-S_2P|=\left(m+\frac{1}{2}\right)\lambda$

［$S_1P$，$S_2P$〔m〕：$S_1P$間，$S_2P$間の距離
$\lambda$〔m〕：波長　　$m$：整数0, 1, 2, …］

**❸ 2つの波源の位相が異なる場合**　(2・23)式と(2・24)式は，2つの波源$S_1$，$S_2$が同位相の波を送り出しているときにだけ成りたつ。もし，2つの波源の出す波の位相が$\pi$だけずれていたら，つまり，$S_1$が山のとき$S_2$が谷ならば，図46の$S_1$の波はそのままだが，$S_2$の波は青実線と青破線が入れかわるから，白実線と白破線も入れかわる。つまり，2つの波源の波の位相が等しいときには強めあっていた場所が打ち消しあう場所になるから，波の干渉の条件式も入れかわり，(2・24)式が強めあう条件，(2・23)式が打ち消しあう条件を示すことになる。

第2編　物理現象とエネルギー

# 3 波の回折

## 1 回　折

図48のように波の進路上に障害物を置く。このとき，波が直進しかしないものならば，障害物の裏側の部分には，波が入りこまないはずである。しかし，実際にはある程度まで波が回りこむ。この現象を**回折**という。波が回りこむ範囲は波長$\lambda$が大きいほど大きくなる。

補足　回折は波に特有の現象で，光が波であることが決定的になったのも，光の回折・干渉という現象が発見されたからである。

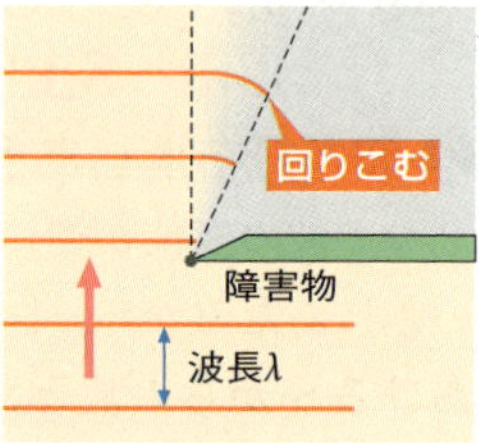


図48　回折

## 2 スリットによる回折

波の進路上にすきま(**スリット**)をあけた障害物を置くと，波がスリットを通過するときに回折する。

図49は，幅のちがうスリットに同じ波長の波を入射させたときの写真である。これを見ると，スリットの幅が波の波長にくらべて小さいほど，回折する角度が大きいことがわかる。ラジオの電波(波長が長い)がテレビの電波(波長が短い)よりビルのかげなどでも受信しやすいのは，この回折のためである。

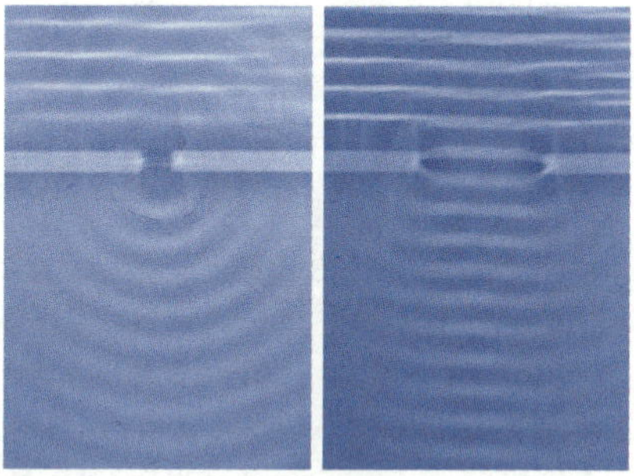

図49　スリットによる回折

# 4 波の反射と屈折

## 1 波　面

**① 波面とその形**　水面波が進んでいくのを見ると，山または谷がひとつながりの曲線になっている。この曲線を**波面**という。

波面とは，波の位相の等しい点をつないでできる曲線である。水面波の波面は平面的な円であるが，音波の波面は球面である。波面の形によって，**円形波**，**球面波**，**平面波**などと呼ばれる波がある。

図50　水面波の波面

**❷ 波の速度と波面**　波の伝わる速さ(▷p.142)というのは，波面の速さのことである。波面の速度の方向は波面に垂直である。

## 2 反射の法則

**❶ 波の反射**　図51のように，波がA→Oの方向に進んできて壁MNにあたり，反射して，O→Bの方向に進んだとする。入射点OでMNに立てた**法線**[★1] XYとAO，BOのなす角をそれぞれ**入射角**，**反射角**という。

**❷ 反射の法則**　波が反射するとき，

**入射角 $\theta$ ＝ 反射角 $\theta'$**

となる。これを**反射の法則**という。

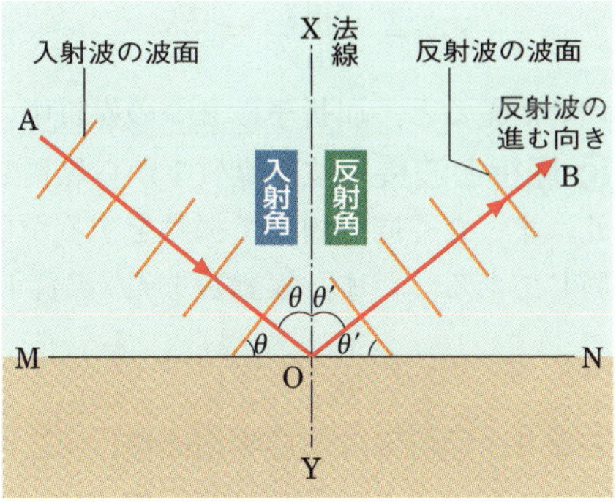


図51　反射の法則

## 3 屈折の法則

**❶ 波の屈折**　水面波の速さ$v$は，水深$h$によって変わる($\lambda \gg h$[★2]の場合，$v \propto \sqrt{h}$[★3])。図52のように，水槽の中に深い所と浅い所をつくり，波を深い所から浅い所へ送ると，その境界で波の進む方向が変わる。このように，波が異なる媒質の境界を通るときに進む方向が変化する現象を波の**屈折**という。

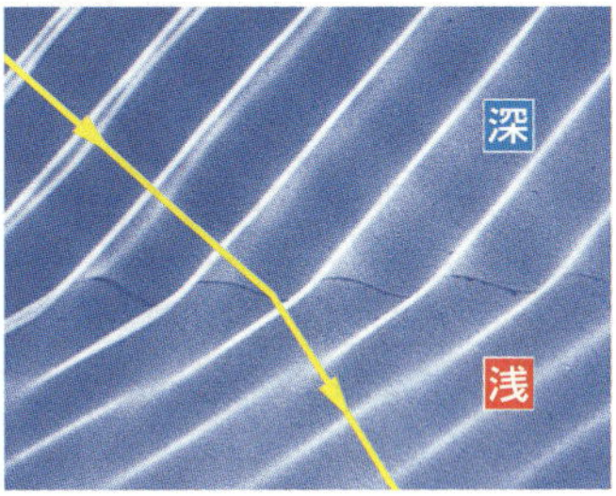


図52　水面波の屈折

**❷ 屈折角**　図53のように異なる媒質の境界面に波が入射すると，一部は反射し残りが屈折して，媒質Ⅱに進む。入射点Oで媒質の境界面に垂直に立てた法線XYと入射波の進行方向とのなす角$i$を**入射角**，屈折波の進行方向と法線XYとのなす角$r$を**屈折角**という。

**❸ 屈折の法則**　入射角の大きさを変えたとき，入射角と屈折角の正弦の比$\sin i/\sin r$の値は一定である。そこでこの定数を媒質Ⅰに対する媒質Ⅱの**屈折率**といい，$n_{12}$と表す。

$$n_{12} = \frac{\sin i}{\sin r} \qquad (2\cdot25)$$

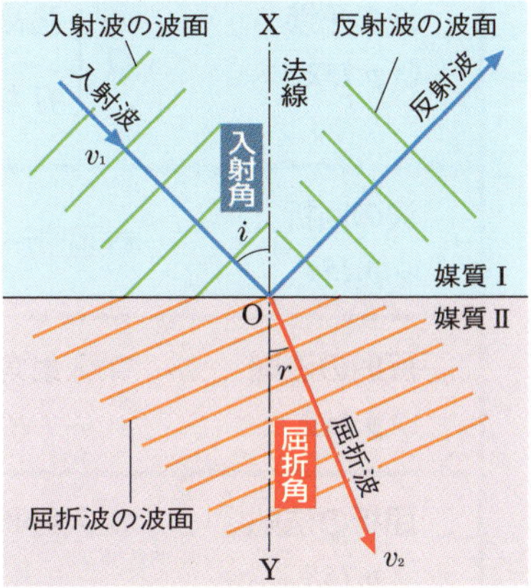


図53　波の反射と屈折

★1　ある面や線に対して垂直な直線を，その面や線の**法線**という。
★2　≫や≪は非常に大きい，もしくは非常に小さいことを表す記号である。
★3　この関係より，水面波を考える場合，水深が違う場所は異なる媒質として扱う。

図53で，波が媒質Ⅱから媒質Ⅰに進む場合，媒質Ⅱに対する媒質Ⅰの屈折率$n_{21}$は，

$$n_{21}=\frac{\sin r}{\sin i}=\frac{1}{n_{12}}$$ となる。

**❹ 屈折率と速さの関係**　屈折率と波の速さとの間には，次の関係が成りたつ。

$$n_{12}=\frac{\sin i}{\sin r}=\frac{v_1}{v_2} \qquad (2\cdot 26)$$

いいかえると，屈折率は2つの媒質中の波の速さの比に等しい。

**❺ 屈折と波長**　波が媒質Ⅰから媒質Ⅱに入るとき，境界面で接している媒質ⅠとⅡはまったく同じ周期で振動をするから，媒質Ⅱの中の振動数はⅠの中の振動数と同じである。いま，振動数を$f$，媒質Ⅰ，Ⅱの中の波の波長を$\lambda_1$，$\lambda_2$とすると，

$$n_{12}=\frac{v_1}{v_2}=\frac{f\lambda_1}{f\lambda_2}=\frac{\lambda_1}{\lambda_2} \qquad (2\cdot 27)$$

$$n_{12}=\frac{v_1}{v_2}=\frac{\lambda_1}{\lambda_2}$$

となり，屈折率は波長の比に等しいことがわかる。

## この節のまとめ　波の性質

| | |
|---|---|
| □正弦波 ▷ p.150 | ● 正弦波を表す式…$y=A\sin 2\pi\left(\frac{t}{T}-\frac{x}{\lambda}\right)$<br>● $\phi=2\pi\left(\frac{t}{T}-\frac{x}{\lambda}\right)$を位相という。 |
| □波の干渉 ▷ p.152 | ● 強めあう条件　$\lvert S_1P-S_2P\rvert=m\lambda$<br>打ち消しあう条件　$\lvert S_1P-S_2P\rvert=\left(m+\frac{1}{2}\right)\lambda$ |
| □波の回折 ▷ p.154 | ● 回折…波が障害物の裏側に回りこむこと。 |
| □反射の法則 ▷ p.155 | ● 入射角と反射角は等しい。<br>$\theta=\theta'$ |
| □屈折の法則 ▷ p.155 | ● 入射角$i$を変化させても屈折率$n_{12}$は不変。<br>$n_{12}=\frac{\sin i}{\sin r}$　　$n_{21}=\frac{1}{n_{12}}$<br>● 屈折率は速さまたは波長の比。　$n_{12}=\frac{v_1}{v_2}=\frac{\lambda_1}{\lambda_2}$ |

# 3節 音の伝わり方



## 1 音波の性質

### 1 音源と音波

**❶ 音源**　ドラムをたたくと，膜が振動し，膜にふれている空気を圧縮または膨張させて，空気に疎密の変化を与える。この疎密の変化が空気中を伝わっていくのが音波である。このように，音を発生する**音源**（発音体）は振動している。おんさが振動すると，おんさに接触している空気も振動し，空気に疎密が生じる。おんさの振動とともに，この疎密がくり返されて，疎密波（▷*p.143*）となって伝わっていく。

**❷ 音波と媒質**　音波は**疎密波（縦波）**であり，空気だけでなく，気体，液体，固体はすべて媒質となって音を伝えることができる。媒質のない真空中では，音が伝わらない。

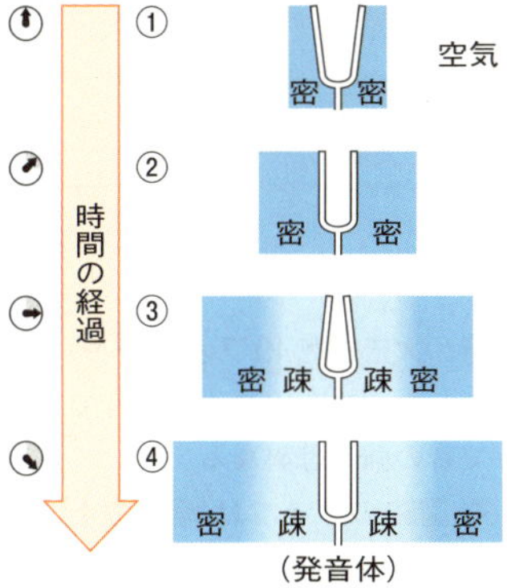


図54 おんさからの音波の発生

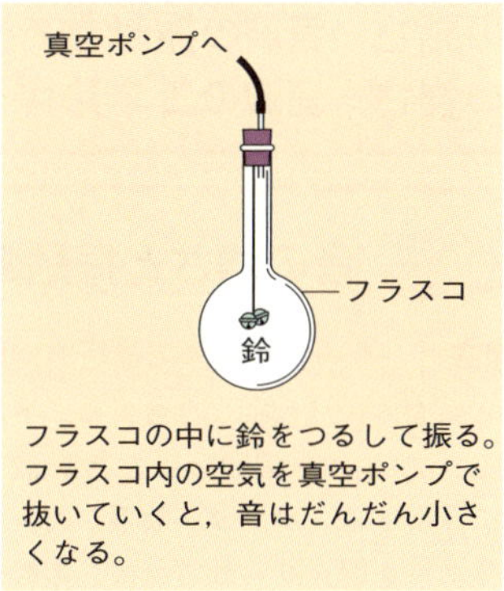


図55 真空中で音は伝わるか

### 2 音の3要素 重要

**❶ 音の高さ**　音の**振動数**のちがいは，人の耳には**音の高さ**のちがいとして聞こえる。音楽で一般的に用いる音階（**平均律音階**）の標準振動数は次ページの図57のとおりである。1オクターブ高い音は，振動数が2倍の音である。

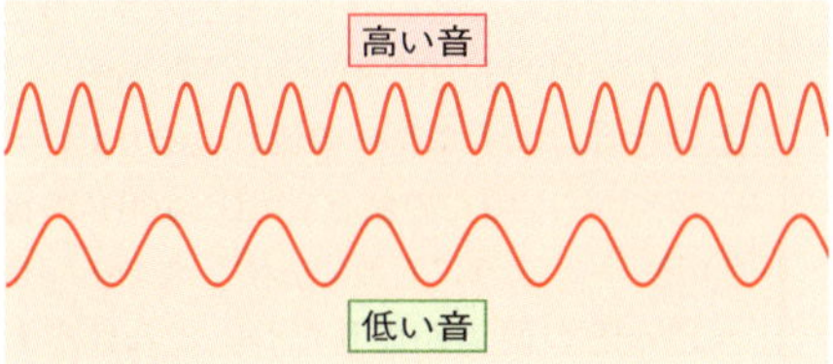


図56 音の高さ

人の耳に聞こえる音波の振動数は20〜20000 Hz程度である。この範囲の音を**可聴音**という。これより振動数が大きく，人の耳には聞こえない音を，**超音波**という（▷*p.161*）。

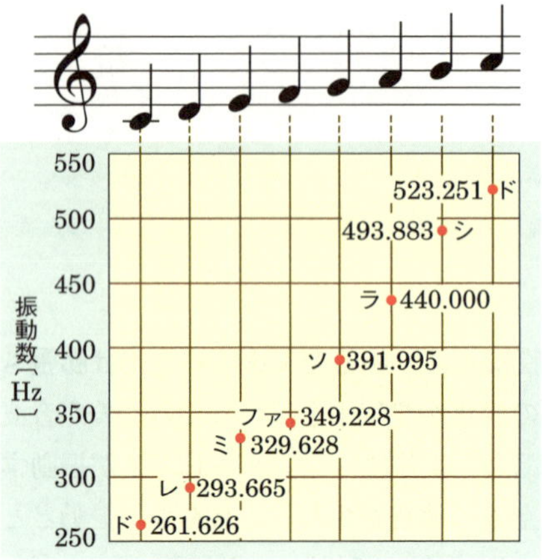


図57 音階と振動数

## ❷ 音の強さ

ドラムを強くたたくと，おなかが振動したり，ガラス窓が振動したりする。これは音波によってエネルギーが運ばれたことを示している。音の強さとはこの**エネルギーの大きさ**のことで，同じ高さの音であれば**振幅**によって決まる。

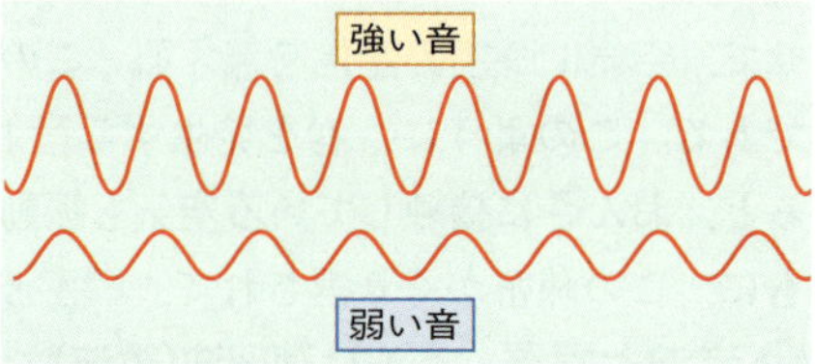


図58 音の強さ

**ポイント**
**音の高さ…音波の振動数で決まる**
**音の強さ…音波のエネルギーで決まる**

## 発展ゼミ　音の強さと振動数

◇**音の強さ**というのは，**音波の進行方向に垂直な1$m^2$の面積を1s間に通過するエネルギー**で表し，これは**振幅の2乗と振動数の2乗の積に比例**する。ソプラノ歌手が肉声でホール全体に声を響かせられるのは，振幅が大きいことにもよるが，振動数が大きいことにもよる。音の強さの単位は，上記の定義から$J/(m^2 \cdot s)$となる。

◇人間が聞くことのできる最小の音の強さ

$$I_0 = 10^{-12} J/(m^2 \cdot s) = 10^{-12} W/m^2$$

という音のエネルギーの流れ$I_0$を0dB（デシベル）とし，$10I_0$の値を10dB，$100I_0$の値を20dB，…のように対数で表す。つまり，$10^n I_0 = 10n$dBの関係が成りたつ。これは，人の耳が感じる**音の大きさ**をよく表している。

◇しかし，実際には音の振動数によって感じる音の大きさは変わってくる。そこで人間の感じる音の大きさは，**1000Hzで40dBの音の大きさを40フォン**という単位で表す。すなわち，同じ40フォンの音でも振動数によって音の強さは異なる。

◇図59のグラフは**等ラウドネスレベル曲線**といい，同じ大きさに聞こえる音の強さと振動数の関係を示している。このグラフから，人間の耳は4kHz付近で最も敏感になっていることがわかる。4kHz付近の音の例としては，女性の悲鳴や赤ちゃんの泣き声がある。

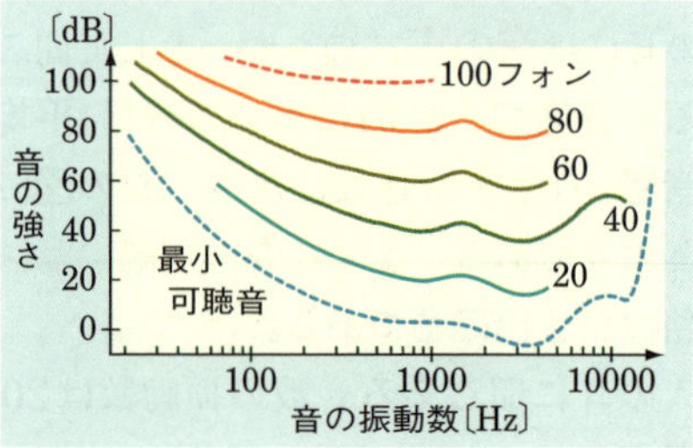


図59 等ラウドネスレベル曲線

**❸ 音色**(ねいろ)　同じ高さの音でも，フルートの音とバイオリンの音ではまったくちがって聞こえる。これを**音色**という。図60は，いろいろな楽器の音の波形を電気信号に変え，**オシロスコープ**という装置で表示した写真である。これを見るとわかるように，楽器がちがうと，音の波形はまるでちがう。音色のちがいはこの**波形のちがい**によって生じる。

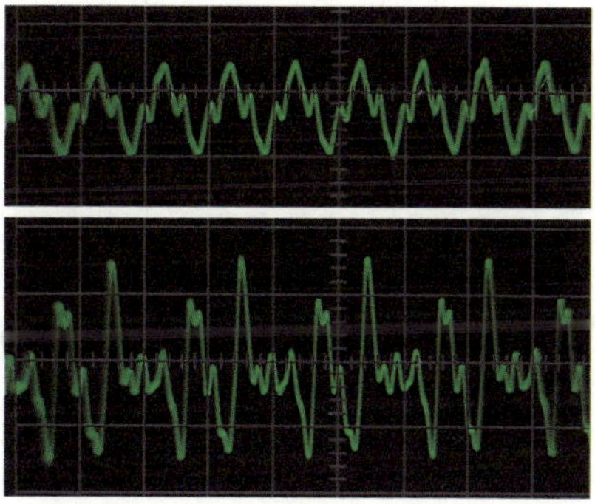

図60　音の波形(上：リコーダー，下：鍵盤ハーモニカ)

## 3 音の速さ

**❶ 空気中の音速**　乾燥した空気中を伝わる音の速さは，気温によって変化する。0℃のときの空気中の音速は**331.5m/s**で，気温が1K(1℃)高くなるごとに**0.6m/s**ずつ速くなる。よって，$t$〔℃〕のときの音速$V$〔m/s〕は，次のように表せる。

$$V = 331.5 + 0.60t \tag{2·28}$$

補足　気温15℃のときの音速は，$V = 331.5 + 0.60 \times 15 = 340.5$m/sである。ふつう音の速さを**340m/s**とするのは，15℃のときの値をもとにしている。

**ポイント**　**空気中の音速**　$V = 331.5 + 0.60t$
$V$〔m/s〕：音速　$t$〔℃〕：気温

**❷ 液体・固体中の音速**　音波は空気中ばかりでなく，液体や固体の中を伝わることもできる。鉄棒に耳をつけておき，誰かに鉄棒の遠くの部分を軽くたたいてもらうと，その音がよく聞こえる。これは音が鉄棒の中を伝わってくるからである。

液体中の音速は気体中の音速よりずっと大きい。たとえば水中では1500m/sである。固体中の音速は液体中よりもさらに大きい。たとえば鉄棒中では5950m/sである。一般に**音速は，固体中＞液体中＞気体中の順に大きい。**この理由は，気体に比べて液体や固体は体積の変化がしにくい(▷*p.116*)ので，変位した媒質の復元力が大きいからである。

参考　水中では音のやってくる方向がわかりにくい。人は音が左右の耳に入る時間の差によって音の来る方向を判断しているが，水中では音速が大きいので，この時間差が短くなるからである。

| 物　質 | | 音速〔m/s〕 |
|---|---|---|
| 固体 | 氷 | 3230 |
| | 鉄 | 5950 |
| 液体 | 水(23～27℃) | 1500 |
| | エタノール | 1207 |
| 気体 | 空気(乾燥0℃) | 331.5 |
| | 水蒸気(100℃) | 404.8 |
| | 水素(0℃) | 1269.5 |
| | ヘリウム(0℃) | 970 |

表1　物質中の音速

# 2 音の反射・屈折・回折

## 1 音の反射

**❶ 音の反射**　音波も波の一種であり，異なる媒質の境界面で反射される。このとき，音波も反射の法則（▷p.155）にしたがう。魚群探知機やコウモリは，出した超音波が反射した音を観測し，位置を把握している。

**❷ 残響**（ざんきょう）　トンネルの中などで大声を出すと，音波がトンネルの壁で何回も反射し，長い間響く。この現象を**残響**という。劇場，音楽ホールなどでは，残響を適当に消す工夫がされている。

(a)ソナー（魚群探知機）　(b)やまびこ　(c)風呂場の残響

図61　反射の例

## 2 音の屈折

**❶ 水中に入射する場合**　音波が空気中から水中に入射すると，水中の音速のほうが速いので，空気に対する水の屈折率（▷p.155）は1より小さくなる。

$$n=\frac{\sin i}{\sin r}=\frac{v_1}{v_2}<1$$

そのため，屈折角$r$は入射角$i$より大きくなり，光の場合とは逆になる。

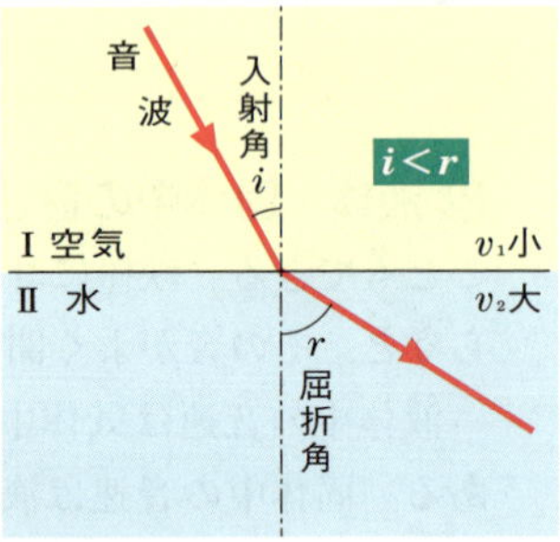

図62　音の屈折

**❷ 夜間の遠くの物音**　夜は昼よりも遠くの物音がよく聞こえる。この原因の1つは音の屈折である。

昼間は地面が熱く，上空の空気ほど冷たいので，地上で発せられた音波の伝わる方向は，屈折によって，しだいに鉛直上向きになる。

夜は放射冷却によって地面が冷え，上空の空気のほうが暖かいので，音波の伝わる方向はしだいに水平方向に近づき，遠くの物音が届きやすい。

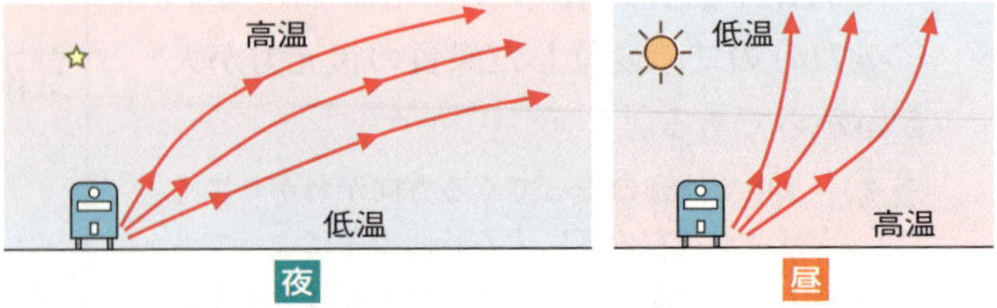

図63　夜と昼の音の屈折のちがい

## 3 音の回折

波はその波長よりも小さい物体にあたっても，**回折**（▷*p.154*）して，その裏側に入りこむ。音波は光波よりも波長が長いため回折現象が現れやすい。可聴音の波長はおよそ1.7cm～17 m である（▷*p.157*）から，かなり大きな障害物でも，その裏へまわりこむ。たとえば物陰にいる人の話し声は，姿が見えなくても聞こえる。

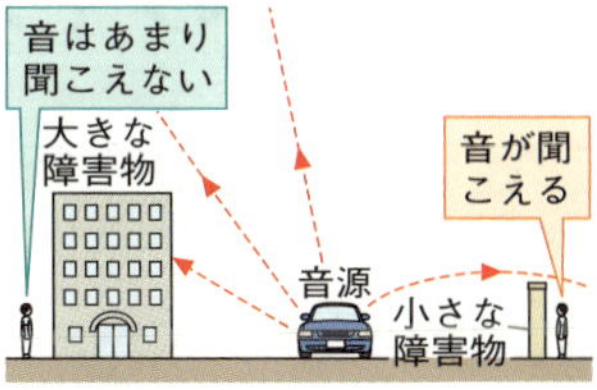

図64 音の回折



### 発展ゼミ 超音波

◆超音波を水中に照射すると，水を細かく振動させて，水中に存在する気体分子から無数の小さな泡をつくり出す。この泡は強いエネルギーをもっているので，これを利用して時計の内部の汚れを落としたり，2種類の混じり合わない液体を，細かいコロイド状にして均質にしたりすることができる。

◆また，**超音波は水中をふつうの音よりもまっすぐ進む**ので，魚群を探知したり，海の深さをはかったりするのにも使われている。

◆動物の中にも超音波を出しているものがいる。たとえば，イルカは超音波を利用して交信しあっていることがよく知られている。

◆また，コウモリは超音波（50～90kHz）のパルス波を出しながら飛び，その**反射音で反射物体までの距離や形を「見て」いる。**このため，コウモリの耳をロウでふさいでしまうと，うまく飛べなくなって，あちこちにぶつかったりする。

## この節のまとめ　音の伝わり方

| | |
|---|---|
| □音波の性質 ▷*p.157* | ● 音の3要素<br>高さ…**振動数**によって決まる。<br>強さ…**振幅**によって決まる。<br>音色…**波形**によって決まる。<br>● 音の速さ…気温$t$〔℃〕では，$V〔m/s〕= 331.5 + 0.60t$ |
| □音の反射・屈折・回折 ▷*p.160* | ● 音の**反射**…やまびこの残響などの例がある。<br>● 音の**屈折**…音速のちがう媒質に入るとき屈折する。<br>● 音の**回折**…音波の波長は長いので，よく回折する。 |

# 4節 音の干渉と共鳴

## 1 音の干渉

### 1 音の干渉

**❶ 2つのスピーカーの音の干渉(かんしょう)**　図65のように，2つのスピーカーを並べ，1つの発振器につないで同じ振動数の音を出す。こうすると，2つのスピーカーからの音波が重なりあった所で**干渉**が起こる。

図65の赤色の実線は同じ位相の音波が重なる所で，**音が大きく聞こえる**。赤色の破線は，半波長だけずれた音波が重なる所で，**音が聞こえにくい**。この破線部分を，音波の**節線**(図44▷*p.152*)という。

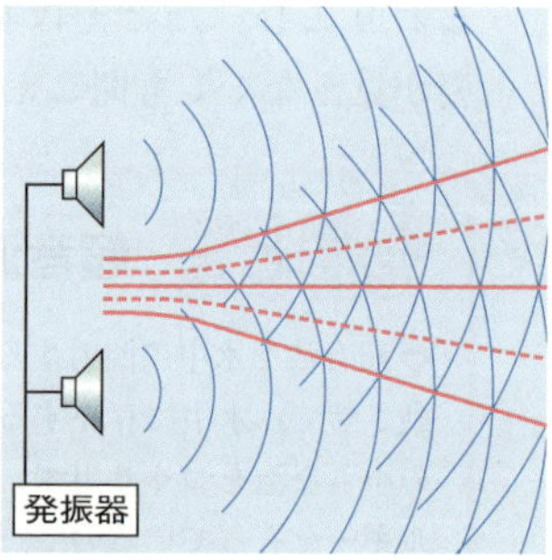


図65　2つのスピーカーの音の干渉

**❷ おんさのまわりの音の干渉**　図66(a)のように，耳のそばで振動しているおんさを回転させると，1回転の間に4回音が小さくなる。これは音波の干渉が原因である。図66(b)はおんさを真上から見たもので，おんさはXX′方向に振動する。XX′方向に音波の密部が出るとき，YY′方向には音波の疎部が出る。そのため，中間のAA′とBB′の線上では，疎部と密部が重なり合い，振動しない節線となる。

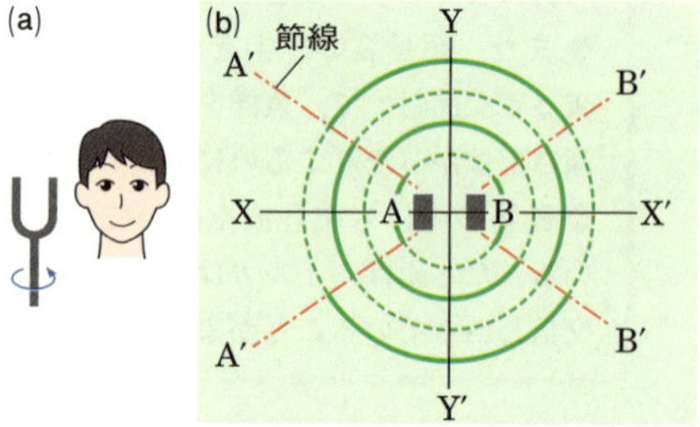


図66　おんさのまわりの音の干渉

### 2 うなり 重要

**❶ うなりの発生**　振動数の等しい2つのおんさを用意し，図67のように，1つのおんさに金属片を取りつけて同時に鳴らす。すると，音は大きくなったり小さくなったりして，「ワーン，ワーン」というように聞こえる。この現象を**うなり**という。

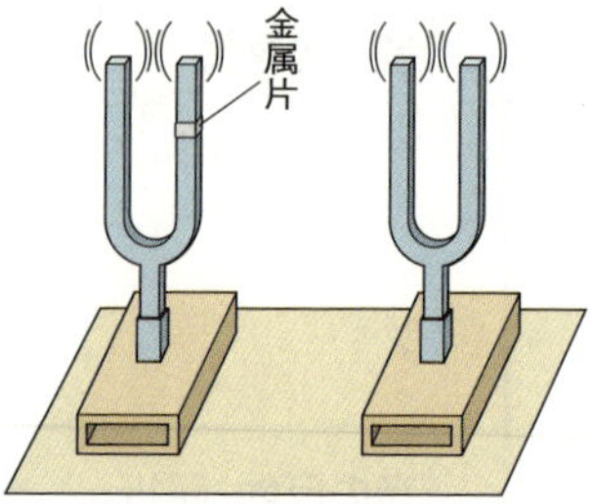


図67　うなりの発生

**❷ うなりの原因**　おんさに金属片をつけると，振動体の質量が大きくなるので，振動数が少し小さくなる。このため，2つのおんさの振動数がわずかにちがうことになる。これがうなりの発生する原因である。

図68　うなりの波形
（Ⅰ・Ⅱ：もとの音波
Ⅲ：合成波）

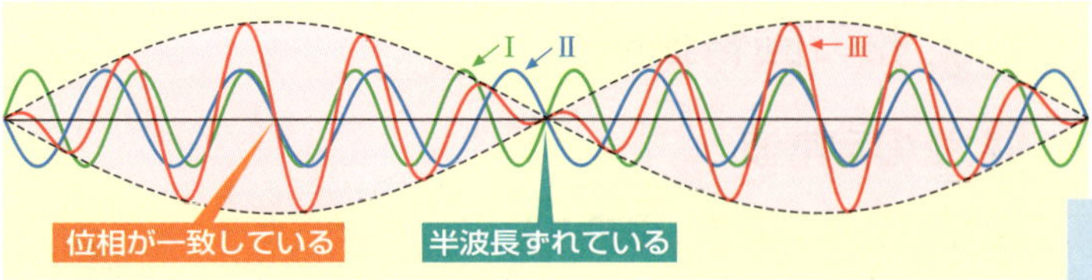




補足　図68に示すように，位相が一致した所では合成波の振幅が大きく，半波長ずれた所では合成波の振幅が0になる。このように，合成波の振幅がもとの音波の周期より長い周期で大きくなったり小さくなったりするので，音が「ワーン，ワーン」と聞こえるのである。

**❸ うなりの振動数**　2つのおんさの振動数を$f_1$，$f_2$とする。2つの音波の位相が一致した時刻から$T$〔s〕後に再び位相が一致したとすれば，この間におんさが振動する回数はそれぞれ$f_1T$，$f_2T$である。この差は1回であるから，

$$|f_1T-f_2T|=1$$

$T$〔s〕に1回の割合でうなりが聞こえるから，うなりの振動数$f$は，

$$f=\frac{1}{T}=|f_1-f_2| \qquad (2\cdot29)$$

となり，**うなりの振動数はもとの音波の振動数の差に等しい。**

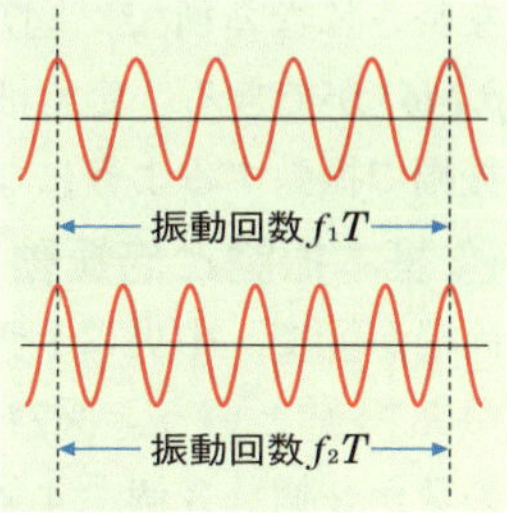


図69　2つの波形

**ポイント**
**うなりの振動数　$f=|f_1-f_2|$**
$f$〔Hz〕：うなりの振動数　　$f_1$，$f_2$〔Hz〕：もとの音波の振動数

**例題　3個のおんさとうなり**

3個のおんさA，B，Cがある。おんさAの振動数は250Hzである。AとB，AとC，BとCを同時に鳴らすと，それぞれ毎秒2回，3回，5回のうなりが聞こえる。おんさBとCの振動数はそれぞれいくらか。

着眼　**2つの音波の振動数$f_1$と$f_2$の大小が決まっていない場合は，$f_1>f_2$ と $f_1<f_2$の2つの場合を考えなければならない。**

解説　おんさB，Cの振動数を$f_B$，$f_C$〔Hz〕とすると，(2・29)式より，

$|f_B-250|=2$　より，　$f_B=252$Hz　または　248Hz
$|f_C-250|=3$　より，　$f_C=253$Hz　または　247Hz

これらの値のうち，$|f_B-f_C|=5$　を満たすのは，

$f_B=248$Hz，$f_C=253$Hz　または　$f_B=252$Hz，$f_C=247$Hz

の組みあわせである。

答　B…**248Hz**，C…**253Hz**，または，B…**252Hz**，C…**247Hz**

# 2 弦の固有振動

## 1 弦の定常波

**❶ 弦を伝わる横波**　図70のように，スピーカーにつけた弦におもりをつり下げてぴんと張っておいて，スピーカーを鳴らすと，横波ができて弦を伝わる。波は滑車の所で反射し，波長と振幅が同じ2つの波が反対向きに進むことになり入射波と反射波が干渉する。スピーカーの振動数を小さいほうからしだいに大きくしていくと，波長が適当な長さになる所で，図71のような形の定常波(▷*p.146*)ができる。定常波ができると，弦は大きな振幅で振動するようになる。

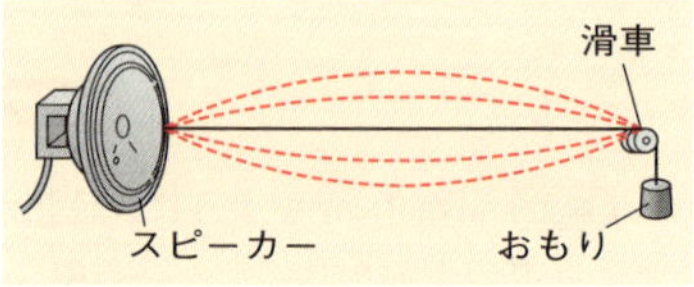


図70　弦を伝わる横波

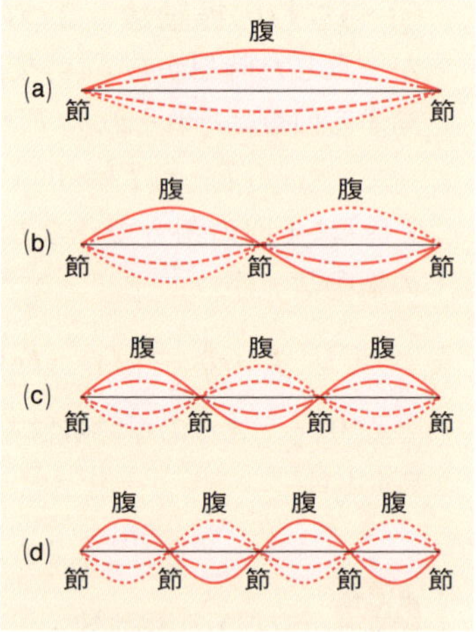


図71　弦の定常波

**❷ 基本振動と倍振動**　図71(a)のように，弦の両端が節で，中央に1個だけ腹がある場合を弦の基本振動という。図71(b)，(c)，(d)のように，腹の数が2個，3個，4個，…とできる場合を，それぞれ**2倍振動**，**3倍振動**，**4倍振動**，…という。これらはそれぞれ基本振動の2倍，3倍，4倍，…の振動数で振動する場合である。

## 2 弦を伝わる波の速さ

**❶ 弦の張力と質量**　弦の張力が大きければ復元力も大きいので，弦が横に変位してもすぐ元にもどされる。したがって，振動数は大きくなる。また，弦の質量が大きければ慣性が大きいので，弦が変位したとき元にもどりにくい。したがって，振動数は小さくなる。このように，弦の振動数は張力と質量によって決まる。

**❷ 弦を伝わる波の速さ**　弦の1mあたりの質量を線密度という。線密度$\rho$〔kg/m〕の弦を張力$S$〔N〕で張った場合，弦を伝わる横波の速さ$v$〔m/s〕は，

$$v=\sqrt{\frac{S}{\rho}} \tag{2・30}$$

で与えられる。

**ポイント**

**弦を伝わる横波の速さ**　　$v=\sqrt{\dfrac{S}{\rho}}$

$v$〔m/s〕：波の速さ　　$S$〔N〕：弦の張力　　$\rho$〔kg/m〕：弦の線密度

## 3 弦の固有振動 重要

**❶ 弦の定常波と振動数の関係**　長さ$l$〔m〕の弦を張り，定常波をつくらせる。基本振動の波長を$\lambda_1$〔m〕，2倍振動，3倍振動，……，$n$倍振動の波長をそれぞれ，$\lambda_2$，$\lambda_3$，……，$\lambda_n$〔m〕とする。定常波の節と節との間の距離は半波長に等しいから，

$$\frac{\lambda_1}{2}=l \qquad \text{よって，} \quad \lambda_1=2l$$

$$\frac{\lambda_2}{2}=\frac{l}{2} \qquad \text{よって，} \quad \lambda_2=\frac{2l}{2}=l$$

$$\frac{\lambda_3}{2}=\frac{l}{3} \qquad \text{よって，} \quad \lambda_3=\frac{2l}{3}$$

$$\vdots \qquad\qquad \vdots$$

$$\frac{\lambda_n}{2}=\frac{l}{n} \qquad \text{よって，} \quad \lambda_n=\frac{2l}{n}$$

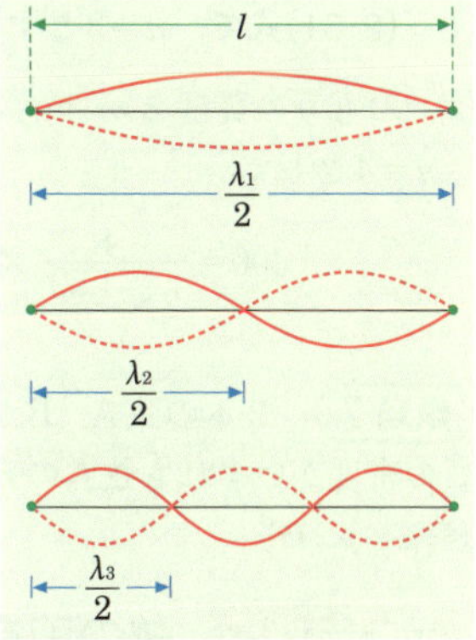


図72　弦の定常波の波長

このように定常波となる波長はとびとびの値である。ここで，$n$倍振動の振動数を$f_n$〔Hz〕とし，弦を伝わる波の速さに(2･30)式を用いると，$v=f_n\lambda_n$より，次のようになる。

$$f_n=\frac{v}{\lambda_n}=\frac{n}{2l}\sqrt{\frac{S}{\rho}} \qquad (n=1,\ 2,\ \cdots\cdots) \qquad (2\cdot31)$$

**❷ 弦の固有振動数**　弦の定常波の振動数は，(2･31)式で与えられるとびとびの値である。これらの振動数を**弦の固有振動数**という。弦をはじくと，弦は固有振動数で振動し，まわりの空気を同じ振動数で振動させるので，弦の固有振動数と同じ高さの音が発生する。

補足　弦をはじくと，基本振動だけでなく同時に倍振動も発生するが，ふつう耳に感じる音の高さは基本振動数によって決まる。また，音色(▷p.159)は，倍振動の混ざりかたで決まっている。

**ポイント**　**弦の固有振動数**　$f_n=\dfrac{n}{2l}\sqrt{\dfrac{S}{\rho}}$　$\left[\begin{array}{ll} l\,〔\mathrm{m}〕\text{：弦の長さ} & S\,〔\mathrm{N}〕\text{：張力} \\ \rho\,〔\mathrm{kg/m}〕\text{：線密度} & n=1,\ 2,\ \cdots \end{array}\right]$

**例題　弦の固有振動**

長さ10.0m，質量0.0490gの弦を1.50mの長さに切り，80.0gのおもりをつり下げて水平に張った。この弦を振動させると，腹が3つの定常波ができた。重力加速度を9.8m/s$^2$として，各問いに答えよ。

(1)　弦の振動数はいくらか。

(2)　弦の長さを$\frac{1}{2}$にして，腹の数を4個にし，(1)と同じ振動数の定常波を発生させるには，おもりの質量をいくらにすればよいか。

**着眼** 弦の線密度〔kg/m〕＝質量〔kg〕÷長さ〔m〕である。腹の数が3つになるのは，(2･31)式で$n=3$の場合である。MKS単位にそろえて代入すること。

**解説** 弦の線密度$\rho$は，　$\rho=0.0490\times10^{-3}\text{kg}\div10.0\text{m}=4.90\times10^{-6}\text{kg/m}$
弦の張力$S$は，　$S=80.0\times10^{-3}\times9.8=7.84\times10^{-1}\text{N}$

(1)　(2･31)式で，$n=3$とすると，$f_3=\dfrac{3}{2\times1.50}\times\sqrt{\dfrac{7.84\times10^{-1}}{4.90\times10^{-6}}}=400\,\text{Hz}$

(2)　おもりの質量を$m$〔kg〕とすると，張力は，$S$〔N〕$=mg=9.8m$となる。(2･31)式で，$n=4$として，

$$400=\frac{4}{2\times\dfrac{1.50}{2}}\times\sqrt{\frac{9.8m}{4.90\times10^{-6}}}\qquad よって，\quad m=1.125\times10^{-2}\text{kg}\fallingdotseq11\,\text{g}$$

**答**　(1)**400 Hz**　(2)**11 g**

**類題2**　2本の弦A，Bが両端を固定して張ってある。弦Bは，長さ，張力，直径，材質の密度がいずれも弦Aの$n$倍である。弦Bの基本振動数は弦Aの基本振動数の何倍か。
(解答▷p.245)

## 重要実験　弦の固有振動

**操作**

① 糸を10mの長さに切り取り，質量を測って線密度を求める。➡線密度〔kg/m〕は，質量〔kg〕を長さ〔m〕で割って求められる。

② 糸を適当な長さに切り，一端をスピーカーのコーンに固定し，他端をばねはかりに結びつけ，図73のようにセットする。

③ スピーカーを低周波発振器につないで，スイッチを入れると，スピーカーのコーンが振動し，弦が振動する。

④ 移動コマを動かして，弦に定常波ができるようにし，そのときの低周波発振器の振動数(弦の振動数$f$と等しい)，弦の振動部分の長さ$l$，腹の数$n$，ばねはかりの読み(弦の張力$S$)を記録する。

⑤ 低周波発振器の振動数を変えて，定常波の腹の数を変え，④と同じ記録をとる。

⑥ 低周波発振器の振動数を変えずに，ばねはかりを上下させて，弦の張力を変え，移動コマを動かして定常波をつくり，④と同じ記録をとる。

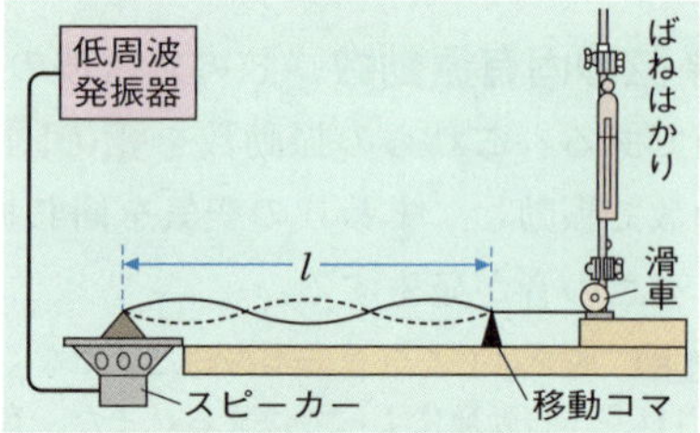

**図73**　弦の固有振動の実験装置

**結果と考察**

① 弦の張力$S$と弦の振動部分の長さ$l$を変えないで，弦の振動数$f$を大きくすると，**腹の数$n$は$f$に比例**して増える。

② 弦の振動数$f$を変えずに，張力$S$と弦の振動部分の長さ$l$を変えると，**張力$S$は$\left(\dfrac{l}{n}\right)^2$に比例**する。

# 3 共振と共鳴

## 1 共　振

**❶ 連成振り子**　振り子の固有振動数は糸の長さによって決まる。図74のように，１本の横糸に，長さの等しい２本の振り子A，Bと，長さのちがう振り子Cとを結びつけ，Aを振らせる。すると，Aの振動によって横糸がゆれ，Bが振動しはじめる。Bの振幅はしだいに大きくなり，反対にAの振幅は小さくなる。

Bの振幅が最大になると，Aは静止するが，すぐまた振動しはじめ，振幅が大きくなっていく。反対にBの振幅はしだいに小さくなる。

AとBはこのような振動をくり返すが，この間Cはほとんど振動しない。

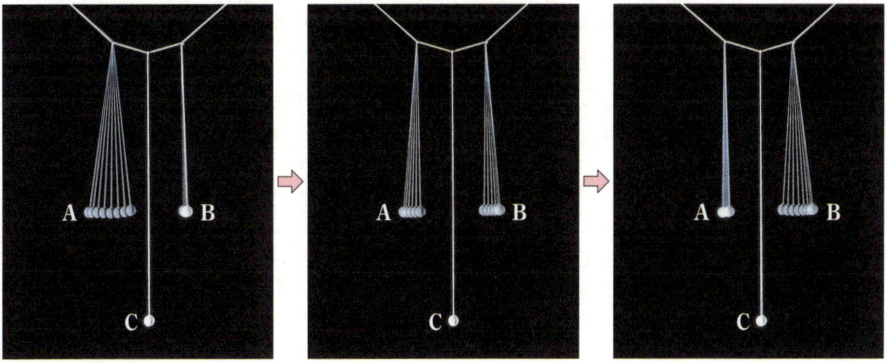


図74 連成振り子の振動

**❷ 固有振動と共振**　図74で，Bの振り子がAの振り子の振動につれて振れるのは，Aの振動による力が横糸を伝わって，Bにその固有振動の周期と同じ周期で加わるからである。ブランコをこぐときでも，ブランコの振動周期に合わせて力を加えるとしだいに振幅が大きくなる。振動する物体はすべて大きさやかたさ等によって固有振動数が決まっており，その周期と同じ周期で外力がはたらくと振動をはじめる。この現象を**共振**という。

## 2 共　鳴

せまい所に閉じこめられた空気は，その中で音波が往復するため，定常波ができやすく，固有振動数が決まる。このような空気が，その固有振動の周期と同じ周期の外力を受けて共振し，音を出す現象を**共鳴**(きょうめい)という。おんさの共鳴箱(図75)は，おんさの振動を箱に伝えて，箱の中の空気を共鳴させるためのものである。

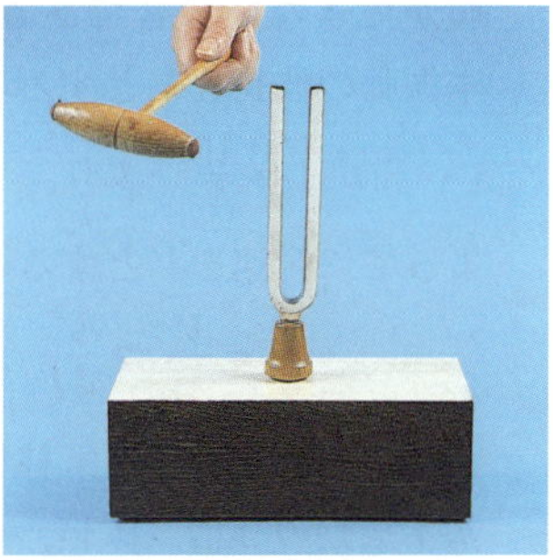

図75 おんさの共鳴箱

# 4 気柱の振動

## 1 開管と閉管

**❶ 気柱**　管の中の空気を**気柱**という。これに音波が伝わると，管底で反射した音波と入射した音波が干渉し，振動数がある条件をみたすと定常波(▷p.146)ができる。すなわち，気柱にも固有振動数があるといえる。

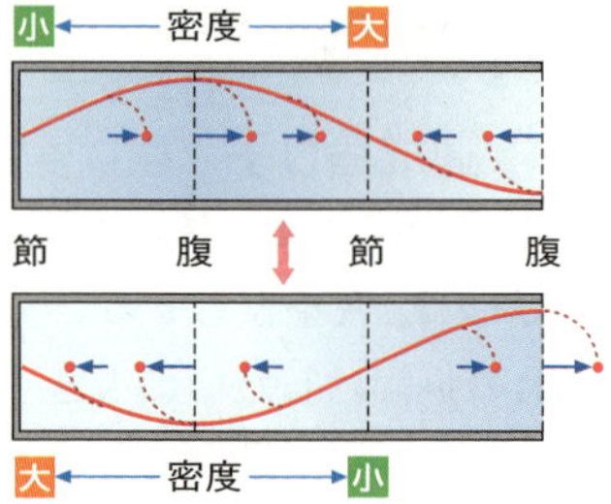

図76 閉管の定常波

**❷ 閉管**(へいかん)　一端が閉じていて，他端が開いている管を**閉管**という。管の開いているほうの口では，空気は大きく振動するので，定常波の**腹**になり，閉じているほうは空気が振動できないので，定常波の**節**になる。図76は，気柱の中にあたかも弦が入っているようにかいている。閉管内の気柱に定常波ができるときは，閉じた端が節になり，開いた端が腹になる。これに対して，空気の密度は，図76のように，節のところでは大きく変化し，腹のところではあまり変化しない。

**❸ 開管**(かいかん)　両端とも開いている管を**開管**という。開管内の気柱に定常波ができると，図77のように，両端が腹になる。空気の密度は，閉管の場合と同じように，節のところが大きく変化し，腹のところはあまり変化しない。

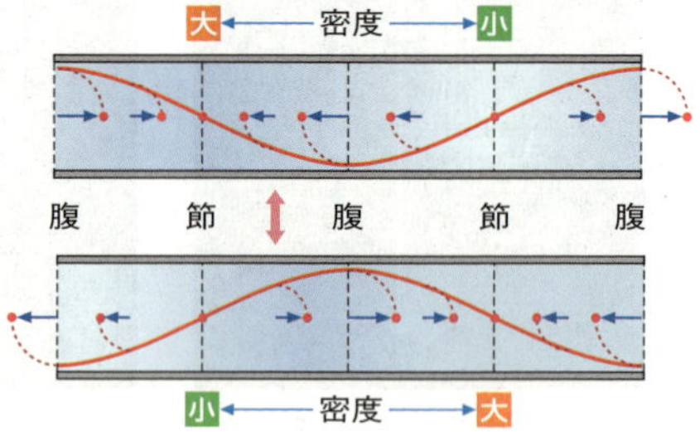

図77 開管の定常波

視点　開口端でも音波は反射し，定常波ができる。

## 2 閉管の固有振動 重要

**❶ 基本振動**　閉管の基本振動は，図78(a)のように，閉端が節，開端が腹となり，それ以外に節や腹ができない場合である。管の長さを$l$とし，基本振動の波長を$\lambda_1$とすると，

$$l = \frac{\lambda_1}{4} \quad より， \quad \lambda_1 = 4l$$

よって，音速を$V$とすると，基本振動数$f_1$は，

$$f_1 = \frac{V}{\lambda_1} = \frac{V}{4l} \qquad (2\cdot32)$$

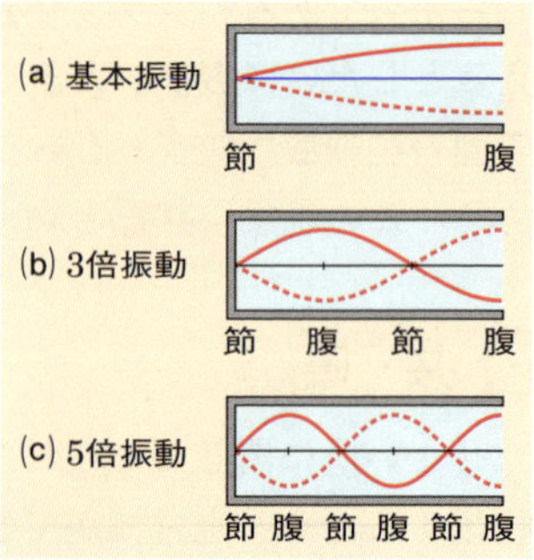

図78 閉管の固有振動

**❷ 倍振動**　閉管の気柱に送る音波の振動数を基本振動数から大きくしていくと，基本振動の3倍，5倍，…というように，基本振動の奇数倍のときに定常波ができる(図78)。これらは閉管の**倍振動**である。閉管には奇数倍の倍振動しかできない。

**❸ 閉管の固有振動数**　閉管の管の長さを$l$，基本振動，3倍振動，5倍振動，……の波長をそれぞれ$\lambda_1$，$\lambda_2$，$\lambda_3$，……とすると，

$$l=\frac{\lambda_n}{4}(2n-1)\quad より，\quad \lambda_n=\frac{4l}{2n-1}\quad (n=1,\ 2,\ \cdots) \tag{2·33}$$

となるので，音速を$V$とすると，基本振動，3倍振動，5倍振動，……の振動数$f_1$，$f_2$，$f_3$，……は，

$$f_n=\frac{V}{\lambda_n}=\frac{2n-1}{4l}V\quad (n=1,\ 2,\ \cdots) \tag{2·34}$$

## 3 開管の固有振動 重要

**❶ 基本振動**　開管の基本振動は図79(a)のように，両端が腹で，中央が節になる場合である。管の長さを$l$，波長を$\lambda_1$とすると，

$$l=\frac{\lambda_1}{4}\times 2\qquad よって，\quad \lambda_1=2l$$

となる。音速を$V$とすると，基本振動数$f_1$は，

$$f_1=\frac{V}{\lambda_n}=\frac{V}{2l} \tag{2·35}$$

となる。

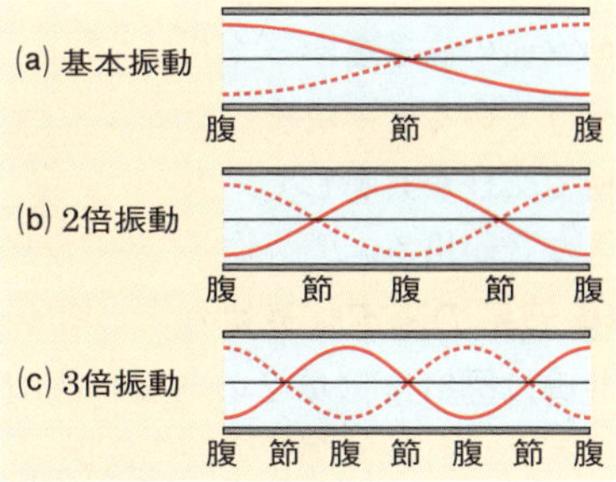

図79　開管の固有振動

**❷ 倍振動**　開管に送る音波の振動数をしだいに大きくしていくと，基本振動の2倍，3倍，……のときに，図79(b)，(c)，のような定常波ができる。これらを**2倍振動，3倍振動，……**という。

**❸ 開管の固有振動数**　開管の長さを$l$，基本振動，2倍振動，3倍振動，……の波長をそれぞれ$\lambda_1$，$\lambda_2$，$\lambda_3$，……とすると，

$$l=\frac{\lambda_n}{4}\times 2n\qquad より，\quad \lambda_n=\frac{2l}{n}\quad (n=1,\ 2,\ \cdots) \tag{2·36}$$

となるので，音速を$V$とすると，基本振動，2倍振動，3倍振動，……の振動数$f_1$，$f_2$，$f_3$，……は，

$$f_n=\frac{V}{\lambda_n}=\frac{n}{2l}V\quad (n=1,\ 2,\ \cdots) \tag{2·37}$$

**ポイント**

**閉管の固有振動数**　$f_n=\dfrac{2n-1}{4l}V$

**開管の固有振動数**　$f_n=\dfrac{n}{2l}V$　　$(n=1,\ 2,\ \cdots)$

$f_n$〔Hz〕：固有振動数　　$l$〔m〕：管の長さ　　$V$〔m/s〕：音速

補足　この式を暗記するよりも，図78, 79から導き出せるようにするほうがよい。

## 4 気柱共鳴の実験 重要

**❶ 気柱の共鳴**　図80のように長いガラス管を鉛直に固定し，底につないだゴム管から水を出し入れできるようにする。おんさを鳴らして，ガラス管の口にもっていき，ろうとを下げ，ガラス管内の水面の高さをゆっくり下げていくと，決まった所で気柱が共鳴して，大きな音が出る。

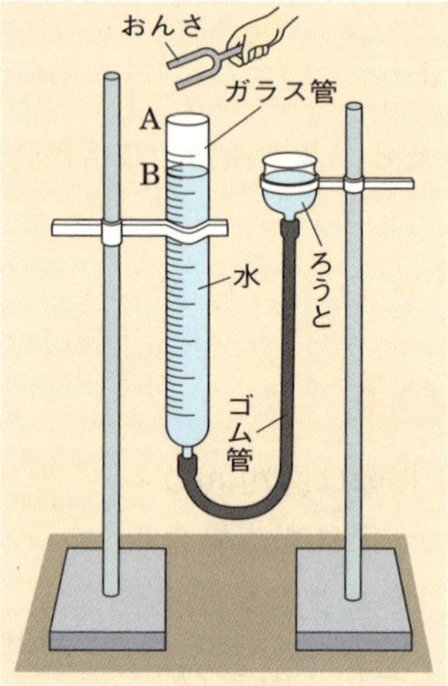


図80　気柱の共鳴実験

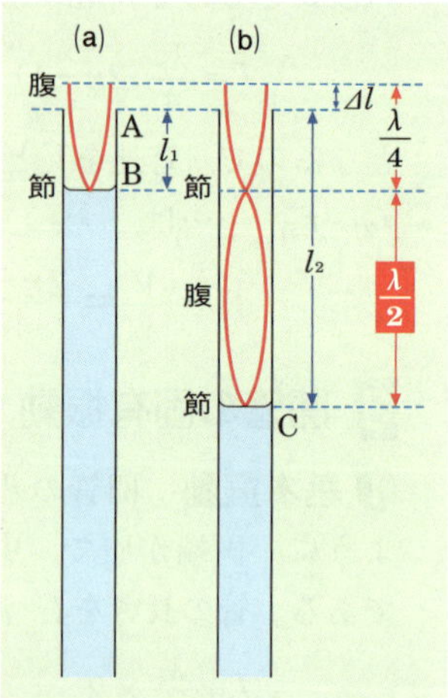


図81　開口端補正

**❷ 波長の測定**　最初の共鳴は図81(a)，第2の共鳴は図81(b)の場合にあたる。よって，**最初の共鳴位置Bと第2の共鳴位置Cの間の距離は半波長に等しい。**

そこで，管口AからB，Cまでの距離$l_1$，$l_2$を測定すれば，$l_2-l_1=\frac{\lambda}{2}$より，

$$\lambda=2(l_2-l_1)$$

となって，波長$\lambda$が求められる。

**❸ 開口端補正**　管口Aと最初の共鳴位置Bとの間の距離$l_1$と図80のようにして求めた波長の$\frac{1}{4}$倍の長さとを比べると，$l_1$は$\frac{\lambda}{4}$より少し短い。これは定常波の**腹の位置が管口より少し外にある**からである。$l_1$と$\frac{\lambda}{4}$との差$\Delta l$を**開口端補正**という。

開口端補正$\Delta l$を考慮すると，閉管では気柱の長さを，$l'=l+\Delta l$　($l$は管の長さ)としなければならない。開管では両端で補正するので，気柱の長さを，$l''=l+2\Delta l$としなければならない。管の半径を$r$とすると，$\Delta l \fallingdotseq 0.61r$の関係がある。

> **例題　気柱の振動**
>
> 長さの調節できる開管がある。そばでおんさを鳴らしたら，管の長さが30cmのときに共鳴して大きな音が聞こえた。次に管の一端をふさいで，管の長さを0からしだいに増やしていくと，長さが5cmのときに最初の共鳴が聞こえた。はじめ開管で共鳴が聞こえたときの定常波の腹の数は何個か。開口端補正は無視できるものとして答えよ。

**着眼** 閉管の場合は，最初の共鳴音だから，基本振動であるが，開管の場合は何倍振動かわからない。これが何倍かを求めれば，腹の数がわかる。

**解説** 開口端補正を無視すると，開管の場合の波長は，(2･36)式より，

$$\lambda_n = \frac{2\times 30}{n} = \frac{60}{n} \quad \cdots\cdots①$$

閉管にした後，最初の振動は基本振動だから，(2･33)式の$n=1$の場合で，

$$\lambda_1 = \frac{4\times 5}{2\times 1-1} = 20\,\text{cm} \quad \cdots\cdots②$$

①式の$\lambda_n$と②式の$\lambda_1$は等しいから，$\dfrac{60}{n}=20$　　よって，$n=3$

開管の3倍振動だから，腹は4個(図79(c)と同じ)。　**答 4個**

**類題 3** 長さ50cmの閉管に共鳴する音波の波長を，長いほうから3つあげよ。また，音速を340m/sとするとき，それぞれの音の振動数はいくらか。ただし，開口端補正は無視するものとする。(解答▷p.245)

## この節のまとめ　音の干渉と共鳴

| | |
|---|---|
| □音波の干渉 ▷p.162 | ◎うなり…振動数がわずかにちがう2つの音を同時に聞くと，うなりを生じる。<br>◎うなりの振動数　$f=\lvert f_1-f_2\rvert$ |
| □弦の固有振動 ▷p.164 | ◎弦を伝わる波の速さ$v$〔m/s〕は，線密度を$\rho$〔kg/m〕，張力を$S$〔N〕とすると，$v=\sqrt{\dfrac{S}{\rho}}$<br>◎弦の固有振動数…長さ$l$〔m〕の弦の固有振動数$f_n$〔Hz〕は，　$f_n=\dfrac{n}{2l}\sqrt{\dfrac{S}{\rho}}$　$(n=1,\ 2,\ \cdots)$ |
| □共振と共鳴 ▷p.167 | ◎振動する物体は，その固有振動と同じ周期で力を加えられると，大きく振動する。 |
| □気柱の振動 ▷p.168 | ◎閉管の固有振動…閉端は節，開端は腹になる。<br>$f_n=\dfrac{2n-1}{4l}V$　$(n=1,\ 2,\ \cdots)$<br>◎開管の固有振動…両端が腹になる。<br>$f_n=\dfrac{n}{2l}V$　$(n=1,\ 2,\ \cdots)$<br>◎開口端補正…実際の腹の位置は管口の少し外にある。 |

## 章末練習問題

解答 ▷ p.245

**1** 〈波の要素〉 テスト必出

下の図の実線の波形は，$x$ 軸の正の方向に進む波のある瞬間のものである。実線上の点Pが破線上の点P′まで進むのに0.050秒かかった。これについて，あとの各問いに答えよ。

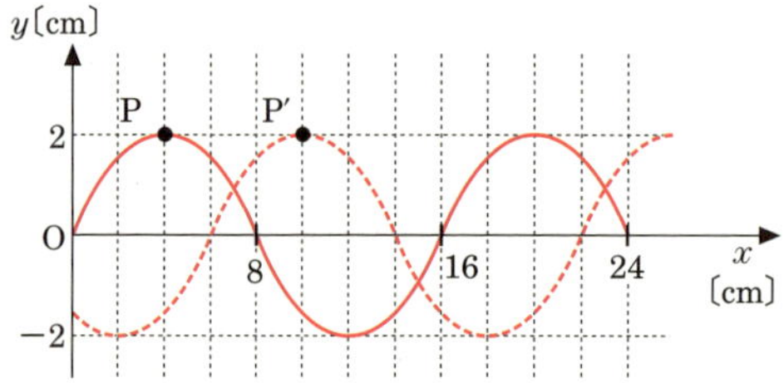


(1)　この波の，振幅，波長，伝わる速さをそれぞれ求めよ。

(2)　媒質の振動数，周期はそれぞれいくらになるか。

(3)　点Pが $x=16$ cmの位置に移動するには何秒かかるか。

(4)　$x=8$ cmの位置の媒質は，現在どの向きに運動しているか。

(5)　点Pが図の実線の位置から，その後どのような振動をするのか，1周期のグラフをかけ。ただし，図の実線の位置を時刻 $t=0$ とし，縦軸に変位，横軸に時間をとるものとする。

**2** 〈縦波の横波表示〉 テスト必出

下図は，ある時刻の縦波の変位の場所による変化を表した図であり，$x$ 軸は波源Oからの距離，$y$ 軸は進行方向を正としたときの波の媒質の変位である。あとの(1)〜(6)のそれぞれにあてはまるものを図中の記号a〜gで答えよ。

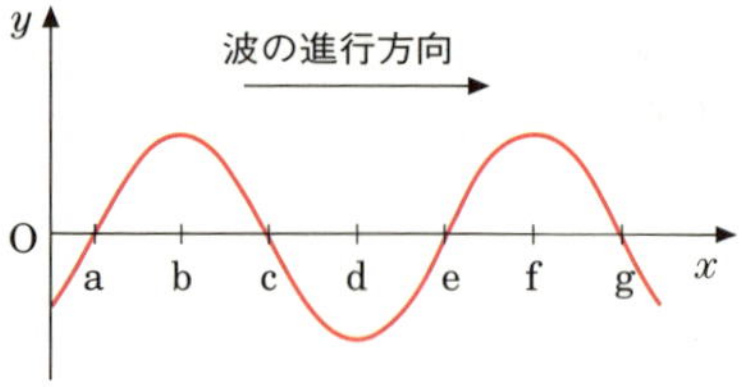


(1)　媒質が最も密な点

(2)　媒質が最も疎な点

(3)　媒質の速度が0である点

(4)　媒質の右向きの速度が最大である点

(5)　媒質の加速度が0である点

(6)　媒質の左向きの加速度が最大である点

## 3 〈正弦波のグラフ〉

**$x$ 軸の正の向きに進み，原点の振動が図 1 のグラフで表される正弦波の波形を図 2 にかけ。**

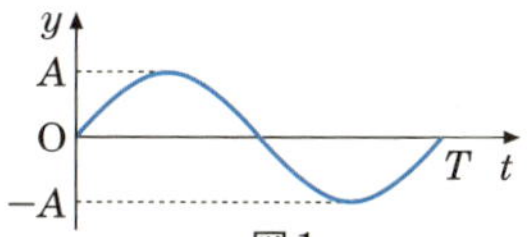

図1

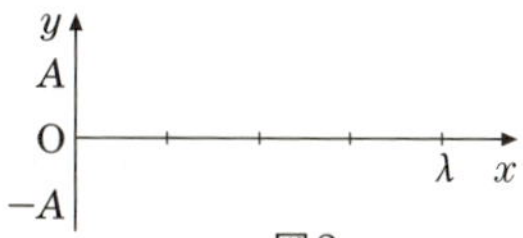

図2

## 4 〈音の性質〉 テスト必出

**音に関する次の各問いに答えよ。**

(1) 気温が20℃のとき，空気中を伝わる音の速さはいくらか。

(2) 雷の稲妻を見てから5.00秒後に雷鳴が聞こえた。音速を340m/sとすると，稲妻までの距離はいくらか。

(3) (2)の稲妻の音の振動数は200Hzであった。この音波の波長はいくらか。

(4) あるおんさの音の波長は空気中で2.0mであった。空気中の音速を340m/sとすると，このおんさの振動数はいくらか。

(5) (4)のおんさの波長を水中で測定したところ，9.0mであった。水中を音波が伝わる速さはいくらか。

(6) 音波は，縦波，横波のどちらか。

(7) 音の高さ，強さ，音色という 3 つの要素は，それぞれ一般的な波のもつ要素のうちどれによって決定されるか。

(8) 人間が聞くことができる音波の振動数は，20～20000Hzである。この振動数の音が空気中を伝わっていくときの波長は何m～何mになるか。空気中の音速を340m/sとして求めよ。

## 5 〈音に関する現象〉

**次の現象は，それぞれ反射，屈折，回折，干渉のいずれと関係が深いか。最も適当なものをそれぞれ選べ。**

(1) 振動数が少し違うおんさを同時に鳴らすと，うなりが聞こえる。

(2) 塀の向こう側の話し声が聞こえてくる。

(3) 「ヤッホー」と山に向かって叫ぶと，しばらくたってから「ヤッホー」という声が返ってくる。

(4) 昼間は聞こえてこなかった遠くの電車の音が，夜になると聞こえてくる。

(5) 窓を少し開けると，それまで小さかった騒音がよく聞こえてくる。

(6) トンネルの中で手をたたくと，その音が長い間聞こえる(これを残響という)。

(7) 2つのスピーカーから出る同位相の音は，聞く場所によって音が大きくなったり小さくなったりする。

## 6 〈音の干渉〉 テスト必出

**次の文を読んで，あとの各問いに答えよ。**

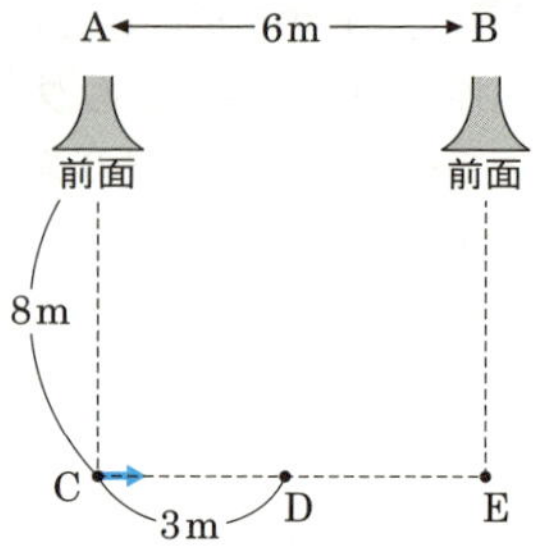


2つのスピーカーを6.0m離して設置し，両方のスピーカーから同じ振動数で同じ大きさの音を同じ位相で出力した。Aのスピーカーから8.0m離れた点Cから図の矢印の方向にゆっくり歩いていくと，音はいったん弱くなり，点Cから3m離れた点Dで最も強く聞こえた。さらに歩いていくと音はまた弱くなり，点Eでまた最も強くなった。スピーカーからの距離による音の大きさの変化は無視する。

(1)　スピーカーから出力されている音波の波長はいくらか。

(2)　点Eから左折して点Bに向かって歩き始めたとき，はじめて音が最も強くなる点は点Bから何m離れているか。

(3)　点Eから右折して点Bから遠ざかる方向に歩き始める場合は，音はどのように変化するか。

## 7 〈うなり①〉 テスト必出

**振動数が440Hzのおんさ Aと，振動数がわからないおんさ Bを同時に鳴らしたら，毎秒2回のうなりを生じた。また，振動数が435Hzのおんさ Cとおんさ Bを同時に鳴らしたら，毎秒3回のうなりを生じた。おんさ Bの振動数を求めよ。**

## 8 〈うなり②〉

**次の文を読んで，あとの各問いに答えよ。**

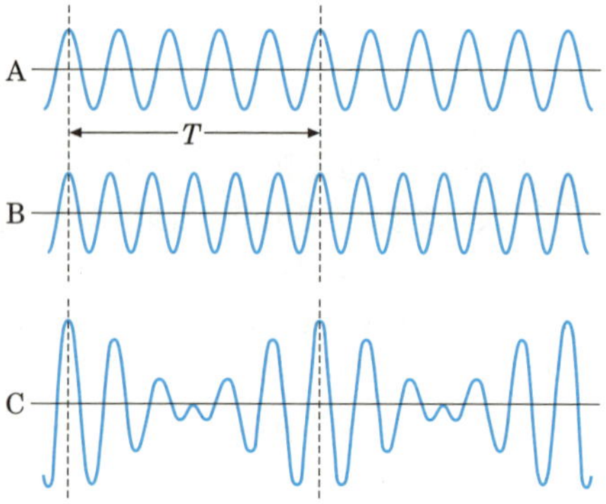


右の図は，振動数が少し違うおんさ AとBの，変位と時間の模式図である。この2つのおんさを同時に振動させると，たがいに干渉してうなりが発生し，図Cのようなグラフになる。図中の2本の点線は，AとBがともに山になっている状態で，その間の時間を$T$秒とする。おんさ Aとおんさ Bの振動数をそれぞれ$f_1$〔Hz〕，$f_2$〔Hz〕とする。

(1)　$T$秒間におんさ A，Bから出た波の数をそれぞれ$n_1$，$n_2$個とするとき，これらを$T$，$f_1$，$f_2$を用いて表せ。

(2)　うなりの周期$T$〔s〕の間に，おんさ A，Bから発生した波の数の差はいくらか。

(3)　(2)の結果を用いて，うなりの振動数$f$を，$f_1$，$f_2$を用いて表せ。

## 9 〈弦の振動①〉 テスト必出

**長さ1.2m，質量4.8gの針金の一端を固定し，他端には滑車を通して質量0.50kgのおもりをつるした。重力加速度を9.8m/sとして，次の各問いに答えよ。**

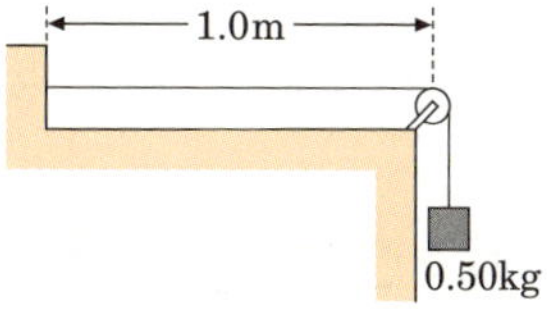


(1) この針金の線密度はいくらになるか。

(2) この針金を伝わる横波の速さはいくらになるか。

(3) 針金が固定されている所から滑車までの長さが1.0mとすると，この針金を基本振動させたとき，その振動数はいくらになるか。

(4) 針金はそのままでおもりの質量を4倍にすると，基本振動の振動数は何倍になるか。

## 10 〈弦の振動②〉 テスト必出

**次の文中の□に入れるべき式または数値を答えよ。**

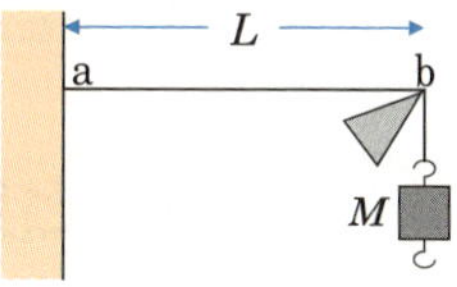


図のように，線密度$\rho$の糸を張り，質量$M$のおもりをつり下げた。aとbとの間隔は$L$とする。重力加速度の大きさを$g$とすると，糸に加わる張力の大きさは①□と表される。

この糸の中ほどを軽くはじくと，基本振動が発生した。この振動の波長は②□であり，振動の伝わる速さは③□である。

この振動により，振動数$f$の音を発生した。この糸の近くに，振動数355Hzの音を出しているおんさを近づけたところ，1秒間に5回のうなりを生じた。さらにごく軽いおもりを加えたところ，うなりの振動数はわずかに減少した。このことから，元の振動数$f$は④□Hzであることがわかる。

$L=0.30$m，$M=9.0$kgのとき，この糸の線密度$\rho$を求めると，⑤□kg/mとなる。ただし，$g=9.8\mathrm{m/s^2}$とする。

## 11 〈気柱の共鳴〉 テスト必出

**長いガラス管の中の水を上下させて気柱の長さを変え，未知のおんさの振動数を測定する実験を行った。おんさを振動させて管の口に近づけ，水面をゆっくり下げていったところ，水面が管口から16cmと50cmのときに音が共鳴して大きくなった。空気中の音速を340m/sとする。**

(1) 何と何が共鳴して音が大きくなったのか。

(2) 共鳴音の波長は何cmか。

(3) 次に共鳴するのは，水面が管口から何cmになったときか。

(4) おんさの振動数はいくらか。

(5) 気温が高くなると音が共鳴するときの水面の高さはどうなるか。

(6) 水面にドライアイスを浮かせてじゅうぶんたってから実験すると，音が共鳴するときの水面の高さはどうなるか。次から選び，記号で答えよ。ただし，二酸化炭素中の音速は，0℃で258m/sとする。

ア　高くなる　　イ　変化しない　　ウ　低くなる

# 3章 電気と磁気

落雷

# 1節 静電気と電流

## 1 正電気と負電気

### 1 物質と電気

**❶ 原子の中にある電気**　物質はすべて原子から構成されている。原子は図82のように，中心に正の電気をもつ原子核があり，そのまわりをいくつかの負の電気をもつ電子がまわっている(▷p.207)。電気現象は，すべて電子や原子核のもつ電気によって起こる。

**❷ 導体と不導体**　金属のように電気を通す物質を導体という。一方，プラスチック・エボナイト・ガラス・ゴムのように，ふつうの状態で電気を通さない物質を不導体(または絶縁体)という。

**❸ 金属はなぜ電気を通すのか**　金属は金属原子が整然と並んだ結晶構造をしている。金属では原子の外側の電子は金属原子から離れやすい性質をもっており，特定の原子に属さないで金属内を自由に動きまわることができる。これを自由電子という。いっぽう，金属原子はいくつかの電子を失っているため陽イオンとなっている。ここに，電池などを使って正や負の電気を与えると，自由電子が力を受け同じ方向に移動する。これにより電流が流れるのである。逆に，不導体では自由電子が存在しないため，電気を通さない。

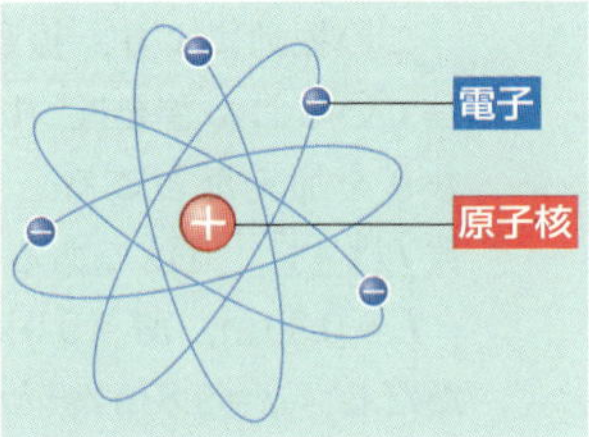

図82 原子の構造

視点　原子核(＋)のまわりを電子(－)がまわっている。

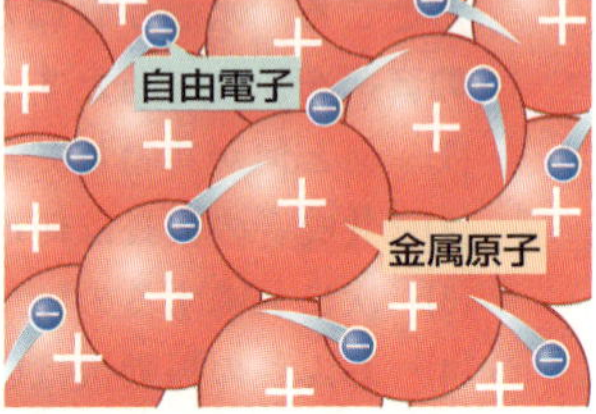

図83 金属の構造

視点　自由電子は金属内を自由に動きまわる。いっぽう，金属原子は電子を失い，陽イオンとなっている。

# 2 静電気

## 1 静電気 重要

**❶ 摩擦電気**　プラスチックの下敷きなどで髪の毛をこすると，髪の毛が逆立つ。これは下敷きと髪の毛が電気を帯びたためである。一般に，異なる物質をこすり合わせると，一方の物質は正の電気を帯び，もう一方の物質は負の電気を帯びる。

物質が電気を帯びることを**帯電**といい，摩擦によって生じた電気を**摩擦電気**という。電気には**正電気**と**負電気**の2種類がある。

**❷ 摩擦電気の発生**　ガラス棒を絹の布で摩擦すると，ガラス棒は正に，絹の布は負に帯電する。エボナイト棒を毛皮で摩擦すると，エボナイト棒は負に，毛皮は正に帯電する。異なる物質どうしをこすり合わせたときにそれぞれが正と負に帯電するのは，負の電気を帯びた電子が一方の物質Aからもう一方の物質Bに移動するためである。

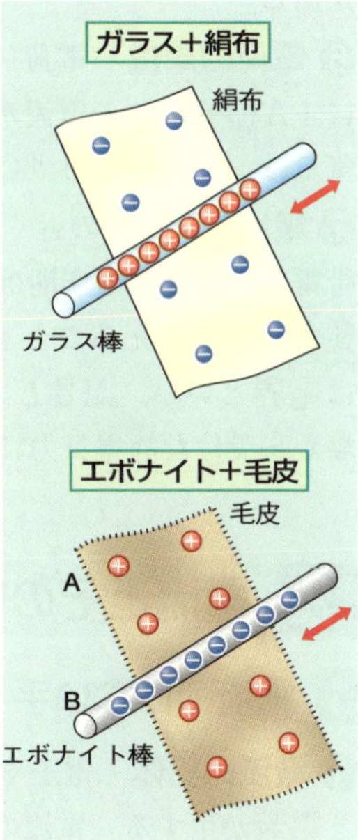

図84　摩擦電気の発生

Aは電子が不足している状態なので正電気を帯び，Bは電子が過剰になっている状態なので負電気を帯びる。このとき，摩擦によって発生する電気は電子の移動によるものなので，発生した正電気の総量と負電気の総量は必ず等しい。

**❸ 静電気**　帯電した物体(帯電体)では，電気は表面にとどまって動かない。このような状態にある電気を**静電気**という。

**❹ 静電気力**　正に帯電したガラス棒と負に帯電したエボナイト棒を近づけると**互いに引きあう**(引力)。これに対し，ガラス棒どうし，エボナイト棒どうしなど同種の電気を帯びている場合は，**互いにしりぞけあう**(斥力(せきりょく)・反発力)。このような電気の間にはたらく力を**静電気力**または**電気力**という。また，物体にはたらく静電気力は物体の帯びている電気の量に比例する。

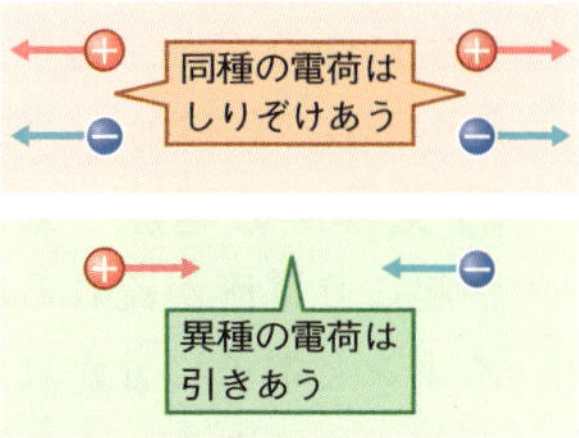

図85　静電気力

**ポイント**
**電気には正電気と負電気の2種類しかない。**
**同種の電気は反発しあい，異種の電気は引きあう。**

**⑤ 電荷**　帯電した物体が帯びている電気の量を，**電気量**または**電荷**という。

ただし，電荷という言葉は電気を帯びた粒子または点という意味で使うこともあり，1つの文章中に両者が混在しているときがあるので，よく読んで判断する必要がある。

**⑥ 電荷の単位**　電荷(電気量)の単位には**クーロン(記号C)**を使う。また，導線に1A(アンペア)(▷p.179)の電流が流れるとき，1秒に流れる電気量が1Cである。電子の電気量は，$-1.60\times10^{-19}$Cで，この量の絶対値を**電気素量**(そりょう)といい，記号$e$で表す。

**⑦ 電場**　帯電体の近くに他の電荷をもっていくと，その電荷は静電気力を受ける。帯電体のまわりの空間はどこでも電荷が力を受けるので，空間自体にそのような性質があると考えることもできる。このような静電気力のはたらく空間を**電場**(でんば)または**電界**といい，記号$E$で表す。電源に導線をつなぐと，導線内に電場が生じ，電場から受けた静電気力によって電子が移動する。

## 3 電流とそのにない手

### 1 電流のにない手

**① 電流の正体**　電子やイオンなどの電荷が移動すると**電流**が生ずる。電流の正体は電荷の移動である。

**② 導体中の電流**　導体に電池や電源をつなぐと導体内に電場が生じて，負の電荷をもつ自由電子が負極(−極)から正極(+極)に移動し(▷p.183)，電流が流れる。

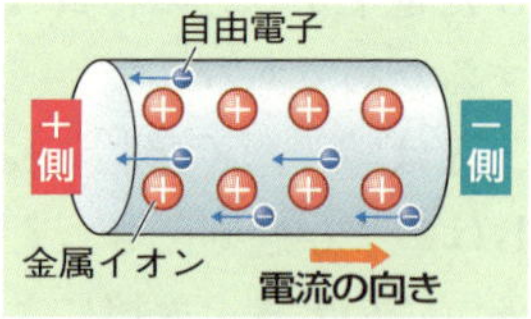

図86 導体中の電流

**③ 電解質水溶液中の電流**　食塩などの**電解質**を水に溶かすと陽イオンと陰イオンに分かれる。電池や電極につなぐと，陽イオンが負極へ，陰イオンが正極へそれぞれ移動し，電流が流れる。

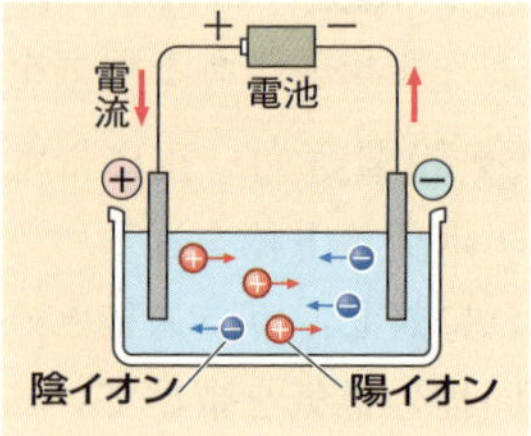

図87 水溶液中の電流

**④ 気体中の電流**　気体に強い電場をかけると放電が起こり電流が流れる。これは気体分子の一部が陽イオンと電子に分かれ，これらが電流のにない手となるためである。ガラス管に陽極と陰極の金属板を封入し，気体の圧力を$10^{-6}$atm以下にして数千V(ボルト)の電圧をかけると，陰極から陽極へと向かう**陰極線**が観察できる。陰極線の正体は負の電荷をもつ電子の流れである。

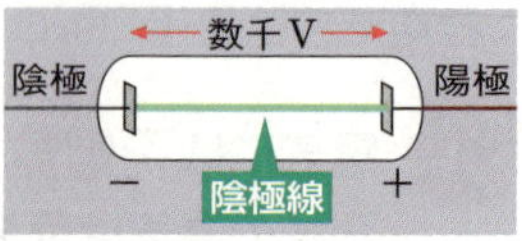

図88 陰極線

## 2 導体中の電流 重要

**❶ 電気回路**　豆電球を電池と金属導線でつなぐと豆電球が点灯する。この現象は，導線や電球のフィラメントに電気が流れたためと解釈できる。この電気の流れを**電流**という。電流の流れる道すじは，図89のように1周してもどる閉じた輪になっている。これを**電気回路**または単に**回路**という。

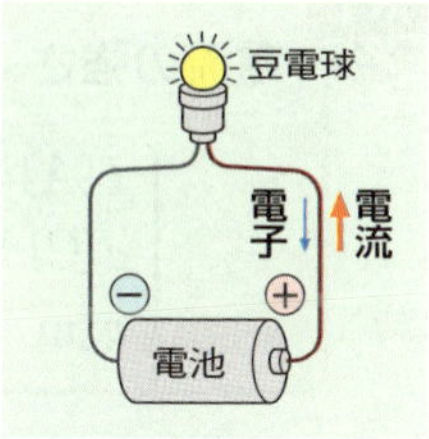


図89 電気回路

**❷ 電流の向き**　電流の向きは正の電荷が移動する向きと定める。電池に導線をつなぐと電流は正極から負極へと流れる。導体中の電流の正体は，負の電荷をもつ自由電子の流れで，静電気力により負極から正極へと移動する。すなわち，電流の向きは電子の流れる向きと逆である。

**❸ 電流の大きさと単位**　電流の大きさは，導体の断面を1秒間に通過する電気量で表される。1秒間に1Cの電荷が通過するような電流の大きさを**1A（アンペア）**と定義する。したがって，導体の断面を$t$〔s〕の時間の間に$Q$〔C〕の電荷が通過するときの電流の大きさ$I$〔A〕は，次の式で表される。

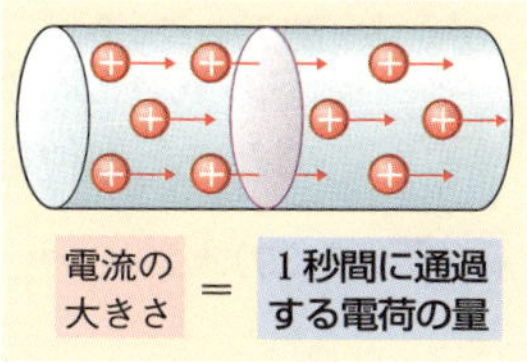


図90 電流の大きさ

$$I = \frac{Q}{t} \qquad (2\cdot38)$$

1A＝1C/sである。また，1Aの$\frac{1}{1000}$を**1mA（ミリアンペア）**という。

**❹ 導体中の電子の速さと電流の強さ**　導線を電源につなぐと，導線内に正極から負極へ向かう向きの電場が生ずる。金属内の自由電子は，この電場により静電気力を受け，電場と逆向き（負極から正極へ向かう向き）に運動する。

いま，図91の導線内を自由電子がすべて平均の速さ$v$〔m/s〕で流れているとする。長さ$v$〔m〕の円筒ABを考えると，断面B上にあった自由電子は1秒後には断面Aに達する。よって円筒AB内に含まれていた自由電子はすべて1秒後には断面Aを通過することになる。導線中の自由電子の数を$1\,\mathrm{m}^3$あたり$n$個，導線の断面積を$S$〔$\mathrm{m}^2$〕とすると，円筒AB内の自由電子数は$nvS$個となる。電子1個の電気量を$-e$〔C〕とすると，円筒内の電子の電気量は$-envS$〔C〕となる。電流の強さの定義より，断面を1秒間に通過した電気量が電流の強さ$I$〔A〕なので，

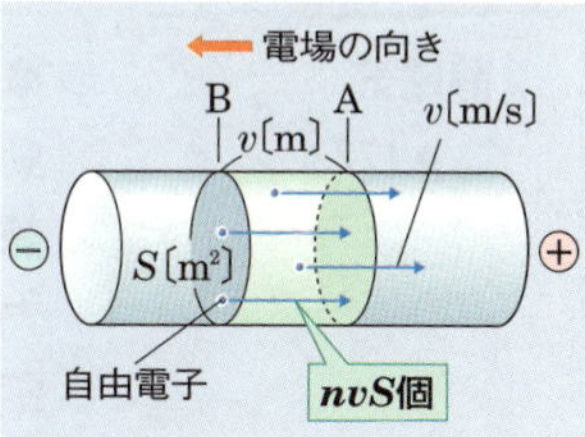


図91 導線中の自由電子の移動

$$I = envS \qquad (2\cdot39)$$

補足　向きや強さが一定の電流を定常電流という。

**ポイント**

**電流の強さ**　$I=\dfrac{Q}{t}=envS$

$I$〔A〕：電流の強さ　$Q$〔C〕：時間$t$〔s〕に導線を通過する電気量
$e$〔C〕：電気素量　$n$〔個/m$^3$〕：電子の密度
$v$〔m/s〕：電子の平均速度　$S$〔m$^2$〕：導線の断面積

**例題　金属中の電子の平均速度**

断面積1mm$^2$の銅線に1.0Aの電流が流れているとき，この銅線の中の自由電子の平均速度を求めよ。ただし，銅に含まれている自由電子の密度は$8.5\times10^{28}$個/m$^3$，電子の電荷は$-1.6\times10^{-19}$Cである。

着眼　(2・39)式から$v$を求める式をつくり，与えられた数値を代入すればよい。このとき，単位に注意すること。

解説　(2・39)式より，$v=\dfrac{I}{enS}$

$$=\frac{1.0}{1.6\times10^{-19}\times8.5\times10^{28}\times1\times10^{-6}}$$

$$=7.4\times10^{-5}\,\text{m/s}$$

答　**$7.4\times10^{-5}$m/s**

## この節のまとめ　静電気と電流

| | |
|---|---|
| □正電気と負電気 ▷p.176 | ○原子の構造…正電気をもつ**原子核**のまわりを負電気をもつ**電子**がまわっている。<br>○金属の構造…陽イオンの間を**自由電子**が動きまわる。 |
| □静電気 ▷p.177 | ○摩擦電気…異なる物質をこすり合わせると，電子が移動して，一方は正に，他方は負に帯電する。<br>○静電気力…電荷間にはたらく力。異種の電荷間には**引力**が，同種の電荷間には**斥力**（せきりょく）**(反発力)**がはたらく。<br>○**電気素量**…電子のもつ電気量の絶対値。 |
| □電流とそのにない手 ▷p.178 | ○金属中では，**自由電子の移動**が電流となる。<br>電流の単位…アンペア(記号A)。1A＝1C/s<br>○導線を流れる電流　$I=envS$ |

# 2節 直流回路

## 1 電気抵抗

### 1 オームの法則と電気抵抗 重要

**❶ オームの法則**　1826年，ドイツのオームは金属線を流れる電流の強さ $I$〔A(アンペア)〕が金属線の両端の電圧 $V$〔V(ボルト)〕に比例することを発見した。

この比例定数を $\frac{1}{R}$ とすると，

$$I = \frac{V}{R} \quad \text{または，} \quad V = RI \qquad (2\cdot40)$$

と表すことができる。この関係を**オームの法則**といい，定数 $R$ を**電気抵抗**または**抵抗**という。また，両端の電圧を**電位差**，抵抗による**電圧降下**ともいう。

**❷ 電気抵抗の単位**　(2・40)式からわかるように，電気抵抗は電圧と電流の比で表される。電気抵抗の単位は**オーム**（記号 Ω）を使い，1Ω＝1V/A である。

> **ポイント**　オームの法則　$I = \frac{V}{R}$ または，$V = RI$
>
> $V$：電圧〔V〕　$I$：電流〔A〕　$R$：電気抵抗〔Ω〕

補足　オームの法則は，抵抗器ではよく成りたつ。しかし，電球のフィラメントや，半導体・電解質水溶液などでは，うまくあてはまらないこともある。このような物質を**非直線抵抗**または**非線形抵抗**という。

> **例題　電気抵抗**
>
> ある電熱線の両端の電圧を20Vから25Vに増加させたら，電流が0.20A増加した。この電熱線の電気抵抗を求めよ。

**着眼**　電圧を縦軸に，電流を横軸にとってグラフをかくと，右図のような原点を通る直線になる。この直線の傾きが電熱線の電気抵抗を表す。

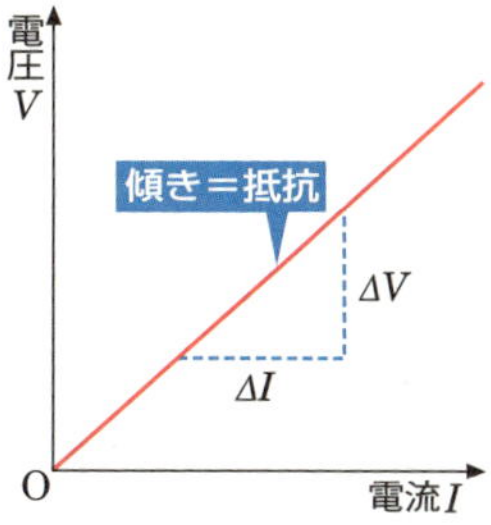


解説　ここでは，電圧の変化 $\Delta V$ と電流の変化 $\Delta I$ が与えられているが，これらの比 $\frac{\Delta V}{\Delta I}$ も $V$-$I$ 直線の傾きを表すから，電気抵抗に等しい。よって，電気抵抗 $R$ は，

$$R = \frac{\Delta V}{\Delta I} = \frac{25-20}{0.2} = 25\,\Omega$$

答　**25Ω**

第2編　物理現象とエネルギー

**③ 電気抵抗の大きさ**　一様な太さの導線の電気抵抗$R$〔Ω〕は，**導線の長さ$l$〔m〕に比例し，その断面積$S$〔$m^2$〕に反比例する。**比例定数を$\rho$（ロー）と表すと，

$$R=\rho\frac{l}{S} \tag{2・41}$$

の関係が成りたつ。$\rho$を**抵抗率**といい，単位は**Ω・m**である。

**ポイント**　**導線の電気抵抗$R$〔Ω〕は，導線の長さ$l$〔m〕に比例し，断面積$S$〔$m^2$〕に反比例する。**　$R=\rho\frac{l}{S}$

**例題　電気抵抗**

抵抗率$1.70\times10^{-8}$Ω・mの銅線を用いて，発電所から250km離れた町に電気を送る。

(1)　送電線の直径を2.00cmとすると，1本の送電線の全抵抗は何Ωか。

(2)　送電線に200Aの電流を流すとすれば，送電線1本あたりの電圧降下は何Vか。

**着眼**　まず，送電線の断面積を求め，(2・41)式から送電線の全抵抗を求める。次に(2・40)式から電圧降下を求める。

**解説**　(1)　送電線の断面積$S$は，

$$S=\pi r^2=3.14\times(1.00\times10^{-2})^2$$
$$=3.14\times10^{-4}\,\mathrm{m^2}$$

1本の送電線の全抵抗$R$は，(2・41)式より，

$$R=\rho\frac{l}{S}=1.70\times10^{-8}\times\frac{250\times10^3}{3.14\times10^{-4}}$$
$$=13.5\,\Omega$$

(2)　電圧降下$V$は，(2・40)式より，

$$V=RI=13.5\times200=2700\,\mathrm{V}$$

答　(1)**13.5Ω**　(2)**2700V**

**類題4**　直径1.0mmの電熱線で全抵抗200Ωの電熱線をつくりたい。長さをいくらにしたらよいか。ただし，電熱線の抵抗率を$1.1\times10^{-6}$Ω・mとする。(解答▷p.246)

## 2 電気抵抗と電子の運動

**① 電気抵抗のモデル**　金属に電場を加えると，金属内の自由電子は電場から力を受け，電場と逆の向きに加速される。加速された電子は，やがて**金属の陽イオンに衝突**してはね返されたり，進路を曲げたりして減速するが，再び**電場によって加速**する。**自由電子は加速と減速をくり返しながら，平均すると一定の速さで進む。**

このようすは図92のようなモデルで表すことができる。これは斜面の上にたくさんの釘を打ちつけたもので，上から鋼球をころがすと，鋼球は釘に衝突しながら，ジグザグのコースをたどって降りていく。鋼球が自由電子に，釘が陽イオンに対応している。

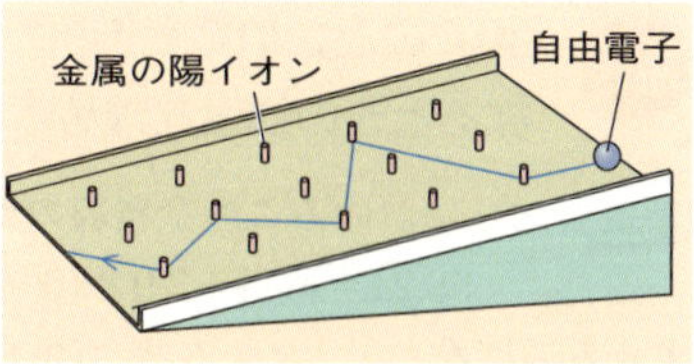


図92　電気抵抗のモデル



補足　厳密にいうと，電子を散乱するのは陽イオンの熱振動と不純物である。

**❷ 金属の抵抗率の温度変化**　金属の温度が上昇すると，金属の陽イオンや自由電子の熱運動が激しくなり，自由電子と陽イオンの衝突回数が増加する。そのため抵抗が温度とともに上昇する。実験の結果によると，0℃における金属の抵抗率を$\rho_0$〔Ω·m〕とし，温度$t$〔℃〕における抵抗率を$\rho$〔Ω·m〕とすると，温度変化が大きくないところでは，次の関係がある。

$$\rho = \rho_0(1+\alpha t) \qquad (2\cdot42)$$

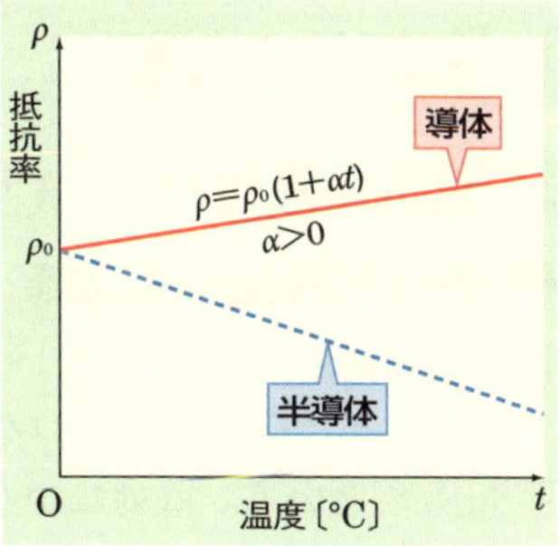


図93　導体・半導体の抵抗率の温度変化

$\alpha$は温度が1℃変化したときの抵抗率の変化の割合を示す値で，抵抗率の温度係数(単位は/K)といい，金属では正である。これに対し，半導体ではふつう温度が高くなると抵抗率が小さくなる。

補足　半導体では，温度が高くなるにつれて，結合を作っていた電子の一部がエネルギーを得て自由電子となる。それにともなって，電子が抜け出た孔(あな)(ホール)も増える。電気を伝える自由電子やホールの数が増えるので，電流が流れやすくなるのである。

**❸ 金属の電気抵抗の温度変化**　(2·41)式からわかるように，金属導線の電気抵抗は，長さや断面積が変わらなければ，抵抗率に比例する。したがって，電気抵抗と温度の間にも，(2·42)式と似た関係が成りたつ。すなわち，0℃のときの電気抵抗を$R_0$〔Ω〕，$t$〔℃〕のときの電気抵抗を$R$〔Ω〕とすると，次の関係が成りたつ。

$$R = R_0(1+\alpha t) \qquad (2\cdot43)$$

**ポイント**

抵抗率の温度変化　$\rho = \rho_0(1+\alpha t)$

電気抵抗の温度変化　$R = R_0(1+\alpha t)$

**例題　金属導線の温度**

ある金属線の電気抵抗は，30.0℃のとき58.24Ωであった。この金属線をある温度にすると，電気抵抗が48.28Ωになる。この温度は何度か。ただし，この金属線の抵抗率の温度係数を$3.9\times10^{-3}$/Kとする。

**着眼** 30℃のときの電気抵抗から$R_0$を求め，それをもとに電気抵抗が48.28Ωになるときの温度を求める。

**解説** 0℃におけるこの金属線の電気抵抗値を$R_0$〔Ω〕とすると，(2･43)式より，

$$58.24 = R_0(1+3.9\times10^{-3}\times30.0) \qquad \text{よって，} \quad R_0 = 52.14\,\Omega$$

求める温度を$t$〔℃〕とすると，(2･43)式より，

$$48.28 = 52.14(1+3.9\times10^{-3}t) \qquad \text{よって，} \quad t \fallingdotseq -19.0\,℃$$

**答** **−19.0℃**

# 2 抵抗の接続

## 1 抵抗の直列接続 重要

**❶ 抵抗の直列接続と電流**　図94(a)のように，2個の電気抵抗$R_1$，$R_2$〔Ω〕を電流の流れる道すじが1本になるようにつなぐことを抵抗の**直列接続**という。直列につないだ抵抗の両端A，C間に電圧$V$〔V〕を加えると，$R_1$，$R_2$に電流が流れる。このとき実験の結果によると，$R_1$を流れる電流と$R_2$を流れる電流は等しい。このように，抵抗の直列接続では，**どの抵抗にも同じ大きさの電流が流れる。**

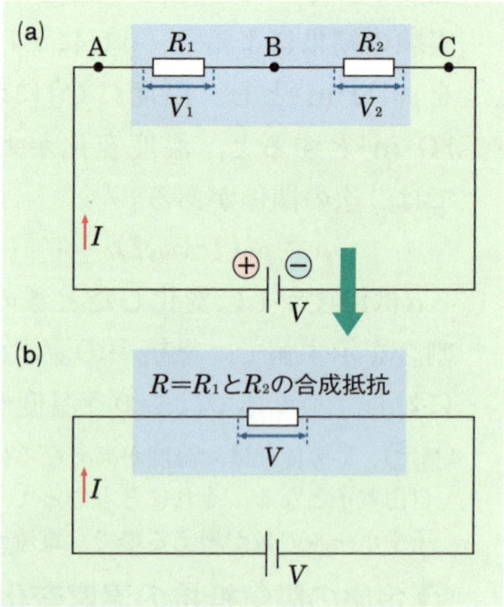


図94　抵抗の直列接続

**❷ 直列接続における電圧の関係**　図94(a)の抵抗$R_1$，$R_2$を流れる電流の大きさを$I$〔A〕とすると，$R_1$，$R_2$による電圧降下$V_1$，$V_2$〔V〕は，

$$V_1 = R_1 I \qquad V_2 = R_2 I \qquad \cdots\cdots①$$

となる。抵抗の直列接続では，**各抵抗による電圧降下の和は，電源の端子間の電圧に等しい。**よって，$V = V_1 + V_2$　……②

**❸ 直列接続の合成抵抗**　$R_1$と$R_2$を直列につないだものと同じはたらきをもつ1つの抵抗$R$を$R_1$，$R_2$の**合成抵抗**という。合成抵抗$R$には$V$〔V〕の電圧がかかり，$I$〔A〕の電流が流れるから，オームの法則により，$V = RI$　……③

①，③を②に代入すると，

$$RI = R_1 I + R_2 I \qquad \text{よって，} \quad \boldsymbol{R = R_1 + R_2} \qquad (2･44)$$

このように，**直列接続の合成抵抗は，各抵抗値の和に等しい。**この関係は，抵抗が3個以上になっても成りたつ。

**ポイント**　直列接続の合成抵抗　$\boldsymbol{R = R_1 + R_2 + \cdots\cdots}$　(2･45)

**例題　抵抗の直列回路**

8Ωの抵抗$R_1$と12Ωの抵抗$R_2$とを図のように10Vの電池Eにつないだ。

(1)　回路の合成抵抗は何Ωか。

(2)　$R_1$を流れる電流は何Aか。

(3)　A点をアースして，その電位を0Vとすると，B点の電位は何Vか。

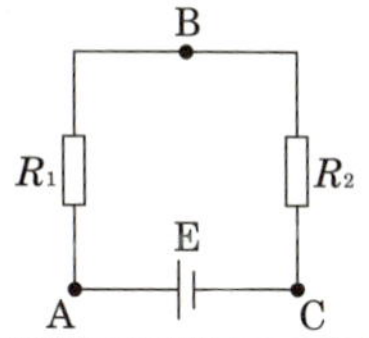




**着眼**　電流は，E→A→$R_1$→B→$R_2$→C→Eという1本道を流れるから，$R_1$と$R_2$は直列になっている。

**解説**　(1)　(2·44)式により，合成抵抗$R$は，　$R=R_1+R_2=8+12=20\,\Omega$

(2)　$R_1$を流れる電流$I$は，合成抵抗を流れる電流に等しいので，$I=\dfrac{V}{R}=\dfrac{10}{20}=0.5\,\text{A}$

(3)　$R_1$による電圧降下$V_1$は，　$V_1=R_1I=8\times0.5=4\,\text{V}$

B点はA点より$V_1$だけ電位が低いから，　B点の電位は，$0-4=-4\,\text{V}$

**答**　(1) **20Ω**　(2) **0.5A**　(3) **−4V**

**類題5**　100V用500Wのヒーター(抵抗20Ω)と100V用100Wのヒーター(抵抗100Ω)を直列に接続して，これを100Vの電源につなぐ。(解答▷p.246)

(1)　回路の合成抵抗はいくらになるか。

(2)　回路を流れる電流を求めよ。

## 2 抵抗の並列接続　重要

**❶ 並列接続と電圧**　2つの電気抵抗$R_1$，$R_2$を図95(a)のようにつなぎ，電源から出た電流が枝分かれして流れるようにつなぐことを抵抗の**並列接続**という。電源電圧を$V$〔V〕とすると，$R_1$にも$R_2$にも$V$〔V〕の電圧がかかっている。このように，**並列に接続された抵抗には同じ電圧がかかる。**

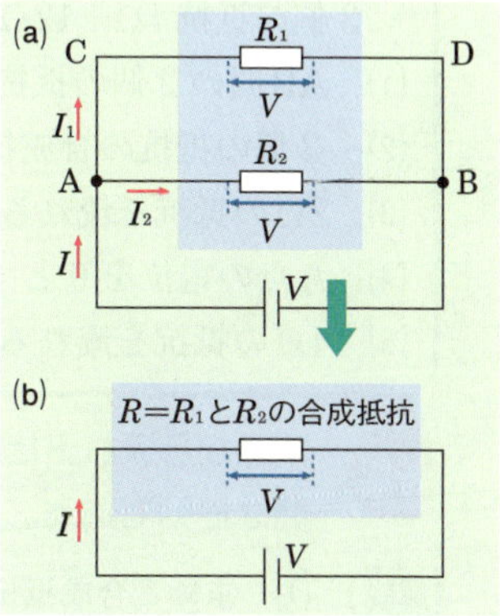


図95　抵抗の並列接続

**❷ 並列接続における電流の関係**　図95(a)のA点に$I$〔A〕の電流が流れこみ，A点からは，C点に向かって$I_1$〔A〕，B点に向かって$I_2$〔A〕の電流が流れ出るとすれば，電流は保存されるから，

$$I=I_1+I_2 \quad \cdots\cdots①$$

の関係が成りたつ。$R_1$，$R_2$を流れる電流$I_1$，$I_2$〔A〕は，オームの法則により，

$$I_1=\frac{V}{R_1} \qquad I_2=\frac{V}{R_2} \quad \cdots\cdots②$$

となる。このように，並列接続された抵抗を流れる**電流は各抵抗に反比例する。**

**❸ 並列接続の合成抵抗**　抵抗$R_1$と$R_2$を並列に接続したものとまったく同じはたらきをする1つの抵抗$R$を，抵抗$R_1$と$R_2$の**合成抵抗**という。前ページの図95(b)のように，合成抵抗$R$を$V$〔V〕の電源に接続すると，$R$には$I$〔A〕の電流が流れるから，オームの法則により，

$$I=\frac{V}{R} \quad \cdots\cdots③$$

の関係が成りたつ。②，③を①に代入すると，

$$\frac{V}{R}=\frac{V}{R_1}+\frac{V}{R_2}$$　よって，

$$\frac{1}{R}=\frac{1}{R_1}+\frac{1}{R_2} \quad (2\cdot46)$$

となる。すなわち，**並列接続の合成抵抗の逆数は，各抵抗の逆数の和に等しい。**この関係は，抵抗が3個以上の場合にも成りたつ。

**ポイント**　**並列接続の合成抵抗**　$$\frac{1}{R}=\frac{1}{R_1}+\frac{1}{R_2}+\cdots\cdots \quad (2\cdot47)$$

（補足）　2つの抵抗$R_1$，$R_2$による合成抵抗$R$を求めるには，$R=\dfrac{R_1R_2}{R_1+R_2}\left(\dfrac{積}{和}\right)$を使うとよい。

### 例題　抵抗の並列回路

3個の抵抗4Ω，12Ω，2Ωと，6Vの電池を図のように接続した。

(1)　AB間の2個の抵抗の合成抵抗はいくらか。
(2)　3個の抵抗の合成抵抗はいくらか。
(3)　2Ωの抵抗を流れる電流はいくらか。
(4)　A点の電位を0とすると，B点の電位は何Vか。
(5)　4Ωの抵抗を流れる電流はいくらか。

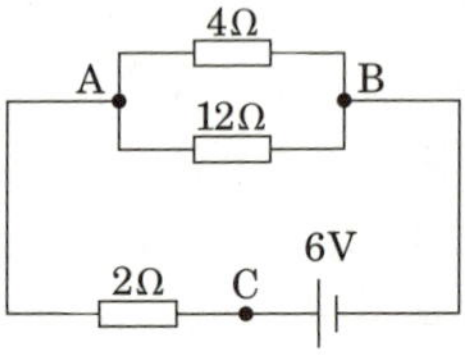


**着眼**　**電源から流れ出た電流は，A点で枝分かれし，B点で再び合流するから，AB間は並列である。AB間の合成抵抗と2Ωの抵抗は直列につながれている。**

（解説）　(1)　求める合成抵抗を$R_1$とすると，(2·46)式により，

$$\frac{1}{R_1}=\frac{1}{4}+\frac{1}{12}=\frac{1}{3}$$　よって，　$R_1=3\Omega$

(2)　$R_1$と2Ωの抵抗は直列接続だから，合成抵抗$R_2$は，(2·44)式により，

$$R_2=R_1+2=3+2=5\Omega$$

(3)　2Ωの抵抗を流れる電流は，合成抵抗$R_2$を流れる電流に等しいから，オームの法則より，

$$I=\frac{V}{R_2}=\frac{6}{5}=1.2\,\text{A}$$

(4)　2Ωの抵抗によるAC間の電位差$V_1$は，

$$V_1 = RI = 2 \times 1.2 = 2.4\,\mathrm{V}$$

であるから，AB間の電位差$V_2$は，

$$V_2 = 6 - V_1 = 6 - 2.4 = 3.6\,\mathrm{V}$$

B点の電位はA点の電位より$V_2$だけ低いから，

$$0 - 3.6 = -3.6\,\mathrm{V}$$

(5)　4Ωの抵抗には，$V_2 = 3.6\,\mathrm{V}$の電圧がかかっているから，オームの法則により，

$$I = \frac{V_2}{R} = \frac{3.6}{4} = 0.9\,\mathrm{A}$$

答　(1)**3Ω**　(2)**5Ω**　(3)**1.2A**　(4)**−3.6V**　(5)**0.9A**

**類題6**　右の図の回路について，次の問いに答えよ。ただし，スイッチKの抵抗は0とする。（解答▷p.246）

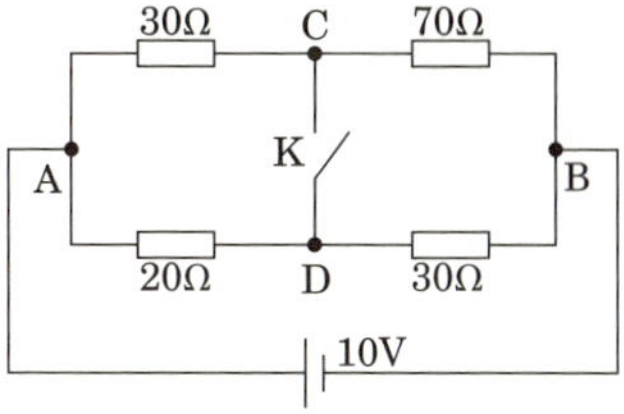


スイッチKが開いているとき，

(1)　AB間の合成抵抗を求めよ。

(2)　CD間の電圧は何Vか。

次に，スイッチKを閉じると，

(3)　CD間の電圧は何Vとなるか。

(4)　このとき，Kを流れる電流は何Aか。

# 3 電流計と電圧計

## 1 電流計

**❶ 電流計の原理**　電流計は電流の大きさをはかる計器であり，電流が磁場から受ける力（▷p.197）を利用したものがほとんどである。磁場中にコイルを置き，そこに電流を流すと，コイルは電流の大きさに比例した回転力を磁場から受ける。この回転力をはかって，電流を求める。

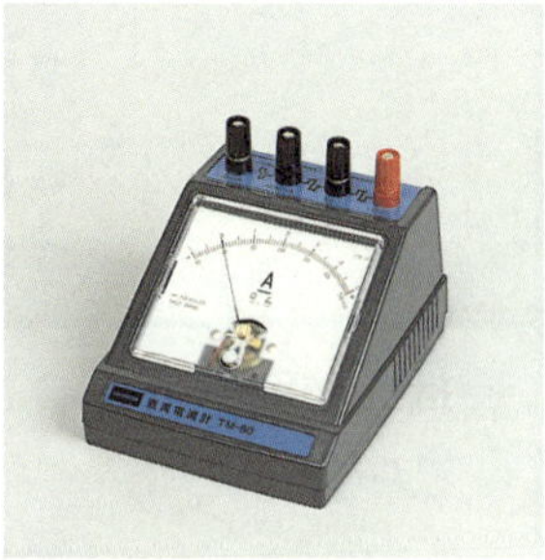

図96　電流計

**❷ 分流器**　電流計のコイルはひじょうに細い導線で作られているので，あまり大きな電流を流せない。大きな電流を測定するには，コイルと並列に抵抗値の小さい導線を接続し，大部分の電流をその導線に流すようにする。この導線のことを**分流器**（あるいは**シャント**）という。分流器とコイルに流れる電流の大きさは，それぞれの抵抗値に反比例するので，両方の抵抗値の比を適当に選ぶと，1つの電流計の測定範囲をいろいろに変えることができる。

**補足**　電流計は回路に直列に挿入するから，電流計をつなぐと，回路の合成抵抗が増加し，電流が減少する。したがって，電流計の内部抵抗はできるだけ小さいほうが望ましい。

## 2 電圧計

**❶ 電圧計の原理**　電圧計の原理は電流計と同じで，電流の流れているコイルが磁場から受ける回転力を利用したものがほとんどである。ただし，電圧計では，コイルと直列に抵抗値の大きい導線が接続されている。内部抵抗$R_0$〔Ω〕の電圧計を電位差$V$〔V〕の2点間につなぐと，電圧計には，$I=\frac{V}{R_0}$〔A〕の電流が流れ，指針が振れるから，そのとき指針がさす位置の目盛りを$R_0I$〔V〕と決めればよい。

**❷ 倍率器**　電圧計の測定範囲を大きくするには，$R_0$を大きくすればよいから，電圧計と直列に大きな抵抗$R$を入れればよい。この抵抗$R$を電圧計の**倍率器**という。

（補足）電圧計は抵抗などに並列に接続するから，電圧計をつなぐと，回路の全抵抗が減少し，電流が増加する。この影響を小さくするため，電圧計の内部抵抗はできるだけ大きいほうが望ましい。

（参考）デジタル式の電流計や電圧計では，コイルではなく**A-D変換回路**（アナログ・デジタル変換回路）を使い，電圧や電流の値をいちどデジタル量に変換してから測定する。

## この節のまとめ　直流回路

| | |
|---|---|
| □電気抵抗 ▷ p.181 | ○電気抵抗…電流の流れにくさ。単位はオーム(Ω)。<br>○オームの法則　$I=\frac{V}{R}$　または，$V=RI$<br>○導線の電気抵抗　$R=\rho\frac{l}{S}$　（$\rho$は抵抗率）<br>○抵抗率の温度変化　$\rho=\rho_0(1+\alpha t)$<br>○抵抗の温度変化　$R=R_0(1+\alpha t)$ |
| □抵抗の接続 ▷ p.184 | ○直列接続…各抵抗に**同じ大きさの電流**が流れる。<br>合成抵抗　$R=R_1+R_2+\cdots\cdots$<br>○並列接続…各抵抗に**同じ大きさの電圧**が加わる。<br>合成抵抗　$\frac{1}{R}=\frac{1}{R_1}+\frac{1}{R_2}+\cdots\cdots$ |
| □電流計と電圧計 ▷ p.187 | ○**電流計**…コイルと並列に抵抗の小さい**分流器**を入れる。分流器の抵抗によって電流計の測定範囲を変えられる。<br>○**電圧計**…コイルと直列に抵抗の大きい**倍率器**を入れる。倍率器の抵抗によって電圧計の測定範囲を変えられる。 |

# 3節 電気とエネルギー

## 1 電流と仕事

### 1 ジュール熱 重要

**❶ ジュール熱**　導体に電流が流れると，熱が発生する。この熱を**ジュール熱**という。電気ストーブ，電気毛布，電気アイロン，電球などはジュール熱を利用したものである(▷p.192)。

**❷ ジュール熱の発生**　導体の両端に電圧を加えて，その内部に電場をつくると，導体内の自由電子は電場から力を受け，加速される。**加速された自由電子は導体中の陽イオンと衝突し，イオンを激しく振動させる。**

こうして，自由電子が電場から得たエネルギーは陽イオンの熱振動のエネルギーに変換され，導体の内部エネルギー(▷p.122)が増加するため，温度が上昇する。

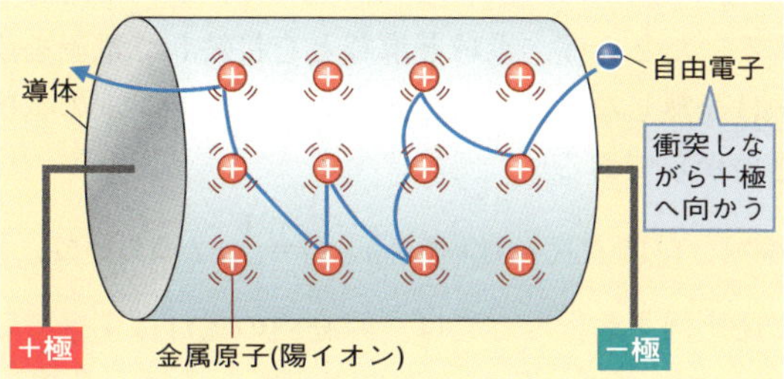


図97 ジュール熱の発生

視点　金属原子は陽イオンとなり振動している。

**❸ ジュールの法則**　導線で発生するジュール熱を求めよう。いま，図98に示すように，抵抗$R$〔Ω〕の導線を電圧$V$〔V〕の電源につなぎ，$I$〔A〕の電流を時間$t$〔s〕流したとする。$t$〔s〕間に導体中を移動した電気量$q$〔C〕は，電流の定義(▷p.179)より

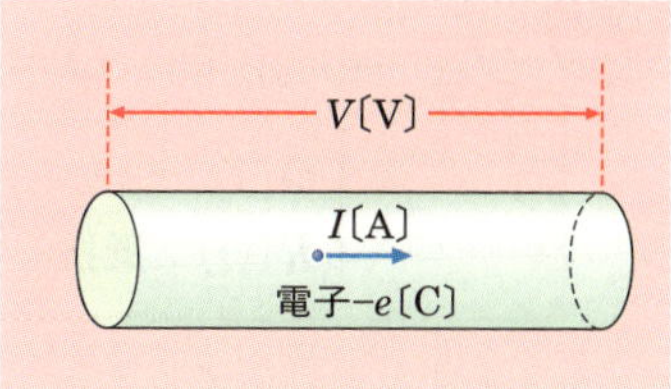


図98 ジュールの法則

$$q = It \quad \cdots\cdots①$$

となる。

ここで，電源の電場が電荷$q$を運ぶ仕事$W$〔J〕は

$$W = qV \quad \cdots\cdots②$$

であることがわかっている。

よって，①と②から，

$$W = VIt \qquad (2\cdot48)$$

となる。

電場のした仕事$W$は，導線中の自由電子の運動エネルギーになり，最終的にはすべて導線中のイオンの熱振動のエネルギーに変換される。よって，この仕事$W$が導線で発生するジュール熱$Q$〔J〕に等しい。このことから，

$$Q = VIt \qquad (2\cdot49)$$

となる。

(2・49)式の関係を**ジュールの法則**という。

**④ジュールの法則のいろいろな表現**　(2・49)式は，オームの法則$V=RI$を用いると，次のようないろいろな式に変形できる。

$$Q = VIt = I^2Rt = \frac{V^2}{R}t \qquad (2\cdot50)$$

この式から，抵抗線の発熱に関して，次のようにまとめることができる。

① **電流が一定の場合，$Q$は$R$に比例する。**$Q=I^2Rt$において，$I^2t$を定数と考えると，$Q$は$R$に比例する。たとえば，電球と導線とを接続して電流を流すと，電球は発熱するが，導線は発熱しない。これは電球のフィラメントの抵抗が導線の抵抗よりはるかに大きいからである。

② **電圧が一定の場合，$Q$は$R$に反比例する。**$Q=\dfrac{V^2}{R}t$において，$V^2t$を定数と考えると，$Q$は$R$に反比例する。たとえば，家庭内の電灯はすべて並列に接続されているので，等しい電圧が加わるが，このようなときは，抵抗の小さい電球ほどジュール熱を多く発生し，明るく輝く。

**ポイント**　ジュールの法則　$Q = VIt = I^2Rt = \dfrac{V^2}{R}t$

［$Q$〔J〕：ジュール熱　$V$〔V〕：電圧　$I$〔A〕：電流
$R$〔Ω〕：抵抗　$t$〔s〕：時間］

**例題　ジュール熱**

どんな抵抗を接続しても端子間の電圧が一定である電源(定電圧電源)に抵抗線A，Bを接続する場合を考える。Bの長さはAの$n$倍，断面(円)の半径はAの$m$倍，抵抗率はAの$k$倍であるとすると，Bの単位時間あたりの発熱量はAの何倍か。

**着眼** 抵抗線Aの，長さを$l$，断面積を$S$，抵抗率を$\rho$，抵抗値を$R_A$とすると，$R=\rho\dfrac{l}{S}$より，$R_A=\rho\dfrac{l}{S}$となる。同様に，抵抗線Bの抵抗値を求める。

**解説** 抵抗線Bの抵抗値を$R_B$とすると，

$$R_B=k\rho\frac{nl}{m^2S}=\frac{kn}{m^2}\cdot\rho\frac{l}{S}=\frac{kn}{m^2}R_A$$

となるから，Bの抵抗値はAの$\dfrac{kn}{m^2}$倍である。

単位時間の発熱量は，(2･50)式に$t=1$sを代入した，$Q=\dfrac{V^2}{R}$であり，いま電圧$V$は一定であるから，抵抗$R$に反比例することになる。

よって，Bの発熱量はAの$\dfrac{m^2}{kn}$倍になる。　**答** $\dfrac{m^2}{kn}$倍

## 2 電力と電力量 重要

**❶ 電力**　単位時間に電気器具によって消費される電気エネルギーを**消費電力**あるいは単に**電力**という。電力$P$は，単位時間に発生するジュール熱に等しいから，(2･50)式より，

$$P=\frac{Q}{t}=VI$$

となる。

これは次のように表すこともできる。

$$P=I^2R$$

$$P=\frac{V^2}{R}$$

**❷ 電力の単位**　電力を供給する側を**電源**，電力を消費する側を**負荷**という。負荷にかかる電圧と負荷を流れる電流との積が消費電力に等しい。したがって，電力の単位はV･Aに等しい。また，電力は単位時間あたりに消費する電気のエネルギーであるから，その単位はJ/sでもあり，これは仕事率の単位**W（ワット）**(▷p.89)に等しい。

> **ポイント**
> 電力　$P=VI=I^2R=\dfrac{V^2}{R}$　(2･51)
>
> $P$〔W〕：電力　$V$〔V〕：電圧　$I$〔A〕：電流　$R$〔Ω〕：抵抗

**❸ 電力量**　電流のする仕事の総量を**電力量**という。電力量は，(電力)×(時間)で求められるので，電力量の単位は仕事の単位と同じ**ジュール**(記号**J**)である。電力量の単位として，**キロワット時**(記号**kWh**)も用いられる。1kWhは，1kWの電力で1時間(1h)の間にする仕事の量である。

**例題　電力量**

200 V用，2.00 kWの電気ストーブがある。

(1)　これを200 Vで使用すると，流れる電流は何Aか。

(2)　これを180 Vで10.0時間使用する場合の消費される電力量は何kWhか。ただし，ストーブの電気抵抗は電圧によって変わらないとする。

**着眼**　単位時間に消費される電気エネルギーを消費電力といい，電力$P$は単位時間に発生するジュール熱に等しい。

**解説**　(1)　(2·51)式　$P=VI$より，

$$I=\frac{P}{V}=\frac{2000}{200}=10.0\,\text{A}$$

(2)　この電気ストーブの抵抗値は，オームの法則より，

$$R=\frac{V}{I}=\frac{200}{10.0}=20\,\Omega$$

なので，

$$Pt=\frac{V^2}{R}t=\frac{180^2}{20}\times 10=16.2\times 10^3\,\text{Wh}$$
$$=16.2\,\text{kWh}$$

答　(1) **10.0 A**　(2) **16.2 kWh**

## ④ ジュール熱の利用

① **ヒーター**　電気ストーブ，電気アイロンなどの電熱線として，おもに抵抗率の大きな**ニクロム線**(ニッケル・クロム合金)や**カンタル線**(鉄・クロム・アルミニウム合金)が用いられる。

② **白熱電球**　ガラス球の中にわずかの不活性ガスを入れるか，中を真空にして，その中に細いタングステンのフィラメントを封じ込んだものである。フィラメントが加熱され，熱エネルギーの一部が熱放射(▷*p.114*)によって光に変わる。

③ **ヒューズ**　鉛，スズ，アンチモンなどの合金でできていて，220～320℃ぐらいの低い温度でとける。電流回路に過大な電流が流れると，ヒューズの部分にジュール熱が発生し，ヒューズがとけて回路が開くので，安全装置として用いられる。

## この節のまとめ　電気とエネルギー

| | |
|---|---|
| □電流と仕事<br>▷*p.189* | ◎ ジュールの法則　$Q=VIt=I^2Rt=\frac{V^2}{R}t$<br>◎ 電力…単位時間に消費される電気エネルギー。<br>$P=VI=I^2R=\frac{V^2}{R}$ |

# 4節 電流と磁場

## 1 電流は磁場をつくる

### 1 磁場と磁力線

**❶ 磁極**　磁石の両端には，鉄粉をよく吸いつける場所がある。これを**磁極**という。磁石には**N極**と**S極**の2種類の磁極がある。図99のように棒磁石を糸でつるしたり，磁針を水平に置くと，ほぼ南北を向いて静止する。このとき北を向く磁極がN極，南を向く磁極がS極である。

**❷ 磁気力**　電荷と同様に同種の極どうしは反発しあい，異種の極どうしは引きあう。この力を**磁気力**または**磁力**という。

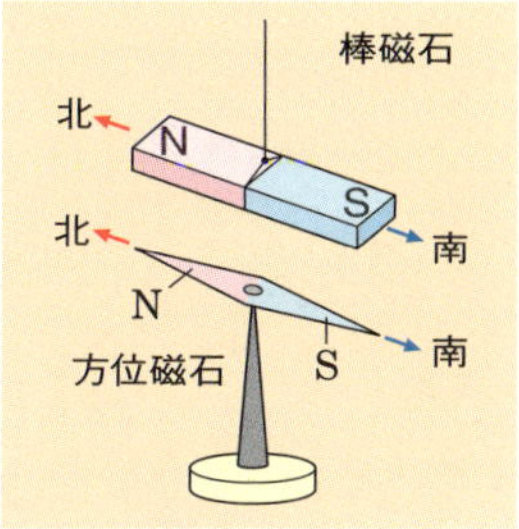

図99 磁極と方位

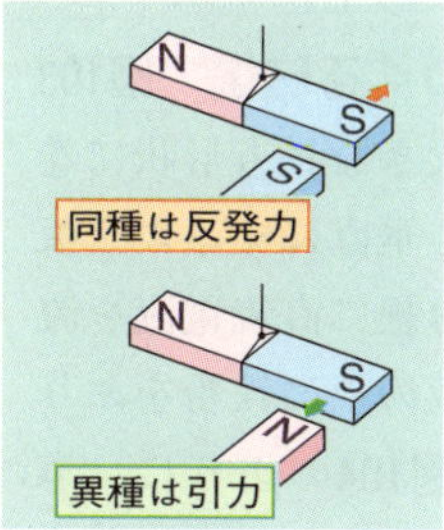

図100 磁気力

**❸ 磁場**　磁極が磁気力を受けるとき，そのまわりの空間が特別な性質をもっていると考えることができる[★1]。磁気力のはたらく場を**磁場**または**磁界**といい，記号$\vec{H}$で表す。磁場も電場と同様に大きさと向きをもつベクトルであり，N極が引きつけられる向きが磁場の向きと定められている。

**❹ 磁力線**　磁石のまわりに鉄粉をまくと図101のような曲線状の模様があらわれる。これは，磁場中の鉄粉が磁場の向きに沿って並ぶ性質をもつからである。

この模様は，磁場のようすを理解するのに役立つのでこのような空間の各点での磁場を連ねた曲線を考える。これを**磁力線**という。

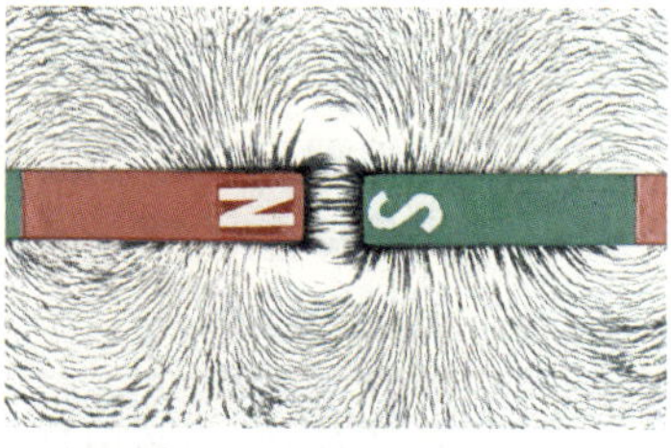

図101 鉄粉のつくる模様

★1 同様に，電荷によって静電気力がはたらくように変化した空間が**電場**(▷p.178)である。

第2編 物理現象とエネルギー

**❺ 磁力線の性質**　磁場はN極が引きつけられる向きなので，磁力線はN極から出てS極に入る曲線となり，とちゅうで交わったり，枝分かれしたりすることはない。また，磁力線が集まっているところほど，強い磁場である。

棒磁石において，磁力線が入ってくる磁極がS極になり，磁力線が出ていく磁極がN極になる。

参考　同じように電場を連ねてかいた曲線を**電気力線**という。

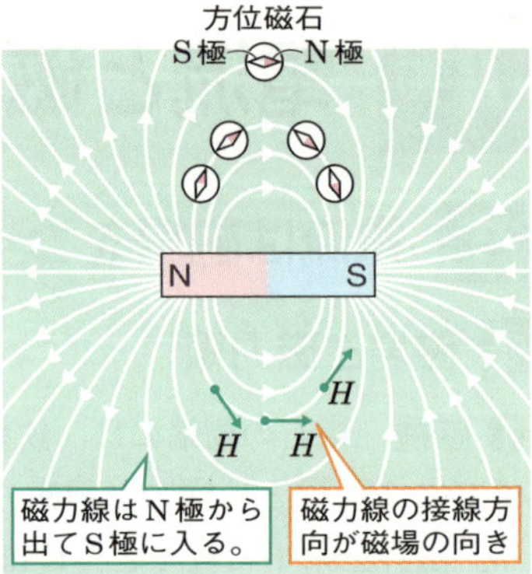

図102　磁力線

**ポイント　磁力線の向き…N極から出て，S極に入る。**

## 2 電流がつくる磁場

**❶ 直線電流がつくる磁場**　図103に示すように，大きな長方形状に巻いた導線の束に，垂直になるよう板をとりつける。導線に直流電流を流している状態で板の上に鉄粉をふりまくと，鉄粉は図104のように，導線を中心とした同心円に沿うように並ぶ。

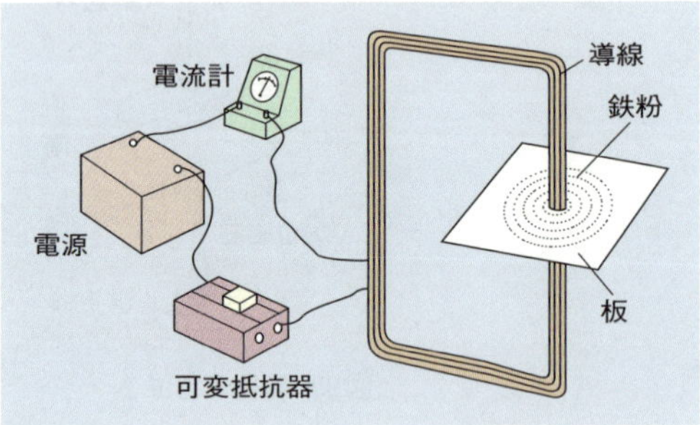

図103　磁場を調べる実験

このことから直線上の導線に電流を流すと，そのまわりには，導線を中心としてそれに垂直な同心円状の磁場ができるということがわかる。

注意　図103のように導線を巻いたとき，観察したい辺の対辺や，となりの辺にある導線を中心とした磁場も生じる。この磁場の影響を受けないように，導線はじゅうぶん大きく巻く必要がある。

図104　直流電流の磁場

**ポイント　直線電流による磁場…導線を中心として，それに垂直な同心円に沿った方向の磁場が生じる。**

**❷ 右ねじの法則**　図103の実験で，板の上に**方位磁石**をのせると，磁場の向きを調べることができる。すると，磁場の向きは，電流を上から下に流したときに時計まわり，下から上に流したときに反時計まわりになっていることがわかる。

すなわち，図105のように電流の進む向きを右ねじ★1(一般に使われるねじ)の進行方向としたとき，右ねじをまわす向きの磁場ができるといえる。これを右ねじの法則という。

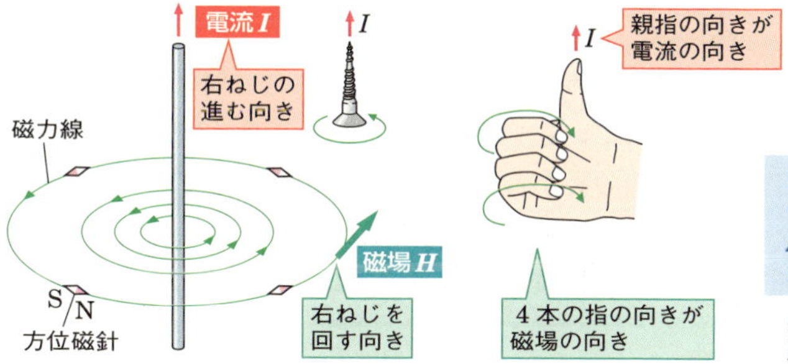


図105　直線電流の磁場

**ポイント**　右ねじの法則…右ねじの進む向きの電流を流すと，右ねじをまわす向きの磁場が生じる。

## 3 円電流とソレノイド　重要

**❶ 円電流がつくる磁場**　導線を円形に束ねて電流を流すと，図106のような磁場ができる。円電流の内部の磁場は電流の面に垂直で，磁場の向きは，円電流の微小な部分を直線電流とみなして右ねじの法則を適用すればわかる。電流の向きに右ねじをまわすと，磁場の向きはねじの進む向きになっている。

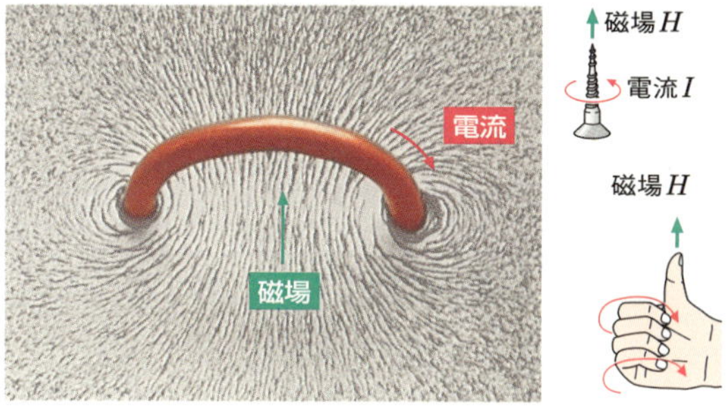


図106　円電流がつくる磁場

**❷ ソレノイドがつくる磁場**

導線を円筒に巻いたものをコイルといい，そのうち，導線を長い円筒に均等に，しかも密に巻いたものをソレノイドという。ソレノイドに電流を流すと図107のような磁場ができる。ソレノイド内部の磁場はソレノイドの軸に平行であり，すぐ外側の磁場は0である。磁場の向きは円電流と同じようにして知ることができる。

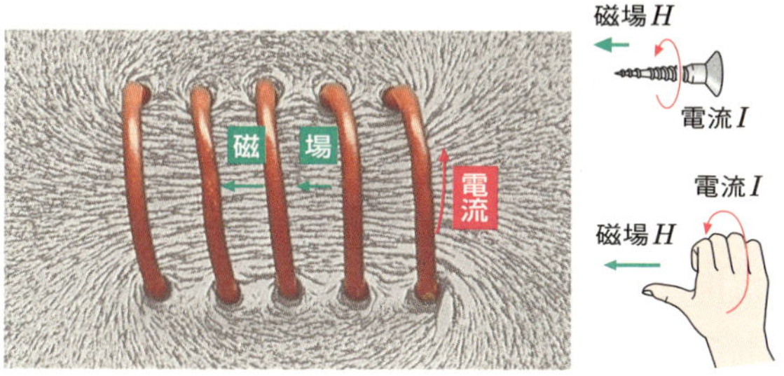


図107　ソレノイドがつくる磁場

★1 ふつうの木(もく)ねじや蛇口の取っ手のように，時計まわり(右まわり)に回すと奥に進んでしまるねじである。

## 例題　直線電流による磁場

紙面に垂直な2本の導線A，Bに同じ大きさの電流$I$が流れている。⊗は紙面の表から裏へ流れる電流を，⊙は紙面の裏から表へ流れる電流を示している。

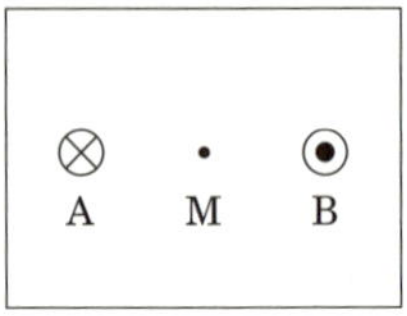


(1)　ABの中点Mに導線Aがつくる磁場の向きを示せ。
(2)　中点Mでの導線AとBによる磁場の向きを示せ。

**着眼**　右ねじの法則を使う。

**解説**　Mを通る磁力線は，右ねじの法則よりAは時計まわり，Bは反時計まわりである。磁力線の接線方向が磁場の向きなので，Mでは磁場はともに下向きになり，全体でも下向きとなる。

**答**　下図

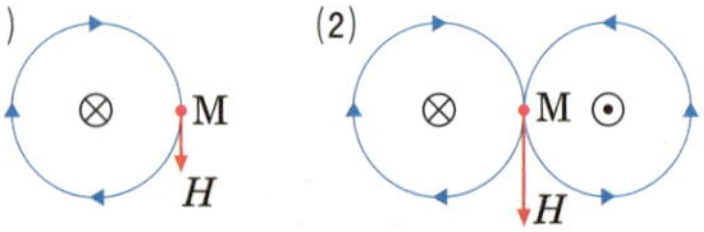


**補足**　電流の向きと電流のつくる磁場の向き，電流の向きと電流が磁場から受ける力の向きは互いに垂直(▷p.197)なので，すべてを平面上に書き表すことはできない。そこで，この例題のように紙面の裏から表に出てくるような向きを⊙，紙面の表から裏に入っていく向きを⊗で示すことがある。⊙は弓矢のやじり，⊗は弓矢のやばねを正面から見たようすを表している。

## 例題　磁場の向き

次のような導線に電流を流した場合，P点での磁場の向きはaかbか。また，(3)，(4)でN極になるのはA，Bどちら側か。

(1) 直線電流

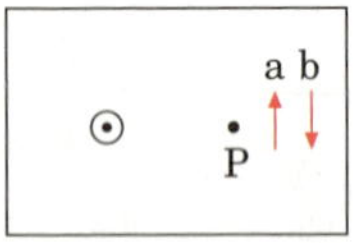


(2) 円形コイルの中心

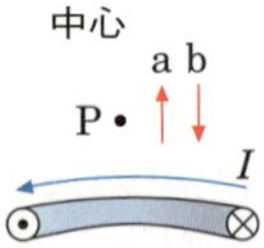


(3) ソレノイド

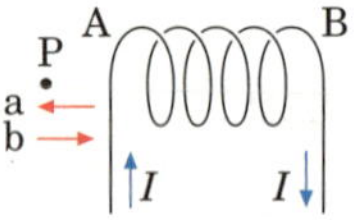


(4) 電磁石

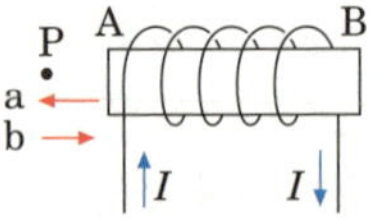


**着眼**　右ねじの法則を使って電流の向きから磁場の向きを求める。このとき，磁力線の出ている側がN極となる。

**解説**　(1)は，紙面裏から表への電流のつくる磁場は反時計回りなので，点Pでは上向きのa。(2)は，電流の向きを右手の指の向きとすると，磁場の向きに対応した親指の向きは上向きになるのでa。
(3)は，電流の向きにあわせて右手の指を折り曲げると，親指(磁場)の向きは右向きのb向き。このとき，Bから磁力線が出るのでN極はB側。
(4)は，(3)と逆向きの電流なので，a向き，N極はA側。

**答**　(1)a　(2)a　(3)b，B　(4)a，A

# 2 電流は磁場から力を受ける

## 1 電流が磁場から受ける力

**❶ 電磁力**　図108のような装置で，磁石の間に置いたアルミパイプに電流を流すと，パイプはレールに沿って運動する。パイプのまわりには電流による磁場が生じており，これが磁石による磁場と力を及ぼしあい，パイプが移動したと考えられる。このような，電流が磁場から受ける力を**電磁力**という。

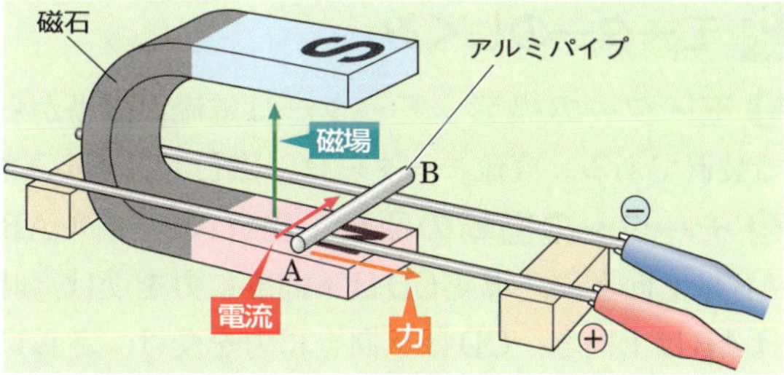


図108　電流が磁場から受ける力

**❷ 電流が磁場から受ける力の向き**　図109(a)はパイプABのまわりの磁場をAの側から見たものである[★1]。図109(a)の緑色の線は磁石の磁場，青色の線は直線電流ABによる磁場である。この2つを合成すると，図109(b)のように電流の左側では磁力線が密に，右側では疎(そ)になる。**磁力線にはゴムひものように張力があって，曲げられるとまっすぐになろうとする性質がある**ので，導線の左側の磁力線は導線を右向きに押す。

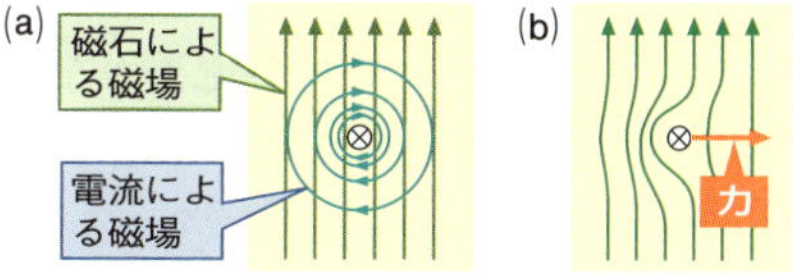


図109　電流が受ける力と磁力線

**❸ フレミングの左手の法則**　電流が磁場から受ける力$F$〔N〕の向き，磁場$H$〔A/m〕の向き，電流$I$〔A〕の向きは，左手の3本の指を図110のように互いに垂直に立てたとき，順に親指，人差し指，中指の向きに対応している。

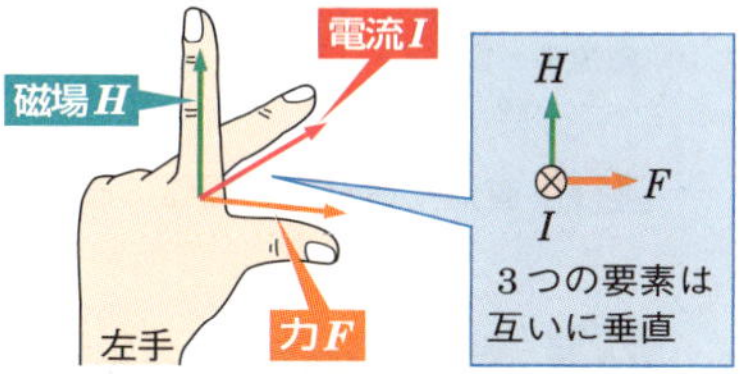


図110　フレミングの左手の法則

> **ポイント**　**フレミングの左手の法則**：電流が磁場から受ける力$F$→親指，磁場$H$→人差し指，電流$I$→中指に対応させる。

### 例題　電流が受ける力の向き

紙面に垂直に流れる直線電流$I$に磁場を加えたところ，紙面と平行な力を受けた。このときの力の向きを示せ。ただし⊗は紙面の表から裏へ，⊙は裏から表へ流れる電流である。

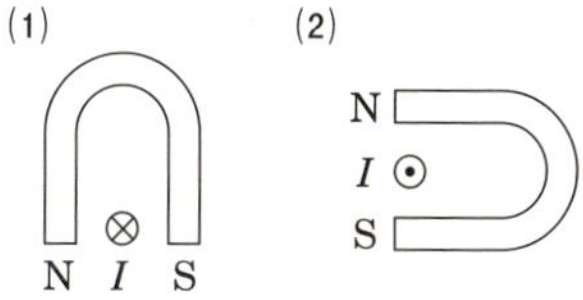


★1　⊗の記号は電流が紙面に垂直に手前から奥へ向かって流れていることを示す。(▷p.196)

**着眼** フレミングの左手の法則を使う。

**解説** NからSへ向かう向きが磁場$H$の向きである。　答 (1)下向き　(2)右向き

## 2 モーターのしくみ

**❶ モーターの構造**　**モーター**は電流が磁場から受ける力を利用して回転運動する装置である。直流モーターは，**磁石**，**コイル**，**整流子**，**ブラシ**からなる。

**❷ モーターの回転の原理**　図111のコイルABCDに電流を流す。(a)では導線ABは上向きに，導線CDは下向きに力を受け，時計まわりに回りはじめる。(b)ではABは上向き，CDは下向きに力を受け，さらに回転する。(c)の状態になると整流子によりコイルを流れる電流は逆転する。このため，ABは下向き，CDは上向きの力を受け時計まわりをつづける。**整流子により半回転に一度コイルを流れる電流の向きが逆転する**ため，コイルは同じ方向(時計まわり)に回りつづける。

**交流モーター**では整流子がないが，半回転に一度電流の向きが変わる**交流電流**(▷*p.201*)を供給するため，やはり同じ方向に回転をつづける。

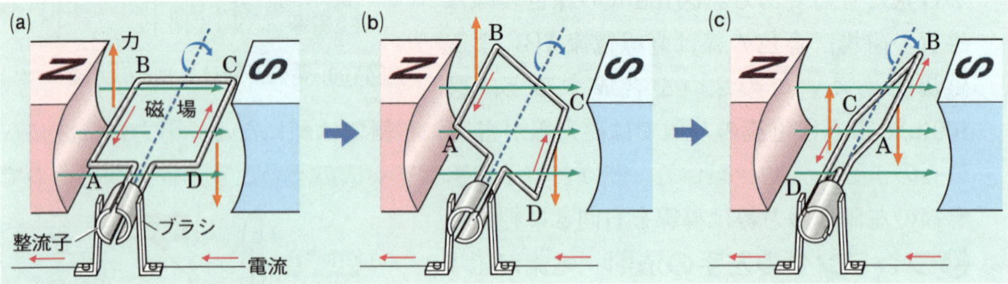


図111 直流モーターの回転の原理

# 3 磁場の変化は電流をつくる

## 1 電磁誘導

**❶ 電磁誘導**　表2のように，コイルに磁石を出入りさせたり，磁石にコイルを近づけたり遠ざけたりすると，コイルの両端に電圧が生じ，電流が流れる。この現象を**電磁誘導**，生じた電圧を**誘導起電力**，流れた電流を**誘導電流**という。**コイルの内部をつらぬく磁力線の数が変化すると，誘導起電力(電流)が発生する。**

**❷ 誘導起電力の向き**　誘導起電力の向きは，次のようになっている。

① N極が近づくときと遠ざかるときでは誘導起電力の向きは逆になる。

② N極をS極に変えると，誘導起電力の向きはN極の場合と逆になる。

③ 磁石を近づけるかわりにコイルを近づけても誘導起電力の向きは変わらない。

**❸ レンツの法則**　コイルの左端に棒磁石を近づけたり遠ざけたりすると，コイルをつらぬく磁力線の本数が変化する。検流計をつけて調べると，表2のようになる。

| | ①N極を近づける | ②N極を遠ざける | ③S極を近づける | ④S極を遠ざける |
|---|---|---|---|---|
| 外部の磁場 | 右向き増加 | 右向き減少 | 左向き増加 | 左向き減少 |
| 変化をさまたげる磁場 | 左向き | 右向き | 右向き | 左向き |
| 誘導電流による磁場（レンツの法則） | 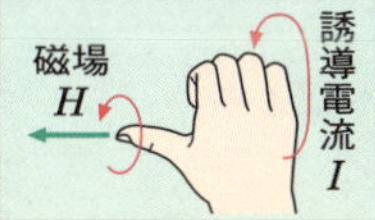 | 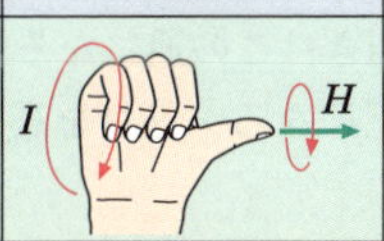 | 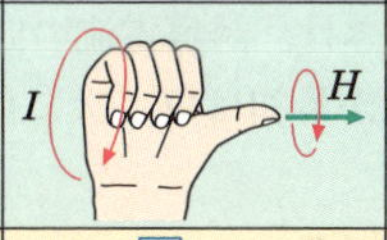 | 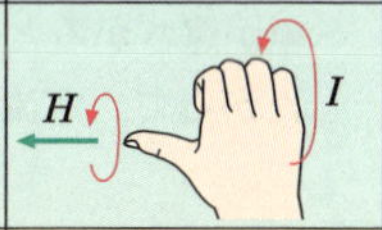 |
| 外部磁場の変化と誘導電流による磁場の関係 | 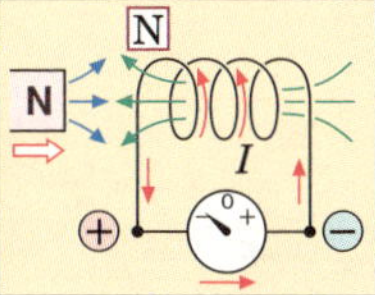 | 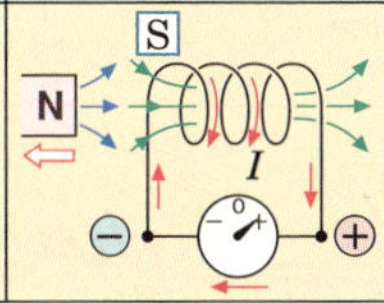 | 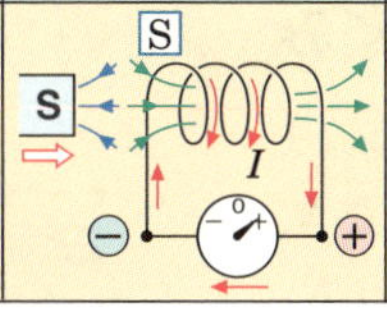 | 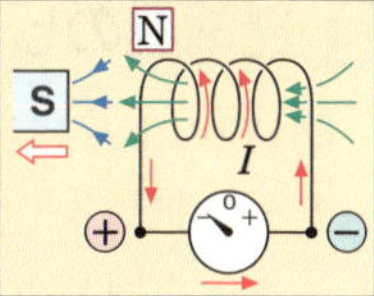 |



表2　外部磁場の変化と誘導電流の向きおよびそれによる磁場

補足　レンツの法則は，外部の磁石の運動の変化をさまたげるように誘導電流が発生し，コイルが磁石となり運動をさまたげると考えてもよい。表2の①では，N極がコイルに近づくときに，誘導電流でコイルの左端がN極となり反発する。②では，遠ざかるときに，コイルの左端がS極となり引力となってN極の動きをさまたげる。誘導電流の向きは右ねじの法則で求められる。

> **ポイント**　**レンツの法則**：**誘導電流は，コイルをつらぬく磁力線の本数の変化をさまたげる向きに発生する。**

**❹ 誘導起電力の大きさ**　コイルに磁石を速く近づけるほど，またコイルの巻き数が大きいほど，誘導起電力は大きくなることが実験より知られている。

補足　誘導起電力の大きさは，コイルをつらぬく磁力線の本数が変化する速度と，コイルの巻き数に比例することがわかっている。

> **ポイント**　**誘導起電力の大きさ**：**誘導起電力は，コイルをつらぬく磁力線の本数が変化する速度やコイルの巻き数が大きいほど，大きくなる。**

**例題　誘導電流の時間的変化**

コイルの中心を，棒磁石が右向きに通過した。コイルに流れる誘導電流の時間的変化を表すグラフはどれか。コイルの赤の矢印が電流の正の向きを表す。

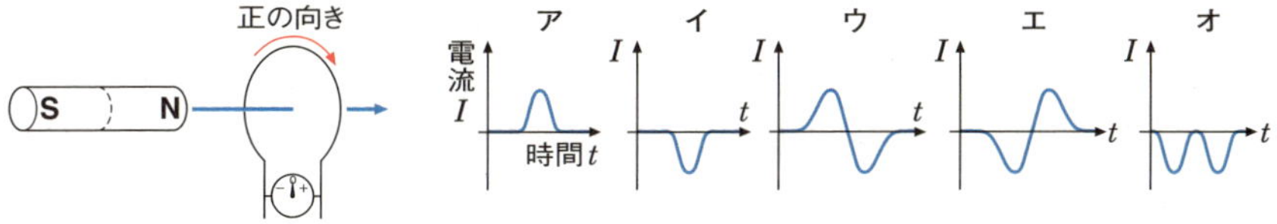

**着眼**　**レンツの法則，右ねじの法則より考える。**

**解説**　棒磁石のN極が近づくときは，誘導電流によってできる磁場は，レンツの法則より左向きになる。この磁場をつくる誘導電流は，右ねじの法則から負の向きに流れ，誘導起電力も負となる。

S極が遠ざかるときは，誘導電流の向きはこの逆になる。

したがって，電流が最初は負，次に正になるグラフを選べばよい。　　答　**エ**

## 2 発電機のしくみ

図112のように直流モーターに抵抗をつなぎ，モーターを回転させる。

図112(a)から(b)の状態になると，コイルをつらぬく磁力線の数が増加する。ファラデーの電磁誘導の法則により，コイルのABCDの向きに誘導電流が流れる。**整流子とブラシにより半回転ごとに電流の向きが変わり，直流電流が取り出せる。**これを**直流発電機**という。

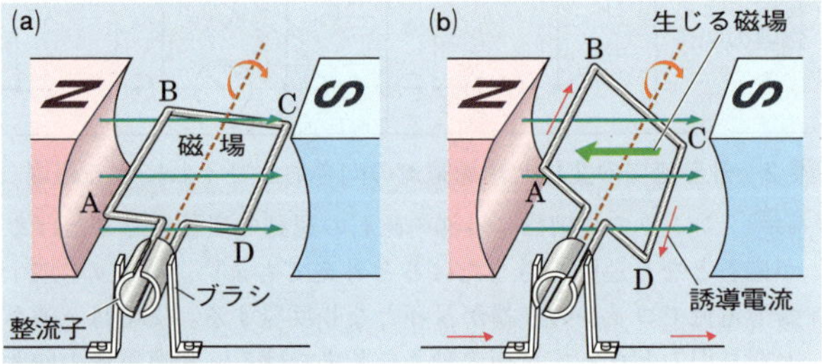


図112　直流発電機の原理

## この節のまとめ　電流と磁場

| | |
|---|---|
| □電流は磁場をつくる ▷p.193 | ●**磁力線の向き**…磁力線はN極から出て，S極に入る。<br>●**右ねじの法則**…電流を右ねじの進む向きに流すと，右ねじを回す向きの磁場が生ずる。 |
| □電流は磁場から力を受ける ▷p.197 | ●**フレミングの左手の法則**…電流が磁場から受ける力$F$を親指，磁場$H$を人差し指，電流$I$を中指に対応させる。 |
| □磁場の変化は電流をつくる ▷p.198 | ●**レンツの法則**…誘導電流は，コイルをつらぬく磁力線の本数の変化をさまたげる向きに発生する。<br>●**誘導起電力**…電磁誘導で生じる電圧。コイルをつらぬく磁力線の本数が変化する速度とコイルの巻き数が大きいほど，誘導起電力は大きい。 |

# 5節 交流と電磁波

## 1 交　流

### 1 直流と交流

**❶ 直流と交流**　電池から得られる電気は，電圧や電流の向きが一定で変化しない。このような電気を**直流**という。これに対し，家庭で使っている100Vの電気は，電圧や電流の向きが周期的に変化している。このような電気を**交流**という。

第2編 物理現象とエネルギー

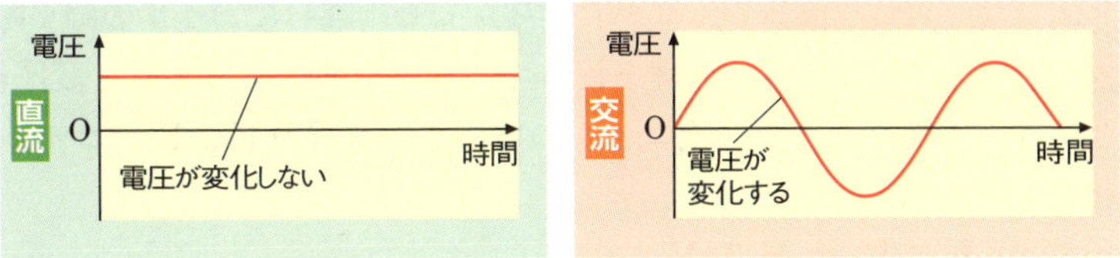


図113 直流(左)と交流(右)の電圧の変化

**❷ 交流の周波数と周期**　交流電流の流れる向きの変化が，1秒間に何回くり返されるかを表す数を交流の**周波数**あるいは**振動数**といい，波(▷*p.142*)と同様に記号$f$，単位**ヘルツ**(**記号Hz**)で表す。例えば東日本における電源の交流の周波数は50Hzであり，1秒間に50回電流が振動している。西日本における電源の交流の周波数は60Hzであり，毎秒60回電流が振動している。

また，1回の振動に要する時間を**周期**といい記号$T$，単位は秒(s)で表す。また，周波数$f$と周期$T$の間には，次の関係がある。

$$f=\frac{1}{T} \quad (2\cdot52)$$

### 2 交流の発生

磁場の中でコイルを回転させると，コイルをつらぬく磁力線の数が回転とともに周期的に変化し，交流を発生させることができる。このような装置を**交流発電機**という。

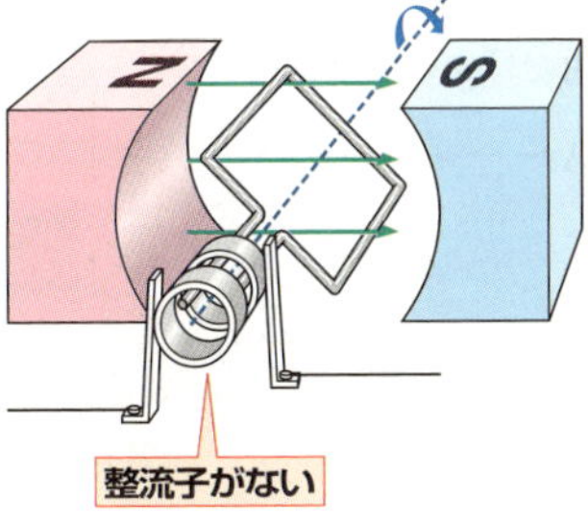


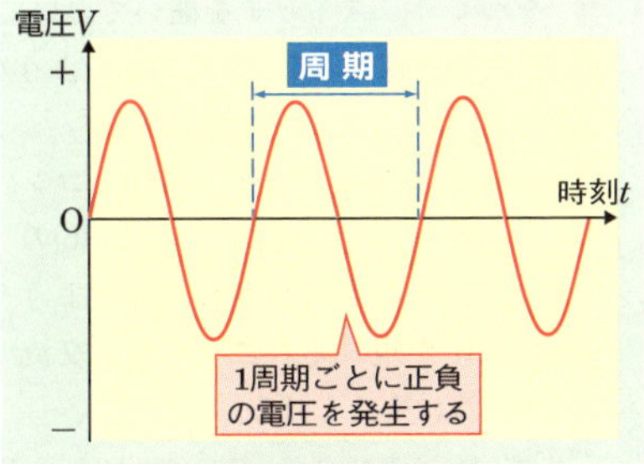


図114 交流発電機(左)と発生する交流(右)

## 3 変圧器のしくみ

**❶ 相互誘導**　2つのコイルを接近させて並べ，コイル1に交流を流す。コイル1では交流電流によって，周期的に数が変化する磁力線が発生する。近くに置いたコイル2では，コイルをつらぬく磁力線の数が変化し，電磁誘導による誘導起電力が発生する。このような現象を**相互誘導**という。電圧を入力したコイルを**1次コイル**，誘導起電力を発生したコイルを**2次コイル**という。相互誘導を使うと，導線が直接つながっていなくても，離れたコイルの間で電流が伝わる。

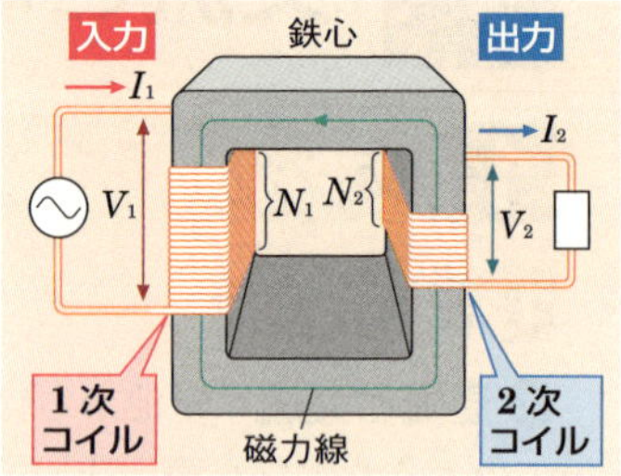


図115　変圧器のしくみ

**❷ 変圧器**　相互誘導の原理を使って，電圧を変換する装置を**変圧器**(**トランス**)という。1次コイル，2次コイルの電圧をそれぞれ$V_1$，$V_2$，コイルの巻き数をそれぞれ$N_1$，$N_2$とすると，

$$V_1 : V_2 = N_1 : N_2 \tag{2·53}$$

の関係が成りたつ。

電柱には変圧器が取りつけられており，電線から送られてきた電圧を下げている。また，電気器具のACアダプターにも変圧器が使われており，多くの場合電圧を下げたあと整流して直流に変換している。

**❸ 変圧器と電力**　理想的な変圧器では，1次コイルに流れる電流を$I_1$，2次コイルに流れる電流を$I_2$とすると，次の関係が成りたつ。

$$V_1 I_1 = V_2 I_2 \tag{2·54}$$

すなわち，電源が1次コイルに入力した電流の電力(▷p.191)と，2次コイルから出力される電流の電力は同じになる。

### 発展ゼミ　交流の整流

◆半導体ダイオードと抵抗，コンデンサーで，図116の回路をつくり，スイッチを開いておいて，A点に図117(a)のような電圧を加えると，a点に(b)のような，山だけが残った電圧が現れる。これを**脈流**という。

◆次にスイッチを閉じると，コンデンサーの充放電によって，(b)の山と山の間がならされ，(c)のような電圧が現れる。こうして，交流が直流に変えられる。

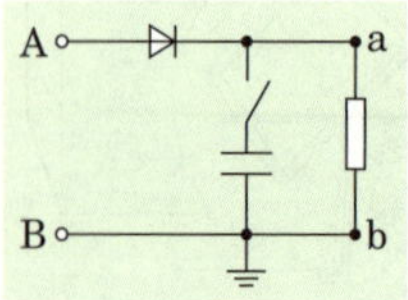


図116　整流回路

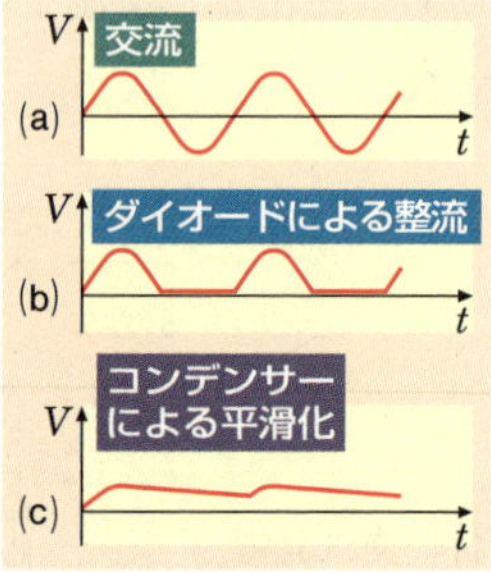


図117　交流の整流

**例題　変圧器**

1次側コイル・2次側コイルの巻き数が，それぞれ200回・800回の変圧器がある。1次側に100Vの交流を流し，2次側に50Ωの抵抗をつないだ。2次側の電圧，電流を求めよ。

**着眼**　1次側・2次側の巻き数がわかっているので，(2･53)式から2次側の電圧を求めることができる。電流はオームの法則から求める。

**解説**　(2･53)式より，

$$100 : V_2 = 200 : 800$$

$$V_2 = 400\,\mathrm{V}$$

オームの法則より，

$$I_2 = \frac{V_2}{R} = \frac{400}{50} = 8.0\,\mathrm{A}$$

**答**　電圧…**400V**　電流…**8.0A**

第2編　物理現象とエネルギー

## 2 電磁波

### 1 電磁波の発生

**❶ 電磁波の発生**　**電磁波**とは，電気的な振動と磁気的な振動が空間を伝わる現象である。変化する磁場は電磁誘導の原理で変化する電場をつくる(▷p.198)。また，変化する電場は変化する磁場をつくる。これをくり返し電場や磁場の変化が波として空間を伝わっていくのが電磁波である。

波長が0.1mm以上の電磁波を**電波**という。光も波長が特定の範囲にある電磁波である。電磁波は波なので，音と同様に反射や屈折(▷p.160)をする。

**❷ 電磁波の振動数と波長**　電磁波が伝わる速さは，光と同じ**$3.0\times10^8$m/s**である。電磁波の速度を$c$〔m/s〕，振動数を$f$〔Hz〕，波長(1組の山と谷の長さ)を$\lambda$(ラムダ)〔m〕とすると，次の関係が成りたつ。

$$c = f\lambda \tag{2･55}$$

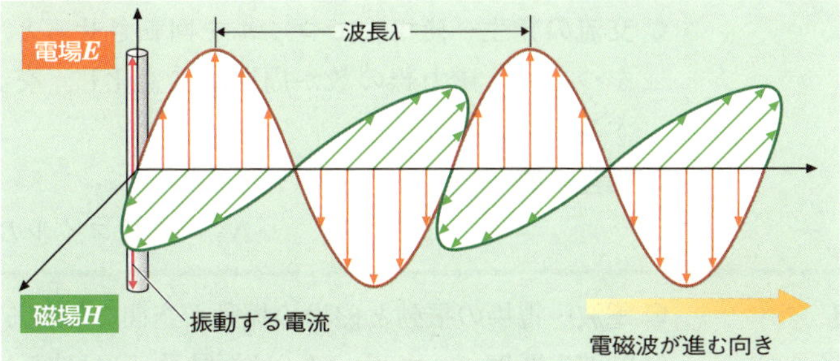


図118　電磁波の伝わり方

**❸ いろいろな電磁波**　電磁波は波長(振動数)によって性質が異なる。それらの性質を利用して，さまざまな用途に用いられている。

電磁波はおもに波長によって分類されており，**電波**や**赤外線**，**光**(目で見ることができるので**可視光線**ともいう)，**紫外線**，**X線**や**γ線**(▷p.209)などに分けられる。

**小休止　電子レンジ**

波長がおよそ1mよりも短い電波をマイクロ波という。電子レンジは食物に2.45 GHzのマイクロ波をあてて温める装置である。マイクロ波をあてると，食物中の水分子が1秒間に約24億5000万回もの回転振動を行うことで，食物が温められる。したがって，乾燥した食物にはあまり効果がない。

| 波長 | 1km | 100m | 10m | 1m | 10cm | 1cm | 1mm | $10^{-4}$m |
|---|---|---|---|---|---|---|---|---|
| 振動数 | 300kHz | 3MHz | 30MHz | 300MHz | 3GHz | 30GHz | 300GHz | $3\times10^{12}$Hz |
| 分類 | 長波(LF) | 中波(MF) | 短波(HF) | 超短波(VHF) | 極超短波(UHF) | センチ波(SHF) | ミリ波(EHF) | サブミリ波 |
| 用途 | AM放送 | | 無線 | FM放送 | TV放送<br>携帯電話<br>電子レンジ | 衛星放送 | 衛星通信 | |

| 波長 | $10^{-5}$m | $10^{-6}$m | $10^{-7}$m | $10^{-8}$m | $10^{-9}$m | $10^{-10}$m | $10^{-11}$m | $10^{-12}$m |
|---|---|---|---|---|---|---|---|---|
| 振動数 | $3\times10^{13}$Hz | $3\times10^{14}$Hz | $3\times10^{15}$Hz | $3\times10^{16}$Hz | $3\times10^{17}$Hz | $3\times10^{18}$Hz | $3\times10^{19}$Hz | $3\times10^{20}$Hz |
| 分類 | 赤外線 | 可視光線 | 紫外線 | | X線 | | | γ線 |
| 用途 | 赤外線写真<br>赤外線リモコン | | 殺菌 | | 医療 | | | |

表3　いろいろな電磁波　Mはメガ($10^6$)，Gはギガ($10^9$)を表す。

補足　紫外線とX線，X線とγ線はそれぞれ，波長(振動数)だけによっては区別されない。

## この節のまとめ　交流と電磁波

| | |
|---|---|
| □交　流<br>▷p.201 | ● 周波数と周期… $f=\dfrac{1}{T}$<br>● 交流の発生…磁場中でコイルを回転させると，コイルをつらぬく磁力線の数が周期的に変化し，交流が発生する。<br>● 相互誘導… $V_1:V_2=N_1:N_2$<br>($N_1$，$N_2$はコイルの巻き数) |
| □電磁波<br>▷p.203 | ● 電波…電場の振動と磁場の振動が空間を伝わる現象。<br>● 電波の速度… $c=f\lambda$　($f$は振動数，$\lambda$は波長) |

# 章末練習問題

解答▷ p.247



**1** 〈陰極線〉

右図は，希薄な気体が封入されたガラス管内にある陰極と陽極の間に高電圧をかけて放電させ，陰極から放出されるもの(陰極線)を観察する装置である。

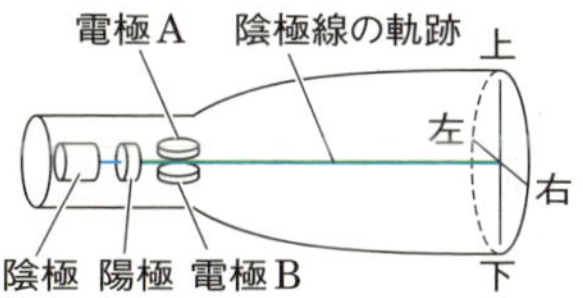


(1) 陰極線の実体は何か。

(2) 電極Aが＋側，電極Bが－側になるよう電圧をかけると陰極線は上下左右どちらに曲がるか。

**2** 〈抵抗の接続〉

4つの抵抗 $R_1$，$R_2$，$R_3$，$R_4$ を右の図のように接続した回路がある。ただし，$R_1=40\,\Omega$，$R_2=30\,\Omega$，$R_3=20\,\Omega$，$R_4=10\,\Omega$ とする。$R_3$ に 100 mA の電流が流れているものとして，次の各問いに答えよ。

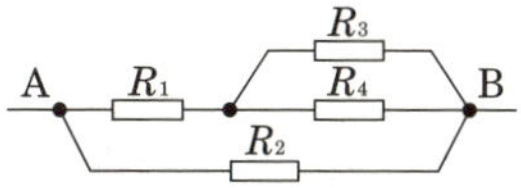


(1) $R_4$ を流れている電流はいくらか。

(2) AB間の電位差はいくらか。

(3) $R_2$ に流れている電流はいくらか。

**3** 〈ジュール熱〉

質量 500 g の水に浸したニクロム線に 2.5 A の電流を 30 分間流したら，水の温度が 54℃上昇した。ニクロム線で発生した熱がすべて水の温度上昇に費やされたとして，ニクロム線の両端に加えた電圧を求めよ。ただし，水の比熱は 4.2 J/(g·K) とする。

**4** 〈最大消費電力〉

起電力 $E$〔V〕の電池に $r$〔Ω〕の抵抗とすべり抵抗器を右の図のように接続した回路がある。すべり抵抗器の抵抗値をいくらにしたとき，すべり抵抗器内で単位時間に発生する発熱量が最大になるか。また，そのときすべり抵抗器での消費電力はいくらか。

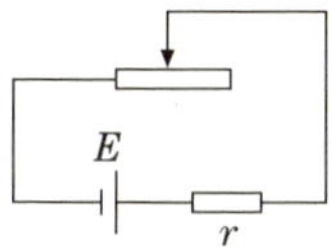


**5** 〈誘導電流の向き〉

右の図において，(1)は磁石を矢印の向きに動かす，(2)はコイルを矢印の向きに傾ける操作を表している。このとき，各コイルには誘導電流が流れるか。流れるとすれば，その電流は検流計をどちら向きに流れるか。

(1)

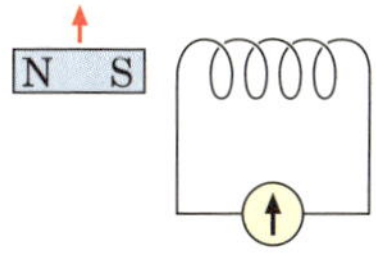


(2)

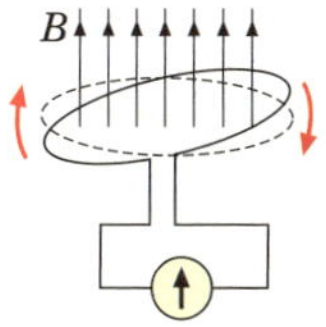

# 4章 原子力エネルギー

核融合によってつくられる太陽エネルギー

# 1節 原子力エネルギー

## 1 原子の構造

### 1 原子核の発見

**❶ 原子内部の正電荷の分布**　物質から電子を取り出すには，熱したり，電磁波を照射したりして，エネルギーを与えなければならない。このことから，電子は原子に束縛されていることがわかる。電子は負電荷をもっているので，電子を束縛しているのは，原子内の正電荷をもつ部分であると考えられる。この正電荷が原子内にどのように分布しているかについて，20世紀のはじめには，２つのモデルが提唱されていた。１つはイギリスのトムソンが提唱したもので，正電荷は原子内に一様に分布していると考えた。もう１つは日本の長岡半太郎が提唱したもので，正電荷は原子の中心にあり，そのまわりを円盤状に電子がまわっているとした。

**❷ ラザフォードの実験**　イギリスのラザフォードの指導のもと，ガイガーとマースデンは，上記のことを調べるために，放射性同位元素であるポロニウムから放出される**α線**(放射線の一種▷*p.209*)を薄い金箔に照射し，α粒子の進路が曲げられるようすをくわしく調べた。α粒子は正電荷をもつから，原子内部の正電荷から反発力(斥力)を受ける。

もし，トムソンのモデルのように，正電荷が原子内に**一様に分布しているとすれば，α粒子の進路はそれほど影響は受けない**と考えられる。しかし，長岡のモデルのように，**正電荷が原子の中心に集まっているとすれば，α粒子の中には，大きく進路を変えられるものもある**と考えられる。実験の結果は次のようであった。

① 大部分のα粒子は，金箔によって散乱されることなく，直進した。

② 少数ではあるが，金箔によって散乱され，大きく進路を変えるものがあった。

**❸ 原子核**　ラザフォードによる実験の解析から，原子内の正電荷は，原子の中心の小さな部分（原子の直径の$10^{-5}$倍程度の大きさ）に集まっていることがわかった。これを**原子核**という。

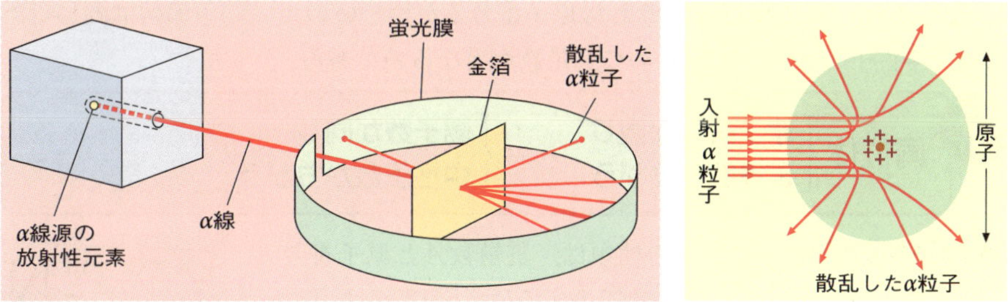


図119　ラザフォードの実験



### 2 原子の構造

ラザフォードの実験によって，原子は**原子核**と**電子**からできていることがわかった。デンマークのボーアはさらに研究を進め，次のような原子モデルを提唱した。

① 原子核は原子の大部分の質量をしめており，正電荷をもっている。
② 原子核のまわりを電子が電気的引力を受けて運動している。原子核がもっている正電荷の総量と全電子の負電荷の総量の絶対値とは等しい。
③ 電子の軌道半径は連続的ではなく，とびとびの値になっている。

## 2 原子核の構成

### 1 陽子と中性子　重要

**❶ 陽子と原子番号**　原子の中の電子の負電荷の量と原子核の正電荷の量とは等しい。原子核の中には$+e$〔C〕の正電荷をもつ**陽子**が存在し，その質量は電子の1836.2倍（$1.6726\times10^{-27}$kg）である。それぞれの原子の陽子数と電子数は等しい。

原子の陽子数を**原子番号**という。すなわち原子番号$Z$の原子の原子核には$Z$個の陽子があって$+Ze$〔C〕の正電荷をもち，そのまわりを$Z$個の電子がまわっている。

**❷ 質量数**　トムソンは陽イオンの比電荷を測定し，すべての原子核の質量は陽子の整数倍にほぼ等しいことをつきとめた。この整数$A$を原子核の**質量数**という。

**❸ 中性子**　質量数$A$は普通，原子番号$Z$より大きいので，原子核は陽子だけでなく，陽子とほぼ同じ質量で電荷をもたない粒子を含むことがわかる。この粒子を**中性子**といい，1932年にチャドウィックによってその存在が確認された。陽子と中性子をまとめて**核子**(かくし)という。中性子の質量は電子の質量の1838.7倍（$1.6750\times10^{-27}$kg）で，陽子よりわずかに大きい。核子どうしは**核力**で強く結合されている。

**❹ 同位体**　トムソンはさらに，同じ原子の原子核でも質量数が異なるものが存在することを発見した。たとえば，水素には，$A=1$のもののほかに，$A=2$の水素(重水素という)がわずかに存在する。このような原子核を，互いに**同位体**(アイソトープ)であるという。同位体どうしは原子番号$Z$が等しいので，陽子の数は同じであるが，中性子の数がちがうために質量数が異なるのである。

**ポイント**　**同位体** {原子番号が同じ／質量数がちがう} ＝ {陽子数が同じ／中性子数がちがう}

**❺ 原子核の記号**　原子核の種類は，質量数$A$と原子番号$Z$で決まるので，原子核を記号で表すには，図120のように，元素記号の左上に質量数を，左下に原子番号を添えて書く。

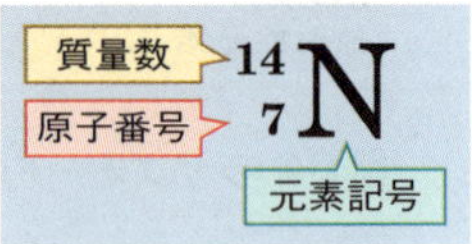

図120　原子核の記号

(補足)　同位体を区別するとき，原子名に質量数を続けて呼びわける。たとえば窒素のうち質量数13のものを窒素13，質量数14のものを窒素14という。

## 2　原子核の質量と大きさ

**❶ 原子質量単位**　原子核の質量の単位として炭素原子$^{12}_{6}C$の質量の$\frac{1}{12}$を用いると，ほぼその質量数と値が同じになってわかりやすい。この質量の単位を**(統一)原子質量単位**(記号**u**)といい，

$$1u = 1.66054 \times 10^{-27} kg$$

この値は，おおよそ核子1個分の質量と考えてよい。

**❷ 原子核の大きさ**　原子の大きさは$10^{-10}$m＝0.1nm(1nm＝$10^{-9}$m)程度であるが，原子核の大きさは，それよりはるかに小さく，$10^{-14}$〜$10^{-15}$mである。原子核は陽子と中性子がぎっしりつまったもので，その半径$r$〔nm〕と質量数$A$の間には，

$$r \fallingdotseq 1.2 \times 10^{-6} \times \sqrt[3]{A}$$

という関係があることが知られている。

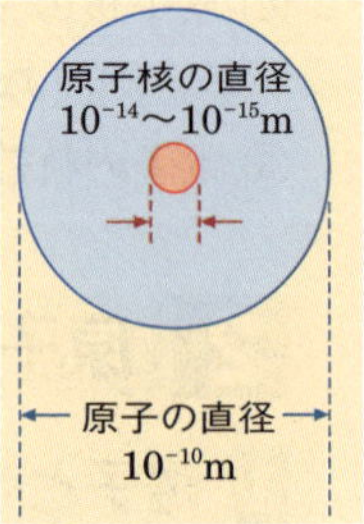

図121　原子核の大きさ

**❸ 原子核の安定性**　原子核のようなせまい範囲では，陽子どうしの電気的な反発力は非常に大きい。したがって，核子を結びつける核力はさらに大きいことがわかる。陽子と中性子は力を及ぼしあいながら常に入れ替わっており，同じくらいの数だとバランスがよい。原子番号20くらいまでで安定な原子核は，$^{40}_{20}Ca$のように陽子と中性子が同数である。原子番号が大きくなると陽子どうしの反発力が増すために，中性子の数が大きいほうが安定で，鉛のように原子番号の大きな原子核では，$^{208}_{82}Pb$のように，中性子数が陽子数の1.5倍くらいのものが安定である。原子番号が84以上になると，程度の差こそあれ不安定である。

# 3 放射線

## 1 放射線

**❶ 原子核の崩壊**　原子番号84以上の原子核，それ以下でも陽子数と中性子数のバランスがよくない原子核は不安定である。不安定な原子核はエネルギーを放射線として放出し，より安定な原子核に変化する。原子核が放射線を出して他の原子核に変化する現象を，**放射性崩壊**または**放射性壊変**という。

補足　不安定な原子核をもち放射線を出す同位体を**放射性同位体**，安定な原子核をもつ同位体を**安定同位体**という。

**❷ 放射線の種類**　細長い穴をあけた鉛製の容器に放射線を出す物質を入れておくと，放射線は穴の方向だけに放出される。この放射線を磁場の中に通すと，進路が3つに分かれる(図122)。これらをそれぞれ**アルファ線(α線)**，**ベータ線(β線)**，**ガンマ線(γ線)**という。

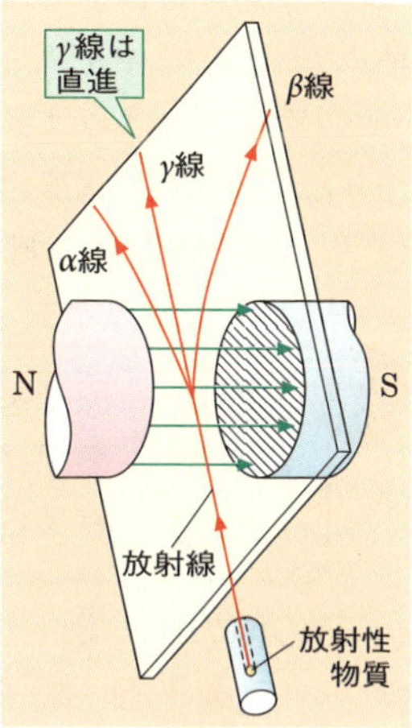

図122 放射線の種類

**❸ α線**　α線の本体はヘリウムの原子核$^{4}_{2}$Heである[★1]。原子核がα線を出して他の原子核に変換することを**α崩壊**という。原子番号$Z$，質量数$A$の原子核がα崩壊すると，$^{4}_{2}$Heが出ていくのだから，原子番号$Z-2$，質量数$A-4$の別の原子核に変換する。α線が物質を透過する性質は3種の放射線の中で最も弱く，紙でさえぎられるほどである。放射線が物質中を通過すると，その原子内の電子をはね飛ばして，原子をイオン化する。この作用を**電離作用**という。α線の電離作用は3種の放射線のうちで最も大きい。

**❹ β線**　β線の本体は電子$e^-$である。原子核がβ線を出して他の原子核に変換することを**β崩壊**という。β崩壊は，原子核中の中性子1個が陽子に変換する過程で，電子が1個発生する。したがって，中性子が1個減少し，陽子が1個増加する。すなわち質量数$A$が不変で，原子番号$Z$が$Z+1$の別の原子核になる。電子は質量が小さく，磁場による力(▷p.197)で曲がりやすい。β線の物質を透過する能力は3種のうちではγ線の次に大きく，厚さ数mmのアルミニウム板でさえぎられる。電離作用はα線の次に大きい。

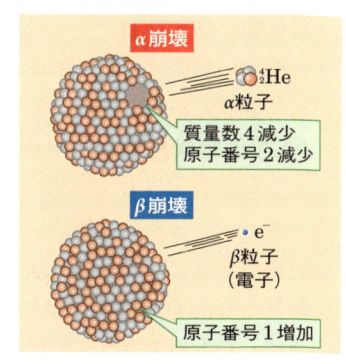

図123 α崩壊とβ崩壊

★1 陽子2個，中性子2個である$^{4}_{2}$Heはその結合力が強く，これがまとまった単位で核から出ていく。このヘリウム原子核$^{4}_{2}$Heを**α粒子**という。

**5 γ線**　γ線の本体は非常に波長の短い電磁波である。そのため，磁場内でも力を受けず直進する。γ線を放出しても，原子番号および質量数は変化しない。ただエネルギーが減少して，安定な状態になる。γ線の物質を透過する能力は3種の放射線の中で最大で，厚さ数cmの鉛板でなければさえぎることはできない。しかし電離作用は最も弱い。

| | 透過能力 | 電離能力 | 本体 |
|---|---|---|---|
| α線 | 小 | 大 | He原子核 |
| β線 | 中 | 中 | 電子 |
| γ線 | 大 | 小 | 電磁波(光子) |

表4　3種類の放射線の性質

補足　γ線を放出しても原子番号や質量数は変わらないが，放出したγ線のエネルギーのぶんだけ原子核のもつエネルギーが小さくなり，安定した状態になる。これを**γ崩壊**ということがある。

**ポイント**
- α崩壊…原子番号：$Z \to Z-2$　質量数：$A \to A-4$
- β崩壊…原子番号：$Z \to Z+1$　質量数：変わらない
- γ崩壊…原子番号も質量数も変わらない

**6 その他の放射線**　広い意味では，**X線**や電離能力をもつ高エネルギーの**粒子線**すべて(**電子線**，**陽子線**，**中性子線**，**重粒子線**など)も放射線である。

中性子線は原子炉(▷p.213)などでつくられる。中性子線は透過能力が非常に高く，鉛の板も通過するが，厚いコンクリートや水を含んだタンクなどで遮蔽(しゃへい)される。

参考　宇宙空間を飛んでいる放射線を**宇宙線**といい，おもに陽子などの粒子線からなる。また粒子線は，**加速器**をつかい，電荷をおびた粒子を電場で加速させてつくることもできる。

## 2 放射線の検出と単位

**1 放射線の強度の単位**　放射線を出す原子核を含む物質を，一般に**放射性物質**といい，とくに，放射線を利用する目的があるものを**放射線源**と呼ぶこともある。放射線を出す性質，またはその強度を**放射能**と呼び，ベクレル(記号**Bq**)という単位を用いて表す。1Bqとは1秒間に1個の割合で原子核が崩壊して放射線を出す放射能強度である。また，$3.7 \times 10^{10}$Bqを1キュリー(記号**Ci**)という。★1

**2 放射線検出器**　放射線の強さを調べるのに最も手軽に利用されているのは**ガイガー計数管**(ガイガー・ミュラー計数管，GM計数管)と呼ばれる装置である。これは図124のように，金属円筒を陰極とし，中心軸の位置に細い金属線を通して陽極としたものをガラス管内に封じたものである。

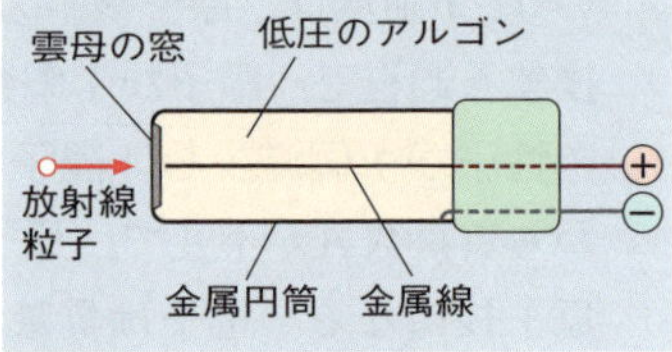

図124　ガイガー計数管

ガラス管内には低圧のアルゴンなどの気体が封入されていて，放射線が管の端の窓から飛び込むと，気体が電離し，金属線と金属円筒の間で放電が起こる。このとき瞬間的に電流が流れるので，その回数を計測する。

★1　これは1gのラジウム226の放射能の強度である。すなわち，1gのラジウムのうち$3.7 \times 10^{10}$個が1秒間に崩壊する。

他の原理を使った検出器もある。放射線が蛍光物質に吸収されると蛍光物質のエネルギーが高くなり，もとに戻るとき発光する。この性質を利用して，放射線のあたった回数を計測するのがシンチレーション計数管である。シンチレーション計数管はガイガー計数管と異なり，放射線のエネルギーの違いもわかる。

半導体に放射線が入射すると，**自由電子とホール(電子の抜けた孔(あな))**をつくる。半導体検出器はこれを検出する。半導体検出器はエネルギー分解能がさらに高い。

中性子は，電荷をもたないため，電離能力が弱い。そのため，計測には核反応を利用した$BF_3$計数管，核分裂計数管などが用いられる。

放射線作業従事者は，**放射線被曝**(▷*p.212*)の量を継続的に測定する必要がある。個人線量計として，フィルムバッジやポケット線量計が用いられる。

**③ 霧箱(きりばこ)**　水やアルコールなどの蒸気が過飽和状態になっているところに放射線が通過すると，空気の分子が電離して生じたイオンを凝結核として，通り道に沿った小さな液滴ができ，放射線の飛跡が観察できる。このような装置を霧箱という。過飽和の蒸気のつくり方により，飽和した状態から空気を断熱膨張(▷*p.123*)させて冷却する膨張霧箱，下部から容器を冷却して温度勾配(こうばい)をつくり出す拡散霧箱とがある。霧箱の原理は飛行機雲とよく似ている。

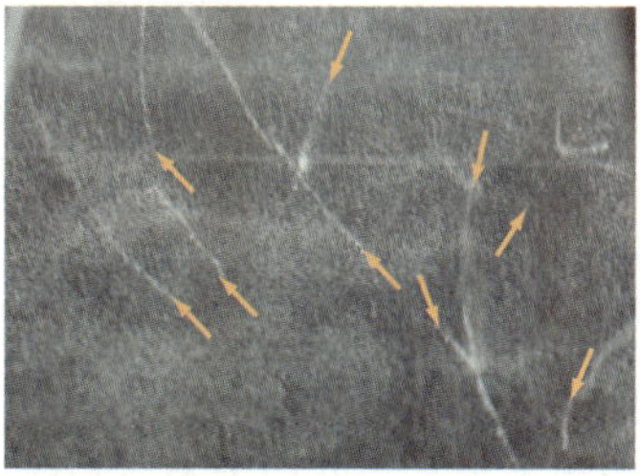

図125　拡散霧箱

視点　矢印の部分が放射線の飛跡である。放射線の通った瞬間に液滴が生じ，ゆっくりと消えていく。

## 3 放射線の利用

**① トレーサー法**　放射性同位体を含む化合物を生物体に与えると，放射性のない同位体と同じように生物体内に入り，化学反応する。そのため，放射性同位体の挙動を追跡して元素のふるまいを調べることができる。これをトレーサー法という。

**② 工業的応用**　$\gamma$線やX線の透過力を利用し，物体を破壊せずに内部の傷の有無などを検査する非破壊検査がある。また，$\gamma$線や粒子線を試料に照射して核反応させ，試料中に放射性同位元素をつくり，わずかな成分を分析する放射化分析も行われている。

放射線のエネルギーや電離作用によって重合・分解・硬化などを生じさせる化学利用も行われている。また，人工的に突然変異を行わせて品種改良を行う放射線育種や発芽抑制，注射器・食品などの滅菌(めっきん)にも使われる。他にも，$\alpha$線などのエネルギーを熱源として電力をつくりだすRI電池が，宇宙探査機などに用いられている。

身近なところでは，蛍光灯の点灯管や煙探知機にも用いられていたが，国内ではあまり使われなくなってきている。

**❸ 医学的応用**　X線撮影(レントゲン撮影)が広く使われている。

また，強い放射線を人体に照射すると電離作用のため細胞の一部が破壊されることを利用してがん細胞を壊すことができる。**コバルト60**による$\gamma$線を用いるガンマナイフが一般的だが，**加速器**を用いた粒子線も利用されつつある。

PET(陽電子断層法)は，がん細胞に集まりやすい物質に陽電子($+e$の電荷をもち，電子とよく似た粒子)を放出する同位体を混ぜて体内に注入し，陽電子の出す$\gamma$線によって病巣を特定する方法である。

**❹ 年代測定**　$^{14}$Nと宇宙線との反応で，$^{14}$Cが大気中に一定量存在する。生きた動植物は常に代謝を行っているので，大気と同じ比率(炭素1gあたり約100Bq)の$^{14}$Cを保つ。死んだのちは5730年の半減期で$\beta$崩壊するので，$^{14}$Cの比率を測って考古学的年代の測定ができる。長寿命の核種分析で岩石の年代も測定される。

(補足)　放射性物質は崩壊してその量を減らしていく。このとき，ある時点から量が半分になる時間を**半減期**という。たとえば$^{14}$Cは5730年後に半分，11460年後にははじめの$\frac{1}{4}$になる。

## 4 放射線の安全性

**❶ 被曝線量の単位**　人体が放射線をあびることを被曝(ひばく)という。1kgあたりの吸収エネルギーが1Jであるとき，その吸収線量を1Gy(グレイ)と呼ぶ。人体などへの影響は放射線の種類によって異なり，また，人体の部位によっても異なる。

それを考慮した線量を実効線量と呼び，単位Sv(シーベルト)で表す。全身被曝については吸収線量〔Gy〕に線質係数をかける。$\alpha$線の線質係数は20なので，1Gyのとき20Svである。$\beta$線と$\gamma$線の線質係数は1なので，1Gyのとき1Svである。

**❷ 人体への影響**　1Svを超えると，白血球の減少などの急性症状が現れる。さらに大線量をあびると体内の多くの細胞が壊れて死にいたる。短期的な被曝では，2～3Svが致死量といわれる。急性症状が現れなくても，白血病やがんの発生の確率が増加する。1Svでがんの発生率が5％増，100mSvで0.5％のがん死増になる。

1990年の**ICRP**(International Commission on Radiological Protection：国際放射線防護委員会)勧告では，職業人(放射線業務従事者)については連続する5年間について年平均20mSv，一般公衆に対して年間1mSvを限度としており[★1]，国内の法令もこれに基づいている。

**❸ 自然放射線**　自然界にはカリウム40や炭素14，ラドン222などの放射性同位体が広く存在する。そうした**自然放射線**による被曝は世界平均で年間2.4mSvとされるが，地域差が大きい。

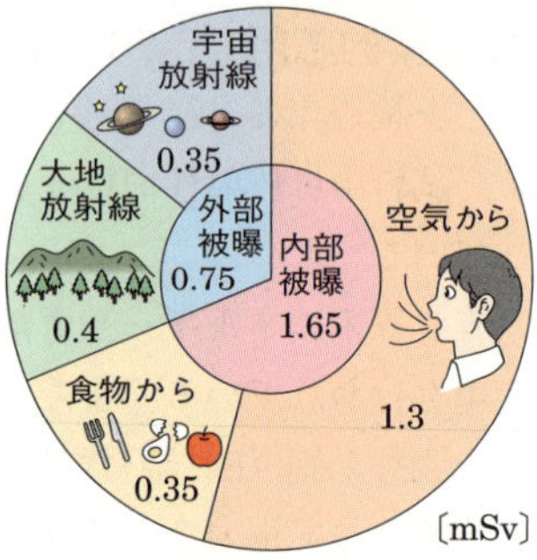

図126 自然放射線の内訳(全世界平均，1998年国連科学委員会報告)

★1　被曝制限値には自然放射線や医療被曝によるものは含めない。

# 4 原子力エネルギーの利用

## 1 原子力エネルギーの利用

**❶ 核分裂**　ウランのように大きな原子核は，2つの原子核に分かれることがあり，その際に核エネルギーを放出する。これを**核分裂**という。ウラン235（$^{235}_{92}U$）原子核は中性子を吸収すると不安定になり，核分裂を起こす。そのとき2～3個の中性子を放出し，その中性子が他の$^{235}_{92}U$原子核に吸収されると，つぎつぎと核分裂が起こる。これを**連鎖反応**という。連鎖反応が短時間に進行すると，一時に多量の熱と放射線が発生して爆発が起きる。これが原子爆弾である。

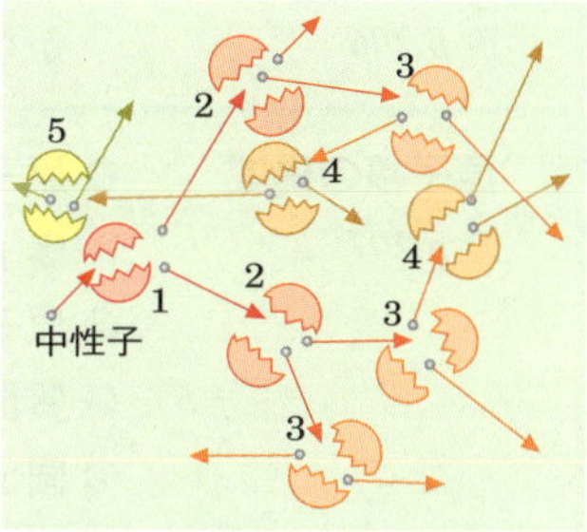


図127　連鎖反応

**❷ 原子炉**　核分裂で放出された中性子のうち，平均1個が次の核分裂に使われる状態を実現すると，核分裂は同じ速さで安定的に継続する。この状態を**臨界**という。**原子炉**では臨界を保つことで，発生するエネルギーを取り出すことができる。

**❸ ウラン濃縮**　天然に産出するウランのうち，99.3％がウラン238（$^{238}_{92}U$）であり，残りの0.72％がウラン235（$^{235}_{92}U$）である。ウラン238はウラン235よりも核分裂を起こしにくいので，連鎖反応を起こすためにはウラン235の比率を高める必要があり，人工的にウラン235の比率を高めたものを**濃縮ウラン**という。濃縮度を100％近くまで高めると，爆発的に連鎖反応が起こるようになるため，原子爆弾の材料になる。原子炉では臨界状態に保つため，数％程度の濃縮にとどめたウランを用いる。

**❹ 原子炉のしくみと制御**　原子炉で用いられる核燃料は，濃縮ウランを二酸化ウランにして焼き固め，金属管に詰めたもの（燃料棒）である。核分裂の際に発生した中性子は非常に高速であり，ウラン235に吸収されにくい。燃料棒を水中に入れると，水によって中性子が減速されるので，ウラン235に吸収されやすくなって連鎖反応が起こりやすくなる。原子炉ではさらに，中性子をよく吸収する物質を詰めた制御棒を出し入れすることで中性子の量を調節し，臨界を保っている。

**❺ 核融合**　水素などの小さな原子核は結合したほうがエネルギーは低いので，結合する過程でエネルギーを放出する。これを**核融合**という。核融合反応は，静電気力に逆らって核力のはたらく範囲内に原子核どうしが近づかないと起こらない。

恒星中心部は非常に高温なので，水素が核融合反応を起こし，それが恒星のエネルギー源となっている。地上で核融合を実現するのには，高温状態の水素（電離状態すなわち**プラズマ**）を高密度で一定空間内に閉じ込める必要がある。これは非常に困難なことで，実用化はまだ先のことである。

## この節のまとめ　原子力エネルギー

| | |
|---|---|
| □**原子の構造**<br>▷ *p.206* | ● 原子…正電荷をもつ**原子核**とそのまわりをまわる**電子**からなる。原子の質量の大部分は原子核が占める。 |
| □**原子核の構成**<br>▷ *p.207* | ● 原子核…**陽子**と**中性子**からなる。陽子は正電荷をもつ。陽子と中性子をまとめて**核子**という。<br>● **原子番号**＝陽子数<br>● **質量数**＝陽子数＋中性子数<br>● **同位体**…原子番号が同じで，質量数が異なる原子核。 |
| □**放射線**<br>▷ *p.209* | ● **$\alpha$線**…ヘリウム原子核$^{4}_{2}\mathrm{He}$の流れ。原子核が$\alpha$線を出すと，原子番号が2，質量数が4減少する。<br>● **$\beta$線**…電子の流れ。原子核が$\beta$線を出すと，原子番号が1増加する。質量数は変わらない。<br>● **$\gamma$線**…電磁波。$\gamma$線を出しても，原子番号・質量数は変わらない。<br>● **その他の放射線**…陽子線，中性子線，重粒子線など。 |
| □**放射線の検出と単位**<br>▷ *p.210* | ● **放射線の強度の単位**…**Bq（ベクレル），Ci（キュリー）**<br>● **放射線検出器**…ガイガー計数管，霧箱など<br>● **放射線の利用**…トレーサー法，非破壊検査，がん治療など |
| □**放射線の安全性**<br>▷ *p.212* | ● **被曝**…人体が放射線をあびること。<br>● **吸収線量の単位**…**Gy（グレイ）**<br>● **実効線量の単位**…**Sv（シーベルト）** |
| □**原子力エネルギーの利用**<br>▷ *p.213* | ● **核エネルギー**…核子の結合エネルギーの一部が**核分裂**によって解放される。<br>● **原子炉**…ウラン235の核分裂の連鎖反応をコントロールして発電に利用する。 |

# 章末練習問題

解答▷ p.247



## ①〈放射線の種類〉テスト必出

**次の文中の□を適当な語句でうめよ。**

原子核から放出される放射線には，$\alpha$線，$\beta$線，$\gamma$線の３種類がある。この３種類を比較すると，電離能力は①□，②□，③□の順に強く，透過性は④□，⑤□，⑥□の順に強い。

$\alpha$線の正体は⑦□，$\beta$線の正体は⑧□，$\gamma$線の正体は⑨□である。

## ②〈放射能と放射線の単位〉

**次の文中の□を適当な語句でうめよ。**

放射線を出す原子核を含む物質を，一般に①□といい，放射線を出す性質，またはその強度を②□と呼ぶ。

②□の強度には③□(記号Bq)という単位が用いられる。1Bqとは④□間に１回の割合で原子核が崩壊して放射線を出す強度である。

また，$3.7\times10^{10}$Bqを１⑥□(記号Ci)という。これは1gのラジウム226の②□の強さである。

## ③〈放射線の利用〉

**放射線の利用について，〔A群〕の内容と最も関係の深い語を〔B群〕からそれぞれ１つずつ選べ。**

〔A群〕

(1) 遺跡などからの試料に含まれる炭素14の比率を測る。
(2) 太陽光の少ない場所に向かう外惑星探査機の電源にする。
(3) 放射線照射によって，人工的に突然変異を起こさせる。
(4) 物体中の傷の有無などを，物体を破壊せずに行う。
(5) 放射性同位体を含む物質を測定することによって，目的とする物質の移動や分布を追跡する。
(6) がん細胞に集まりやすい物質に陽電子を放出する同位体を混ぜて体内に注入し，病巣を特定する。

〔B群〕

ア　トレーサー法
イ　非破壊検査
ウ　放射線育種
エ　RI電池
オ　PET検査
カ　年代測定

**4** 〈被曝線量の単位〉

**次の文中の□にあてはまる語句を，あとの〔語群〕から選んでうめよ。**

人体が放射線をあびることを①□という。1kgあたりの吸収エネルギーが1Jであるとき，その②□を1③□とする。また，人体などへの影響を考慮した線量を④□といい，単位は⑤□である。

短期的な①□で急性症状が現れなくても，白血病や⑥□の発生の確率が増加する。100mSvで0.5%の⑥□死増がある。

ICRP(放射線防護委員会)勧告では，一般公衆に対して線量限度を⑦□1mSvとしており，国内の法令もこれに基づいている。

〔語群〕

ア　シーベルト　　イ　ベクレル　　ウ　グレイ
エ　吸収線量　　オ　実効線量　　カ　被　曝
キ　が　ん　　ク　心臓疾患　　ケ　1日あたり
コ　1年あたり

**5** 〈放射線の計測〉

**次に述べる特徴をもつ放射線計測器を，それぞれあとのア～エから選べ。**

(1) 放射線の種類によらず測定でき，GM計数管とも呼ばれる。
(2) 蛍光物質に放射線があたると発光する性質を利用する。
(3) 放射線が発生させる自由電子－ホールの対を検出する。エネルギー分解能が高い。
(4) 身体につけ，個人ごとの被曝量を管理する。

ア　フィルムバッジ
イ　シンチレーション計数管
ウ　ガイガー・ミュラー計数管
エ　半導体計測器

**6** 〈自然放射線〉

**自然界には広く放射性同位体が存在し，自然放射線による被曝は世界平均で年間2.4mSvである。右の円グラフは自然放射線による被曝の原因の割合を大まかに示したものである。もっとも大きな割合を占めるAに相当するものは何か。次のア～オから適切なものを選べ。**

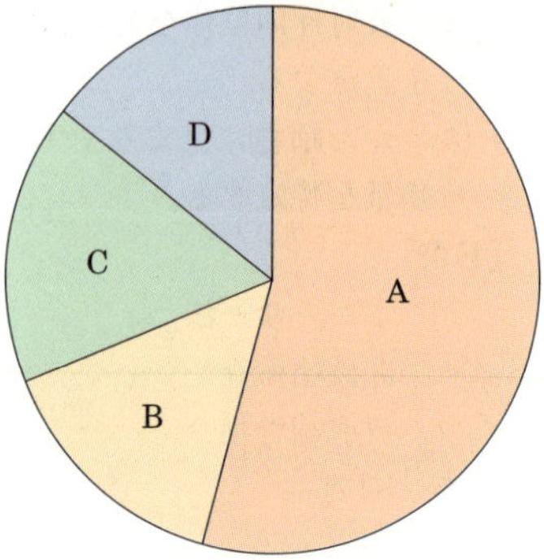


ア　大地からの放射線
イ　食　品
ウ　大気中のラドン
エ　過去の核実験や原子力事故
オ　宇宙線

# 定期テスト予想問題 1

解答▷p.247

時　間60分　合格点70点　得点



**1** 〈物質の変化と熱〉

**次の文は物質の変化について述べたものである。空欄を最も適当な語句でうめよ。**

〔各3点…合計24点〕

①□の異なる2物体を，外部と熱のやりとりが起こらないようにして接触させると，熱が移動して①□の高い物体は②□，低い物体は③□なっていく。このことを，熱放射や対流に対して④□という。

やがて，両者の①□が等しくなると，それ以上④□が起こることはなくなる。この状態を⑤□という。

物質の状態が固体，液体，気体の間で変化するときには，熱の出入りが起こる。このときに出入りする熱を⑥□という。

固体から液体に変化するときに吸収する⑥□を⑦□といい，液体から気体に変化するときに吸収する⑥□を⑧□という。

**2** 〈水の温度変化と熱①〉

**水が，次の(1)～(4)のような温度変化と状態変化を行うために必要な熱量を求めよ。ただし，水の比熱を4.2J/g，氷の融解熱を$3.4\times10^2$J/g，水の気化熱を$2.3\times10^3$J/(g·K)とする。**

〔各4点…合計16点〕

(1)　100gの水を20℃から100℃にするのに必要な熱量

(2)　0℃の氷100gをすべてとかすのに必要な熱量

(3)　100℃の水100gをすべて水蒸気にするために必要な熱量

(4)　20℃の水100gをすべて水蒸気にするために必要な熱量

**3** 〈比熱と熱容量〉

**アルミニウム製で30.0gの分銅を沸騰した水でじゅうぶん温めたあと，20.0℃，200gの水に入れてしばらくおいた。実験は常温常圧(20℃，1atm)で行ったものと考え，またアルミニウムの比熱を0.88J/(g·K)，水の比熱を4.2J/(g·K)として，次の各問いに答えよ。**

〔各4点…合計12点〕

(1)　しばらくおいたあと，水と分銅の温度がともに$t$〔℃〕になったとして，熱量保存の式を立てよ。

(2)　(1)で求めた式から，$t$を求めよ。

(3)　実際に実験を行うと，(2)で求めた値と異なったという。求めた値より大きな数値，小さな数値のいずれになったと考えられるか。その理由とあわせて答えよ。

## 4 〈大気圧〉

**大気圧について，次の各問いに答えよ。** 〔各4点…合計12点〕

(1) 地表での大気圧はおよそ，$1.0\times10^5$Paである。1cm$^2$の面積にはたらく力は何Nか。

(2) 地表での大気圧は，その面の上に乗っている空気の重さと考えることができる。1cm$^2$の面積の上に乗っている空気の質量はいくらか。重力加速度を9.8m/s$^2$として答えよ。

(3) 常温で1気圧の空気の密度はおよそ1.2g/Lである。大気は上空に行くほど希薄になり温度も一様でないが，かりに一様な密度だとすると大気の厚みは何mになるか。

## 5 〈気体の行う仕事〉

**右図のような断面積$2.0\times10^{-2}$m$^2$の円筒形容器に，なめらかに動くピストンで封じられた気体があり，気体の圧力は$1.0\times10^5$Paに保たれている。これについて，次の各問いに答えよ。**

〔(1)～(4)各4点，(5)5点…合計21点〕

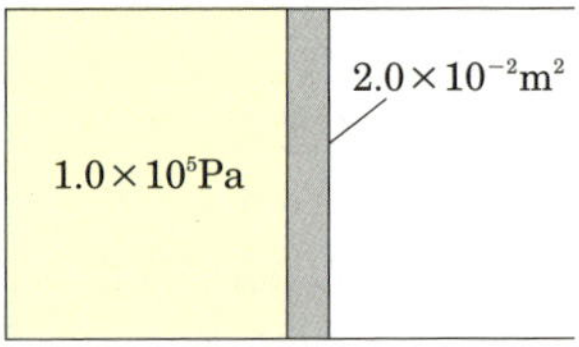


(1) 気体がピストンを押す力はいくらか。

(2) 気体に熱を加えたところ，圧力一定のまま膨張して，ピストンを0.10m動かした。このとき，気体がピストンを押して外部に行った仕事はいくらか。

(3) (2)のとき，この気体の内部エネルギーは$3.0\times10^2$J増加した。気体の状態はどのように変化したか，理由とともに説明せよ。

(4) (3)のとき，気体に加えた熱量はいくらか。

(5) この円筒形容器を熱機関だと考えると，(3)のときの熱効率は何%か。

## 6 〈水の温度変化と熱②〉

**密閉容器中にある量の氷を封入し，20J/sで発熱するヒーターで，圧力を1atmに保ちながら加熱した。このとき，温度の時間変化は右図のようになった。この量の氷をとかした水の熱容量は76J/K，1atmでの蒸発熱は$4.1\times10^4$Jであることがわかっている。ヒーターの発する熱はすべて状態の変化に使用されるものとして，次の各問いに答えよ。** 〔各5点…合計15点〕

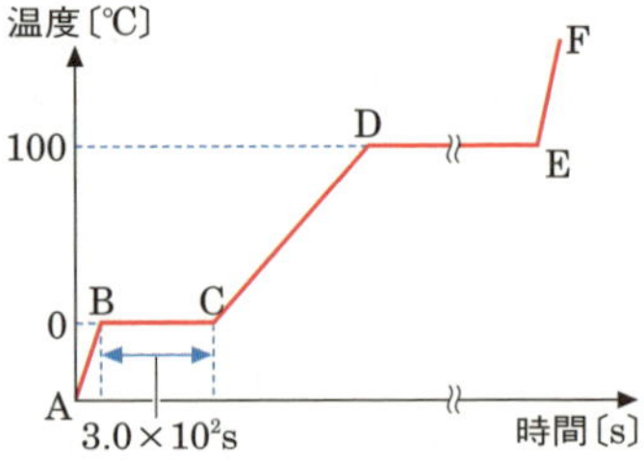


(1) この氷の融解熱はいくらか。

(2) DからEまでの時間はいくらか。

(3) EからFにおいて，圧力ではなく水蒸気の体積を一定に保って加熱すると，EからFの温度変化はどうなるか。ア～ウのうち最も適当なものを選べ。

ア　圧力を一定に保ったときとくらべて急になる。

イ　圧力を一定に保ったときと変わらない。

ウ　圧力を一定に保ったときとくらべておだやかになる。

# 定期テスト予想問題 2

解答▷p.248

時　間90分　合格点70点　得点



**1** 〈波長・振動数・波の速さ〉

**海の上を波が5.6m/sの速さで進んでいる。そこに静止して浮かんでいる釣船が毎秒2.3回上下動をしたとすると，この海面波の波長はいくらか。** 〔6点〕

**2** 〈波長・振動数・周期・波の速さ〉

**15m/sの速さで波が伝わる長いロープについて，各問いに答えよ。** 〔各3点…合計12点〕

(1) このロープの一端を毎秒5回単振動させた。振動の周期は何秒か。

(2) (1)のとき，ロープにできた波の波長は何mになるか。

(3) このロープの一端を1回振動させると，波の先端は何m先まで進んでいるか。ただし，毎秒5回の割合で振動させた場合について考えよ。

(4) このロープの振動の周期を0.10秒にすると，波長は何mになるか。

**3** 〈重ねあわせの原理〉

**図のような2つの波A，Bを重ねあわせ，合成された波の形を(1)，(2)それぞれについて，図中にかけ。** 〔各3点…合計6点〕

(1)

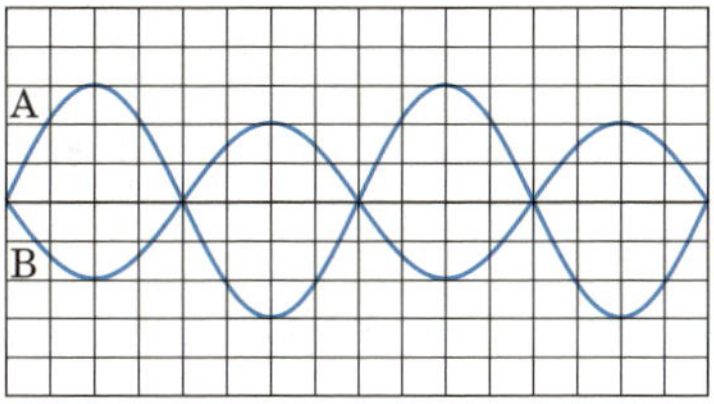


(2)

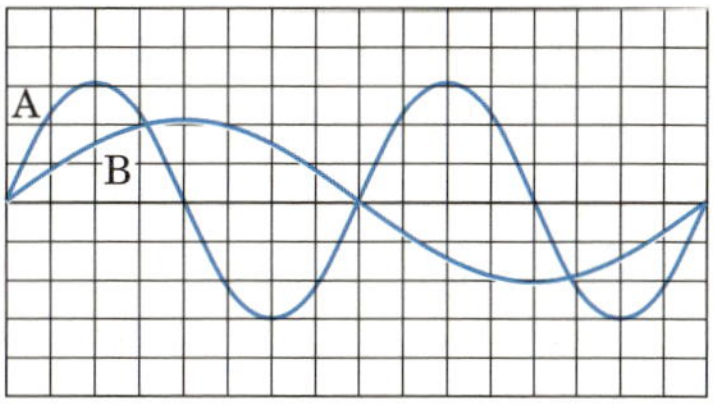


**4** 〈$y$-$x$グラフ・縦波〉

**縦波が$x$軸上を左から右に進行しているとき，各媒質のつり合いの位置からの変位を90°だけ反時計まわりに回転させれば，次の図のように，ある時刻における各位置の媒質の変位の状態をグラフに示すことができる。この曲線は正弦曲線としてあとの各問いに答えよ。** 〔各3点…合計15点〕

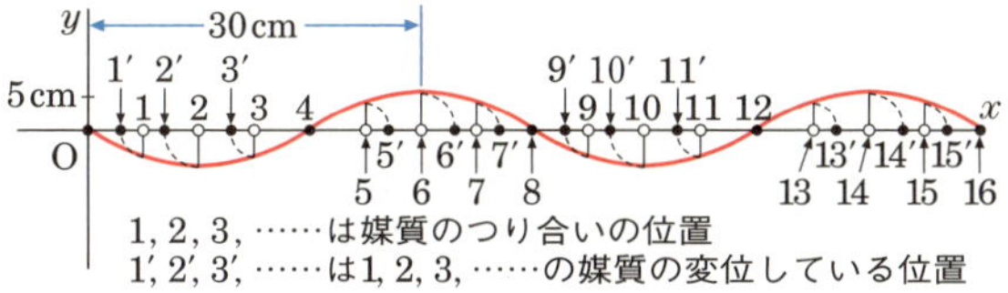


(1) 変位が0の状態にあるのは，どの番号で示される媒質か。

(2) 媒質が集中して密部をつくっている場所の中心はどの番号の位置か。

(3) 媒質が疎部をつくっている場所の中心となるのは，どの番号の位置か。

(4) 振幅，波長はそれぞれ何cmか。

(5) 媒質の各点の振動数は5.0Hzである。この縦波の進む速さは何m/sか。

**5** 〈音速の測定〉

**音速を測ろうとして，校舎の壁の前方50.4mの所で拍子木をカチンと1回打ってから，その反射音が聞こえるまでの時間を数回測定したところ，その平均は0.30sであった。これについて，次の問いに答えよ。**　〔各3点…合計6点〕

(1)　無風状態であったとすれば，音速はいくらか。

(2)　測定者から校舎のほうへ向けて26.0m/sの風が吹いていたとすれば，無風状態での音速はいくらになるか。

**6** 〈水波の干渉〉

**図のように，水面上で7.0cm離れた2点A，Bから，波長2.0cm，振幅0.30cm，振動数10Hzの等しい波が，同じ位相で送り出されている。図の実線は，これらの波のある時刻の山線を，また，点線は谷線を表している。次の各問いに答えよ。**　〔各3点…合計21点〕

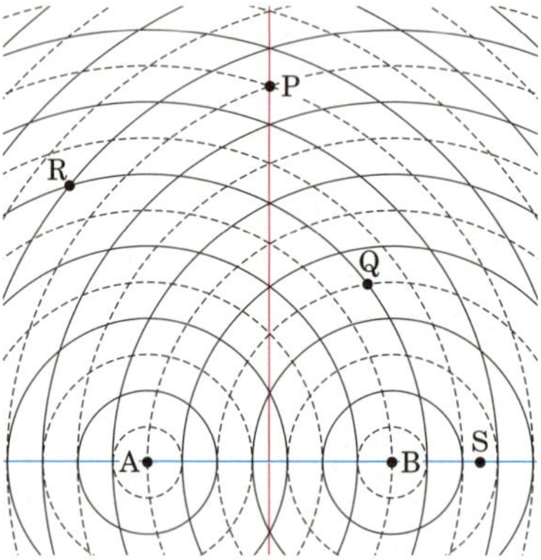


(1)　この波の伝わる速さはいくらか。

(2)　線分ABの垂直二等分線上の点Pは，どのような振動をするか。

(3)　AQ＝8.0cm，BQ＝5.0cmの点Qは，どのような振動をするか。

(4)　一般に，A，Bからの距離の差が3.0cmの点は，どのような振動をするか。また，それらの点を連ねた曲線を図にかきこめ。

(5)　AR＝8.0cm，BR＝12cmの点Rはどのような振動をするか。

(6)　線分AB上で，Aからの波とBからの波が打ち消しあって振動しない点は，いくつできるか。また，それらの点の間隔はいくらか。

(7)　直線AB上で，A，Bの外側の点Sは，どのような振動をするか。

**7** 〈音の干渉・クインケ管〉

**右の図の管はクインケ管といい，音波の干渉現象を確かめることができる装置である。管のAの部分を出し入れすることによって，管OAPの経路の長さが変えられるようになっている。Oから入った音波は，2つの経路OAPとOBPに分かれて進み，再び出会って干渉する。**

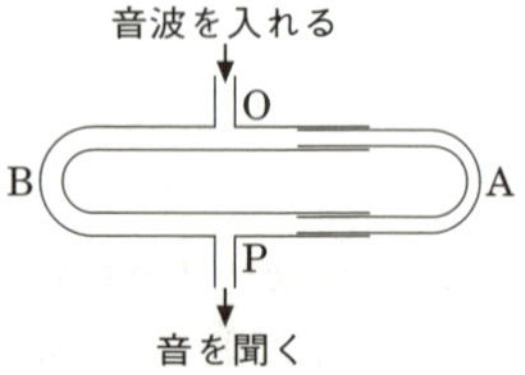


**いま，Oからある振動数の音を連続的に送り続けながら，A部を静かに引き出していくと，8.5cm引き出すごとに，Pから出る音が弱くなった。音速を340m/sとすると，この音波の振動数はいくらか。**　〔7点〕

**8** 〈弦の固有振動〉

右図のように，線密度$\rho$〔kg/m〕の弦に質量$m$〔kg〕の物体が滑車を通してつり下げられており，2つの琴柱AB間の長さは$l$〔m〕である。滑車の摩擦は無視してよく，重力加速度の大きさを$g$〔m/s$^2$〕とする。次の各問いに答えよ。ただし，線密度$\rho$〔kg/m〕，張力$S$〔N〕の弦における波の速さ$v$〔m/s〕は，$v=\sqrt{\dfrac{S}{\rho}}$となるものとする。〔各3点…合計15点〕

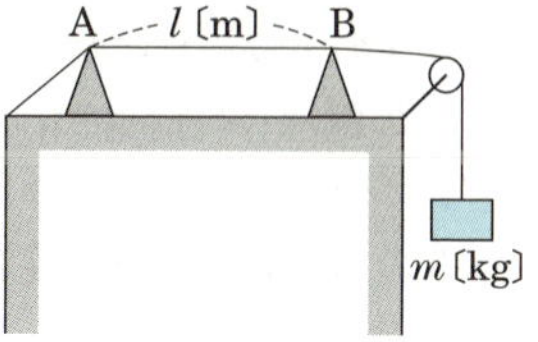


(1) 一般に，弦をはじいたときに生じる波は，縦波か横波か。

(2) この弦に生じる波の基本振動数$f_0$はいくらか。

(3) この弦の断面の半径を2倍にし，他の条件を同じにしておけば，そのときの基本振動数は(2)で求めた基本振動数$f_0$の何倍になるか。

(4) (3)でさらに質量$m$〔kg〕を何倍にすれば，(2)で求めた基本振動数$f_0$と同じになるか。

(5) $\rho=9.81\times10^{-4}$kg/m，$l=0.250$mの弦がある。質量$m$〔kg〕をいくらにすれば，基本振動数が$2.00\times10^2$Hzになるか。ただし，$g=9.81$m/s$^2$とする。

**9** 〈うなり〉

振幅，振動方向，速度が同じで振動数が異なる2つの横波P，Qが，ともに$x$軸の正方向に進んでいる。図は，ある時刻$t$におけるそれぞれの波による媒質の変位を，$x$軸上で$l$だけ離れた2点A，Gの間について示したものである。これらの波の速さを$v$として，次の問いに答えよ。〔各3点…合計12点〕

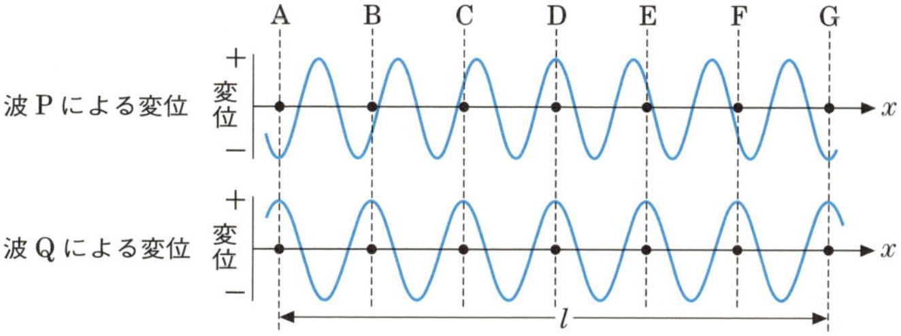


(1) 波Pの振動数はいくらか。

(2) 時刻$t$において，波P，Qの重ねあわせによる媒質の変位の大きさが最大になる位置は，点A～Gのどれか。

(3) 時刻$t$において，波P，Qの重ねあわせによる媒質の変位の大きさが最大になる位置は，$x$軸上でいくらの間隔で並ぶか。

(4) $x$軸上の1点において，波P，Qの重ねあわせによる媒質の変位の大きさが最大になるのは単位時間あたり何回か。

# 定期テスト予想問題3

解答▷p.250

時 間60分
合格点70点

| 得点 |
|---|
| |

## 1 〈オームの法則①〉

図のように抵抗値を連続的に変えられる抵抗(可変抵抗)に起電力$E$の電池(内部抵抗0)と電流計をつなぐ。可変抵抗の値が$R_0$のとき，電流は$I_0$だった。可変抵抗の値を$R_0$から$2R_0$に変化させたときの電流の大きさの変化を，縦軸を電流，横軸を抵抗としてグラフにかけ。

〔6点〕

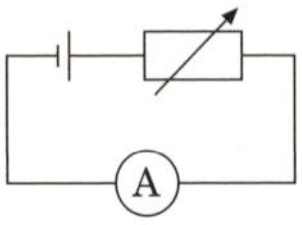


## 2 〈オームの法則②〉

次の各問いに答えよ。 〔各6点…合計18点〕

(1) 3.0kΩの抵抗を電池につなぐと2.0mAの電流が流れた。電池の電圧を求めよ。

(2) 2.4Ω，4.0Ω，6.0Ωの抵抗を12Vの電池に並列に接続する。合成抵抗および回路を流れる電流を求めよ。

(3) 3.0Ω，6.0Ω，9.0Ωの抵抗を12Vの電源に直列に接続する。9.0Ωの抵抗の両端の電圧と抵抗を流れる電流の値を求めよ。

## 3 〈合成抵抗〉

図のように，3つの部分に分けられた7個の$R$〔Ω〕の抵抗$R_1$～$R_7$，$r$〔Ω〕の抵抗rおよび内部抵抗が無視できる起電力$E$〔V〕の電池からなる回路がある。これについて，次の各問いに答えよ。 〔各6点…合計18点〕

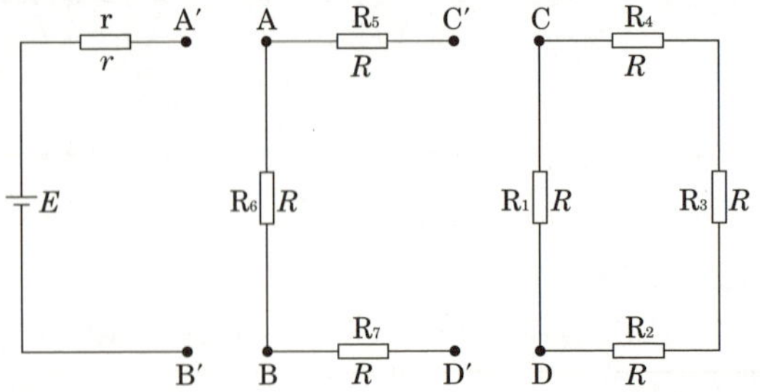


(1) CD間の合成抵抗$R_X$はいくらか。

(2) CとC′およびDとD′とをそれぞれ接続したときのAB間の合成抵抗$R_Y$はいくらか。

(3) さらにAとA′，BとB′を接続したら，抵抗rを流れる電流が$I$〔A〕であった。このとき，CD間を結ぶ抵抗$R_1$を流れる電流を求めよ。

**4** 〈変圧器〉

**1次側の巻き数が100回，2次側が800回の変圧器がある。1次側に20Vの交流電源をつなぎ，2次側には40Ωの抵抗をつないだ。次の問いに答えよ。ただし，変圧器の変換効率を100％とする。** 〔各6点…合計12点〕

(1) 2次側の電圧および電流を求めよ。

(2) 1次側の電流を求めよ。

**5** 〈電波の波長と周期〉

**あるFMラジオ局の電波の振動数は80MHzだった。光速を$3.0\times10^8$m/s，1MHz$=10^6$Hzとして，この電波の波長λ〔m〕および周期$T$〔s〕を求めよ。** 〔7点〕

**6** 〈電磁誘導〉

**図のコイルに次のような条件で磁石やコイルを動かすとき，コイルに流れる電流の向きはa，bどちらか。** 〔各6点…合計18点〕

(1) N極を近づける。

(2) S極を遠ざける。

(3) 磁石のN極からコイルを遠ざける。

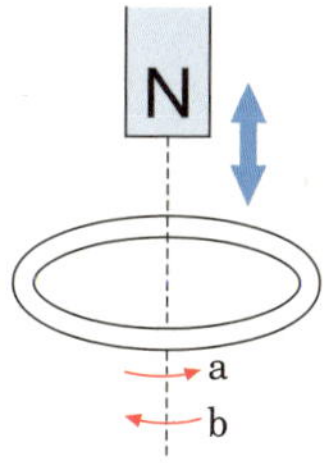


**7** 〈磁場が電流に及ぼす力〉

**ペトリ皿に硫酸銅水溶液を入れ，その円筒に沿って内側に1つの電極をはりつける。ペトリ皿の中央にもう1つの電極を置く。中央の電極を正極に，円筒の内側の電極を負極になるように直流電源に接続する。この装置を強い磁石のN極の上にのせると，硫酸銅水溶液は回転運動をはじめた。上から見て硫酸銅水溶液の運動は時計まわりか，それとも反時計まわりか。** 〔7点〕

**8** 〈放射線の性質〉

**放射線について，次の各問いに答えよ。** 〔各7点…合計14点〕

(1) ある放射性物質200gは，1分間に$1.86\times10^3$回のβ崩壊をおこし，β線を出している。この放射性物質1gあたりの放射能量は何Bqか。

(2) 次のア～エのうち放射線に関する記述として適当でないものを1つ選べ。

ア　X線やγ線は，金属製品の構造や内部の損傷を検査することに用いられる。

イ　放射線の電離作用により，細胞や遺伝子は損傷を受ける。

ウ　放射線が生体に与える影響は，放射線の種類やエネルギーによらない。

エ　X線やγ線は透過力が強いので，被曝（ひばく）を防ぐために鉛板などが用いられる。

# 付録

## 物理で使う数学の基礎知識

### ❶ 2次方程式の解の公式と判別式

①**解の公式**…係数が実数の2次方程式

$$ax^2+bx+c=0$$

の解は，

$$x=\frac{-b\pm\sqrt{b^2-4ac}}{2a}$$

②**判別式**…$D=b^2-4ac$を（2次方程式の解の）判別式といい，実数解と虚数解の判別に用いる。

$D>0 \Longleftrightarrow$ **2つの実数解**

$D=0 \Longleftrightarrow$ **重解**（1つの実数解）

$D<0 \Longleftrightarrow$ **虚数解**（実数解なし）

### ❷ 弧度法

半径$r$の円で，中心角$\theta$となる扇形の円弧$l$を考えて，$l=r$となるときの中心角$\theta$を1rad（1ラジアン）とする。

$$\theta=\frac{l}{r}$$

$$360^\circ=2\pi\text{rad}$$

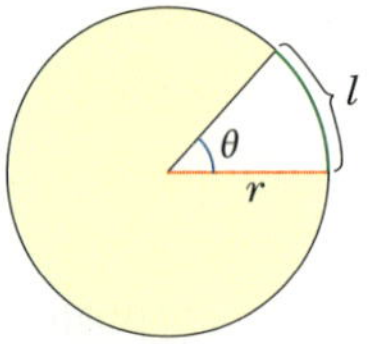


### ❸ 三角関数

①**三角関数の定義**…図のような座標平面上の半径$r$の円を考える。点Pの座標を$(x,\ y)$，OPと$x$軸の正方向とのなす角を$\theta$として，次のように定義する。

$$\sin\theta=\frac{y}{r}$$

$$\cos\theta=\frac{x}{r}$$

$$\tan\theta=\frac{y}{x}$$

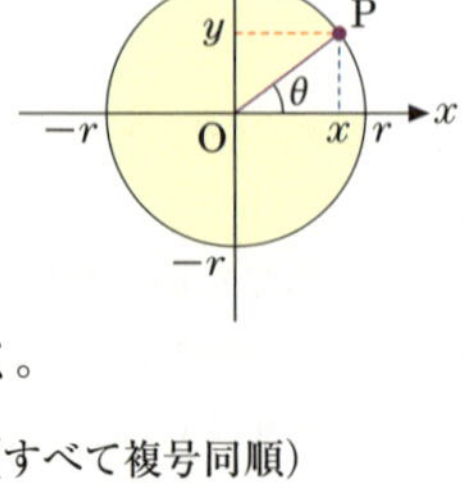


また，それぞれの2乗を$\sin^2\theta$，$\cos^2\theta$，$\tan^2\theta$と書く。

②**三角関数の公式**　（すべて複号同順）

$$\tan\theta=\frac{\sin\theta}{\cos\theta}\qquad \sin^2\theta+\cos^2\theta=1$$

**負角公式**
$$\begin{cases}\sin(-\theta)=-\sin\theta\\ \cos(-\theta)=\cos\theta\\ \tan(-\theta)=-\tan\theta\end{cases}$$

**余角公式**
$$\begin{cases}\sin\left(\theta\pm\dfrac{\pi}{2}\right)=\pm\cos\theta\\ \cos\left(\theta\pm\dfrac{\pi}{2}\right)=\mp\sin\theta\end{cases}$$

**補角公式**
$$\begin{cases}\sin(\theta\pm\pi)=-\sin\theta\\ \cos(\theta\pm\pi)=-\cos\theta\\ \tan(\theta\pm\pi)=\tan\theta\end{cases}$$

**加法定理**
$$\begin{cases}\sin(\alpha\pm\beta)\\ \quad=\sin\alpha\cos\beta\pm\cos\alpha\sin\beta\\ \cos(\alpha\pm\beta)\\ \quad=\cos\alpha\cos\beta\mp\sin\alpha\sin\beta\end{cases}$$

**2倍角の公式**
$$\begin{cases}\sin2\theta=2\sin\theta\cos\theta\\ \cos2\theta=2\cos^2\theta-1\\ \qquad=1-2\sin^2\theta\end{cases}$$

**和積の公式**

$$\sin\alpha\pm\sin\beta=2\sin\frac{\alpha\pm\beta}{2}\cos\frac{\alpha\mp\beta}{2}$$

**合成公式**

$$a\sin\theta+b\cos\theta$$
$$=\sqrt{a^2+b^2}\sin(\theta+\phi)$$

ただし，
$$\begin{cases}\sin\phi=\dfrac{b}{\sqrt{a^2+b^2}}\\ \cos\phi=\dfrac{a}{\sqrt{a^2+b^2}}\end{cases}$$

### ❹ ベクトル

①**ベクトル**…大きさと向きをもつ量をベクトルといい，始点と終点を結ぶ矢印のついた線分で表す。記号では$\vec{a}$，$\vec{b}$，…と表す。

②**ベクトルの相等**

平行移動で重なるベクトルは等しい。

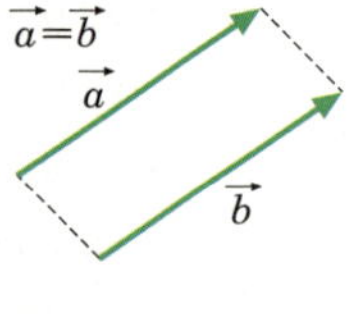

③逆ベクトル

大きさが同じで向きが反対のベクトル。

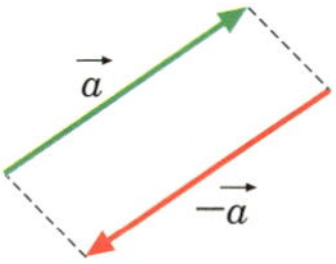


④ベクトルの実数倍

$k>0$なら同じ向きで$k$倍の大きさ。

$k<0$なら向きが逆で$-k$倍の大きさ。

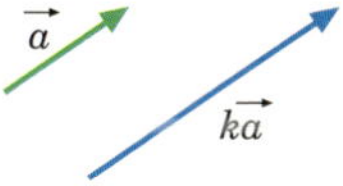


⑤ベクトルの和

(a)始点をそろえて平行四辺形をつくる。

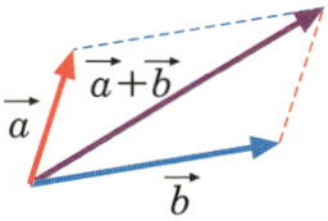


(b)一方の終点と他方の始点をそろえて三角形をつくる。

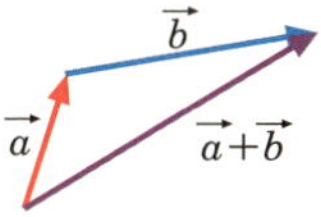


(c)各成分の和をとる(⑦)。

⑥ベクトルの差

(a)$\vec{a}$と$-\vec{b}$で平行四辺形をつくる。

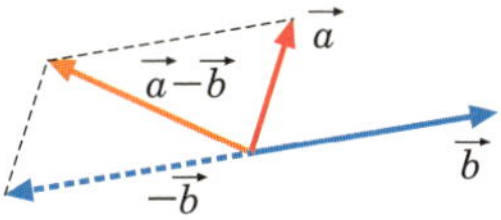


(b)始点どうしをそろえて三角形をつくる。

(c)各成分の差をとる(⑦)。

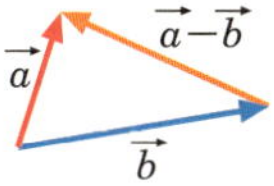


⑦ベクトルの成分

図のようにベクトル$\vec{a}$の始点を原点Oにして，$\vec{a}$を座標平面上にとったとき，終点の$x$座標$a_x$，$y$座標$a_y$がそれぞれ$\vec{a}$の$x$成分，$y$成分である。

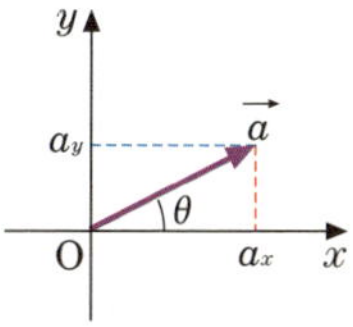


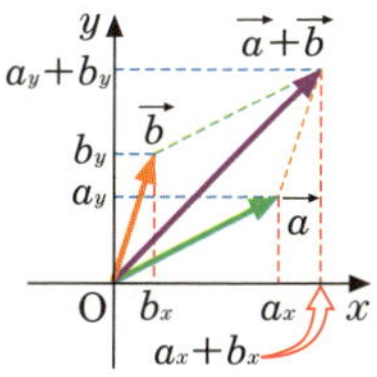


$\vec{a}=(a_x,\ a_y)$

$a=|\vec{a}|=\sqrt{a_x{}^2+a_y{}^2}$

$a_x=a\cos\theta,\ \ a_y=a\sin\theta$

$\vec{a}=(a_x,\ a_y)$，$\vec{b}=(b_x,\ b_y)$のとき，

$\vec{a}\pm\vec{b}=(a_x\pm b_x,\ a_y\pm b_y)$

$k\vec{a}=(ka_x,\ ka_y)$

$\vec{a}\cdot\vec{b}=a_xb_x+a_yb_y=ab\cos\theta$

($\theta$は$\vec{a}$と$\vec{b}$のなす角)

$\vec{a}\cdot\vec{b}$を$\vec{a}$と$\vec{b}$の**内積**という。

## ❺ 指数法則

$a\fallingdotseq 0$で，$n$が正の整数のとき，

$$a^0=1,\quad a^{-n}=\frac{1}{a^n}$$

$a\fallingdotseq 0$で，$m$，$n$が整数のとき，

$$a^m\times a^n=a^{m+n}$$

$$a^m\div a^n=a^{m-n}$$

$$\left(\frac{b}{a}\right)^m=\frac{b^m}{a^m},\quad (a^m)^n=a^{mn}$$

$$a^{\frac{n}{m}}=\sqrt[m]{a^n}$$（この場合は$m>0$）

## ❻ 対数法則

$a$は正の定数で$a\fallingdotseq 1$とする。$x=a^y$のとき，$y=\log_a x$と表し，$a$を**底**(てい)とする**対数**という。とくに底が10の対数を**常用対数**という。

$$\log_a a=1,\qquad \log_a 1=0$$

$$\log_a xy=\log_a x+\log_a y$$

$$\log_a\frac{x}{y}=\log_a x-\log_a y$$

$$\log_a x^n=n\log_a x$$

## ❼ 近似計算式

①$x$が1よりじゅうぶん小さいとき，$x$の2次以上の項を無視してよい。

$$(1+x)^n=1+nx+\frac{n(n-1)}{2}x^2+\cdots$$

$$\fallingdotseq 1+nx$$

$n$が整数でない場合でも，同様に近似できる。

$$\sqrt{1+x}=(1+x)^{\frac{1}{2}}\fallingdotseq 1+\frac{1}{2}x$$

②角度$\theta$〔rad〕がじゅうぶん小さいとき，

$$\begin{cases}\sin\theta\fallingdotseq\theta\\ \cos\theta\fallingdotseq 1\\ \tan\theta\fallingdotseq\theta\end{cases}$$

# 三角関数表

| 角度θ | | 正弦 | 余弦 | 正接 |
|---|---|---|---|---|
| 度 | ラジアン | sinθ | cosθ | tanθ |
| **0** | 0.0000 | 0.0000 | 1.0000 | 0.0000 |
| **1** | 0.0175 | 0.0175 | 0.9998 | 0.0175 |
| **2** | 0.0349 | 0.0349 | 0.9994 | 0.0349 |
| **3** | 0.0524 | 0.0523 | 0.9986 | 0.0524 |
| **4** | 0.0698 | 0.0698 | 0.9976 | 0.0699 |
| **5** | 0.0873 | 0.0872 | 0.9962 | 0.0875 |
| **6** | 0.1047 | 0.1045 | 0.9945 | 0.1051 |
| **7** | 0.1222 | 0.1219 | 0.9925 | 0.1228 |
| **8** | 0.1396 | 0.1392 | 0.9903 | 0.1405 |
| **9** | 0.1571 | 0.1564 | 0.9877 | 0.1584 |
| **10** | 0.1745 | 0.1736 | 0.9848 | 0.1763 |
| **11** | 0.1920 | 0.1908 | 0.9816 | 0.1944 |
| **12** | 0.2094 | 0.2079 | 0.9781 | 0.2126 |
| **13** | 0.2269 | 0.2250 | 0.9744 | 0.2309 |
| **14** | 0.2443 | 0.2419 | 0.9703 | 0.2493 |
| **15** | 0.2618 | 0.2588 | 0.9659 | 0.2679 |
| **16** | 0.2793 | 0.2756 | 0.9613 | 0.2867 |
| **17** | 0.2967 | 0.2924 | 0.9563 | 0.3057 |
| **18** | 0.3142 | 0.3090 | 0.9511 | 0.3249 |
| **19** | 0.3316 | 0.3256 | 0.9455 | 0.3443 |
| **20** | 0.3491 | 0.3420 | 0.9397 | 0.3640 |
| **21** | 0.3665 | 0.3584 | 0.9336 | 0.3839 |
| **22** | 0.3840 | 0.3746 | 0.9272 | 0.4040 |
| **23** | 0.4014 | 0.3907 | 0.9205 | 0.4245 |
| **24** | 0.4189 | 0.4067 | 0.9135 | 0.4452 |
| **25** | 0.4363 | 0.4226 | 0.9063 | 0.4663 |
| **26** | 0.4538 | 0.4384 | 0.8988 | 0.4877 |
| **27** | 0.4712 | 0.4540 | 0.8910 | 0.5095 |
| **28** | 0.4887 | 0.4695 | 0.8829 | 0.5317 |
| **29** | 0.5061 | 0.4848 | 0.8746 | 0.5543 |
| **30** | 0.5236 | 0.5000 | 0.8660 | 0.5774 |
| **31** | 0.5411 | 0.5150 | 0.8572 | 0.6009 |
| **32** | 0.5585 | 0.5299 | 0.8480 | 0.6249 |
| **33** | 0.5760 | 0.5446 | 0.8387 | 0.6494 |
| **34** | 0.5934 | 0.5592 | 0.8290 | 0.6745 |
| **35** | 0.6109 | 0.5736 | 0.8192 | 0.7002 |
| **36** | 0.6283 | 0.5878 | 0.8090 | 0.7265 |
| **37** | 0.6458 | 0.6018 | 0.7986 | 0.7536 |
| **38** | 0.6632 | 0.6157 | 0.7880 | 0.7813 |
| **39** | 0.6807 | 0.6293 | 0.7771 | 0.8098 |
| **40** | 0.6981 | 0.6428 | 0.7660 | 0.8391 |
| **41** | 0.7156 | 0.6561 | 0.7547 | 0.8693 |
| **42** | 0.7330 | 0.6691 | 0.7431 | 0.9004 |
| **43** | 0.7505 | 0.6820 | 0.7314 | 0.9325 |
| **44** | 0.7679 | 0.6947 | 0.7193 | 0.9657 |
| **45** | 0.7854 | 0.7071 | 0.7071 | 1.0000 |

| 角度θ | | 正弦 | 余弦 | 正接 |
|---|---|---|---|---|
| 度 | ラジアン | sinθ | cosθ | tanθ |
| | | | | |
| **46** | 0.8029 | 0.7193 | 0.6947 | 1.0355 |
| **47** | 0.8203 | 0.7314 | 0.6820 | 1.0724 |
| **48** | 0.8378 | 0.7431 | 0.6691 | 1.1106 |
| **49** | 0.8552 | 0.7547 | 0.6561 | 1.1504 |
| **50** | 0.8727 | 0.7660 | 0.6428 | 1.1918 |
| **51** | 0.8901 | 0.7771 | 0.6293 | 1.2349 |
| **52** | 0.9076 | 0.7880 | 0.6157 | 1.2799 |
| **53** | 0.9250 | 0.7986 | 0.6018 | 1.3270 |
| **54** | 0.9425 | 0.8090 | 0.5878 | 1.3764 |
| **55** | 0.9599 | 0.8192 | 0.5736 | 1.4281 |
| **56** | 0.9774 | 0.8290 | 0.5592 | 1.4826 |
| **57** | 0.9948 | 0.8387 | 0.5446 | 1.5399 |
| **58** | 1.0123 | 0.8480 | 0.5299 | 1.6003 |
| **59** | 1.0297 | 0.8572 | 0.5150 | 1.6643 |
| **60** | 1.0472 | 0.8660 | 0.5000 | 1.7321 |
| **61** | 1.0647 | 0.8746 | 0.4848 | 1.8040 |
| **62** | 1.0821 | 0.8829 | 0.4695 | 1.8807 |
| **63** | 1.0996 | 0.8910 | 0.4540 | 1.9626 |
| **64** | 1.1170 | 0.8988 | 0.4384 | 2.0503 |
| **65** | 1.1345 | 0.9063 | 0.4226 | 2.1445 |
| **66** | 1.1519 | 0.9135 | 0.4067 | 2.2460 |
| **67** | 1.1694 | 0.9205 | 0.3907 | 2.3559 |
| **68** | 1.1868 | 0.9272 | 0.3746 | 2.4751 |
| **69** | 1.2043 | 0.9336 | 0.3584 | 2.6051 |
| **70** | 1.2217 | 0.9397 | 0.3420 | 2.7475 |
| **71** | 1.2392 | 0.9455 | 0.3256 | 2.9042 |
| **72** | 1.2566 | 0.9511 | 0.3090 | 3.0777 |
| **73** | 1.2741 | 0.9563 | 0.2924 | 3.2709 |
| **74** | 1.2915 | 0.9613 | 0.2756 | 3.4874 |
| **75** | 1.3090 | 0.9659 | 0.2588 | 3.7321 |
| **76** | 1.3265 | 0.9703 | 0.2419 | 4.0108 |
| **77** | 1.3439 | 0.9744 | 0.2250 | 4.3315 |
| **78** | 1.3614 | 0.9781 | 0.2079 | 4.7046 |
| **79** | 1.3788 | 0.9816 | 0.1908 | 5.1446 |
| **80** | 1.3963 | 0.9848 | 0.1736 | 5.6713 |
| **81** | 1.4137 | 0.9877 | 0.1564 | 6.3138 |
| **82** | 1.4312 | 0.9903 | 0.1392 | 7.1154 |
| **83** | 1.4486 | 0.9925 | 0.1219 | 8.1443 |
| **84** | 1.4661 | 0.9945 | 0.1045 | 9.5144 |
| **85** | 1.4835 | 0.9962 | 0.0872 | 11.4301 |
| **86** | 1.5010 | 0.9976 | 0.0698 | 14.3007 |
| **87** | 1.5184 | 0.9986 | 0.0523 | 19.0811 |
| **88** | 1.5359 | 0.9994 | 0.0349 | 28.6363 |
| **89** | 1.5533 | 0.9998 | 0.0175 | 57.2900 |
| **90** | 1.5708 | 1.0000 | 0.0000 | ∞ |

★$\theta > 90°$の場合は補角公式や余角公式(▷*p.224*)を用いて求める。

# 平方・平方根表

| $n^2$ | $n$ | $\sqrt{n}$ | $n^2$ | $n$ | $\sqrt{n}$ | $n^2$ | $n$ | $\sqrt{n}$ |
|---|---|---|---|---|---|---|---|---|
| 1 | **1** | 1 =1.0000 | 1 296 | **36** | 6 =6.0000 | 5 041 | **71** | $\sqrt{71}$ =8.4261 |
| 4 | **2** | $\sqrt{2}$ =1.4142 | 1 369 | **37** | $\sqrt{37}$ =6.0828 | 5 184 | **72** | $6\sqrt{2}$ =8.4853 |
| 9 | **3** | $\sqrt{3}$ =1.7321 | 1 444 | **38** | $\sqrt{38}$ =6.1644 | 5 329 | **73** | $\sqrt{73}$ =8.5440 |
| 16 | **4** | 2 =2.0000 | 1 521 | **39** | $\sqrt{39}$ =6.2450 | 5 476 | **74** | $\sqrt{74}$ =8.6023 |
| 25 | **5** | $\sqrt{5}$ =2.2361 | 1 600 | **40** | $2\sqrt{10}$ =6.3246 | 5 625 | **75** | $5\sqrt{3}$ =8.6603 |
| 36 | **6** | $\sqrt{6}$ =2.4495 | 1 681 | **41** | $\sqrt{41}$ =6.4031 | 5 776 | **76** | $2\sqrt{19}$ =8.7178 |
| 49 | **7** | $\sqrt{7}$ =2.6458 | 1 764 | **42** | $\sqrt{42}$ =6.4807 | 5 929 | **77** | $\sqrt{77}$ =8.7750 |
| 64 | **8** | $2\sqrt{2}$ =2.8284 | 1 849 | **43** | $\sqrt{43}$ =6.5574 | 6 084 | **78** | $\sqrt{78}$ =8.8318 |
| 81 | **9** | 3 =3.0000 | 1 936 | **44** | $2\sqrt{11}$ =6.6332 | 6 241 | **79** | $\sqrt{79}$ =8.8882 |
| 100 | **10** | $\sqrt{10}$ =3.1623 | 2 025 | **45** | $3\sqrt{5}$ =6.7082 | 6 400 | **80** | $4\sqrt{5}$ =8.9443 |
| 121 | **11** | $\sqrt{11}$ =3.3166 | 2 116 | **46** | $\sqrt{46}$ =6.7823 | 6 561 | **81** | 9 =9.0000 |
| 144 | **12** | $2\sqrt{3}$ =3.4641 | 2 209 | **47** | $\sqrt{47}$ =6.8557 | 6 724 | **82** | $\sqrt{82}$ =9.0554 |
| 169 | **13** | $\sqrt{13}$ =3.6056 | 2 304 | **48** | $4\sqrt{3}$ =6.9282 | 6 889 | **83** | $\sqrt{83}$ =9.1104 |
| 196 | **14** | $\sqrt{14}$ =3.7417 | 2 401 | **49** | 7 =7.0000 | 7 056 | **84** | $2\sqrt{21}$ =9.1652 |
| 225 | **15** | $\sqrt{15}$ =3.8730 | 2 500 | **50** | $5\sqrt{2}$ =7.0711 | 7 225 | **85** | $\sqrt{85}$ =9.2195 |
| 256 | **16** | 4 =4.0000 | 2 601 | **51** | $\sqrt{51}$ =7.1414 | 7 396 | **86** | $\sqrt{86}$ =9.2736 |
| 289 | **17** | $\sqrt{17}$ =4.1231 | 2 704 | **52** | $2\sqrt{13}$ =7.2111 | 7 569 | **87** | $\sqrt{87}$ =9.3274 |
| 324 | **18** | $3\sqrt{2}$ =4.2426 | 2 809 | **53** | $\sqrt{53}$ =7.2801 | 7 744 | **88** | $2\sqrt{22}$ =9.3808 |
| 361 | **19** | $\sqrt{19}$ =4.3589 | 2 916 | **54** | $3\sqrt{6}$ =7.3485 | 7 921 | **89** | $\sqrt{89}$ =9.4340 |
| 400 | **20** | $2\sqrt{5}$ =4.4721 | 3 025 | **55** | $\sqrt{55}$ =7.4162 | 8 100 | **90** | $3\sqrt{10}$ =9.4868 |
| 441 | **21** | $\sqrt{21}$ =4.5826 | 3 136 | **56** | $2\sqrt{14}$ =7.4833 | 8 281 | **91** | $\sqrt{91}$ =9.5394 |
| 484 | **22** | $\sqrt{22}$ =4.6904 | 3 249 | **57** | $\sqrt{57}$ =7.5498 | 8 464 | **92** | $2\sqrt{23}$ =9.5917 |
| 529 | **23** | $\sqrt{23}$ =4.7958 | 3 364 | **58** | $\sqrt{58}$ =7.6158 | 8 649 | **93** | $\sqrt{93}$ =9.6437 |
| 576 | **24** | $2\sqrt{6}$ =4.8990 | 3 481 | **59** | $\sqrt{59}$ =7.6811 | 8 836 | **94** | $\sqrt{94}$ =9.6954 |
| 625 | **25** | 5 =5.0000 | 3 600 | **60** | $2\sqrt{15}$ =7.7460 | 9 025 | **95** | $\sqrt{95}$ =9.7468 |
| 676 | **26** | $\sqrt{26}$ =5.0990 | 3 721 | **61** | $\sqrt{61}$ =7.8102 | 9 216 | **96** | $4\sqrt{6}$ =9.7980 |
| 729 | **27** | $3\sqrt{3}$ =5.1962 | 3 844 | **62** | $\sqrt{62}$ =7.8740 | 9 409 | **97** | $\sqrt{97}$ =9.8489 |
| 784 | **28** | $2\sqrt{7}$ =5.2915 | 3 969 | **63** | $3\sqrt{7}$ =7.9373 | 9 604 | **98** | $7\sqrt{2}$ =9.8995 |
| 841 | **29** | $\sqrt{29}$ =5.3852 | 4 096 | **64** | 8 =8.0000 | 9 801 | **99** | $3\sqrt{11}$ =9.9499 |
| 900 | **30** | $\sqrt{30}$ =5.4772 | 4 225 | **65** | $\sqrt{65}$ =8.0623 | 10 000 | **100** | 10 =10.0000 |
| 961 | **31** | $\sqrt{31}$ =5.5678 | 4 356 | **66** | $\sqrt{66}$ =8.1240 | 10 201 | **101** | $\sqrt{101}$ =10.0499 |
| 1 024 | **32** | $4\sqrt{2}$ =5.6569 | 4 489 | **67** | $\sqrt{67}$ =8.1854 | 10 404 | **102** | $\sqrt{102}$ =10.0995 |
| 1 089 | **33** | $\sqrt{33}$ =5.7446 | 4 624 | **68** | $2\sqrt{17}$ =8.2462 | 10 609 | **103** | $\sqrt{103}$ =10.1489 |
| 1 156 | **34** | $\sqrt{34}$ =5.8310 | 4 761 | **69** | $\sqrt{69}$ =8.3066 | 10 816 | **104** | $2\sqrt{26}$ =10.1980 |
| 1 225 | **35** | $\sqrt{35}$ =5.9161 | 4 900 | **70** | $\sqrt{70}$ =8.3666 | 11 025 | **105** | $\sqrt{105}$ =10.2470 |

# 元素の周期表

国際純正・応用化学連合(IUPAC)によって承認された元素を掲載した。

原子番号 — 8 O — 元素記号
酸素 — 元素名
天然の平均原子量 ( )内はおもな同位体の質量数 — 16.00

H (元素記号が赤色) ⇨ 単体は常温常圧で気体
Hg (元素記号が青色) ⇨ 単体は常温常圧で液体
C (元素記号が黒色) ⇨ 単体は常温常圧で固体

非金属元素
金属元素
単体が半導体
単体が強磁性体
安定同位体をもたない

| | 1 | 2 | 3 | 4 | 5 | 6 | 7 | 8 | 9 | 10 | 11 | 12 | 13 | 14 | 15 | 16 | 17 | 18 |
|---|---|---|---|---|---|---|---|---|---|---|---|---|---|---|---|---|---|---|
| 1 | 1 H<br>水素<br>1.008 | | | | | | | | | | | | | | | | | 2 He<br>ヘリウム<br>4.003 |
| 2 | 3 Li<br>リチウム<br>6.941 | 4 Be<br>ベリリウム<br>9.012 | | | | | | | | | | | 5 B<br>ホウ素<br>10.81 | 6 C<br>炭素<br>12.01 | 7 N<br>窒素<br>14.01 | 8 O<br>酸素<br>16.00 | 9 F<br>フッ素<br>19.00 | 10 Ne<br>ネオン<br>20.18 |
| 3 | 11 Na<br>ナトリウム<br>22.99 | 12 Mg<br>マグネシウム<br>24.31 | | | | | | | | | | | 13 Al<br>アルミニウム<br>26.98 | 14 Si<br>ケイ素<br>28.09 | 15 P<br>リン<br>30.97 | 16 S<br>硫黄<br>32.07 | 17 Cl<br>塩素<br>35.45 | 18 Ar<br>アルゴン<br>39.95 |
| 4 | 19 K<br>カリウム<br>39.10 | 20 Ca<br>カルシウム<br>40.08 | 21 Sc<br>スカンジウム<br>44.96 | 22 Ti<br>チタン<br>47.87 | 23 V<br>バナジウム<br>50.94 | 24 Cr<br>クロム<br>52.00 | 25 Mn<br>マンガン<br>54.94 | 26 Fe<br>鉄<br>55.85 | 27 Co<br>コバルト<br>58.93 | 28 Ni<br>ニッケル<br>58.69 | 29 Cu<br>銅<br>63.55 | 30 Zn<br>亜鉛<br>65.38 | 31 Ga<br>ガリウム<br>69.72 | 32 Ge<br>ゲルマニウム<br>72.63 | 33 As<br>ヒ素<br>74.92 | 34 Se<br>セレン<br>78.96 | 35 Br<br>臭素<br>79.90 | 36 Kr<br>クリプトン<br>83.80 |
| 5 | 37 Rb<br>ルビジウム<br>85.47 | 38 Sr<br>ストロンチウム<br>87.62 | 39 Y<br>イットリウム<br>88.91 | 40 Zr<br>ジルコニウム<br>91.22 | 41 Nb<br>ニオブ<br>92.91 | 42 Mo<br>モリブデン<br>95.96 | 43 Tc<br>テクネチウム<br>(99) | 44 Ru<br>ルテニウム<br>101.1 | 45 Rh<br>ロジウム<br>102.9 | 46 Pd<br>パラジウム<br>106.4 | 47 Ag<br>銀<br>107.9 | 48 Cd<br>カドミウム<br>112.4 | 49 In<br>インジウム<br>114.8 | 50 Sn<br>スズ<br>118.7 | 51 Sb<br>アンチモン<br>121.8 | 52 Te<br>テルル<br>127.6 | 53 I<br>ヨウ素<br>126.9 | 54 Xe<br>キセノン<br>131.3 |
| 6 | 55 Cs<br>セシウム<br>132.9 | 56 Ba<br>バリウム<br>137.3 | 57~71<br>ランタノイド | 72 Hf<br>ハフニウム<br>178.5 | 73 Ta<br>タンタル<br>180.9 | 74 W<br>タングステン<br>183.8 | 75 Re<br>レニウム<br>186.2 | 76 Os<br>オスミウム<br>190.2 | 77 Ir<br>イリジウム<br>192.2 | 78 Pt<br>白金<br>195.1 | 79 Au<br>金<br>197.0 | 80 Hg<br>水銀<br>200.6 | 81 Tl<br>タリウム<br>204.4 | 82 Pb<br>鉛<br>207.2 | 83 Bi<br>ビスマス<br>209.0 | 84 Po<br>ポロニウム<br>(210) | 85 At<br>アスタチン<br>(210) | 86 Rn<br>ラドン<br>(222) |
| 7 | 87 Fr<br>フランシウム<br>(223) | 88 Ra<br>ラジウム<br>(226) | 87~103<br>アクチノイド | 104 Rf<br>ラザホージウム<br>(267) | 105 Db<br>ドブニウム<br>(268) | 106 Sg<br>シーボーギウム<br>(271) | 107 Bh<br>ボーリウム<br>(272) | 108 Hs<br>ハッシウム<br>(277) | 109 Mt<br>マイトネリウム<br>(276) | 110 Ds<br>ダームスタチウム<br>(281) | 111 Rg<br>レントゲニウム<br>(280) | 112 Cn<br>コペルニシウム<br>(285) | | 114 Fl<br>フレロビウム<br>(289) | | 116 Lv<br>リバモリウム<br>(293) | | |

| | | | | | | | | | | | | | | |
|---|---|---|---|---|---|---|---|---|---|---|---|---|---|---|
| ランタノイド | 57 La<br>ランタン<br>138.9 | 58 Ce<br>セリウム<br>140.1 | 59 Pr<br>プラセオジム<br>140.9 | 60 Nd<br>ネオジム<br>144.2 | 61 Pm<br>プロメチウム<br>(145) | 62 Sm<br>サマリウム<br>150.4 | 63 Eu<br>ユウロピウム<br>152.0 | 64 Gd<br>ガドリニウム<br>157.3 | 65 Tb<br>テルビウム<br>158.9 | 66 Dy<br>ジスプロシウム<br>162.5 | 67 Ho<br>ホルミニウム<br>164.9 | 68 Er<br>エルビウム<br>167.3 | 69 Tm<br>ツリウム<br>168.9 | 70 Yb<br>イッテルビウム<br>173.1 | 71 Lu<br>ルテチウム<br>175.0 |
| アクチノイド | 89 Ac<br>アクチニウム<br>(227) | 90 Th<br>トリウム<br>232.0 | 91 Pa<br>プロトアクチニウム<br>231.0 | 92 U<br>ウラン<br>238.0 | 93 Np<br>ネプツニウム<br>(237) | 94 Pu<br>プルトニウム<br>(239) | 95 Am<br>アメリシウム<br>(243) | 96 Cm<br>キュリウム<br>(247) | 97 Bk<br>バークリウム<br>(247) | 98 Cf<br>カリホルニウム<br>(252) | 99 Es<br>アインスタイニウム<br>(252) | 100 Fm<br>フェルミウム<br>(257) | 101 Md<br>メンデレビウム<br>(258) | 102 No<br>ノーベリウム<br>(259) | 103 Lr<br>ローレンシウム<br>(262) |

# 問題の解答

## 第1編 物体の運動

### p.21 類題

**1** (1)北向きを正にとって考えると，船Aの速度$v_A=15\,m/s$，船Bの速度$v_B=10\,m/s$なので，船Aから見た船Bの相対速度$v_{AB}$は，

$$v_{AB}=v_B-v_A=-5\,m/s$$

となり，北向きが正なので**南向きに5m/s**。

(2)(1)と同様に北向きを正にとると，船Aから見た船Cの相対速度$v_{AC}$は，

$$v_{AC}=v_C-v_A=-5-15=-20\,m/s$$

となり，南向きに20m/sとなる。

ここで，もとの時刻に船Cは船Aから見て21.4km北にいたので，船Aと船Cが同じ位置にたどり着く時刻$t$は，船Aから見て船Cが21.4km南に進んだ時刻である。よって，

$$t=\frac{-21.4\,km}{v_{AC}}=\frac{-2.14\times10^4\,m}{-20\,m/s}$$

$$=1.07\times10^3\,s\fallingdotseq \mathbf{1.1\times10^3\,s}$$

**2** (1)東向きを正として，Bから見たAの相対速度$v_1$は，

$$v_1=v_A-v_B=30-(-50)=80\,km/h$$

となるので，**東向きに80km/h**

(2)Aから見たBの相対速度$v_2$は，

$$v_2=v_B-v_A=-50-30=-80\,km/h$$

となるので，**西向きに80km/h**

(3)**向きが逆で大きさが同じ**である。

### p.26 類題

**3** 50.4km/h=14m/sであるから，ブレーキをかけるまでに進む距離$x_1$は，

$$x_1=14\times0.60=8.4\,m$$

ブレーキをかけてから止まるまでに進む距離を$x_2$〔m〕とすると，$v^2-v_0{}^2=2ax$より，

$$0^2-14^2=2\times(-4.0)x_2 \qquad x_2=24.5\,m$$

よって，求める距離は，

$$8.4+24.5=32.9\fallingdotseq\mathbf{33\,m}$$

### p.28 類題

**4** (1)(1・11)式$v=v_0+at$より，

$$0=3.0-2.5t \quad よって，\quad t=\mathbf{1.2\,s}$$

(2)(1・12)式$x=v_0t+\frac{1}{2}at^2$より，

$$x=3.0\times1.2-\frac{1}{2}\times2.5\times1.2^2=\mathbf{1.8\,m}$$

(3)(1・12)式より，

$$\frac{1.8}{2}=\frac{1}{2}\times2.5t^2$$

$$よって，\quad t=\sqrt{0.72}=0.6\sqrt{2}\fallingdotseq\mathbf{0.85\,s}$$

### p.32 類題

**5** (1・18)式で，$y=0$とおくと，

$$0=v_0t-\frac{1}{2}gt^2$$

$t>0$より，$t=\mathbf{\frac{2v_0}{g}}$

**6** (1)衝突直前のA，Bの速度を$v_A$，$v_B$とすれば，

(1・17)式より，

$$\begin{cases}v_A=gt\\ v_B=v_0-gt\end{cases}$$

$v_A=v_B$であるから，

$$gt=v_0-gt$$

$$よって，\quad t=\mathbf{\frac{v_0}{2g}}$$

(2)衝突するまでにAが落下した距離を$y_A$，Bがのぼった距離を$y_B$とすると，

$$\begin{cases}y_A=\frac{1}{2}gt^2\\ y_B=v_0t-\frac{1}{2}gt^2\end{cases}$$

よって，Aの最初の高さは，

$$y_A+y_B=v_0t=\mathbf{\frac{v_0{}^2}{2g}}$$

## ■p.42　章末練習問題

**①** (1) $36\,\mathrm{km/h} = 36 \times \dfrac{1000\,\mathrm{m}}{3600\,\mathrm{s}}$

$= \mathbf{10\,m/s = 1.0 \times 10\,m/s}$

(2) $25\,\mathrm{m/s} = 25 \times \dfrac{\frac{1}{1000}\,\mathrm{km}}{\frac{1}{3600}\,\mathrm{h}}$

$= 25 \times \dfrac{3600}{1000}\,\mathrm{km/h}$

$= \mathbf{90\,km/h}$

$= \mathbf{9.0 \times 10\,km/h}$

**②** (1) $x$-$t$ グラフの傾きが（平均の）速さなので，

$v = \dfrac{20-5}{10-0} = \mathbf{1.5\,m/s}$

(2) $x$-$t$ グラフの傾きは一定なので，速さは $v = 1.5\,\mathrm{m/s}$ のままである。よって，加速度は **0**

(3) 5秒での変位 $x$ は，

$x = 5 + vt = 5 + 1.5 \times 5 = 12.5\,\mathrm{m}$

よって，5秒から10秒までの変位は，

$20 - 12.5 = \mathbf{7.5\,m}$

**③** (1) 2〜4秒の平均の速度 $\overline{v_1}$ は，

$\overline{v_1} = \dfrac{11-5}{4-2} = \mathbf{3\,m/s}$

(2) 4〜6秒の平均の速度 $\overline{v_2}$ は

$\overline{v_2} = \dfrac{21-11}{6-4} = \mathbf{5\,m/s}$

(3) 平均の加速度 $\overline{a}$ は，

$\overline{a} = \dfrac{(5-3)\,\mathrm{m/s}}{(5-3)\,\mathrm{s}} = \mathbf{1\,m/s^2}$

**④** バスの速度の向き（北向き）を正の向きとして，相対速度を求める。

(1) $20 - 15 = 5\,\mathrm{m/s}$

これは**北向きに5m/s**である。

(2) $-20 - 15 = -35\,\mathrm{m/s}$

これは**南向きに35m/s**である。

(3) バイクの速度を $v$ とすると，$v - 15 = 10$

ゆえに，$v = 25\,\mathrm{m/s}$

これは**北向きに25m/s**である。

**⑤** (1) $a = \dfrac{(25-10)\,\mathrm{m/s}}{(5-0)\,\mathrm{s}} = \mathbf{3\,m/s^2}$

(2) $v = v_0 + at$ より，$0 = 20 + a \times 4$

ゆえに，$|a| = \mathbf{5\,m/s^2}$

(3) $v = v_0 + at$ より，$-7 = 3 + a \times 5$

ゆえに，$|a| = \mathbf{2\,m/s^2}$

**⑥** (1) 0s〜2sの加速度 $a_1$ は，

$a_1 = \dfrac{(16-0)\,\mathrm{m/s}}{(2-0)\,\mathrm{s}} = \mathbf{8\,m/s^2}$

2s〜6sの加速度 $a_2$ は，

$a_2 = \dfrac{(16-16)\,\mathrm{m/s}}{(6-2)\,\mathrm{s}} = \mathbf{0\,m/s^2}$

6s〜10sの加速度 $a_3$ は，

$a_3 = \dfrac{(0-16)\,\mathrm{m/s}}{(10-6)\,\mathrm{s}} = \mathbf{-4\,m/s^2}$

(2) $v$-$t$ グラフと $t$ 軸との囲む面積が移動距離 $l$ を表すので，

$l = \dfrac{2 \times 16}{2} + 16 \times (6-2) + \dfrac{(10-6) \times 16}{2}$

$= 16 + 64 + 32 = \mathbf{112\,m}$

(3) $\overline{v} = \dfrac{l}{t} = \dfrac{112}{10} = \mathbf{11.2\,m/s}$

**⑦** (1) $v = v_0 + at$ より，$t = 0$ で $v_0 = 10\,\mathrm{m/s}$

$t = 12$ で $-14 = 10 + a \times 12$

よって，$a = \mathbf{-2.0\,m/s^2}$　**左向き**

(2) $v = v_0 + at = \mathbf{10 - 2.0}\boldsymbol{t}$

(3) $0 = 10 - 2.0t$ より，$t = \mathbf{5.0\,s}$

(4) $x = v_0 t + \dfrac{a}{2}t^2 = \boldsymbol{10t - t^2}$

(5) $x = 10 \times 12 - 12^2 = 120 - 144 = -24\,\mathrm{m}$

すなわち，**左の向きに24m**

(6) (3)より，$t = 5.0\,\mathrm{s}$ で右向きの運動が左向きの運動に変わる。

$t = 5.0\,\mathrm{s}$ のとき，$x = 10 \times 5 - 5^2 = 25\,\mathrm{m}$

よって，0s〜5sでの移動距離 $l_1$ は，

$l_1 = |25 - 0| = 25\,\mathrm{m}$

5s〜12sでの移動距離 $l_2$ は，

$l_2 = |-24 - 25| = 49\,\mathrm{m}$

求める距離 $l$ は，

$l = l_1 + l_2 = 25 + 49 = \mathbf{74\,m}$

**8** (1) $v=v_0+at$ より，$30=10+25a$

よって，$a=$ **0.80 m/s²**

(2) $v^2-v_0{}^2=2ax$ より，

$15^2-5.0^2=2\times a\times 100$

よって，$a=$ **1.0 m/s²**

(3) $v=v_0+at$ より，

$v=2.0+0.5\times 10=$ **7.0 m/s**

$v^2-v_0{}^2=2ax$ より，

$x=\dfrac{7.0^2-2.0^2}{2\times 0.5}=$ **45 m**

**9** (1) $v^2-v_0{}^2=2ax$ より，

$0^2-12^2=2\times a\times 18$

よって，$a=$ **−4.0 m/s²**

(2) $v=v_0+at$ より，$0=12-4.0t$

よって，$t=$ **3.0 s**

(3)

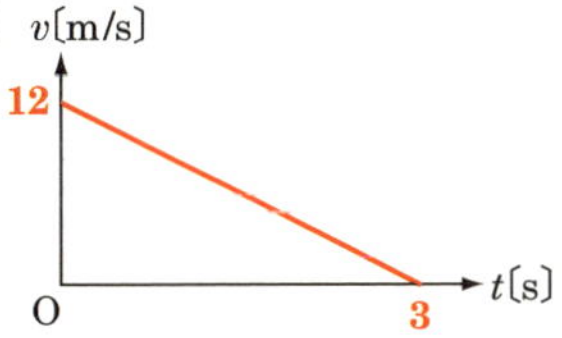


**10** (1) 重力加速度 $g$ だけがはたらく。下向きに **9.8 m/s²**

(2) $v_1=v_0+at=0+9.8\times 1.0=$ **9.8 m/s**

(3) $y_1=v_0t+\dfrac{at^2}{2}=0+\dfrac{9.8}{2}\times 1.0^2=$ **4.9 m**

(4) $19.6=\dfrac{9.8}{2}t_2{}^2$　ゆえに，$t_2=$ **2.0 s**

(5) $v_2=v_0+at=0+9.8\times 2.0=19.6=$ **20 m/s**

(6) $v=v_0+at=0+9.8t=9.8t$

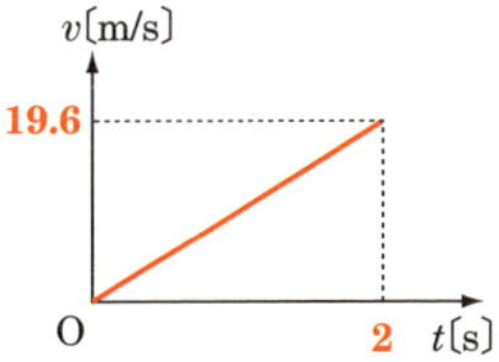


(7) $y=v_0t+\dfrac{at^2}{2}=\dfrac{9.8}{2}t^2=4.9t^2$

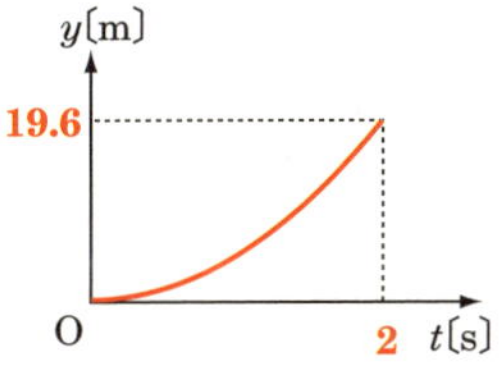


**11** (1) 初速度 $v_0$〔m/s〕，重力加速度 $g=9.8\,\mathrm{m/s^2}$ とすると，鉛直投射なので，

速度：$v=v_0-gt$

高さ：$y=v_0t-\dfrac{g}{2}t^2$

一方，最高点の時刻を $t_1$ とすると，最高点では $v=0$ となることより，

$0=v_0-9.8t_1$

ここで，問いのグラフより，$t_1=1.0\,\mathrm{s}$

よって，$v_0=9.8\times 1.0=9.8\,\mathrm{m/s}$

ゆえに，最高点 $y_{max}$ は

$y_{max}=9.8\times 1.0-\dfrac{9.8}{2}\times 1.0^2$

$=$ **4.9 m**

(2) 火星における鉛直投射の速度と高さの式は，

速度 $v=9.8-3.7t$

高さ $y=9.8t-\dfrac{3.7}{2}t^2$

最高点で $v=0$ となることから，

$9.8-3.7t=0$

ゆえに，$t=\dfrac{9.8}{3.7}\fallingdotseq 2.6\,\mathrm{s}$ である。

また，最高点 $y_{max}$ は，

$y_{max}=9.8\times\dfrac{9.8}{3.7}-\dfrac{3.7}{2}\times\left(\dfrac{9.8}{3.7}\right)^2$

$=\dfrac{9.8^2}{2\times 3.7}\fallingdotseq 13\,\mathrm{m}$

これを満たすグラフは **エ** である。

**12** ① **自由落下**　② **質量**　③ **9.8**

④ **(標準) 重力加速度**　⑤ $g$　⑥ $gt$　⑦ $\dfrac{1}{2}gt^2$

**13** (1) $v_1=v_0-gt=19.6-9.8\times 1.0$

$=$ **9.8 m/s**

$y_1=v_0t-\dfrac{gt^2}{2}$

$=19.6\times 1.0-\dfrac{9.8}{2}\times 1.0^2$

$=$ **14.7 m**

(2) 最高点で $v=0$ より，

$0=v_0-gt=19.6-9.8t^2$

ゆえに，$t_2=$ **2.0 s**，$v_2=$ **0 m/s**

(3) $y_{max}=v_0t_2-\dfrac{gt_2{}^2}{2}$

$=19.6\times 2.0-4.9\times 2.0^2$

$=$ **19.6 m**

(4) $y=0=v_0t-\dfrac{gt^2}{2}=19.6t-4.9t^2$

$=4.9t(4.0-1.0t)$

$t\neq0$ より，$t_3=$ **4.0 s**

また，$t_3$ は $t_2$ の **2 倍**である。

(5) $v_3=v_0-gt_3=19.6-9.8\times4.0$

$=$ **−19.6 m/s**

(6)

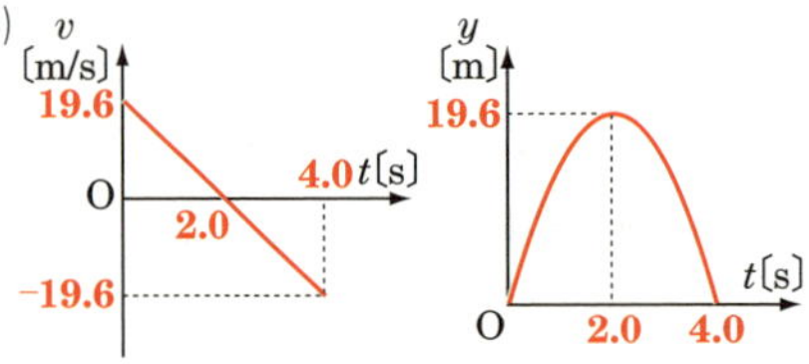


⑭ (1) $x$ 方向：**等速直線運動**

$y$ 方向：**鉛直投射**（または**等加速度直線運動**）

(2) 最高点で速度の $y$ 成分 $v_y=0$ なので，

$v_y=0=9.8-9.8t$

ゆえに，$t=$ **1.0 s**

(3) $y=0$ となる時刻なので，$y=v_0t-\dfrac{g}{2}t^2$ より，

$0=9.8t-4.9t^2$

$t\neq0$ となる解は，

$t=$ **2.0 s**

(4) $x=v_xt=5.0\times2.0$

$=$ **10 m**

## ■p.61　類題

⑦　運動方程式より，

$F=ma$

$=3.0\,\mathrm{kg}\times2.5\,\mathrm{m/s^2}$

$=7.5\,\mathrm{kg\cdot m/s^2}$

$=$ **7.5 N**

⑧　東向きを正にとると，$F=ma$ より，

$a=\dfrac{F}{m}=\dfrac{4.5\,\mathrm{N}}{1.5\,\mathrm{kg}}=3.0\,\mathrm{m/s^2}$

よって，加速度は**東向きに 3.0 m/s²**

## ■p.66　類題

⑨　1 つのばねのばね定数を $k$ とする。

(1)(a) のばねの伸びを $x$ とすると，

加えた力 $F_\mathrm{a}$ は，(1･47) 式より，

$F_\mathrm{a}=2\times kx=2kx$

(b) 全体で $x$ 伸びているとき 1 つのばねは $\dfrac{x}{2}$ 伸びているから，加えた力 $F_\mathrm{b}$ は，

$F_\mathrm{b}=k\cdot\dfrac{x}{2}=\dfrac{kx}{2}$

よって，$\dfrac{F_\mathrm{a}}{F_\mathrm{b}}=\dfrac{2kx}{kx/2}=$ **4 倍**

(2) 左端のばねの伸びを $x$ とすれば，中央の並列ばねの伸びは $\dfrac{x}{2}$ であるから，

$2(3.0+x)+\left(3.0+\dfrac{x}{2}\right)=10$

よって，　$x=0.4\,\mathrm{cm}$

ばねの長さは，

$3.0+0.4=$ **3.4 cm**

(3) (1･64) 式より，

$1.0\times10^{-2}\,\mathrm{N}=k\times0.4\times10^{-2}\,\mathrm{m}$

よって，　$k=$ **2.5 N/m**

(4) ばねの長さが半分になると，同じだけの力が加わったときの伸びも半分になるので，ばね定数は **2 倍**になる。

## ■p.74　類題

⑩　物体の加速度を $a$ として，運動方程式をたてると，

$2.0a=22.6-2.0\times9.8$　から，　$a=1.5$

求める距離は，$y=\dfrac{a}{2}t^2$ より，

$y=\dfrac{1}{2}\times1.5\times4.0^2=$ **12 m**

## ■p.75　類題

⑪　(1), (2) 糸の張力を $T$ とし，A，B の加速度を等しく $a$ とすれば，

A の運動方程式は，$Ma=T$

B の運動方程式は，$ma=mg-T$

この 2 式より，$T=\boldsymbol{\dfrac{mMg}{m+M}}$，$a=\boldsymbol{\dfrac{mg}{m+M}}$

(3)求める速さを$v$とすると，(1・13)式により，

$$v^2=2ah=\frac{2mgh}{m+M}$$

よって，

$$v=\sqrt{\frac{2mgh}{m+M}}$$

## ■p.77　類題

**12**　Pの加速度を$a$とすれば，

Pの運動方程式は，　$Ma=Mg-S$

Dの運動方程式は，　$0\times a=S-2T$

Bの運動方程式は，　$mb=T-mg$

$a$と$b$の関係は，　$b=2a$

この4式から，

$$a=\frac{M-2m}{M+4m}g$$

**13**　初速度は，$v_0=72\,\mathrm{km/h}=20\,\mathrm{m/s}$

平均の摩擦力の大きさを$F$，車の質量を$m$，加速度を$a$，止まるまでの時間を$t$とすると，

$$\begin{cases} ma=-F \\ 0=v_0+at \end{cases}$$

この2式より，

$$F=\frac{mv_0}{t}=\frac{1.0\times10^3\times20}{4.0}$$

$$=5.0\times10^3\,\mathrm{N}$$

## ■p.79　類題

**14**　(1)A，B間の動摩擦力は$\mu'mg$である。

また，AとBの加速度をそれぞれ$\alpha$，$\beta$とおくと，

Aの運動方程式：$M\alpha=F-\mu'mg$

Bの運動方程式：$m\beta=\mu'mg$

ここでAから見たBの相対加速度を$\gamma$とおくと，

$$\gamma=\beta-\alpha$$

このとき，求める時間$t$は，

$$-l=\frac{1}{2}\gamma t^2$$

よって，これらを連立して解くと，

$$t=\sqrt{\frac{2Ml}{F-\mu'(m+M)g}}$$

## ■p.81　類題

**15**　(1)糸の張力を$T$とし，A，Bの加速度を$a$とすると，

Aの運動方程式は，$Ma=Mg-T$

Bの運動方程式は，$Ma=T-Mg\sin30°$

この2式より，

$$a=\frac{1}{4}g$$

(2)求める速さを$v$とすれば，

$v^2-v_0{}^2=2ax$により，

$$v^2=2ah=\frac{gh}{2}$$

よって，　$v=\sqrt{\dfrac{gh}{2}}$

## ■p.83　章末練習問題

**1**　(1)$F_{1x}=-10\,\mathrm{N}$

(2)$F_{1y}+F_{2y}=20+10=30\,\mathrm{N}$

(3)$F_{1x}+F_{2x}=-10+30=20\,\mathrm{N}$より，

$$F_{3x}=-20\,\mathrm{N}$$

(4)$F_{1y}+F_{2y}=30\,\mathrm{N}$より，$F_{3y}=-30\,\mathrm{N}$

ゆえに，

$$F_3=\sqrt{F_{3x}{}^2+F_{3y}{}^2}=\sqrt{(-20)^2+(-30)^2}$$

$$=\sqrt{1300}=10\sqrt{13}\,\mathrm{N}$$

**2**　(1)$W=mg=5.0\times9.8=49\,\mathrm{N}$

(2)力のベクトルの比は，

$$T_\mathrm{A}:T_\mathrm{B}:W=2:\sqrt{3}:1=T_\mathrm{A}:T_\mathrm{B}:49$$

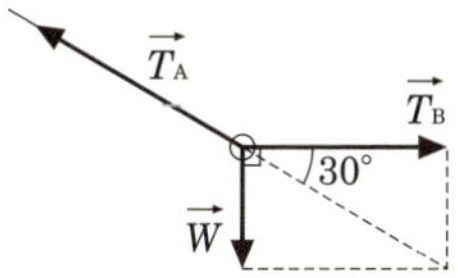


よって，$T_\mathrm{A}=2\times49=98\,\mathrm{N}$

$$T_\mathrm{B}=\sqrt{3}\times49=1.73\times49\fallingdotseq85\,\mathrm{N}$$

(別解) $\dfrac{W}{T_\mathrm{A}}=\sin30°=\dfrac{1}{2}$

ゆえに，$T_\mathrm{A}=2W=2\times49=98\,\mathrm{N}$

また，$\dfrac{T_\mathrm{B}}{T_\mathrm{A}}=\cos30°=\dfrac{\sqrt{3}}{2}$

ゆえに，$T_\mathrm{B}=\dfrac{\sqrt{3}}{2}T_\mathrm{A}=\dfrac{\sqrt{3}}{2}\times98\fallingdotseq85\,\mathrm{N}$

③ ばねが物体に及ぼす弾性力は物体を引く向きにはたらき，重力は下向きにはたらくので，$m$と$M$にはたらく力は，図のようになる。物体$m$，$M$とも静止しているので，つり合っている。

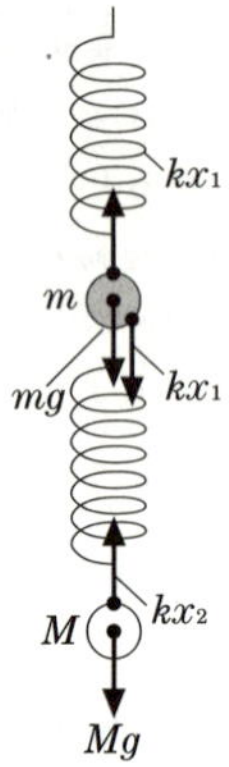


$M：Mg+(-kx_2)=0$ …①

$m：mg+kx_2+(-kx_1)=0$ …②

①より，$kx_2=Mg$

よって，$x_2=\dfrac{Mg}{k}$ …③

②，③より，$mg+Mg=kx_1$

ゆえに，$x_1=\dfrac{(m+M)g}{k}$

④ (1)左側のばねは$x$だけ伸びているので，物体にはたらく弾性力は縮む方向の左向き。右側のばねは$x$だけ縮んでいるので，物体にはたらく弾性力は伸びる向きの左向き。よって，**左向き**である。

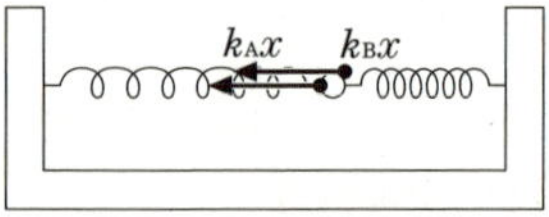


(2)物体にはたらく弾性力は，右向きを正として

$-k_Ax+(-k_Bx)=-(k_A+k_B)x$

よって，弾性力の大きさは，

$(k_A+k_B)x$

⑤ (1)鉛直上向きを$y$軸の正の向き，水平右向きを$x$軸の正の向きとする。

動き出したときの張力$T$の$y$成分$T_y$は，

$T_y=T\sin 30°=\dfrac{T}{2}=\dfrac{4.9}{2}$

$y$方向は，力のつり合いより，

$N+(-mg)+T_y=N-2.0\times 9.8+\dfrac{4.9}{2}=0$

ゆえに，

$N=19.6-2.45=17.15≒$**17 N**

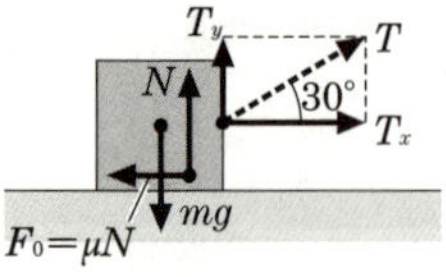


(2)動き出したときは，最大摩擦力$F_0$は，

$F_0=T_x=T\cos 30°$

一方，$F_0=\mu N$であるから，

$\mu=\dfrac{F_0}{N}=\dfrac{4.9\times\frac{\sqrt{3}}{2}}{17.15}$

$≒$**0.25**

⑥ (1)

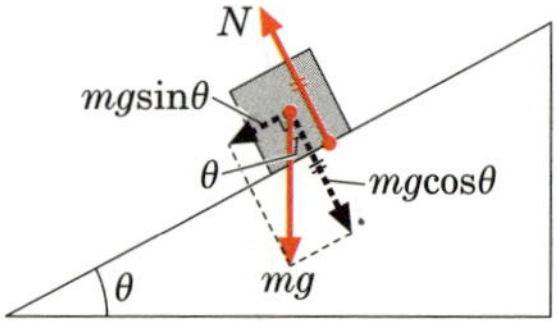


(2)$ma=mg\sin\theta$ ……①

(3)$0=N+(-mg\cos\theta)$ ……②

(4)①より，$a=g\sin\theta$

②より，$N=mg\cos\theta$

(5)動摩擦力$f'=\mu' N$を考えて，

$ma'=mg\sin\theta+(-\mu' N)$ ……③

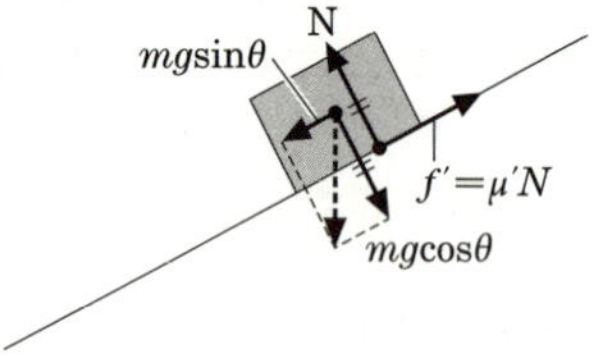


(6)$y$方向のつり合いは(2)と同じなので，(4)より，$N=mg\cos\theta$ ……④

④を③に代入して，$ma'-mg\sin\theta-\mu' mg\cos\theta$

ゆえに，

$a'=g(\sin\theta-\mu'\cos\theta)$

⑦ (1)A，B間で及ぼしあう摩擦力を$f$として，A，Bの運動方程式をたてると，

$A：m_Aa=f_A-f$ ……①

$B：m_Ba=f$ ……②

①，②より，$f=\dfrac{m_Bf_A}{m_A+m_B}$

また，$f\leqq\mu m_Bg$

よって，$\dfrac{m_Bf_A}{m_A+m_B}\leqq\mu m_Bg$

ゆえに，$f_A\leqq\mu g(m_A+m_B)$

(2) A，Bの運動方程式は，

A：$m_A\alpha = F - \mu' m_B g$ ……③

B：$m_B\beta = \mu' m_B g$ ……④

③，④より，

$\alpha = \dfrac{F - \mu' m_B g}{m_A}$，$\beta = \mu' g$

(3) A，Bの運動方程式は，

A：$m_A\alpha' = \mu' m_B g$ ……⑤

B：$m_B\beta' = F' - \mu' m_B g$ ……⑥

⑤，⑥より，

$\alpha' = \dfrac{\mu' m_B g}{m_A}$，$\beta' = \dfrac{F'}{m_B} - \mu' g$

**8** 物体を押しつける力を$F$とすると，水平方向のつり合いより，壁が物体を垂直に押す抗力$N$は$F$と等しい。

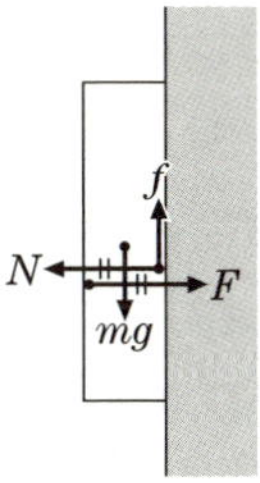


一方，鉛直方向のつり合いより，物体と壁との摩擦力$f = mg$となる。

押す力が$F$のときの最大摩擦力$f_0$は，$f_0 = \mu F$となるので，これが重力よりも大きくなればよいので，$\mu F \geqq mg$

ゆえに，$F \geqq \dfrac{mg}{\mu}$

**9** (1) 運動方程式は，垂直抗力を$N$として，

A：水平方向　$m\alpha = -\mu' N$ ……①

　　鉛直方向　$m\cdot 0 = N + (-mg)$ ……②

B：水平方向　$M\beta = \mu' N$ ……③

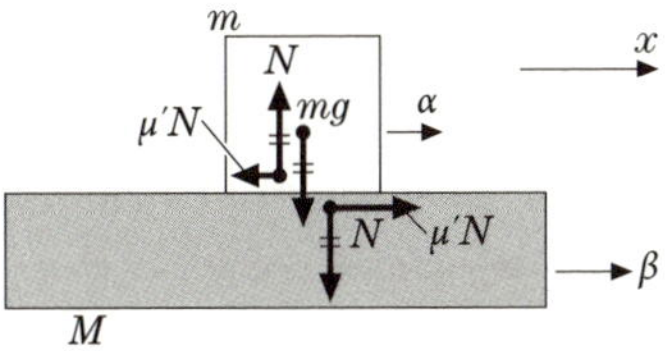


(2) ①，②より，$m\alpha = -\mu' mg$

ゆえに，$\alpha = -\mu' g$

②，③より，$M\beta = \mu' mg$

ゆえに，$\beta = \dfrac{\mu' mg}{M}$

(3) Aがすべり終わったとき，AとBの相対速度は0となる。このときのA，Bの床に対する速度が$v'$である。水平面に対するA，Bの速度をそれぞれ$v_A$，$V_B$とすると，

A：$v_A = v_0 + \alpha t = v_0 - \mu' gt$

B：$V_B = \beta t = \dfrac{\mu' mgt}{M}$

時刻$T$で両者は$v'$となるので，

$v_0 - \mu' gT = \dfrac{\mu' mg}{M}T$

ゆえに，$v_0 = \dfrac{(M+m)\mu' g}{M}T$

よって，$T = \dfrac{Mv_0}{(M+m)\mu' g}$

一方，時刻$T$におけるA，Bの位置$x_1$，$X_1$は，

$x_1 = v_0 T + \dfrac{\alpha}{2}T^2$，$X_1 = \dfrac{\beta}{2}T^2$

ゆえに，

$$L = x_1 - X_1 = v_0 T + \frac{\alpha - \beta}{2}T^2$$

$$= T\left(v_0 + \frac{\alpha - \beta}{2}T\right)$$

$$= \frac{Mv_0^2}{2(M+m)\mu' g}$$

(4) (3)より，

$$v' = \beta T$$

$$= \frac{\mu' mg}{M}\cdot\frac{Mv_0}{(M+m)\mu' g}$$

$$= \frac{mv_0}{M+m}$$

(5)

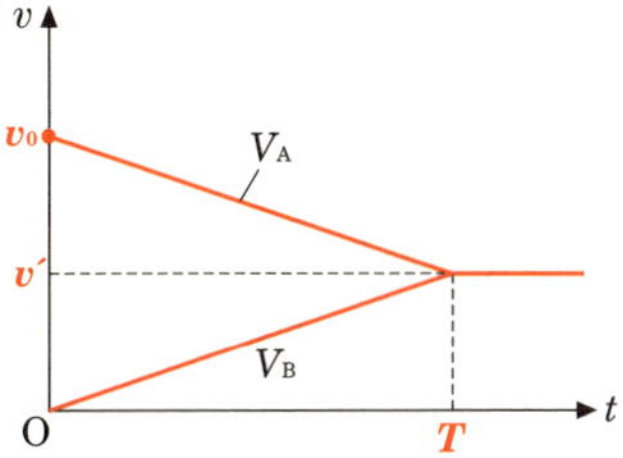


**10** (1) 円柱の上面には大気圧による力$pS$と，上面より上の液体による重力$\rho' Sxg$がかかるので，力の大きさは，

$pS + \rho' Sxg$

(2)下面には大気の力$pS$と下面より上の部分の液体による重力

$\rho'S(x+h)g$

がかかる。

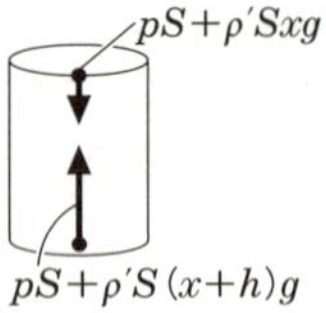


よって，浮力$F$は，

$$F=[(pS+\rho'S(x+h)g]-(pS+\rho'Sxg)$$
$$=\rho'Shg$$

(3)物体の重力は$\rho Shg$で下向き。

よって，合力は上向きを正として，

$$\rho'Shg-\rho Shg=(\rho'-\rho)Shg$$

ここで$\rho>\rho'$より，$\rho'-\rho<0$

よって，合力は大きさ$(\rho-\rho')Shg$で下向き

## ■p.90　類題

(16)　1h＝3600s となるので，(1・57) 式$P=\frac{W}{t}$より，

$$W=Pt=100\,\mathrm{W}\times3600\,\mathrm{s}$$
$$=3.60\times10^5\,\mathrm{J}$$

## ■p.93　類題

(17)　(1)(1・60)式より，$\frac{1}{2}mv^2$

(2)(1・55)式より

$$W=Fx=\mu'mgx$$

(3)エネルギーの原理より，

$$-\frac{1}{2}mv^2=-\mu'mgx$$

よって，$\mu'=\frac{v^2}{2gx}$

(4)(3)より，$x=\frac{1}{2\mu'g}v^2$となるから，

$v$が2倍になると$x$は4倍になる。

## ■p.97　類題

(18)　小石が$h$だけ落下したとき速さが$2v_0$になるとすると，

力学的エネルギー保存の法則により，

$$\frac{1}{2}mv_0{}^2+mgh=\frac{1}{2}m(2v_0)^2$$

よって，　$h=\frac{3v_0{}^2}{2g}$

## ■p.98　類題

(19)　おもりの質量を$m$とすると，

力学的エネルギー保存の法則により，

$$mgl=mgl(1-\cos60°)+\frac{1}{2}mv^2$$

よって，　$v=\sqrt{gl}$

## ■p.102　類題

(20)　求める速さを$v$とし，$m$の最初の高さを基準点にとって，力学的エネルギーの変化を表すと，摩擦力にされる仕事は$-\mu'Mgh$なので，

$$\left(\frac{1}{2}Mv^2+\frac{1}{2}mv^2-mgh\right)-0=-\mu'Mgh$$

となる。これより，

$$v=\sqrt{\frac{2(m-\mu'M)gh}{M+m}}$$

## ■p.104　章末練習問題

(1)　(1)$W=Fx=20\times4.0=80\,\mathrm{J}$

(2)摩擦力は左向きで20Nなので，

$$W=(-20)\times4.0=-80\,\mathrm{J}$$

(3)重力$mg=10\times9.8=98\,\mathrm{N}$と移動方向のなす角は90°なので，仕事をしない。よって0J

(別解)$W=98\times4.0\times\cos90°=0\,\mathrm{J}$

(2)　(1)斜面に平行方向の運動方程式を考える。

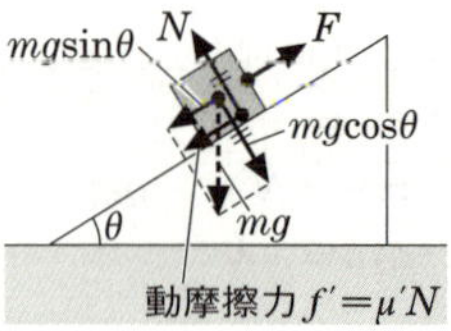


等速で移動させるとき，物体を引きあげる力を$F$として，

$$m\cdot0=F+(-mg\sin\theta)+(-\mu'mg\cos\theta)$$

ゆえに，$F=mg(\sin\theta+\mu'\cos\theta)$

(2)AB間の距離$x$は，$\frac{h}{x}=\sin\theta$より，

$$x=\frac{h}{\sin\theta}$$

よって，力のした仕事$W_1$は，

$$W_1=Fx=\frac{mgh(\sin\theta+\mu'\cos\theta)}{\sin\theta}$$

(3)摩擦力と移動距離$x$は逆向きなので，摩擦力のした仕事$W_2$は，

$$W_2=(-\mu' mg\cos\theta)\times\frac{h}{\sin\theta}$$
$$=-\frac{\mu' mgh}{\tan\theta}$$

(4)重力は下向き$mg$，移動距離は上向き$h$なので，重力のした仕事$W_3$は

$$W_3=(-mg)\times h=-mgh$$

(5)垂直抗力$N(=mg\cos\theta)$と移動距離$x$のなす角は90°なので，垂直抗力の仕事$W_4$は，

$$W_4=0\,\mathrm{J}$$

(6)物体が外力によって等速度で移動しているとき，外力のした仕事が物体にされた仕事になるので，(2)の$W_1$と同じ。よって，物体のされた仕事$W_5$は，

$$W_5=W_1$$
$$=\frac{mgh(\sin\theta+\mu'\cos\theta)}{\sin\theta}$$

**3** (1)$F$-$x$グラフの面積が物体のされた仕事$W$になるので，

$$W=\frac{(8.0+10.0)6.0}{2}=54\,\mathrm{J}$$

(2)エネルギーの原理より，

$$\frac{mv_1{}^2}{2}-\frac{mv_0{}^2}{2}=W$$

これより，

$$\frac{1\times v_1{}^2}{2}-\frac{1\times6.0^2}{2}=54$$

よって，

$$v_1{}^2=108+36=144$$

ゆえに，

$$v_1=\sqrt{144}=12\,\mathrm{m/s}$$

**4** ①$mgh_1=10\times9.8\times(3.0+1.0)$

$$=392$$
$$\fallingdotseq 3.9\times10^2\,\mathrm{J}$$

②$mgh_2=10\times9.8\times1.0=98\,\mathrm{J}$

③$mgh_3=10\times9.8\times(3.0+1.0-6.0)$

$$=-196$$
$$\fallingdotseq -2.0\times10^2\,\mathrm{J}$$

**5** (1)位置の変化を$h$として，図より

$$L=L\cos\theta+h$$

よって，$h=L(1-\cos\theta)$

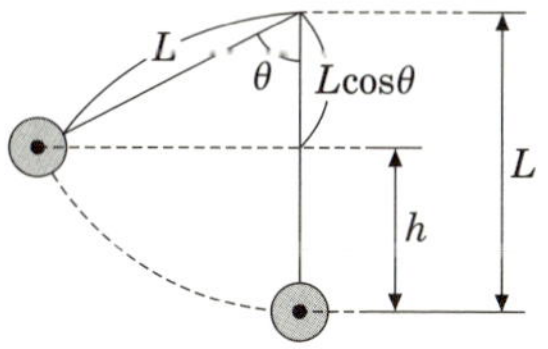


(2)張力$S$とおもりの移動方向とのなす角は90°なので，張力のする仕事は0である。

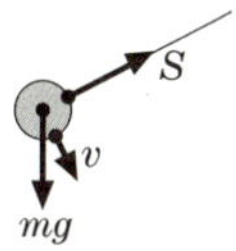


重力のする仕事は，

$$mg\times h=mgL(1-\cos\theta)$$

(3)力学的エネルギー保存則より，B点を重力による位置エネルギーの基準点として，

$$mgL(1-\cos\theta)+\frac{m\cdot0^2}{2}=mg\cdot0+\frac{mv^2}{2}$$
$$\frac{mv^2}{2}=mgL(1-\cos\theta)$$

ゆえに，$v=\sqrt{2gL(1-\cos\theta)}$

(別解)重力だけが仕事をするので，エネルギーの原理より，

$$\frac{mv^2}{2}-\frac{m\cdot0^2}{2}=mgL(1-\cos\theta)$$

ゆえに，$v=\sqrt{2gL(1-\cos\theta)}$

**6** (1)最下点Rを位置エネルギーの基準点として，点Rでの速度を$v_R$とする。

Q点とR点での力学的エネルギー保存則より，

$$mgL+\frac{m\cdot0^2}{2}=mg\cdot0+\frac{mv_R{}^2}{2}$$

ゆえに，$v_R=\sqrt{2gL}$

(2)S点の高さは，基準点Rから見て

$$\frac{L}{2}(1-\cos60^\circ)=\frac{L}{4}$$

点Sでの速度を$v_S$として，Q点とS点での力学的エネルギー保存則より，

$$mgL+\frac{m\cdot0^2}{2}=mg\cdot\frac{L}{4}+\frac{mv_S{}^2}{2}$$

これから，$\dfrac{mv_S{}^2}{2}=\dfrac{3mgL}{4}$

ゆえに，$v_S=\sqrt{\dfrac{3gL}{2}}$

(3)最高点での速さは速度の水平成分のみで，

$$v_S\cos 60° = \frac{1}{2}\sqrt{\frac{3gL}{2}}$$

最高点の高さを$h$として，力学的エネルギー保存則より，

$$mgL + \frac{m\cdot 0^2}{2} = mgh + \frac{1}{2}m\left(\frac{1}{2}\sqrt{\frac{3gL}{2}}\right)^2$$

ゆえに，$h = \frac{13}{16}L$

**7** (1)力学的エネルギー保存の法則より

$$\frac{kr^2}{2} = \frac{kx^2}{2} + \frac{mv^2}{2} \quad \cdots\cdots①$$

これより，$mv^2 = k(r^2 - x^2)$

ゆえに，$v = \sqrt{\frac{k(r^2-x^2)}{m}}$ ……②

(2)②より，$v$が最大になるのは，$x = 0$のときである。

(3)①より，$v = 0$のとき，$\frac{kr^2}{2} = \frac{kx^2}{2}$

ゆえに，$x = \pm r$

(4)ばねによる位置エネルギー$U$は，

$$U = \frac{kx^2}{2}$$

①より，運動エネルギー$K$は，

$$K = \frac{mv^2}{2} = \frac{k(r^2-x^2)}{2}$$

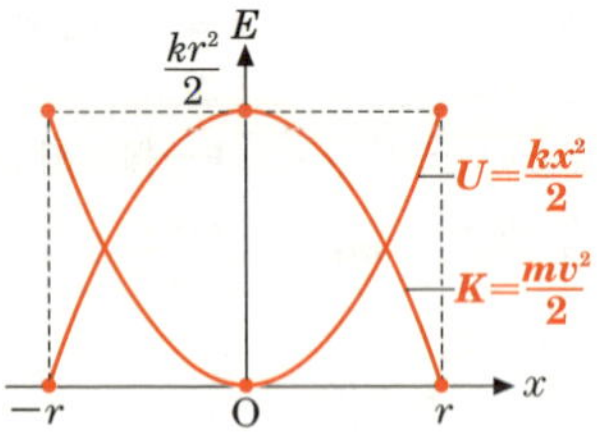


**8** (1)摩擦力の仕事を$W$として，エネルギーの原理より，

$$\frac{m\cdot 0^2}{2} - \frac{mv_0^2}{2} = W$$

ゆえに，

$$W = -\frac{mv_0^2}{2} = -\frac{1.0\times 3.0^2}{2} = -4.5\,\mathrm{J}$$

(2) $\frac{m\cdot 0^2}{2} - \frac{mv_0^2}{2} = W = -4.5\,\mathrm{J}$

失われた力学的エネルギーは，4.5J

(3)動摩擦力による仕事$W$は，

$$W = -f'x = -\mu' mgx$$

よって，$-4.5 = -f'\cdot 2.0$

ゆえに，$f' = 2.25 \fallingdotseq 2.3\,\mathrm{N}$

(4)(3)より，$-4.5 = -\mu' \times 1.0 \times 9.8 \times 2.0$

ゆえに，$\mu' = \frac{4.5}{19.6} = 0.229 \fallingdotseq 0.23$

## ■p.106 定期テスト予想問題 1

**1** (1)$t_1 = 2\mathrm{s}$で$x_1 = 5\mathrm{m}$

$t_2 = 4\mathrm{s}$で$x_2 = 20\mathrm{m}$

よって，変位は$\Delta x = x_2 - x_1 = 20 - 5 = 15\mathrm{m}$

右向きが正なので，変位は右向きに15m。

(2)平均の速度$\overline{v} = \frac{\Delta x}{t_2 - t_1} = \frac{15}{4-2} = 7.5\,\mathrm{m/s}$

(3)A点での$x$-$t$グラフの傾きは，

$$\frac{20-0}{5-1} = 5$$

よって，A点での速度は5m/s

B点での$x$-$t$グラフの傾きは，$\frac{30-0}{5-2} = 10$

よって，B点での速度は10m/s

**2** (1)合成速度は，下流に向かう向きを正として，

$$v_{川} + (-v_{船}) = 5.0 - 8.0 = -3.0\,\mathrm{m/s}$$

よって，川岸に対しては上流方向に3.0m/s

(2)合成速度$v_{船} + v_{川} = 8.0 + 5.0 = 13.0\,\mathrm{m/s}$

よって，川岸に対しては下流方向に13.0m/s

**3** (1)速度が正のときに同じ向きに動きつづけるので，6.0秒後に最も離れた点になる。

(2)このときのグラフの面積より，

$$x_1 = \frac{1}{2}\times 6.0 \times 4.0 = 12\,\mathrm{m}$$

(3)$t = 6.0\mathrm{s}$〜$15\mathrm{s}$では負方向に進む。このとき，$t$軸の下側の面積が12になる点を探せばよい。

すると，$t = 13\mathrm{s}$のときの面積が

$$x_2 = \frac{1}{2}[(13-6)+(13-8)]\times 2 = 12$$

となることがわかる。

(4) $t=6.0$s〜15sまでの面積より，

$$x_3=\frac{1}{2}[(13-8)+(15-6)]\times 2=14\text{m}$$

よって，$x_1+x_3=12+14=$**26m**

(5)正方向に$x_1=12$m，負方向に$x_3=14$m進むので，位置$x$は，

$$x=12+(-14)=-2$$

よって，**2m**である。

**4** (1) $v=v_0+at$より，$t=0$において，

$$20=v_0+0 \quad よって，v_0=20\text{m/s}$$

加速度$a=-2.0\text{m/s}^2$より，

$$v=20-2.0t，\ x=20t-t^2$$

最も右に達するとき$v=0$なので，

$$0=20-2.0t_1$$

ゆえに，

$$t_1=\textbf{10s}$$

$$x_1=20t_1-t_1{}^2=20\times10-10^2=\textbf{100m}$$

(2)再び原点を通るとき$x=0$なので，

$$0=20t-t^2=-t(t-20)$$

$t>0$であるから，$t_2=$**20s**

$$v_2=20-2.0\times20=-20\text{m/s}$$

よって，速さは**20m/s**

(3) $t_3=25$sで，$v_3=20-2.0\times25=-30$

よって，速さは**30m/s**

このとき，

$$x_3=20\times25-25^2=-125=\mathbf{-1.3\times10^2m}$$

**5** (1) $v=v_0+at$に，$v_0=10.0$，$t=3.0$，$v=-5.0$を代入して，

$$-5.0=10.0+a\times3.0$$

これから，$a=-5.0$

よって，加速度は**負の向きに5.0m/s²**

(2) $v=10.0-5.0t$で，$v=0$として$t=2.0$s

よって，**2秒後**

(3) $x=v_0t+\dfrac{a}{2}t^2=10.0t-2.5t^2$

$x=0$として，$10.0t-2.5t^2=0$

これから，$-2.5t(t-4.0)=0$

$t>0$より，　$t=4.0$s

よって，**4秒後**

**6** (1)小物体は最高点では$v=0$となるので，

$$0^2-19.6^2=-2\times9.8\times y$$

ゆえに，$y=19.6$m

地面からの高さは，

$$24.5+19.6=44.1\fallingdotseq\textbf{44m}$$

(2)小物体の位置$y$が，$y=-24.5$mになる時刻を求める。

$$-24.5=19.6t-4.9t^2$$

$$4.9(t^2-4t-5)=0$$

$$4.9(t-5)(t+1)=0$$

$t>0$より，$t=$**5.0s**

(3)投げてから$t=5.0$s後の速度$v$は，

$$v=19.6-9.8\times5.0=\mathbf{-29.4m/s}$$

よって，速さは**29.4m/s**

**7** (1) $v^2-v_0{}^2=2(-g)y$より，最高点で$v=0$であり，$y=10$を代入して，

$$0^2-v_0{}^2=2\times(-9.8)\times10=-196=-14^2$$

$v_0{}^2=14^2$，$v_0>0$より，$v_0=$**14m/s**

(2)最高点では，$v=$**0m/s**

(3) $v=14-9.8t$，最高点で$v=0$より，

$$0=14-9.8t$$

ゆえに，$t=\dfrac{14}{9.8}\fallingdotseq1.4$s

よって，**1.4秒後**

(4) $v^2-v_0{}^2=2(-g)y$で$y=0$として，

$$v^2-v_0{}^2=0$$

ゆえに，$v=\pm v_0=\pm14$

よって，求める速さは，

$$|v|=\textbf{14m/s}$$

(5) $y=v_0t-\dfrac{g}{2}t^2=14t-4.9t^2$

$$=-4.9t\left(t-\frac{14}{4.9}\right)$$

$y=0$とおいて，$t>0$となる$t$を求めると，

$$t=\frac{14}{4.9}=2.85=\textbf{2.9s}$$

(別解) $v=-14$より，$v=-14=14-9.8t$

$$9.8t=28$$

ゆえに，$t=$**2.9s**

**8** (1)自由落下で落下距離は，

$$y=\frac{1}{2}gt^2=4.9t^2$$
$$=4.9\times3.0^2=44.1\fallingdotseq44\,\mathrm{m}$$

よって，**44 m** 高い。

(2)速さは $v=gt=9.8\times3.0=29.4\fallingdotseq$ **29 m/s**

## ■p.108 定期テスト予想問題 2

**1** (1)水平方向では，加速度 $a_x=0$ より，初速度 $v_0$ の等速直線運動である。

ゆえに，$v_x=\boldsymbol{v_0}$

鉛直方向では，初速度 0，加速度 $a_y=g$ の等加速度直線運動である。

ゆえに，$v_y=0+gt=\boldsymbol{gt}$

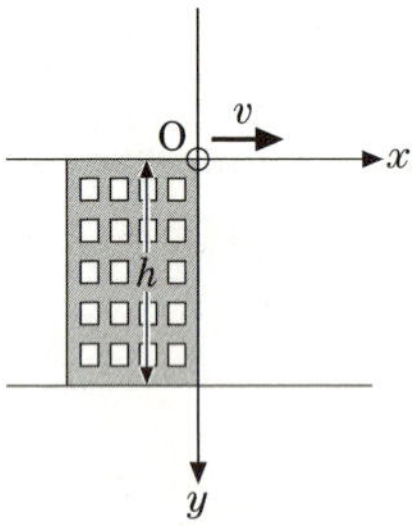


(2) $x$ 方向：**等速直線運動**または**等速度運動**

$y$ 方向：**自由落下運動**または**等加速度（直線）運動**

(3) $x=v_0t$，$y=\frac{g}{2}t^2$ より，

$$(x,\ y)=\left(\boldsymbol{v_0t,\ \frac{g}{2}t^2}\right)$$

(4) $x=v_0t$ より，$t=\frac{x}{v_0}$

ゆえに，$y=\frac{g}{2}t^2=\frac{g}{2}\left(\frac{x}{v_0}\right)^2=\boldsymbol{\frac{g}{2v_0^2}x^2}$

**2** ①**鉛直**　②**重**　③**等加速度（直線）**
④**等速直線**

⑤⑦斜方投射で，水平方向は初速度 $v_0\cos\theta$，加速度 0 の等速直線運動をする。ゆえに，

$v_x=\boldsymbol{v_0\cos\theta}$ ……⑤

$x=\boldsymbol{v_0\cos\theta\cdot t}$ ……⑦

⑥⑧鉛直方向は初速度 $v_0\sin\theta$，加速度 $-g$ の等加速度運動（鉛直投射）をする。ゆえに，

$v_y=\boldsymbol{v_0\sin\theta-gt}$ ……⑥

$y=\boldsymbol{v_0\sin\theta\cdot t-\frac{g}{2}t^2}$ ……⑧

⑨最高点では鉛直方向の速度成分 $\boldsymbol{v_y}=0$

⑩このときの時刻 $t_1$ は，$v_0\sin\theta-gt_1=0$

より，$t_1=\frac{v_0\sin\theta}{g}$

再び地上に達する時間を $t_2$ とすると，

$$y=0=v_0\sin\theta\cdot t-\frac{g}{2}t^2$$
$$=-\frac{g}{2}t\left(t-\frac{2v_0\sin\theta}{g}\right)$$

$t_2>0$ より，$t_2=\frac{2v_0\sin\theta}{g}$

よって，$t_2=\frac{v_0\sin\theta}{g}\times2=2t_1$

よって，$t_2$ は $t_1$ の **2** 倍。

⑪速さ $v$ は，

$v_x=v_0\cos\theta$

$v_y=v_0\sin\theta-gt_2=-v_0\sin\theta$

より，$v=\sqrt{v_x^2+v_y^2}=\boldsymbol{v_0}$

（別解）力学的エネルギー保存の法則より，

$mv_0^2+mg\times0=mv^2+mg\times0$

よって，　$v=\boldsymbol{v_0}$

**3** (1)物体の質量を $m$ とする。

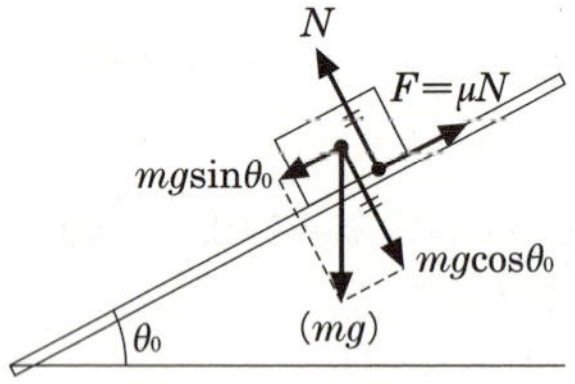


斜面に水平な方向で力がつり合うので，すべりはじめる瞬間に

$mg\sin\theta_0=\mu N$（最大摩擦力）

斜面に垂直な方向で力がつり合うので，垂直抗力 $N=mg\sin\theta_0$（重力の垂直成分）

これから，

$mg\sin\theta_0=\mu mg\cos\theta_0$

ゆえに，

$$\mu=\frac{mg\sin\theta_0}{mg\cos\theta_0}=\boldsymbol{\tan\theta_0}$$

(2)斜面に水平な方向の運動方程式は，動摩擦力$F'=\mu'N$より，加速度を$a$として，

$$ma=mg\sin\theta-F'$$
$$=mg\sin\theta-\mu'mg\cos\theta$$
$$=mg(\sin\theta-\mu'\cos\theta)$$

よって，$a=g(\sin\theta-\mu'\cos\theta)$

B点での速さ$v$は，$2al=v^2-v_0{}^2=v^2$より，

$$v=\sqrt{2al}=\sqrt{2gl(\sin\theta-\mu'\cos\theta)}$$

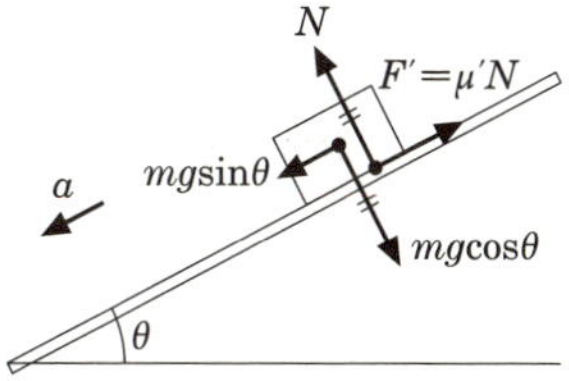


**4** (1)垂直抗力を$N$とすると，
鉛直方向の力のつり合いより，

$$F\sin60°+1.5\times9.8-N=0 \quad \cdots\cdots①$$

よって，

$$N=5\sqrt{3}+1.5\times9.8\fallingdotseq\mathbf{23\,N}$$

(2)摩擦力を$f$とすると，
水平方向の力のつり合いより，

$$F\cos60°-f=0 \quad \cdots\cdots②$$

よって，$f=10\times\dfrac{1}{2}=\mathbf{5.0\,N}$

(3)①より，$N=\dfrac{\sqrt{3}}{2}F+14.7 \quad \cdots\cdots③$

物体が動きだす直前の摩擦力は最大摩擦力$\mu N$であるから，②，③より，

$$f=\frac{F}{2}=\mu N=0.30\times\left(\frac{\sqrt{3}}{2}F+14.7\right)$$

これを解いて，$F\fallingdotseq\mathbf{18\,N}$

(4)物体が動きださない条件は，$f\leqq\mu N$だから，②，③より，

$$f=\frac{F}{2}\leqq\mu N=\mu\left(\frac{\sqrt{3}}{2}F+14.7\right)$$

よって，$\mu\geqq\dfrac{1}{\sqrt{3}+\dfrac{29.4}{F}}$

ここで，$F$を変化させたときに，

$$0<\frac{1}{\sqrt{3}+\dfrac{29.4}{F}}<\frac{1}{\sqrt{3}}$$

なので，$\mu\geqq\dfrac{1}{\sqrt{3}}\fallingdotseq\mathbf{0.577}$

**5** (1)物体1が$a$〔m〕下降するとき，ひもは滑車の左右で　$a+a=2a$〔m〕だけ物体1によって引かれる。したがって，このとき物体2は$2a$だけ上昇する。この関係は加速度にもあてはまるので，

$$\boldsymbol{2\alpha=-\beta}$$

または，

$$\boldsymbol{2\alpha+\beta=0} \quad \cdots\cdots①$$

これは加速度$\alpha$を上向きと考えても同様である。

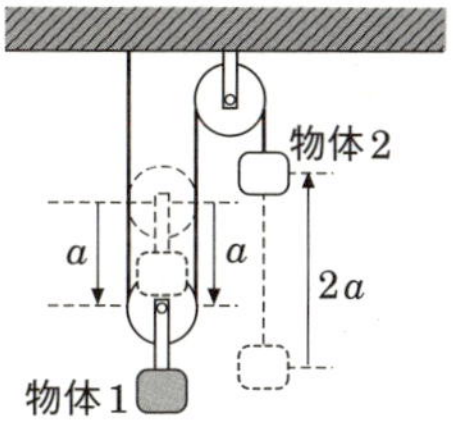


(2)鉛直下向きを正とする。

物体1：$\boldsymbol{M\alpha=Mg+(-2T)}$ ……②

物体2：$\boldsymbol{m\beta=mg-T}$ ……③

(3)②－③×2より，

$$M\alpha-2m\beta=(M-2m)g \quad \cdots\cdots④$$

①より，$\beta=-2\alpha$

これを④に代入すると，

$$M\alpha+4m\alpha=(M-2m)g$$

ゆえに，$\alpha=\dfrac{M-2m}{M+4m}g \quad \cdots\cdots⑤$

②，⑤より，

$$T=\frac{Mg}{2}-\frac{M\alpha}{2}$$
$$=\frac{Mg}{2}\left(1-\frac{M-2m}{M+4m}\right)$$
$$=\boldsymbol{\frac{3Mmg}{M+4m}}$$

(4)物体1が上昇するので，⑤において

$$\alpha<0$$

よって，$M-2m<0$

すなわち，$\boldsymbol{M<2m}$

**6** (1)おもりの加速度は木片の加速度と等しく$a$である。木片の質量を$m_1$，おもりの質量を$m_2$とし，水平方向を$x$，鉛直方向を$y$とする。

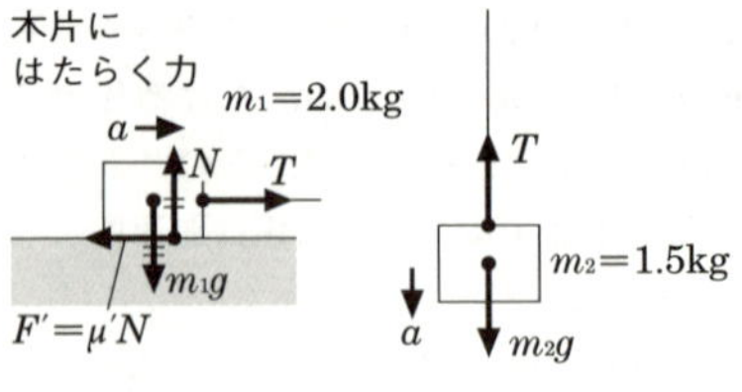


木片の運動方程式は，

水平方向：$m_1a=T-\mu'N$

鉛直方向：$m_1\cdot0=m_1g+(-N)$

これに数値をあてはめて，

水平方向：$\mathbf{2.0a=T-0.25N}$　……①

鉛直方向：$\mathbf{0=20-N}$　……②

おもりの運動方程式は，$m_2a=m_2g-T$

よって，

$\mathbf{1.5a=15-T}$　……③

(2) ②より，$N=20$N

これを①に代入して，$2.0a=T-5.0$

これと③より，$3.5a=10$

ゆえに，$a\fallingdotseq$ **2.9m/s²**

③より，$T=15-1.5\times2.9\fallingdotseq$ **11N**

(3)荷物の質量を$m$〔kg〕とすると，木片＋荷物，およびおもりの運動方程式は，

$(2.0+m)a=T-0.25(2.0+m)\times10$　…④

$1.5a=1.5\times10-T$　……⑤

木片と荷物は等速運動をするので$a=0$となる。

④，⑤に$a=0$を代入して辺々加えると，

$0=15-2.5(2.0+m)$

よって，$m=$ **4.0kg**

**7**　(1)$W=mg\times x\cos60°$

$=5.0\times9.8\times10\times\frac{1}{2}\fallingdotseq$ **2.5×10²J**

(2)$W=mg\sin30°\times x$

$=5.0\times9.8\times\frac{1}{2}\times10\fallingdotseq$ **2.5×10²J**

(3)垂直抗力$N$と移動方向のなす角は90°なので，

$W=$ **0**

または，$W=mg\cos30°\times x\cos90°=$ **0**

(4)$W=(-f')\times x=(-\mu'mg\cos30°)\times x$

$=-0.10\times5.0\times9.8\times\frac{\sqrt{3}}{2}\times10\fallingdotseq$ **−42J**

**8**　(1)ばねの縮みを$x_0$とすると，

$mg\sin\theta=kx_0$

ゆえに，$x_0=\mathbf{\dfrac{mg\sin\theta}{k}}$

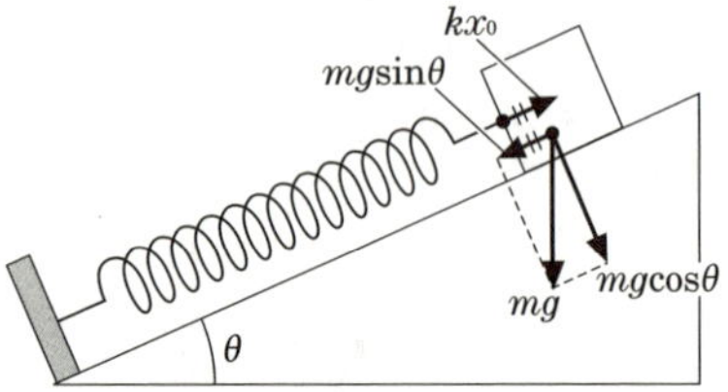


(2)ばねが$x$伸びると，物体の高さは$x\sin\theta$となる。(1)の位置を重力による位置エネルギーの基準点とし，その位置での速さを$v$とすると，力学的エネルギー保存の法則より，

$$\frac{m\cdot0^2}{2}+\frac{k\cdot0^2}{2}+mgx_0\sin\theta=\frac{mv^2}{2}+\frac{kx_0^2}{2}$$

ゆえに，$mgx_0\sin\theta=\dfrac{mv^2}{2}+\dfrac{kx_0^2}{2}$

$$\frac{m}{2}v^2=mgx_0\sin\theta-\frac{kx_0^2}{2}$$

$$=kx_0^2-\frac{kx_0^2}{2}=\frac{kx_0^2}{2}$$

よって，$v^2=\dfrac{k}{m}x_0^2=\dfrac{k}{m}\times\dfrac{m^2g^2\sin^2\theta}{k^2}$

$$=\frac{m}{k}g^2\sin^2\theta$$

ゆえに，$v=\mathbf{g\sin\theta\sqrt{\dfrac{m}{k}}}$

(3)縮んだ長さの最大値を$y$とすると，最下点では$v=0$となるので，

$$mgy\sin\theta=\frac{1}{2}ky^2$$

よって，$y\geqq0$より$y=\dfrac{2mg\sin\theta}{k}$

求めるばねの長さを$l'$とすると，

$l'=l-y=\mathbf{l-\dfrac{2mg\sin\theta}{k}}$

**9**　(1)伸び$x=-a$より，弾性力は

$F=kx=k(-a)=-ka$

よって，弾性力の大きさは$\mathbf{ka}$

(2)弾性エネルギーは，

$E_1=\dfrac{k}{2}(-a)^2=\mathbf{\dfrac{ka^2}{2}}$

(3)小物体は，ばねの伸びが0のときに速さが最大となり，ばねから離れる。
このときの速さを$v$とすると，力学的エネルギー保存の法則より，

$$\frac{k(-a)^2}{2}+\frac{m\cdot 0^2}{2}=\frac{k\cdot 0^2}{2}+\frac{mv^2}{2}$$

整理して，$\frac{ka^2}{2}=\frac{mv^2}{2}$　　$v^2=\frac{k}{m}a^2$

ゆえに，$v=a\sqrt{\frac{k}{m}}$

(4)あらい部分の摩擦力の仕事は，

$$W=fl=-\mu mgl$$

O点での力学的エネルギー$E_O$は，力学的エネルギー保存の法則より，

$$E_O=\frac{mv^2}{2}=\frac{ka^2}{2}$$

B点を通過するときの力学的エネルギー$E_B$は，力学的エネルギー保存の法則より，

$$E_B=\frac{ka^2}{2}-\mu mgl$$

C点での速さは0なので，C点での力学的エネルギー$E_C$は，

$$E_C=mgh+\frac{m\cdot 0^2}{2}=mgh$$

B点とC点では力学的エネルギー保存の法則が成りたつので，$mgh=\frac{ka^2}{2}-\mu mgl$

これから，$\mu mgl=\frac{ka^2}{2}-mgh$

ゆえに，$\mu=\frac{ka^2}{2mgl}-\frac{h}{l}$

(別解)　エネルギーの原理より，B点とO点での運動エネルギーの変化は摩擦力のした仕事に等しい。よって，

$$\frac{mv_B^2}{2}-\frac{mv^2}{2}=-fl=-\mu mgl \quad \cdots\cdots①$$

また，力学的エネルギー保存の法則より，

$$\frac{mv_B^2}{2}=mgh \quad \cdots\cdots②$$

また，$\frac{mv^2}{2}=\frac{ka^2}{2}$　……③

①〜③より，$mgh-\frac{ka^2}{2}=-\mu mgl$

ゆえに，$\mu=\frac{ka^2}{2mgl}-\frac{h}{l}$

# 第2編 物理現象とエネルギー

## ■p.120 類題

(1)　この物体の熱容量$C$は，砂と樹脂それぞれの熱容量を足したものであり，

$$C=0.80\times100+1.34\times100=214\,\mathrm{J/K}$$

である。比熱$c$は質量あたりの熱容量なので，

$$c=\frac{C}{m}=\frac{214}{100+100}=1.07\,\mathrm{J/(g\cdot K)}$$

## ■p.138 章末練習問題

**①**　木片の運動エネルギーがすべて熱に変わるので，

$$K=\frac{1}{2}mv^2=\frac{1}{2}\cdot0.50\cdot2.0^2$$
$$=1.0\,\mathrm{J}$$

**②**　(1)仕事＝電力×時間なので，

$$W=Pt=20(6\times60+20)$$
$$=7.6\times10^3\,\mathrm{J}$$

(2)水の温度上昇のための熱は，

$$Q=200\times1.0\times(28-20)=1.6\times10^3\,\mathrm{cal}$$

熱の仕事当量を$J$〔J/cal〕とすると，

$W=JQ$より，

$$7.6\times10^3=J\times1.6\times10^3$$

ゆえに，$J\fallingdotseq 4.8\,\mathrm{J/cal}$

(3)容器の熱容量，電熱線の熱容量，周囲への熱伝導，水の蒸発による気化熱など。

**③**　①ア　②ウ　③イ　④イ
氷と水が共存しているとき(②)，加熱しても氷の融解に熱が使われ，ほとんど温度は変わらない。沸騰中(④)も同様である。

**④**　(1)熱量保存の法則より，「金属球の放出した熱量」＝「水の吸収した熱量」である。

$$100\times c\times(100-20)$$
$$=400\times4.2\times(20-10)$$

(2)(1)を解いて，

$$c=2.1\,\mathrm{J/(g\cdot K)}$$

⑤ (1)熱量保存の法則より，「水の放出した熱量」=「氷が融解のために吸収した熱量」+「融解後の水の吸収した熱量」

$$500 \times 4.2 \times (20-t) = 20 \times Q + 20 \times 4.2 \times (t-0)$$

(2)上式より，$t \fallingdotseq 16$℃

⑥ (1)ク。石油(および酸素)の化学エネルギーによる発熱である。
(2)シ。光エネルギーによる起電力の発生である。
(3)サ。電気エネルギーによる発光である。
(4)ウ。水の位置エネルギーが運動エネルギーに変換され，さらに電磁誘導により発電する。
(5)カ。電気エネルギーから磁気を通じて金属に電流を流し，金属の抵抗により発熱する。

⑦ (1)地面に衝突するとき，ボールの運動エネルギーは，ボールの変形のほか，乱雑な分子の運動エネルギーに変わり，ボールと地面の温度が上昇する。そのため変形が戻ったときにボールの運動エネルギーは減少し，もとの高さに戻ることはない。
(2)熱伝導は，分子運動の激しい粒子集団とおだやかな粒子集団との平均化である。この平均化したものが，もとの状態にもどることはない。
(3)水中に赤インクをたらすと，しだいに拡散して色のついた水となる。エネルギーの移動はないが，インクの分子と水分子の分布は乱雑になり，自然にもとの状態に戻ることはない。

⑧ (1)半径$1.5 \times 10^{11}$ mの球面が受ける太陽放射が，太陽が放射する全エネルギーである。

$$1.37 \times 10^3 \,\mathrm{W/m^2} \times 4\pi \times (1.5 \times 10^{11})^2 \,\mathrm{m^2} \fallingdotseq 3.9 \times 10^{26} \,\mathrm{W}$$

よって，1sあたり$3.9 \times 10^{26}$ J
(2)1年=365×24×60×60s
であるから，

$$1.37 \times 10^3 \times 0.7 \times \pi \times (6.4 \times 10^6)^2 \times (365 \times 24 \times 60 \times 60) \fallingdotseq 3.9 \times 10^{24} \,\mathrm{J}$$

(3)球の表面積は半径の2乗に比例するので，太陽定数は太陽からの距離の2乗に反比例する。

$$1.37 \,\mathrm{kW/m^2} \times \left(\frac{1.5 \times 10^{11}}{2.3 \times 10^{11}}\right)^2 = 0.583 \,\mathrm{kW/m^2} = 583 \,\mathrm{W/m^2}$$

このため，火星の地表温度は地球に比べてきわめて低い。

⑨ 1年で消費した量が1年で回復しなければ再生可能エネルギーとはいえないが，化石燃料は非常に長い年月(数千万年から数億年)をかけてつくられたものであり，消費するスピードにくらべて生成のスピードが桁(けた)違いに小さいから。

⑩ おもなものを以下の表にまとめた。

| | 利　点 | 欠　点 |
|---|---|---|
| 火力 | ・大都市近くに作ることができる<br>・出力調整が容易 | ・大気を汚染する<br>・二酸化炭素を放出する<br>・化石燃料が枯渇する |
| 水力 | ・運転時に燃料を必要としない<br>・二酸化炭素を放出しない | ・大出力のものは立地が制限される<br>・建設が自然環境に影響を与える |
| 原子力 | ・運転時に二酸化炭素を放出しない | ・重大事故が起きたときに，環境に決定的なダメージを与える<br>・燃料が偏在し，枯渇性である<br>・有害な使用済み燃料の管理が難しい |
| 風力 | ・運転時に燃料を必要としない | ・採算の合う立地が限られる<br>・出力が大きくなく，安定しない |
| 太陽光 | ・運転時に燃料を必要としない | ・効率が高くない<br>・設置に費用がかかる |

**⑪** 人間活動で発生した二酸化炭素は，有機物の燃焼で生まれている。二酸化炭素を分解するには燃焼熱と等しいか，それ以上のエネルギーを投入しないと得られないので，エネルギー資源と考えることは意味がない。また，熱力学第２法則より大気中に拡散した二酸化炭素を回収するのに相当のエネルギーを投入する必要がある点も考慮されていない。

## ■p.166 類 題

**2**　弦Aの基本振動数を$f_1$，長さを$l$，張力を$S$，線密度を$\rho$とすると，(2・31)式より，

$$f_1=\frac{1}{2l}\sqrt{\frac{S}{\rho}}\text{となる。}$$

弦Bの断面積はAの$n^2$倍，材質の密度はAの$n$倍なので，線密度はAの$n^3$倍になる。

よって，弦Bの基本振動数$f_1'$は，

$$f_1'=\frac{1}{2nl}\sqrt{\frac{nS}{n^3\rho}}=\frac{1}{2n^2l}\sqrt{\frac{S}{\rho}}=\frac{1}{n^2}f_1$$

(答) $\frac{1}{n^2}$倍

## ■p.171 類 題

**3**　(2・33)式，(2・34)式で，$n=1$，2，3を代入した場合にあたる。閉管の長さは50cmだから，

$n=1$のときの波長$\lambda_1$は，

$$\lambda_1=\frac{4\times50}{2\times1-1}=200\,\text{cm}$$

音速を340m/sとしたときの振動数$f_1$は，

$$f_1=\frac{340}{\lambda_1}=\frac{340}{2}=170\,\text{Hz}$$

$n=2$，3のときも同様に求める。

(答) 波長…200cm，67cm，40cm

振動数…170Hz，510Hz，850Hz

## ■p.172 章末練習問題

**①** (1)グラフから，振幅2cm，波長16cm

また，PP′=6cmだから，

$$v=\frac{6}{0.05}=120\,\text{cm/s}$$

(2)(2・19)式より，　$f=\frac{v}{\lambda}=\frac{120}{16}=7.5\,\text{Hz}$

(2・17)式より，　$T=\frac{1}{f}=\frac{1}{7.5}\fallingdotseq0.13\,\text{s}$

(3)$16-4=120t$より，　$t=0.1\,\text{s}$

(4)この後，変位が増加するので，上向き

(5)右図

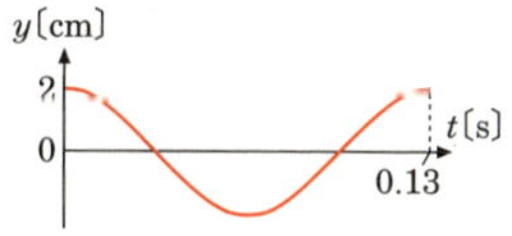


**②** (1)c，g　(2)a，e　(3)b，d，f

(4)c，g　(5)a，c，e，g　(6)b，f

**③** $t=0$の原点の変位と$t=T$の$x=\lambda$の変位が等しいので，下図のようになる。

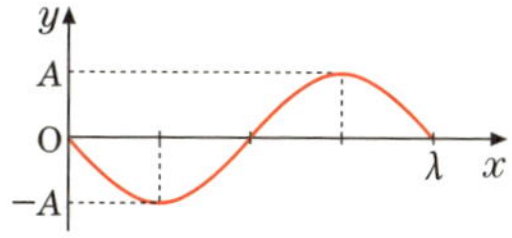


**④** (1)(2・28)式より，

$V=331.5+0.60\times20=343.5\,\text{m/s}$

(2)$x=340\times5.00=1.70\times10^3\,\text{m}$

(3)$\lambda=\frac{V}{f}=\frac{340}{200}=1.70\,\text{m}$

(4)$f=\frac{V}{\lambda}=\frac{340}{2.0}=1.7\times10^2\,\text{Hz}$

(5)$V=f\lambda=170\times9.0\fallingdotseq1.5\times10^3\,\text{m/s}$

(6)音波は進行方向に振動する縦波である。

(7)音の高さ…振動数，

強さ…振幅と振動数，

音色…波形

(8)最大波長は，$\lambda_1=\frac{340}{20}=17\,\text{m}$

最小波長は，$\lambda_2=\frac{340}{20000}=0.017\,\text{m}$

(答) 0.017m～17m

**⑤** (1)干渉，(2)回折，(3)反射，(4)屈折，

(5)回折，(6)反射，(7)干渉

**⑥** (1)E点で音が強めあうのは，AEとBEの差が1波長に等しいからである。よって，

$$\lambda=\text{AE}-\text{BE}=\sqrt{6^2+8^2}-8=2.0\,\text{m}$$

(2)求める点をFとすると，AF－BFが2波長のときに音が強めあう。$x$=BFとすると，

$\sqrt{6^2+x^2}-x=2\times2$　よって，$x=2.5\,\text{m}$

(3)点EからBと反対向きに進んでいったとき，最終的にはA，Bからの距離の差が0に近づいていく。点Eでの距離の差は1波長分であり，これが0に近づいていくので，**音はいったん弱くなったあと，しだいに強くなっていく**。

⑦ $f_B = 440 \pm 2\text{Hz}$　　$f_B = 435 \pm 3\text{Hz}$
両方の式を満足する$f_B$は，$f_B = \mathbf{438\,Hz}$

⑧ (1)$n_1 = \boldsymbol{f_1 T}$　　$n_2 = \boldsymbol{f_2 T}$
(2)うなりが1回なので，波の数の差も **1**
(3)$|n_1 - n_2| = |f_1 T - f_2 T| = |f_1 - f_2| T = 1$
よって，

$$f = \frac{1}{T} = \boldsymbol{|f_1 - f_2|}$$

⑨ (1)$\rho = \dfrac{4.8 \times 10^{-3}\text{kg}}{1.2\text{m}} = \mathbf{4.0 \times 10^{-3}\,kg/m}$
(2)(2・28)式より，

$$v = \sqrt{\frac{0.50 \times 9.8}{4.0 \times 10^{-3}}} = \mathbf{35\,m/s}$$

(3)波長は，$\dfrac{\lambda}{2} = 1.0$より，　$\lambda = 2.0\text{m}$
よって，振動数は，

$$f = \frac{v}{\lambda} = \frac{35}{2.0} \fallingdotseq \mathbf{18\,Hz}$$

(4)(2・29)式より振動数は弦の張力の平方根に比例するから，
$\sqrt{4} = $ **2倍**になる。

⑩ ① $\boldsymbol{Mg}$，② **2L**，③ $\boldsymbol{\sqrt{\dfrac{Mg}{\rho}}}$，　④ **350**
⑤(2・29)式より，$350 = \dfrac{1}{2 \times 0.30}\sqrt{\dfrac{9.0 \times 9.8}{\rho}}$
よって，　$\rho = \mathbf{2.0 \times 10^{-3}}\text{kg/m}$

⑪ (1)**おんさとガラス管内の空気**
(2)$\dfrac{\lambda}{2} = 50 - 16$　　よって，$\lambda = \mathbf{68\,cm}$
(3)$50 + (50 - 16) = \mathbf{84\,cm}$
(4)$f = \dfrac{v}{\lambda} = \dfrac{340\text{m/s}}{0.68\text{m}} = \mathbf{500\,Hz}$
(5)気温が高くなると，空気中の音速が大きくなるので，波長が長くなり，共鳴を起こす水面の位置は**低くなる**。
(6)水面にドライアイスを浮かせておくと，ガラス管内は二酸化炭素で満たされる。二酸化炭素中の音速は空気中より小さいので，波長は空気中より短い。そのため，共鳴する水面の位置は空気の場合より高くなる。よって**ア**

## ■p.182　類題

④　直径1mmの電熱線の断面積は，

$$S = \pi r^2 = 3.14 \times (0.5 \times 10^{-3})^2$$
$$= 7.85 \times 10^{-7}\text{m}^2$$

(2・41)式より，

$$l = \frac{RS}{\rho} = \frac{200 \times 7.85 \times 10^{-7}}{1.1 \times 10^{-6}} \fallingdotseq \mathbf{1.4 \times 10^2\,m}$$

## ■p.185　類題

⑤　(1)500W，100Wのヒーターの抵抗を直列接続しているので，それぞれ$R_1$，$R_2$とすると，(2・44)式より，合成抵抗は，

$$R = R_1 + R_2 = 20 + 100 = \mathbf{120\,\Omega}$$

(2)オームの法則より，

$$I = \frac{V}{R} = \frac{100}{120} \fallingdotseq \mathbf{0.833\,A}$$

## ■p.187　類題

⑥　(1)ACBとADBが並列になっていると考えると，合成抵抗は，

$$\frac{1}{R} = \frac{1}{30 + 70} + \frac{1}{20 + 30}$$

よって，　$R \fallingdotseq \mathbf{33.3\,\Omega}$
(2)Cを流れる電流$I_C$は，オームの法則より，

$$I_C = \frac{10}{30 + 70} = 0.1\text{A}$$

であるから，BC間の電圧$V_{BC}$は，

$$V_{BC} = 70 \times I_C = 70 \times 0.1 = 7.0\text{V}$$

同様にして，　$I_D = \dfrac{10}{20 + 30} = 0.2\text{A}$

$$V_{BD} = 30 \times I_D = 30 \times 0.2 = 6.0\text{V}$$

よって，CD間の電圧は，

$$V_{CD} = V_{BC} - V_{BD} = 7.0 - 6.0 = \mathbf{1.0\,V}$$

(3)スイッチKを閉じると，C→Dの向きに電流が流れるが，Kの抵抗は0だから，電圧は **0**。

(4)Kを流れる電流を$i$，AC間，AD間を流れる電流を$I_1$，$I_2$とすると，電圧の関係から，

$$\begin{cases} 30I_1 = 20I_2 \\ 70(I_1 - i) = 30(I_2 + i) \\ 20I_2 + 30(I_2 + i) = 10 \end{cases}$$

この3式から，　$i = 3.0 \times 10^{-2}\,\mathrm{A}$

## ■p.205　章末練習問題

**1**　(1)陰極線は，電子の流れである。

(2)電極A，B間に電圧がかかっていないときは，陰極線は陰極から陽極へ直進する。電極A，B間に電圧をかけると，A極が＋なので電子はクーロン力により引きよせられて上側に曲がり，B極が負なので反発して上側に曲げられる。A，Bともに上側なので，答えは上側。

**2**　(1)$R_4$を流れる電流は，

$$I_4 = 100 \times \frac{20}{10} = 200\,\mathrm{mA}$$

(2)$R_1$を流れる電流は，

$$I_1 = 100 + 200 = 300\,\mathrm{mA}$$

であるから，AB間の電位差は，

$$V_{AB} = 300 \times 10^{-3} \times 40 + 100 \times 10^{-3} \times 20$$
$$= 14\,\mathrm{V}$$

(3)$I_2 = \dfrac{V_{AB}}{R_2} = \dfrac{14}{30} \fallingdotseq 4.7 \times 10^2\,\mathrm{mA} = 4.7 \times 10^{-1}\,\mathrm{A}$

**3**　ニクロム線で発生した熱量は
(2・50)式より，

$$Q = V \times 2.5 \times 30 \times 60$$

また，(2・4)式より

$$Q = 4.2 \times 500 \times 54$$

よって，　$V \fallingdotseq 25\,\mathrm{V}$

**4**　すべり抵抗器の抵抗を$R$とおくと，この回路に流れる電流$I$は，

$$I = \frac{E}{R + r}$$

となる。よって抵抗器で消費される電力$P$は，

$$P = I^2R = \frac{RE^2}{(R+r)^2} \quad \cdots\cdots①$$

①を$R$について整理すると，

$$PR^2 + (2rP - E^2)R + r^2P = 0$$

このとき，$R$は0以上の実数である必要がある。$R$が実数解をもつ条件は（判別式）≧0なので，

$$(2rP - E^2)^2 - 4r^2P^2 \geqq 0$$

つまり，

$$P \leqq \frac{E^2}{4r}$$

となる。

よって，$R$が実数解をもつときの$P$の最大値は$\dfrac{E^2}{4r}$である。このとき$R = r$であり，$R \geqq 0$なので求める解として適当。

（別解）$P > 0$なので，$P$が最大となるのは$\dfrac{1}{P}$が最小のとき。

①より，　$\dfrac{1}{P} = \dfrac{1}{E^2}\left(R + 2r + \dfrac{r^2}{R}\right)$

$$= \frac{1}{RE^2}(R - r)^2 + \frac{4r}{E^2}$$

となるので，$R = r$のときに$P$は最大値$\dfrac{E^2}{4r}$をとる。

**5**　(1)流れる，右向き　(2)流れる，左向き

## ■p.215　章末練習問題

**1**　①α線　②β線　③γ線
④γ線　⑤β線　⑥α線
⑦ヘリウム原子核　⑧電子　⑨電磁波

**2**　①放射性物質　②放射能　③ベクレル
④1秒　⑤キュリー

**3**　(1)カ　(2)エ　(3)ウ　(4)イ　(5)ア　(6)オ

**4**　①カ　②エ　③ウ　④オ　⑤ア　⑥キ
⑦コ

**5**　(1)ウ　(2)イ　(3)エ　(4)ア

**6**　これらのうちエは自然放射線ではない。自然放射線源のうちもっとも大きいのは大気中のラドンである。
（答）ウ

## ■p.217　定期テスト予想問題1

**1**　①温度　②低温に　③高温に
④熱伝導　⑤熱平衡　⑥潜熱
⑦融解熱　⑧気化熱（蒸発熱）

**2** (1)$4.2\times100\times(100-20)$

$=33600\fallingdotseq$ **$3.4\times10^4$J**

(2)$3.4\times10^2\times100=$ **$3.4\times10^4$J**

(3)$2.3\times10^3\times100=$ **$2.3\times10^5$J**

(4) (1)と(3)の熱量の和になる。

$3.36\times10^4+2.3\times10^5\fallingdotseq$ **$2.6\times10^5$J**

**3** (1)**$30\times0.88\times(100-t)$**

**$=200\times4.2\times(t-20)$** ……①

(2)①式より，$t\fallingdotseq$ **22.4℃**

(3)**外部にエネルギーが放出されたため，小さな数値になった**と思われる。容器も温度上昇をするので，その熱容量を考慮しなければならない。その他，外気への伝導，蒸発による気化熱などで必ず外部にエネルギーが放出される。さらに，水温は室温よりも高いから，外部から熱は伝わらない。これらも温度を下げる要因である。

**4** (1)1Pa＝1N/m²，1cm²＝$10^{-4}$m²なので，

$F=pS=1.0\times10^5\,\text{N/m}^2\times10^{-4}\,\text{m}^2=$ **10N**

(2)$\dfrac{10\text{N}}{9.8\text{m/s}^2}\fallingdotseq$ **1.0kg**

(3)空気の密度をkg/m³に変換すると，

$1.2\text{g/L}\times\dfrac{1000\text{g/kg}}{1000\text{L/m}^3}=1.2\text{kg/m}^3$

よって，高さ$h$〔m〕の気柱の質量は，1m²あたり$1.2\times h$〔kg〕である。(1),(2)と同様に考えると，

$\dfrac{1.0\times10^5}{9.8}=1.2h$

よって，$h=$ **$8.5\times10^4$m**

**5** (1)$1.0\times10^5\times2.0\times10^{-2}=$ **$2.0\times10^3$N**

(2)$2.0\times10^3\times0.10=$ **$2.0\times10^2$J**

(3)温度が高いほど内部エネルギーは大きいので，**温度が上昇した**といえる。

(4)$3.0\times10^2+2.0\times10^2=$ **$5.0\times10^2$J**

(5)$\dfrac{2.0\times10^2}{5.0\times10^2}\times100=$ **40%**

**6** (1)$20\times3.0\times10^2=$ **$6.0\times10^3$J**

(2)$\dfrac{4.1\times10^4}{20}=0.205\times10^4\fallingdotseq$ **$2.1\times10^3$s**

(3)外部に仕事をしないので，温度上昇が速くなる。よって，**ア**。

## ■p.219 定期テスト予想問題 2

**1** (2・19)式より，$\lambda=\dfrac{5.6}{2.3}\fallingdotseq$ **2.4m**

**2** (1)(2・17)式より，$T=\dfrac{1}{f}=\dfrac{1}{5}=$ **0.2s**

(2)(2・19)式より，$\lambda=\dfrac{v}{f}=\dfrac{15}{5}=$ **3m**

(3)波は1回の振動で1波長進む。(答) **3m**

(4)(2・18)式より，

$\lambda=vT=15\times0.10=$ **1.5m**

**3** **下図の赤線**

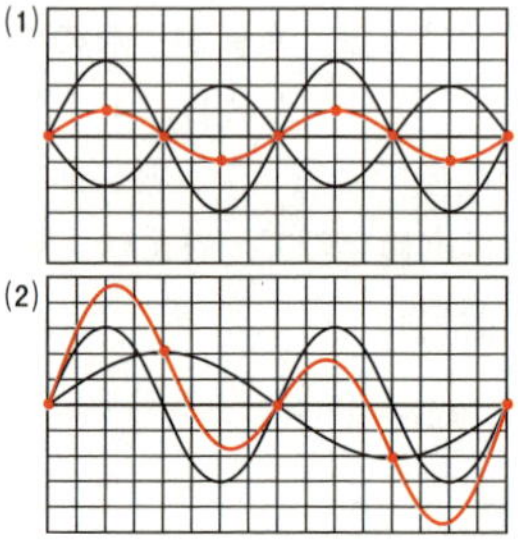


**4** (1)$y=0$の点なので，**4，8，12，16**

(2)変位が正から負に変わる点なので，**8，16**

(3)変位が負から正に変わる点なので，**4，12**

(4)振幅は**5cm**，また$\dfrac{3}{4}$波長が30cmなので，**40cm**

(5)(2・19)式より，$v=5\times0.40=$ **2.0m/s**

**5** (1)$v=\dfrac{2\times50.4}{0.30}=$ **336m/s**

(2)$0.30=\dfrac{50.4}{v+26.0}+\dfrac{50.4}{v-26.0}$

よって，$v=$ **338m/s**

**6** (1)$v=\lambda f=10\times2.0=$ **20cm/s**

(2)AP＝BPだから，A，Bのそれぞれから点Pにくる波は位相が等しいため強めあい，**振幅0.60cm，振動数10Hzの振動**をする。

(3)AQとBQの距離の差は，

AQ−BQ＝8.0−5.0＝3.0cm

で，半波長1.0cmの奇数倍（3倍）になるから，Aからの波とBからの波は互いに弱めあい，点Qは**振動しない**。

(4) (3)と同じ理由で，これらの点では**振動しない**。図は**下図**のようになる。

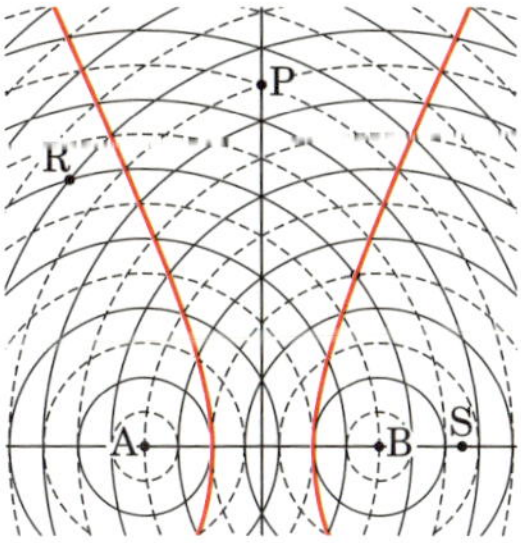


(5) BR−AR＝12−8.0＝4.0cm
すなわち，半波長1.0cmの偶数倍(4倍)になっているから，(2)と同じ理由で，点RではAからの波とBからの波は互いに強めあい，**振幅0.60cm，振動数10Hzの振動**をする。

(6)下図のように，適する点をNとし，AN＝$x$とすると，ANとBNの距離の差は，

$$AN-BN=x-(7.0-x)=2x-7.0$$

これが半波長の奇数倍であればよいから，

$$2x-7.0=\pm(2m+1)\times1.0$$
$$(m=0,\ 1,\ 2,\ \cdots)$$

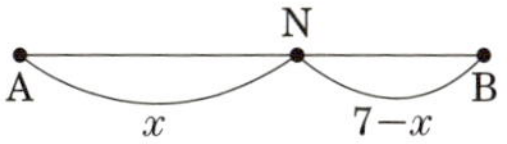


これから，$x=\dfrac{7\pm(2m+1)}{2}$

$0<x<7.0$ の範囲で，この式を満たす$x$の値を求めると，

$m=0$のとき，$x=4,\ 3$
$m=1$のとき，$x=5,\ 2$
$m=2$のとき，$x=6,\ 1$

以上より，適する点は**Aから1.0cmおきに6個**できる。

(7) SA−SB＝AB＝7.0cm
すなわち，点SはA，Bからの距離の差が半波長の奇数倍(7倍)だから，**振動しない**。

**7**　この音波の波長を$\lambda$〔m〕，2つの経路の差を$l$〔m〕とすると，音が弱くなったときは，

$$l=(2m+1)\cdot\frac{\lambda}{2}\quad(m=0,\ 1,\ 2,\ \cdots)$$

8.5cm＝0.085m引き出すと，再び音が弱くなるから，

$$l+0.085\times2=[2(m+1)+1]\cdot\frac{\lambda}{2}$$

この2つの式を辺々引くと，$0.085\times2=2\cdot\dfrac{\lambda}{2}$

よって，

$$\lambda=0.17\,\text{m}$$

求める振動数$f$は，$v=f\lambda$より，

$$f=\frac{340}{0.17}=\mathbf{2.0\times10^3\,Hz}$$

**8**　(1)**横波**

(2)弦を伝わる波の速さは，$v=\sqrt{\dfrac{mg}{\rho}}$，

波長は，$\lambda=2l$であるから，

$$f_0=\frac{v}{\lambda}=\frac{1}{2l}\sqrt{\frac{mg}{\rho}}$$

(3)弦の半径を2倍にすると，断面積が4倍になるので，線密度も4倍になる。振動数は線密度の平方根に反比例するから，線密度が4倍になれば，振動数は**$\dfrac{1}{2}$倍**になる。

(4)振動数は質量の平方根に比例するから，振動数を2倍にするためには，質量を**4倍**にすればよい。

(5) (2)の式に数値を代入すると，

$$2.00\times10^2=\frac{1}{2\times0.250}\sqrt{\frac{m\times9.81}{9.81\times10^{-4}}}$$

よって，$m=$**1.00kg**

**9**　(1)AG間の距離$l$は7波長分にあたるから，波Pの波長$\lambda$は，$\lambda=\dfrac{l}{7}$となる。よって，波Pの振動数$f$は，

$$f=\frac{v}{\lambda}=\frac{7}{l}\cdot v=\frac{7v}{l}$$

(2)波Pと波Qを重ねあわせると下図のようになるから，求める位置は**D**である。

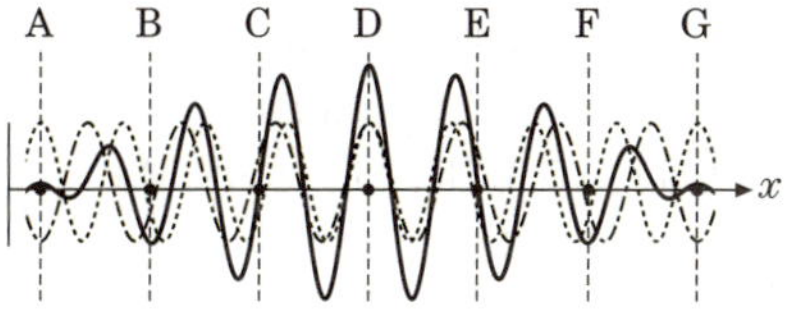

(3)点Dの状態になるのは，$x$ 軸上で，Dから距離 $l$ だけ離れるごとに生じるから，求める間隔は $l$ である。

(4)これはうなりの回数を求めるのと同じである。波Qの波長 $\lambda'$ は，$\lambda' = \dfrac{l}{6}$ であるから，振動数 $f'$ は，$f' = \dfrac{v}{\lambda'} = \dfrac{6v}{l}$

よって，うなりの回数は，

$$f - f' = \frac{7v}{l} - \frac{6v}{l} = \frac{v}{l}$$

■p.222 **定期テスト予想問題3**

**1** オームの法則より，$I = \dfrac{V}{R}$ となる。これは $I$ と $R$ が反比例していることを示す(双曲線)。

抵抗 $R_0$ での電流 $I_0$ は，$I_0 = \dfrac{E}{R_0}$

一方，抵抗が $2R_0$ での電流 $I$ は，

$$I = \frac{E}{2R_0} = \frac{I_0}{2}$$

よって，下図のようになる。

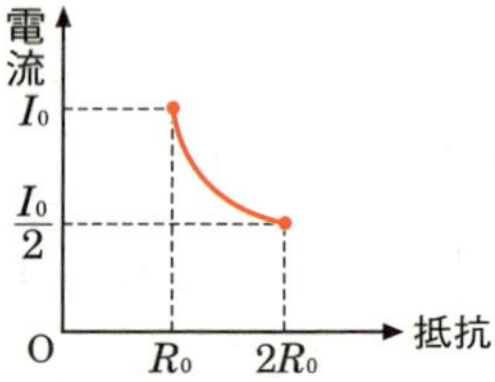


**2** (1)オームの法則より，

$$V = RI = 3.0 \times 10^3 \times 2.0 \times 10^{-3} = 6.0\,\mathrm{V}$$

(2)合成抵抗 $R$ は並列なので，

$$\frac{1}{R} = \frac{1}{2.4} + \frac{1}{4.0} + \frac{1}{6.0} = \frac{5+3+2}{12} = \frac{10}{12}$$

よって，$R = \dfrac{12}{10} = 1.2\,\Omega$

また，オームの法則より，$I = \dfrac{V}{R} = \dfrac{12}{1.2} = 10\,\mathrm{A}$

(3)直列なので，合成抵抗 $R$ は，

$$R = 3.0 + 6.0 + 9.0 = 18.0\,\Omega$$

回路を流れる電流 $I$ は，オームの法則から，

$$I = \frac{V}{R} = \frac{12}{18.0} \fallingdotseq 0.67\,\mathrm{A}$$

また，直列では回路を流れる電流と各抵抗を流れる電流が等しい。9.0 Ω の抵抗の電圧は，オームの法則より，

$$V = RI = 9.0 \times \frac{12}{18.0} = 6.0\,\mathrm{V}$$

**3** (1)(2・43)式より，

$$\frac{1}{R_X} = \frac{1}{R} + \frac{1}{3R}$$

$$R_X = \frac{3}{4}R$$

(2) $\dfrac{1}{R_Y} = \dfrac{1}{R} + \dfrac{1}{2R + R_X}$

$$R_Y = \frac{11}{15}R$$

(3)AC間の電流を $I_X$ とすると，AB間の電流は $(I - I_X)$ となる。AB，ACDBの電位差 $V$ は等しいので，

$$R(I - I_X) = (2R + R_X)I_X$$

$$I_X = \frac{4}{15}I$$

求める電流を $I_1$ とすれば，

上と同様に，$3R(I_X - I_1) = RI_1$

$$I_1 = \frac{3}{4}I_X = \frac{1}{5}I$$

**4** (1)変圧器で，$N_1 : N_2 = V_1 : V_2$

$100 : 800 = 20 : V_2$

よって，$V_2 = 160\,\mathrm{V}$

$$I = \frac{V_2}{R} = \frac{160}{40} = 4.0\,\mathrm{A}$$

(2) 1次側の電力と2次側の電力は等しいので，電流を $I$ として，$20 \times I = 160 \times 4.0$

よって，$I = \dfrac{160 \times 4.0}{20} = 32\,\mathrm{A}$

**5** $c = f\lambda$ より，$f = 80 \times 10^6$

よって，

$$\lambda = \frac{c}{f} = \frac{3.0 \times 10^8}{80 \times 10^6} = 3.75 \fallingdotseq 3.8\,\mathrm{m}$$

$$T = \frac{1}{f} = \frac{1}{80 \times 10^6} = 1.25 \times 10^{-8} \fallingdotseq 1.3 \times 10^{-8}\,\mathrm{s}$$

**6** (1)外部の磁場は下向きの磁力線が増えるので，誘導電流は上向きの磁場を増やすように流れる。
よって，**aの向き**。

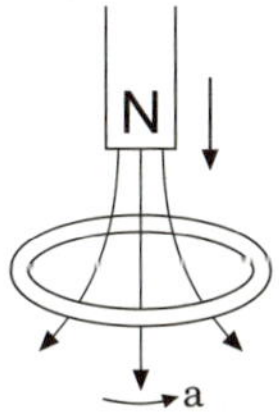


(2)外部の磁場は上向きの磁力線が減るので，誘導電流は上向きの磁力線を増やす向きに流れる。
よって，**aの向き**。

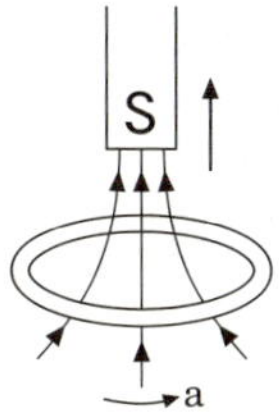


(3)コイルを遠ざけると，コイルをつらぬく下向きの磁力線が減る。そのため，誘導電流は下向きの磁力線を増やす向きに流れる。
よって，**bの向き**。

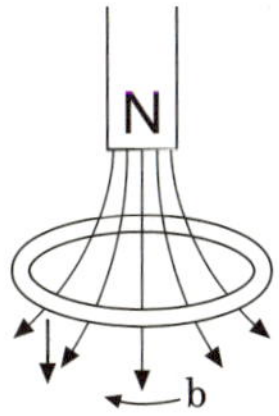


**7** 硫酸銅水溶液中には，銅イオンなど正の電荷をおびた陽イオンと，硫酸イオンなど負の電荷をおびた陰イオンがある。
陽イオンは中心から周辺に向かって動き，進行方向に対して右向きの力を受けるので，上から見て時計まわりに運動する。また，陰イオンは周辺から中心に向かって動き，進行方向に対して左向きの力を受けるので，上から見て時計まわりに運動する。よって，硫酸銅水溶液全体が**時計まわり**に回転する。

**8** (1)$1.86 \times 10^3 \div 200 \div 60 =$ **0.155 Bq**
(2)**ウ**

# さくいん

**太数字**は中心的に説明してあるページを示す。

# 数式一覧

## 第1編 物体の運動

1. 絶対誤差
   = 測定値 − 真の値     11
2. 相対誤差〔%〕
   = $\dfrac{|絶対誤差|}{真の値} \times 100$     12
3. $v = \dfrac{\Delta x}{\Delta t}$     17
4. $1\,\text{m/s} = 3.6\,\text{km/h}$     17
5. $\vec{v} = \dfrac{\Delta \vec{x}}{\Delta t}$     18
6. $\bar{v} = \dfrac{\Delta x}{\Delta t} = \dfrac{x_2 - x_1}{t_2 - t_1}$     18
7. $x = vt$     19
8. $v_{BA} = v_A - v_B$     20
9. $v_{AB} = v_B - v_A$     20
10. $\vec{a} = \dfrac{\Delta \vec{v}}{\Delta t} = \dfrac{\vec{v_2} - \vec{v_1}}{t_2 - t_1}$     22
11. $v = v_0 + at$     24
12. $x = v_0 t + \dfrac{1}{2} a t^2$     24
13. $v^2 - v_0^2 = 2ax$     25
14. $v = gt$     30
15. $y = \dfrac{1}{2} g t^2$     30
16. $v^2 = 2gy$     30
17. $v = v_0 - gt$     31
18. $y = v_0 t - \dfrac{1}{2} g t^2$     31
19. $v^2 - v_0^2 = -2gy$     31
20. $v = v_0 + gt$     33
21. $y = v_0 t + \dfrac{1}{2} g t^2$     33
22. $v^2 - v_0^2 = 2gy$     33
23. $v = \sqrt{v_0^2 + (gt)^2}$     34
24. $x = v_0 t$     34
25. $y = \dfrac{1}{2} g t^2$     34
26. $y = \dfrac{g}{2 v_0^2} x^2$     34
27. $v_x = v_0 \cos\theta$     34
28. $v_y = v_0 \sin\theta - gt$     34
29. $x = v_0 \cos\theta \cdot t$     34
30. $y = v_0 \sin\theta \cdot t - \dfrac{1}{2} g t^2$     34
31. $v = \sqrt{v_x^2 + v_y^2}$     35
32. $y = -\dfrac{g}{2 v_0^2 \cos^2\theta} x^2$
    $+ \tan\theta \cdot x$     35
33. $v_x = v \cos\theta$     38
34. $v_y = v \sin\theta$     38
35. $v^2 = v_r^2 + v_y^2$     38
36. $\vec{v_{BA}} = \vec{v_A} - \vec{v_B}$     39
37. $\vec{v_{AB}} = \vec{v_B} - \vec{v_A}$     39
38. $\vec{a} = \dfrac{\Delta \vec{v}}{\Delta t} = \dfrac{\vec{v_2} - \vec{v_1}}{\Delta t}$     39
39. $ma = mg + (-kv)$     40
40. $F_x = F \cos\theta$     50
41. $F_y = F \sin\theta$     50
42. $\vec{F_1} + \vec{F_2} = \vec{0}$     51
43. $\vec{F_1} + \vec{F_2} + \vec{F_3} = \vec{0}$     51
44. $\vec{F_1} + \vec{F_2} + \vec{F_3} + \cdots = \vec{0}$     52
45. $ma = F$     59
46. $m\vec{a} = \vec{F}$     59
47. $F = kx$     64
48. $F_0 = \mu N$     67
49. $F' = \mu' N$     69
50. $\vec{R} = \vec{N} + \vec{F}$     70
51. $p = \dfrac{F}{S}$     71
52. $p = \rho h g$     71
53. $p' = p_0 + p$
    $= p_0 + \rho h g$     71
54. $F = \rho V g$     72
55. $W = Fx$     86
56. $W = Fx \cos\theta$     87
57. $P = \dfrac{W}{t}$     89
58. $P = \dfrac{Fx}{t} = Fv$     90
59. $K = \dfrac{1}{2} m v^2$     91
60. $\dfrac{1}{2} m v^2 - \dfrac{1}{2} m v_0^2 = W$     92
61. $U = mgh$     93
62. $U = \dfrac{1}{2} k x^2$     94
63. $E_2 - E_1 = W$     101

## 第2編 物理現象とエネルギー

1. $T = 273 + t$     113
2. $1\,\text{cal} = 4.18\,\text{J}$     113
3. $W = JQ$     115
4. $Q = mc\Delta T$     119
5. $Q = C\Delta T$     119
6. $C = mc$     119
7. $C = m_1 c_1 + m_2 c_2 + \cdots$     119
8. $\Delta U = Q + W$     122
9. $W = Q_1 - Q_2$     125
10. $e = \dfrac{W}{Q_1} = 1 - \dfrac{Q_2}{Q_1}$     125
11. $p = p_0 + \dfrac{Mg}{S}$     133
12. $pV = K$(一定)     134
13. $\dfrac{V}{T} = K$(一定)     134
14. $\dfrac{pV}{T} = K$(一定)     135
15. $R = 8.31\,\text{J}/(\text{mol}\cdot\text{K})$     136
16. $pV = nRT$     137
17. $T = \dfrac{1}{f}$     142
18. $\lambda = vT$     142
19. $v = f\lambda$     142
20. $y = A\sin\theta = A\sin\dfrac{2\pi}{T} t$     150
21. $y = -A\sin\dfrac{2\pi}{\lambda} x$     150
22. $y = A\sin 2\pi\left(\dfrac{t}{T} - \dfrac{x}{\lambda}\right)$     150
23. $|S_1P - S_2P| = m\lambda$     153
24. $|S_1P - S_2P|$
    $= \left(m + \dfrac{1}{2}\right)\lambda$     153
25. $n_{12} = \dfrac{\sin i}{\sin r}$     155
26. $n_{12} = \dfrac{v_1}{v_2}$     156
27. $n_{12} = \dfrac{\lambda_1}{\lambda_2}$     156
28. $V = 331.5 + 0.60 t$     159
29. $f = |f_1 - f_2|$     163
30. $v = \sqrt{\dfrac{S}{\rho}}$     164
31. $f_n = \dfrac{n}{2l}\sqrt{\dfrac{S}{\rho}}$     165
32. $f_1 = \dfrac{V}{4l}$     168
33. $\lambda_n = \dfrac{4l}{2n-1}$     169
34. $f_n = \dfrac{2n-1}{4l} V$     169
35. $f_1 = \dfrac{V}{2l}$     169
36. $\lambda_n = \dfrac{2l}{n}$     169
37. $f_n = \dfrac{n}{2l} V$     169
38. $I = \dfrac{Q}{t}$     179
39. $I = envS$     179
40. $I = \dfrac{V}{R}$,  $V = RI$     181
41. $R = \rho \dfrac{l}{S}$     182
42. $\rho = \rho_0 (1 + \alpha t)$     183
43. $R = R_0 (1 + \alpha t)$     183
44. $R = R_1 + R_2$     184
45. $R = R_1 + R_2 + \cdots$     184
46. $\dfrac{1}{R} = \dfrac{1}{R_1} + \dfrac{1}{R_2}$     186
47. $\dfrac{1}{R} = \dfrac{1}{R_1} + \dfrac{1}{R_2} + \cdots$     186
48. $W = VIt$     190
49. $Q = VIt$     190
50. $Q = VIt = I^2 Rt$
    $= \dfrac{V^2}{R} t$     190
51. $P = VI = I^2 R = \dfrac{V^2}{R}$     191
52. $f = \dfrac{1}{T}$     201
53. $V_1 : V_2 = N_1 : N_2$     202
54. $V_1 I_1 = V_2 I_2$     202
55. $c = f\lambda$     203

《編者紹介》

●近角聰信(ちかずみ・そうしん)　大正11年東京生まれ。昭和20年東京大学理学部物理学科を卒業，同大学院修了後，学習院大学，東京大学物性研究所，慶應義塾大学，江戸川大学を経て現在に至る。その間IBM研究所顧問，モナーシュ大学，アラバマ大学各客員教授。東京大学名誉教授。理学博士。
▶専攻は磁性物理学。おもな著書に，「強磁性体の物理」，同英訳，「基礎電磁気学」，「日常の物理学」，「日常の物理事典」，「続日常の物理事典」など。そのほか，小・中・高校の教科書，参考書など多数。

●三浦　登(みうら・のぼる)　昭和16年東京生まれ。昭和39年東京大学工学部物理工学科を卒業。同大学院博士課程中退後，同助手。オックスフォード大学研究員を経て東京大学物性研究所助教授，教授。平成15年定年退官後，同大学名誉教授。独ドレスデン・ライプニッツIFW研究所客員教授。工学博士。
▶専攻は物性物理学，特に強磁場物性，半導体物理学，磁性物理学。おもな著書に「続々物性科学のすすめ」，「磁気と物質」，「極限実験技術」，「強磁場の発生と応用」，「磁性物理学とその応用」などがある。また，高校の物理教科書の監修者，執筆者として理科教育にも携わっている。

■執筆協力者
北村 俊樹　鈴木 亨　吉澤 純夫

■デザイン
福永 重孝

■図版作成
甲斐 美奈子

■写真提供・撮影協力
OPO/OADIS　国立科学博物館　シャープ株式会社　スイス政府観光局
東海大学チャレンジセンター　中込 八郎　仲下 雄久　NASA
日立中央研究所　山梨県企業局

シグマベスト
理解しやすい物理基礎



編　者　近角聰信・三浦登
発行者　益井英郎
印刷所　凸版印刷株式会社
発行所　株式会社　文英堂

〒601-8121　京都市南区上鳥羽大物町28
〒162-0832　東京都新宿区岩戸町17
(代表)03-3269-4231

●落丁・乱丁はおとりかえします。

# 重要物理定数

| 物理定数名 | 記号 | 数値 |
|---|---|---|
| 標準重力加速度 | $g$ | 9.806 65　m/s$^2$ |
| 万有引力定数 | $G$ | $6.674\,08\times10^{-11}$　N·m$^2$/kg$^2$ |
| 熱の仕事当量 | $J$ | 4.184　J/cal |
| 標準気圧 | $p_0$ | 1 atm = 760mmHg = $1.013\,25\times10^5$　Pa |
| アボガドロ定数* | $N_A$ | $6.022\,140\,76\times10^{23}$　/mol |
| 理想気体 1 mol の体積(標準状態) | | $2.241\,397\times10^{-2}$　m$^3$/mol |
| 気体定数 | $R$ | 8.314 462 618　J/(mol·K) |
| ボルツマン定数* | $k$ | $1.380\,649\times10^{-23}$　J/K |
| 空気中の音速(0℃) | | 331.45　m/s |
| 真空中の光速* | $c$ | $2.997\,924\,58\times10^8$　m/s |
| 電気素量* | $e$ | $1.602\,176\,634\times10^{-19}$　C |
| 電子の質量 | $m$ | $9.109\,383\,56\times10^{-31}$　kg |
| 原子質量単位 | (1u) | $1.660\,539\,040\times10^{-27}$　kg |
| 陽子の質量 | $m_p$ | $1.672\,621\,898\times10^{-27}$　kg |
| 中性子の質量 | $m_n$ | $1.674\,927\,471\times10^{-27}$　kg |
| プランク定数* | $h$ | $6.626\,070\,15\times10^{-34}$　J·s |

※SI 基本単位の定義に関係する物理量には，＊を付した。

# $10^n$を表す接頭語

| 名称 | | 記号 | 大きさ |
|---|---|---|---|
| エクサ | exa | E | $10^{18}$ |
| ペ　タ | peta | P | $10^{15}$ |
| テ　ラ | tera | T | $10^{12}$ |
| ギ　ガ | giga | G | $10^9$ |
| メ　ガ | mega | M | $10^6$ |
| キ　ロ | kilo | k | $10^3$ |
| ヘクト | hecto | h | $10^2$ |
| デ　カ | deca | da | 10 |
| デ　シ | deci | d | $10^{-1}$ |
| センチ | centi | c | $10^{-2}$ |
| ミ　リ | milli | m | $10^{-3}$ |
| マイクロ | micro | μ | $10^{-6}$ |
| ナ　ノ | nano | n | $10^{-9}$ |
| ピ　コ | pico | p | $10^{-12}$ |
| フェムト | femto | f | $10^{-15}$ |
| ア　ト | atto | a | $10^{-18}$ |

# ギリシア文字

| | | | | | |
|---|---|---|---|---|---|
| $A$ | $\alpha$ | アルファ | $N$ | $\nu$ | ニュー |
| $B$ | $\beta$ | ベータ | $\Xi$ | $\xi$ | グザイ |
| $\Gamma$ | $\gamma$ | ガンマ | $O$ | $o$ | オミクロン |
| $\Delta$ | $\delta$ | デルタ | $\Pi$ | $\pi$ | パイ |
| $E$ | $\varepsilon$ | イプシロン | $P$ | $\rho$ | ロー |
| $Z$ | $\zeta$ | ゼータ | $\Sigma$ | $\sigma$ | シグマ |
| $H$ | $\eta$ | イータ | $T$ | $\tau$ | タウ |
| $\Theta$ | $\theta$ | シータ | $\Upsilon$ | $\upsilon$ | ウプシロン |
| $I$ | $\iota$ | イオタ | $\Phi$ | $\phi\ \varphi$ | ファイ |
| $K$ | $\kappa$ | カッパ | $X$ | $\chi$ | カイ |
| $\Lambda$ | $\lambda$ | ラムダ | $\Psi$ | $\psi$ | プサイ |
| $M$ | $\mu$ | ミュー | $\Omega$ | $\omega$ | オメガ |

※読み方は代表的なものを掲載した。